全国中医药行业高等教育“十三五”创新教材

制药工程设计

（供药学专业、制药工程专业、中药制药专业、药物制剂专业用）

主　编　王　沛

中国中医药出版社
·北　京·

图书在版编目（CIP）数据

制药工程设计/王沛主编．—北京：中国中医药出版社，2018.8（2021.2 重印）

全国中医药行业高等教育“十三五”创新教材

ISBN 978－7－5132－4833－4

Ⅰ.①制…　Ⅱ.①王　Ⅲ.①制药工业—化学工程—工程设计—高等学校—教材　Ⅳ.①TQ46

中国版本图书馆 CIP 数据核字（2018）第 053494 号

中国中医药出版社出版

北京经济技术开发区科创十三街 31 号院二区 8 号楼

邮政编码　100176

传真　010—64405721

廊坊市晶艺印务有限公司印刷

各地新华书店经销

开本 787×1092　1/16　印张 18.5　字数 416 字

2018 年 8 月第 1 版　2021 年 2 月第 2 次印刷

书号　ISBN 978－7－5132－4833－4

定价　56.00 元

网址　www.cptcm.com

社长热线　010—64405720

购书热线　010—89535836

维权打假　010—64405753

微信服务号　zgzyycbs

微商城网址　https://kdt.im/LIdUGr

官方微博　http://e.weibo.com/cptcm

天猫旗舰店网址　https://zgzyycbs.tmall.com

如有印装质量问题请与本社出版部联系（010—64405510）

全国中医药行业高等教育“十三五”创新教材

《制药工程设计》编委会

主　　编　王　沛（长春中医药大学）

副 主 编　王宝华（北京中医药大学）

刘永忠（江西中医药大学）

杨岩涛（湖南中医药大学）

熊　阳（浙江中医药大学）

叶代望（湖北中医药大学）

赵子剑（怀化学院化学与材料工程学院）

编　　委（以姓氏笔画为序）

于　波（长春中医药大学）

王　锐（黑龙江中医药大学）

王永彬（吉林敖东延边药业股份有限公司）

甘春丽（哈尔滨医科大学）

兰　卫（新疆医科大学）

礼　彤（沈阳药科大学）

朱小勇（广西中医药大学）

孙茂萱（吉林医药设计院有限公司）

杨欣欣（辽宁中医药大学）

吴　迪（黑龙江中医药大学佳木斯学院）

季　红（吉林大学中日联谊医院）

岳丽丽（河南中医药大学）

周冬菊（河南科技大学化工与制药学院）

周志旭（贵州大学药学院）

郑　琳（天津中医药大学）

赵　鹏（陕西中医药大学）

侯安国（云南中医药大学）
贺　敏（湘潭大学化工学院）
董爱国（山西中医药大学）
景　明（甘肃中医药大学）
慈志敏（成都中医药大学）
滕　杨（佳木斯大学药学院）
魏　莉（上海中医药大学）
学术秘书　赵　杨（长春中医药大学）

编写说明

制药工程设计是一门研究制药工程理论与实践相结合的综合性学科，是药学专业、制药工程专业、中药制药专业、药物制剂专业等的骨干专业课。制药工程设计作为专业课程进入本科教学始于1998年教育部对普通高等学校本科专业目录的调整，历经二十余年的教学实践，不断成熟，已显示出其作为交叉综合性学科的强大优势。

制药工程设计所研究的内容包括制药工程项目的厂址选择与厂区布局、制药过程中的物料衡算与能源的消耗、制药过程中所涉及的单元操作技术、药品生产制造技术（涵盖了中药、化学药、生物药物以及制药过程中的中试放大技术、中试放大操作条件的优化等）、制药过程的质量验证、产品质量监控体系、制药辅助设施的设计、“三废”与环境保护、工程项目的概算与产品效益以及实验动物环境等饲养区域的设计规划等。

制药工程设计是以制药工程项目立项为切入点，运用工程学及相关学科理论和技术手段将制药工程项目的全过程——从制药项目的立项、选址到厂区设计布局；从制药产品的设计到产出成品；从物料衡算与能源的消耗到“三废”综合治理；从辅助车间设计、仓储布局、管网布线到实验动物环境设施、动物饲养；从工程的预算到产品的效益等逐次地展现给读者。

本书自2008年（普通高等教育“十一五”国家级规划教材）出版至今，多次重印，经国内近三十余所高等院校、医药院所及制药企业使用，评价较高，本次修订增聘相关专家作为本书编委，在既往反馈的基础上，进行修订，力求更系统、更实用，以满足培养能适应规范化、规模化、现代化的医药制药工程所需要的高级人才的目的。

本教材可供全国高等院校本科药学专业、制药工程专业、中药制药专业、药物制剂专业等专业教学使用，除此之外，与上述专业相关的本科专业的学生，以及制药企业的工程技术人员也可参考使用。

本教材在编写过程中得到了中国中医药出版社及各参编院校的大力支持，在此深表感谢！鉴于学科发展迅速，教材中可能存在一些不足之处，希望广大师生在使用中提出宝贵意见，以便再版时修订提高。

《制药工程设计》编委会

2018年5月

目 录

第一章 绪 论

制药工程设计是一门运用药学理论、工程设计理论，结合具体制药企业的实际来完成筹建策划设计，实现药品规模生产、质量监控等的一系列理论与实践相结合的综合性学科。制药工程设计研究的对象就是研究制药项目如何组织、规划并实现该药的大规模工业化生产，最终建成一个质量优良、科技含量高、劳动生产率高、环保达标、确保安全运行的药物生产企业。

某种新药在实验室研制成功后，存在如何将其转化为可供临床应用的药物，如何将该项技术转化为生产力，如何使该项成果转化为经济效益，也就是如何进行工业化规模生产的问题。制药工程设计所研究的内容就可以使其变为现实，即完成由实验室产品向工业化产品的转化，把新药的研究成果变为制药企业建设的计划并付诸实施。运用制药工程设计的理论将实验室的药物生产工艺逐级地由中试放大到规模化大生产的相应条件，在选择中设计出最合理、最经济的生产流程，根据产品的档次，筛选出合适的装备，设计出各级各类的参数，同时选择厂址、建造厂房、布置车间、配备各级各类的生产设备与设施（包括质量监控设备、检验设备、化验设备、自动化仪表控制设备、其他公用工程设备），最终使该制药企业得以按预定的设计期望顺利开车投产。这一过程即是制药工程设计的全过程。

药品是直接关系到人民身体健康和生命安全的特殊商品，制药企业是生产这种特殊产品的场所，所以，设计者要充分了解国情和资源分布，严格遵守国家的政策法令、法规，自觉地维护人民的生命安全。

制药工程设计不仅是一项政策性很强的综合性工作，也是一项综合专业技能较高的工作。设计人员的综合素质（包括设计人员的智慧和创造力、对各专业知识的综合运用等）决定了设计的质量，好的工程设计，离不开专业人员对专业知识的钻研以及对制药工程各环节进行深入细致的调查了解。

制药工程设计通常是将制药企业提供的生产流程进行分解，根据企业提供的信息，对厂区、车间进行合理布局、分配，对生产设备进行配套、选型，同时考虑到制药行业的特点，即发展更新的因素，结合总体方案要求进行设计。制药工程设计属于国家基本建设的一个重要组成部分，是有一定的规范程序可以遵循的，在尊重客观规律的基础上，还要遵守制药工程项目设计的程序和规范等。

制药工程设计的主要内容包括：制药工程项目设计基本程序；工程项目初步设计的内容；工程项目施工图设计的内容；制药企业厂址选择与布局；制药企业洁净厂房设计；注射剂车间、口服固体和半固体制剂车间、原料药车间等的设计；制药企业能量、物耗设计，节能的重要性以及措施；制药企业工艺设备与管道设计；制药企业辅助设施的设计；采暖通风、空调与空气净化设计；质量检验和质量管理体系的设计；制药工业三废治理与环境保护；噪声控制技术；实验动物设施设计；制药工程项目的概算与预算；非工艺设计项目的土建设计条件；给排水、电气、防雷防静电等的设计。

第一节　制药工程项目设计前期的基本内容

设计前期工作阶段又称为投资前时期，该阶段主要是根据国民经济和医药工业发展的需要，在投资决策前，通过项目建议书设计项目建设的轮廓设想，提出项目建设的必要性和初步可能性，规划欲建制药企业项目厂址设置地区、药物生产类别、整体工程项目总投资以及资金各项分配、年计划产量、原辅料来源、生产工艺技术方案、药品生产设备以及其他材料的供应、其他配套辅助设施设备等。做好技术和经济分析工作，以选择最佳方案，确保项目建设顺利进行和取得最佳经济效益。这一阶段的工作受到建设单位足够的重视，甚至认为这一阶段是决定投资命运的环节。设计前期工作的每个阶段均需要有相关主管部门的审查和批准。设计前期工作包括机会研究、初步可行性研究、可行性研究三阶段。

一、机会研究

机会研究的主要目的是对政治经济环境进行分析，寻找投资机会，鉴别投资方向，选定项目，确定初步可行性研究范围，确定辅助研究的关键方面。机会研究一般由企业的高层和有关方面的专家共同完成。投资机会的识别一般可从三个方面进行。

首先，对投资环境的客观分析，预测客观环境可能发生的变化，寻找投资机会。特别是要对市场供需态势进行分析，在市场经济条件下，市场是反映投资机会的最佳机会的重要来源。

其次，对企业经营目标和战略分析，不同的企业战略，投资机会的选择也有所不同。

再次，对企业内外部资源条件分析，主要是对企业财力、物力和人力资源力量，企业技术能力和管理能力分析，以及外部建设条件的分析。

通过上述机会研究，选定拟建项目，并描述选定项目的背景和依据、市场与政策分析预测、企业战略和内外部条件的分析、投资总体结构以及其他具体建议，作为开展初步可行性研究工作的依据。

二、初步可行性研究

初步可行性研究是在机会研究的基础上，对项目方案的技术、经济条件进一步论证，对项目是否可行进行初步判断。研究的目的是判断项目的构想是否有生命力，评价是否应当开始进行详细的可行性研究和辅助研究。初步可行性研究内容如下：

市场分析与预测。初步分析与预测项目产品在国内、国际市场的市场容量及供需状况；初步选定产品的目标市场，初步预测产品价格走势，并初步识别市场风险。

对于资源开发项目，要初步研究资源的可利用量、自然品质、赋存条件及其开发价值等。

初步进行建设方案的策划。初步研究确定项目的建设规模和主要产品方案；进行厂址所在地区的选择，即规划选址，对厂址进行初步比选，并绘制厂址地理位置示意图；初步选择工艺技术方案，研究提出拟采用的生产方法、主体和辅助工艺流程、主要技术来源设想，绘制主体工艺流程图，估算物料、消耗定额，并研究提出主要设备的初步方案。研究提出主要原材料和燃料的品种、质量和年需要量，主要原材料和燃料的来源和运输方式，以及主要原材料和燃料的价格和价格走势；研究提出项目主要单项工程，绘制项目总平面布置图；对环境保护提出初步方案，调查环境现状，分析项目对环境的影响因素，提出环境保护措施的初步方案，并分析环境是否影响项目的立项；估算项目所需人员。

初步估算拟建项目所需的建设投资和投产后运营期间所需的流动资金；初步确定项目的资本金和债务资本金需要数额和资金来源；初步估算项目产品的销售收入和成本费用，测算项目的财务内部收益率和资本金内部收益率，并初步计算借款偿还能力。对非盈利项目，要初步计算单位功能投资，其中对负债建设项目，还要粗略估算借款偿还期；初步估算项目的国民经济效益和费用，以及经济内部收益率；对于必须进行社会评价的项目要以定性描述为主，对项目进行初步社会评价；初步分析、识别项目的风险因素及风险影响程度。

经过以上初步研究分析结果做出初步可行性研究结论，并编制初步可行性研究报告或项目建议书。

三、可行性研究

可行性研究是在初步可行性研究的基础上，通过对与项目有关的资料、数据的调查研究，并对项目的技术、经济、工程、环境等进行最终论证和分析预测，从而提出项目是否值得投资和如何进行建设的可行性意见，为项目决策审定提供全面的依据。可行性研究必须坚持客观性、科学性、公正性、可靠性和实事求是的原则。可行性研究的内容和初步可行性研究的内容基本相同，但在研究范围上有所扩大，在研究深度上有所提供，具体内容是：

全面深入地进行市场分析、预测，调查和预测拟建项目产品国内、国际市场的供需情况和销售价格；研究确定产品的目标市场，分析市场占有率；研究确定市场，主要是产品竞争对手和自身竞争力的优势、劣势以及产品的营销策略，并研究确定主要市场风险及风险程度。

对资源开发项目要深入研究确定资源的可利用量、资源的自然品质、资源的赋存条件和资源的开发利用价值。

深入进行项目建设方案设计，包括深入研究项目的建设规模和主要产品方案，对项目建设规模进行比选，推荐适宜的建设规模方案；研究制定主产品和副产品的组合方案，通过比选优化推荐最佳方案；进行工程选址，深入研究厂址具体位置，并对厂址进行比选，并绘制厂址地理位置图；进一步研究确定工艺技术方案和主要设备方案，对生产方法、主体和辅助工艺流程进行比选，论证工艺技术来源的可靠性及可得性，并绘制工艺流程图和物料平衡图、确定物料消耗定额等，同时，对主要设备进行最后选型比较，提出主要设备清单、采购方式、报价，其深度要达到采购、预订货的要求；进一步研究主要原材料、辅助材料和燃料的品种、质量、年需要量、来源和运输方式以及价格现状和走势，并编制原材料和燃料供应表；确定项目构成（包括各主要单项工程），制定项目总图平面布置和竖向布置方案并进行遴选，绘制总平面布置图，编制总平面布置主要指标表；研究厂内外运输量、运输方式以及厂内运输设备；研究给排水、供电、供热、通信、维修、仓储、空压、空调、制冷等公用、辅助工程方案；研究节能、节水措施并分析能耗、水耗指标；进一步深入研究环境影响问题，调查项目所在地自然、生态、社会等环境条件及环境保护区现状；分析污染环境因素及危害程度；提出环境保护措施；估算环境保护措施所需费用；对环境治理方案进行优化评价。

研究劳动安全卫生与消防，要分析危害因素及危害程度，制定安全卫生措施方案以及消防设施方案；研究项目建成投产及运营的组织机构与人力资源配置；研究组织机构设置方案并做适应性分析，研究人力资源配置构成、人数、技能素质要求；编制员工培训计划；制定项目进度计划；确定建设工期，编制项目进度计划表，对大型项目还要编制项目主要单项工程的时序表；对项目所需投资进行详细估算，分别估算建筑工程费、设备及工器具购置费、安装工程费、其他建设费用，分别估算基本预备费；估算建设期利息；估算流动资金。

深化融资分析，构造并优化融资方案；研究确定资本金和债务资金来源，并形成意向性协议；深化财务分析，按规定科目详细估算销售收入和成本费用；编制财务报表，计算相关指标，进行盈利能力和偿债能力分析；深化国民经济评价，识别国民经济效益和费用，并用影子价格计算，编制国民经济评价报表，计算相关指标；深化社会评价，对应进行社会评价的项目，进行详细社会评价。

对环境影响进行综合评价，包括环境对项目建设的影响和项目建设及投产后对环境污染和破坏影响的评价；对项目进行不确定性分析，包括敏感性分析，盈亏平衡分析。

深化风险分析，对项目主要风险因素进行识别，分析风险影响程度，确定风险等级，研究防范和降低风险的对策措施。

对上述可行性研究内容进行综合评价，概述推荐方案，提出优缺点，概述主要对比方案，做出项目可行性研究结论，并提出对项目下一步工作和项目实施中需要解决的问题和建议。

在以上工作基础上，编制项目可行性研究报告，可行性研究报告要由有资质的专业设计单位或科技咨询公司来完成，报告的深度和格式具体要求按国家发改委的《投资项目可行性研究指南》完成。

可行性研究报告的深度应能充分反映项目可行性研究工作的成果，内容要齐全，结论要明确，数据要准确，论据要充分，要满足决策单位或建设单位的要求；选用主要设备的规格、参数应能满足预订货的要求，引进技术设备的资料应满足合同谈判的要求；

重大的技术、经济方案，应由两个以上方案的比选；确定的主要工程技术数据，应满足初步设计依据的要求；投资估算的深度应能满足投资控制准确度的要求；构造的融资方案应能满足银行等金融机构信贷决策的需要，应反映在可行性研究中出现的某些方案的重大分歧及未被采纳的理由，以供决策单位或建设单位权衡利弊进行决策，应附有评估、决策审批所必需的合同、协议、意向书、政府批件等。

第二节 工程项目初步设计的内容

初步设计是根据设计任务书，全面分析设计对象，在技术上、经济上设计最符合要求的方案，从而确定项目工程总体设计、车间装备设计原则等重大技术问题，编制出初步设计说明书等文件与工程项目总概算。初步设计进行研究时必须有已批准的可行性研究报告、必要的基础资料和技术资料。设计单位在接受建设单位直接委托项目或投标项目中标后，对建设单位提出的可行性研究报告发现有重大不合理问题时，会同建设单位，一同提出解决办法，报上级有关部门批准后，编制设计任务书，然后进行初步设计。

不同行业工程初步设计内容有所不同，各行业都有各自的规定，医药工业工程初步设计的内容分工程部分和概算部分，工程部分包括文字说明和图纸，涉及建筑、结构、工艺、暖通、空调、给排水、电气、自控、技术经济等专业内容，下面逐项进行介绍。

一、总体文字说明

项目总体情况的介绍，包括工厂筹建情况、项目特点、建设目的和意义等；建设性质，诸如新建或改扩建、投资主题、产品等简单说明；设计依据，应列出项目可行性研究报告及其批复、技术资料等重要文件；设计范围及分工，应阐述设计方、建设方、总承包商承担的工作内容；设计原则和设计特点，阐述设计所遵循的原则；工厂组成及项目分期建设情况，可用表列出工厂组成内容；建设规模与产品方案，包括建设规模、产品方案、产品规格等；全厂生产总流程，可用方框图形式阐述全厂生产总流程，主要原材料和公用工程情况；厂址周边情况，阐述总图位置和动力来源；工厂体制及定员，应说明组织体制、生产班制、年工作日（小时）、定员等；建设进度，阐述建设工期和项目实施进度安排等。

二、总图设计

在初步设计阶段，总图专业的设计文件应包括说明书、设计图纸、根据合同约定的鸟瞰图或模型。设计说明书包括设计依据及基础资料、场地概述、总平面布置、竖向设计、交通组织、主要技术经济指标表等，主要阐述如下内容：

设计依据：摘述可行性研究报告、厂址选择报告、用地范围及对外协议等与总图专业设计有关的内容；简述城市规划和有关主管部门对本工程的平面布局、空间处理、交通运输、文物保护和分期建设等方面的要求。

场地概述：简要说明及评述选址情况。厂区地理位置、周围环境与本厂生产相互影响分析以及当地现有交通运输条件；厂区的地形、地貌特征以及与总图设计有关的地震、黄土、岩溶、滑坡、洪水位等情况；全厂总占地面积及占用农田面积；产区内原有建筑物、构筑物以及需要拆除和搬迁的情况；厂外工程用地选择，如物流道路、排渣场；设计范围和项目。

总平面布置：应结合工厂生产建设地点的特点并贯彻药品生产质量管理规范及有关工业企业设计规范的要求。总平面布置方案包括功能分区的原则及厂区区域划分；运输线路的组织、生产线路的安排；对防火、环保等安全卫生方面要求的考虑；工厂发展的可能、远近期结合的示意图；节约用地的措施；有关环境美化设计和绿化布置等说明。

竖向布置：应说明决定竖向设计的依据，如城市道路和管道的标高、运输、地势、排水、洪水位、土石方工程量估算及余缺处理等；说明竖向布置方式以及地表雨水排除方式等。

交通组织：应列表说明全厂年货物运输量及运输方式，包括运入运出货物名称、数量、形态及包装方式；说明运输方案的选定原则；铁路运输需说明铁路运输量及车辆周转量的确定，自备机车的选择，接轨点，平曲线半径，最大纵波，钢轨及道岔型号等；道路运输需说明道路运输量及车辆的选择，专用公路及厂内道路设计的等级、长度、宽度、转弯半径、最大纵坡及路面结构等；水路运输需说明水路运输量及船只选择、航道及通航吨位、码头型式、前沿水位以及装卸方案的确定。

三、工艺设计

工艺初步设计文件应有：设计说明、设计图纸及表格。

1. 工艺设计说明 包括工艺设计依据及设计基础、工艺说明、工艺生产用水制备、生产制度、物料计算、主要工艺设备选择说明、主要原材料和工艺用公用工程消耗量、生产分析控制、车间布置、工艺设备安装、工艺配管、存在问题及建议等。

（1）工艺设计依据及设计基础应有下列内容：①基础资料，应列出工艺操作等基础技术资料，对新产品应提供新产品试验报告及其技术鉴定文件。②生产能力和产品方案，应说明项目在生产正常运行时所达到的年生产能力、建设项目生产的产品品种及其组合的方案。③产品规格，通常应阐述产品技术规格（如产品名称、化学结构式、分子量、分子式等）、产品质量规格（指产品质量标准、标准文件号、批文号）、产品主要物性（如外观、稳定性、溶解性、作用和用途、毒性等）、产品包装方式。④所需原材料技术规格，应包括物料名称、组成、技术指标、主要物性参数等。⑤所需水、电、气等技术规格，应分类列出名称、状态、温度、压力等。

（2）工艺说明应阐述：①全厂工艺总流程，可用方框图形式说明各工艺生产单元之间的流程。②生产方法，说明设计采用的工艺路线及其依据、工艺特点、各步生产流程。③工艺流程叙述，描述物料通过工艺设备的顺序和生成物的去向；应说明物料输送方法、操作条件、操作时间、投入量和控制方案，并注明设备位号等。④在位清洗系统简述，简单描述设备及管线清洗方法。

（3）工艺生产用水制备应说明：工艺生产用水名称、质量标准、制备方法、工艺流程说明等。

（4）生产制度应说明：生产装置年工作时间、生产班制、生产方式。

（5）物料计算应说明：物料计算基准（如发酵单位、接种比、效价、收率、各步损耗等），并列出计算结果（可用物料方块流程图表示）。

（6）主要工艺设备选择应说明：工艺主要设备选型及材料选择的依据，并阐述其先进性，还须说明工艺主要设备计算依据、计算过程及计算结果。

（7）主要原辅材料和工艺用公用工程消耗量应包括：主要原辅材料的消耗量，工艺用公用工程的消耗量，公用工程负荷表；按使用设备分别列出循环水、电、蒸汽、压缩空气、低温水、冷冻水等公用系统负荷表。

（8）车间布置应阐述：①布置原则，应按生产车间区域功能、危险性特征、空气洁净度等级、生产流程等阐述布置原则。②布置说明，应阐述车间组成及车间建筑长、宽、总高、层数、层高；按区域功能，生产类别，洁净生产区，空气洁净度等级，人、物流向，物料管线输送，物料中间储存等阐述设备布置情况；还须阐述人、物流方向及人员净化、物料净化设施的设置情况。

（9）设备安装应说明：工艺设备台数、安装工程量、工艺设备运搬方案和运搬线路、设备保温材料的选用情况。

（10）工艺配管应说明：管道材料等级、管道保温、特殊配管要求等。管道材料等级，应阐述一般管道材料选择及等级确定的原则、卫生管道材料选择及等级确定的原则；管道保温，阐述管道保温材料选用原则；特殊配管要求，应对有特殊要求的配管进行说明。

（11）按实际情况说明设计所存在问题并提出建议。

2. 设计图纸和表格 包括设计工艺管道及仪表流程图，工艺设备平面、剖面布置图，工艺设备一览表等。

（1）工艺管道及仪表流程图应标明：工艺设备与管道（含管道附件）工艺流程、流体流动方向或物料交接位置、物料代号、管径、管道等级、管道保温、设备名称和编号、设备安装高度及设备之间的相对高度、放空口、放净口、仪表和编号、取样点、图例、图纸名称等。

（2）工艺设备平面、剖面布置图应标明：建筑平面和轴线、柱间距和柱尺寸、主要设备布置定位尺寸（必要时画出剖面图）、设备名称和编号、设备安装标高、操作平台、指北针、制图比例、图纸名称等。

（3）净化区域划分图应标明：建筑平面和轴线、柱间距和柱尺寸、生产区域及净化区域名称、净化区净化度等级、指北针、制图比例、图纸名称等。

（4）车间人流、物流流向图应标明：建筑平面和轴线、柱间距和柱尺寸、生产区域及洁净区域名称、洁净区空气洁净度等级、人流流向示意、物流流向示意、指北针、制图比例、图纸名称等。

（5）工艺设备一览表应标明：设备名称、规格、技术参数、材质、数量等。

四、建筑设计

建筑专业设计文件应包括设计说明书和设计图纸。

1. 设计说明书

（1）设计依据及设计要求：摘述设计任务书和其他依据性资料中与建筑本专业有关的主要内容；表述建筑类别和耐火等级、抗震设防烈度、人防等级、防水等级及适用规范和技术标准。

（2）设计说明：①概述建筑物使用功能和工艺要求，建筑层数、层高和总高度，结构选型和对设计方案调整的原因、内容；简述建筑的功能分区、建筑平面布局和建筑组成以及建筑立面造型、建筑群体与周围环境的关系。②简述建筑的交通组织、垂直交通设施（楼梯、电梯、自动扶梯）的布局以及所采用的电梯、自动扶梯的功能、数量和吨位、速度等参数。③综述防火设计中的建筑分类、耐火等级、防火防烟分区的划分、安全疏散以及无障碍、节能、智能化、人防等设计情况和所采取的特殊技术措施。④主要的技术经济指标包括能反映建筑规模的总建筑面积以及诸如住宅的套型和套数、旅馆的房间数和床位数、医院的门诊人次和住院部的病床数、车库的停车位数量等。

对需分期建设的工程，说明分期建设内容和对续建、扩建的设想及相关措施；幕墙工程、特殊屋面工程及其他需要另行委托设计、加工的工程内容的必要说明；需提请审批时解决的问题或确定的事项以及其他需要说明的问题；必要的计算资料说明简图。

2. 设计图纸

（1）平面图应标明承重结构的轴线、轴线编号、定位尺寸和总尺寸，绘出主要结构和建筑配件，如非承重墙、壁柱、门窗（幕墙）、天窗、楼梯、电梯、自动扶梯、中庭（及其上空）、夹层、平台、阳台、雨篷、台阶、坡道、散水明沟等的位置，当围护结构为幕墙时，应标明幕墙与主体结构的定位关系；标示主要建筑设备的位置，如水池、卫生器具等与设备专业有关的设备的位置；标示建筑平面或空间的防火分区和防火分区分隔位置和面积，宜单独成图；标明室内、外地面设计标高及地上、地下各层楼地面标高；标明指北针（画在底层平面）；标明剖切线及编号；绘出有特殊要求或标准的厅、室的室内布置，如家具的布置等；也可根据需要选择绘制标准层、标准单元或标准间的放大平面图及室内布置图；列出各类建筑设计规范要求计算的技术经济指标（也可在说明中列出）；标明图纸名称、比例。

（2）立面图应选择绘制主要立面，立面图上应标明：两端的轴线和编号；立面外轮廓及主要结构和建筑部件的可见部分，如门窗（幕墙）、雨篷、檐口（女儿墙）、屋顶、平台、栏杆、坡道、台阶和主要装饰线脚等；平、剖面未能标示的屋顶及屋顶高耸物、檐口（女儿墙）、室外地面等主要标高或高度；图纸名称、比例。

（3）剖面图的剖面应选择在层高和层数不同、内外空间比较复杂的部位（如中庭与邻近的楼层或错层部位），剖面图应准确、清楚地标示出剖到或看到的各相关部分内容，并应标示：主要内、外承重墙、柱的轴线，轴线编号；主要结构和建筑构造部件，如地面、楼板、屋顶、檐口、女儿墙、吊顶、梁、柱、内外门窗、天窗、楼梯、电梯、平台、雨篷、阳台、地沟、地坑、台阶、坡道等；各层楼地面和室外标高以及室外地面至建筑檐口或女儿墙顶的总高度，各楼层之间尺寸及其他必需的尺寸等；图纸名称、比例。

对于紧邻的原有建筑，应绘出其局部的平面图、立面图、剖面图。

五、结构设计

结构专业设计文件应有设计说明书，必要时提供结构布置图。主要阐述如下内容：

1. 设计说明书

（1）设计依据：本工程结构设计所采用的主要标准及法规。相应的工程地质勘察报告及其主要内容，包括工程所在地区的地震基本烈度、建筑场地类别、地基液化判别，工程地质和水文地质简况、地基土冻胀性和融陷情况，着重场地的特殊地质条件分别予以说明；当无勘察报告或已有工程地质勘察报告不能满足设计要求时，应明确提出勘察或补充勘察要求。采用的设计荷载，包含工程所在地的风荷载和雪荷载、楼（屋）面使用荷载、其他特殊的荷载。建设方对设计提出的符合有关标准、法规的与结构有关的书面要求；批准的方案设计文件。

（2）设计说明：建筑结构的安全等级和设计使用年限、建筑抗震设防烈度和设防类别；地基基础设计等级，地基处理方案及基础形式、基础埋置深度及持力层深度；上部结构选型；伸缩缝、沉降缝和防震缝的设置；地下室的结构做法和防水等级，当有人防地下室时说明人防的抗力等级；为满足特殊使用要求所做的结构处理；主要结构构件材料的选用；高层建筑和大型公共建筑的主要结构特征参数和采用的计算程序及计算模型；新技术、新结构、新材料的采用；采用的标准图集；施工特殊要求；其他需要说明的内容；提请在设计审批时需解决或确定的主要问题。

2. 较复杂的工程提供设计图纸　包括标准层、特殊楼层及结构转换层平面结构布置图，注明定位尺寸、主要构件的截面尺寸；条件许可时提供基础平面图、特殊结构部位的构造简图。

六、给排水设计

给排水专业设计文件应包括设计说明书和设计图纸。

（一）设计说明书

设计说明书主要阐述：①设计依据，说明项目设计中本专业所遵循的主要规范、标准及有关的基础资料（包括水质报告、自然条件、水源情况、排水条件等）。②设计范围及内容，说明本专业设计的内容和分工（当有合作设计时，应说明各方工作界面）。现将给水设计、循环冷却水系统设计、排水设计内容介绍如下：

1. 给水设计　①全厂生产生活用水量表。②给水设计方案：阐述厂区给水系统的划分和形式、给水系统的供水方式［直接供水或加压（变频）供水］；阐述给水系统的组成（包括水池、水泵、水箱、计量、防污染措施等）；阐述给水系统主要设备选型及参数；阐述给水系统管线材质等。

建筑单体给水及热水系统：说明给水系统的划分和给水方式，分区供水要求和采取的措施，计量方式，水箱和水池容量、设置位置、材质，设备选型，保温、防结露和防腐蚀等措施；说明采取的热水供应方式、系统选择、水温、水质、热源、加热方式；说明设备选型、保温、防腐的技术措施等。

2. 循环冷却水系统设计 ①循环冷却水水量一览表。②循环冷却水设计方案：阐述循环水系统的组成、主要设施、设备参数及稳定水质措施，阐述循环冷却水管线材质等。

3. 排水设计 ①全厂生产生活排水量一览表。②排水设计方案：应阐述厂区排水系统的体制和划分（包括分流或合流，有哪几种不同的排水系统）；阐述排水系统的组成（包括需要提升排水时，有关泵房、提升泵基本情况）；阐述雨水系统（包括采用的暴雨强度公式、采用的重现期、设计雨水量、总排水管去向等）；阐述排水系统管线材质。

（二）设计图纸

设计图纸包括：绘制厂区给排水管线平面图，应标明建（构）筑物的平面位置、名称和标高、道路、地下给排水管道的相对位置、管径、流向、控制标高和管道编号、风玫瑰图或指北针、制图比例、图例和图纸名称等；绘制机房（水池、水泵房、热交换器、水箱间、水处理间、冷却塔等）平面布置图；绘制给水系统、排水系统、各类消防系统、循环水系统、热水系统、中水系统等系统原理图。

七、电气设计

电气专业设计文件应包括设计说明书和设计图纸。

1. 设计说明书

（1）设计依据：说明项目中本专业所遵循的主要规范、标准及有关的设计基础资料（如外部电源落实情况等）。

（2）设计范围及内容：说明本专业设计的内容和分工（包括与供电部门的交接点），当有合作设计时应说明各方工作界面。

（3）供电设计：应说明供电要求及负荷等级、电源情况、进线电压及厂区配电电压、总变电所及单体配电所、配电系统、功率因数补偿、车间变电所、厂区供电线路及户外照明、防雷和接地、主要设备表等，对改扩建工程应结合现有供电系统进行说明。应阐述负荷概况，确定负荷等级；应阐述电源由何处引来、单电源或双电源、电缆或架空线路、电源电压等级、进线电压等级、系统短路容量等，根据需要确定备用及应急电源的容量、不间断供电装置的容量，若有分期建设计划应说明分期建设及发展预留情况。

（4）总变电所及单体配电所：应说明高压、低压供电系统型式，常用电源与备用电源的关系，母联设置及运行方式；应说明选择高压、低压配电柜、变压器的类型。

（5）配电系统：应说明系统中性点接地方式、系统电压波动范围、频率波动范围、高压配电柜选型、高压系统继电保护方式、出线回路保护内容、高压系统测量仪表配置、设备运行信号及辅助电源设置等；应阐述全厂功率因数补偿的指标要求、补偿容量及方法。

（6）车间变电所：应说明供电系统型式、常用电源与备用电源的关系、母联设置及运行方式等；应说明选择高压、低压开关柜、变压器的类型；应阐述厂区高压、低压配电线路的选型、敷设方式；阐述户外照明种类（如路灯、庭园灯等）光源选择及控制方式。

（7）配电设计：应说明环境特征，指操作环境的净化级别、防腐、防潮、高温、爆炸危险区域划分等；应说明配电系统，阐述车间电源由何处引来（含进线方式、电缆或架空）、电压、回路、供电负荷容量性质、重要负荷的供电措施（如消防设备、重要工艺设备等）；应说明主要设备选型及设置；应说明导线和电缆选型敷设方式；说明特殊传动、控制和连锁要求，说明线路敷设等。

（8）照明设计：应说明照明设计原则、照明方式、照度标准（主要区域照度标准）、光源的选择和灯具选型（一般照明、应急照明、诱导灯等）、照明供电及控制（照明电压及控制方式）、线路敷设（照明配线选型、敷设方式）等。

（9）建筑物防雷：应确定防雷类别；说明防直接雷击、防侧击雷、防雷击电磁脉冲、防高电位侵入的措施；当利用建（构）筑物混凝土钢筋做接闪器、引下线、接地装置时，应说明采取的措施和要求。

（10）接地及安全：应明确本工程各系统要求接地的种类及接地电阻要求；总等电位、局部等电位的设置要求；接地装置要求；当接地装置需作特殊处理时应说明采取的措施、方法等；安全接地及特殊接地的措施；漏电保护设计。

（11）负荷计算表：应列出总开闭所（配电所）容量计算表、车间变电所（或380V）用电设备需要容量计算表等。

（12）主要配电设备表：应列出高压柜、变压器、低压柜（电容补偿柜）、直流电源屏、不间断电源（UPS）、插接式母线、电力电缆等；按实际情况说明设计所存在问题并提出建议。

2. 设计图纸 包括全厂高压、低压供电系统图，全厂供电线路平面图，总变电所设备平面布置图，危险区域划分示意图等。

（1）全厂高、低压供电系统图：应标明供电电源数量、系统短路容量、电压额定等级、开关额定电流、开关柜编号及回路编号、图纸名称等。

（2）全厂供电线路平面图：应标明建（构）筑物位置和名称、电缆外线编号和敷设走向示意、图例、图纸说明、风玫瑰图或指北针、制图比例、图纸名称等。

（3）总变电所设备平面布置图：应标明建筑平面和轴线，开关柜、变压器、控制屏等设备平面布置图和主要尺寸，指北针，制图比例，图纸名称等。

（4）危险区域划分示意图：应标明建（构）筑物位置和名称、爆炸危险区域和介质释放源的温度组别的划分、风玫瑰图或指北针、制图比例、图纸名称等。

八、电信设计

电信设计专业设计文件应包括设计说明书（行政电话系统、火灾报警系统、公共广播及应急广播系统、计算机网络系统、电视监控及安保系统、门禁系统）、设计图纸和表格。

1. 设计说明书 包括：①设计依据，说明在本项目设计中本专业所遵循的主要规范、标准；②设计范围及内容，阐述本专业设计的内容和分工。

（1）行政电话系统：应阐述近远期容量、机房位置、中继方式、电源和接地；阐述特殊岗位用户（洁净、防爆、对讲等）的数量及采取的技术措施；阐述线路敷设等，对改扩建工程应结合现有行政电话系统进行说明。

（2）火灾报警系统：应阐述系统组成及控制方式；阐述控制器位置及各建筑物设备配置；阐述消防联动控制方式（消防泵、自动喷淋、空调、防火阀、防排烟系统、电梯等）；阐述火灾应急广播、消防电话；阐述电源和接地；阐述线路敷设等，对改扩建工程应结合现有火灾报警系统进行说明。

（3）公共广播及应急广播系统：应阐述系统组成、用户数量；阐述主要安装位置；阐述设备配置标准；阐述线路敷设等，对改扩建工程应结合现有公共广播及应急广播系统进行说明。

（4）计算机网络系统：应阐述系统组成、用户数量；阐述主要安装位置；阐述设备配置标准；阐述线路敷设等，对改扩建工程应结合现有计算机网络系统进行说明。

（5）电视监控及安保系统：应阐述系统组成、设置场所与观察对象；阐述设备配置；阐述线路敷设等，对改扩建工程应结合现有电视监控及安保系统进行说明。

（6）门禁系统：应阐述系统组成与设置场所；阐述设备配置；阐述线路敷设等。

2. 设计图纸和表格

（1）电信设计图纸：应有火灾报警系统图，标明火灾报警控制回路情况、回路数量、图例、图纸名称等。

（2）电信设备一览表：列出主要电信设备的名称、型号、规格、数量。

九、采暖、通风及空调设计

采暖、通风及空调专业设计文件应包括设计说明书、设计图纸和表格。

1. 设计说明书 包含内容如下：①设计依据，说明在本项目设计中本专业所遵循的主要规范、标准及设计基础资料。设计基础资料和数据包括设计计算参数（室外气象参数、室内设计参数）、空气洁净度等级、生物安全等级、冷热媒参数及来源。②设计范围及内容，应阐述本专业设计的内容和分工。

（1）采暖系统设计方案：应阐述设置采暖系统的区域或房间采暖系统的形式、采暖系统所用热媒参数以及热媒的来源、散热器型式。

（2）通风系统设计方案：主要阐述服务于本工程的通风系统的分类及形式。根据系统服务的区域分为净化区通风系统、生物安全净化区通风系统及一般通风系统；除尘系统设计方案，应阐述服务于本工程的除尘系统的分类及形式；防排烟系统设计方案，应阐述防排烟部位、防排烟设施、排烟风量；说明防排烟控制程序。

（3）空调系统设计方案：应阐述服务于本工程的空调系统的形式，例如全空气风道式中央空调系统、空气-水形式的中央空调系统等；阐述净化空调系统的空气过滤处理方式，室内换气次数或新风量、室内气流组织；阐述净化区域的压差控制要求；阐述舒适性空调系统的空气过滤的处理方式，室内换气次数或新风量；阐述风管采用的材质、保温采用材质等。

空调通风系统应阐述空调通风系统所采取的消防防火技术措施（包括防火阀设置、连锁要求说明等）。

列出公用工程量汇总，包括冷量、热量、电机安装功率。按实际情况说明设计所存在问题并提出建议。

2. 设计图纸和表格 空调系统流程图应标明设备名称或编号、设备外轮廓、房间名称和技术参数、风管、公用工程管线、仪表、风量和换气次数、洁净度、图例、图纸名称等。

采暖空调设备一览表应标明设备名称、规格、技术参数、数量等。

十、供热设计

供热专业设计文件应包括设计说明书、设计图纸等。

1. 设计说明书 包含内容如下：①设计依据，说明本项目设计中本专业所遵循的主要规范、标准及设计基础资料。设计基础资料中应说明锅炉所需燃料名称、供应量及燃料特性。②设计范围及内容，说明本专业设计的内容和分工。若采用集中供热，应在此说明；当有合作设计时，应说明各方工作界面。

锅炉设计方案：包括全厂热负荷一览表、方案说明、锅炉房布置、锅炉汽水系统、燃料储运、锅炉通风系统、水处理、节能与冷凝水回收、存在问题及建议等，对改扩建工程应结合现有供热系统进行说明。应列出全厂热负荷一览表；方案说明，应阐述供热方式、供热介质、分配站及减压情况等（包括蒸汽和热水）；应对锅炉的台数、吨位进行选型，并对锅炉配套情况进行简单介绍；应对锅炉房是否考虑预留场地和台数加以说明。

锅炉房布置：应阐述锅炉房在厂区内所处的位置，对锅炉房的设备布置（包括辅助间）进行简单的介绍；锅炉汽水系统，应对锅炉汽水系统进行简单的介绍（含锅炉水处理）；燃料储运，主要说明燃料的来源、特性、运输、储存及制备方式，并说明燃料的消耗量及燃料的储存天数；应阐述锅炉通风系统；节能与冷凝水回收，应阐述装置内所采取的节能措施，若冷凝水需回收，应简述冷凝水的来源以及冷凝水的去向；环保，应阐述烟气的处理方式及所需满足的有关规范要求，阐述烟囱的高度及所需满足的有关规范要求，阐述噪音防止的措施；消防，应阐述锅炉房、油罐等在间距上需满足消防的要求，阐述锅炉房所采取的其他消防措施。

按实际情况说明设计所存在问题并提出建议。

2. 供热设计图纸和表格 热力系统图应标明设备与汽、水管道（含管道附件）工艺流程图。供热设备一览表应标明设备名称、规格、技术参数、数量等。

十一、仪表及自动化控制设计

仪表及自动控制专业设计文件应包括设计说明书、设计图纸和表格等。

1. 设计说明书 包含内容如下：①设计依据，说明本项目设计中本专业所遵循的主要规范、标准及设计基础资料。②设计范围及分工，概述全厂化工过程检测、控制系统和辅助生产装置（包括公用工程）自动控制设计的内容，与成套供应自动控制装置制造厂的设计分工，与外单位协作设计的内容和分工。

（1）全厂自动化水平：概述总体控制方案的范围和内容，全厂各车间或工段的自动化水平和集中程度；说明全厂各车间或工段需设计控制室，控制的对象和要求，控制室（包括操作室、机柜室、UPS电源室、空调室、过程计算机室等）设计的主要规定。全厂控制室布点的合理性。当采用集散控制系统（DCS）、可编程逻辑控制器（PLC）时，应说明其控制目标和规模、控制室的面积、位置及组成等。说明全厂管控一体化程度。

（2）生产安全保护：概述生产过程及重要设备的事故连锁与报警内容，紧急停车系统（ESD）和安全连锁系统的方案选择原则。论述系统方案的可靠性。复杂连锁系统应绘制原理图。

（3）环境特征与仪表选型：说明装置（或工段）的环境特征，自然条件等对仪表的选型的要求。概述仪表选型的原则及总体情况。具体说明各仪表的选型，仪表的防火、防爆、防毒、防高温、防电磁干扰、防日晒、防雨淋、防雷、防腐蚀、防噪音等措施。

（4）复杂的控制系统：用原理图或文字说明其具体内容和在生产中的作用及重要性。

（5）动力供应：仪表用压缩空气，说明仪表用压缩空气的来源，自控设计的分工范围，提出仪表压缩空气的总用量、压力及质量要求。仪表用电源，说明仪表用电源的来源，自控设计的分工范围，提出仪表电源的种类、电压频率、电源容量、UPS电源的要求，论述对仪表电源供电可靠性的要求及其相应的保证措施。

2. 设计图纸和表格 设计图纸包括连锁系统逻辑图、复杂控制系统图、仪表盘布置图、控制室布置图、DCS和PLC系统配置图、管道仪表流程图（与工艺系统专业合出此图）、可燃性气体和有毒气体检测报警器平面图。

设计表格包括仪表索引、仪表数据表、集散控制系统（DCS）和可编程序逻辑控制器及数据关联表（PLC－I/O）、材料估算表。

十二、空压站和制冷站设计

1. 空压站设计文件 包括设计说明书和设计图纸等。

设计说明书包含设计依据、设计范围及内容、空压站设计方案。

空压站设计方案应包括全厂压缩空气用量一览表、压缩空气系统设计方案、设备布置、压缩空气系统主要管道和阀门的选材、环境保护、节能措施、主要技术经济指标等，对改扩建工程应结合现有空压系统进行说明。

空压设计图纸和表格应包括压缩空气管道及仪表流程图，压缩空气设备平面、立面布置图，压缩空气设备一览表。

2. 制冷专业设计文件 包括设计说明书和设计图纸等。

设计说明书包含的内容：设计依据，说明在本项目设计中本专业所遵循的主要规范、标准及设计基础资料；设计范围，说明本专业设计的内容和分工；还应说明制冷系统要求及冷冻站在厂区的位置。冷冻站设计方案，应包括全厂冷负荷一览表、制冷系统设计方案、设备布置、制冷系统主要管道和阀门的选材、环境保护、节能措施、主要技术经济指标等，对改扩建工程应结合现有制冷系统进行说明。

制冷设计图纸和表格应有：制冷系统管道及仪表流程图，制冷设备平面、立面布置图，制冷设备一览表。

十三、厂区室外管道设计

厂区室外管道专业设计文件包括设计说明书和设计图纸和表格等。

设计说明书包括：设计依据，应说明在本项目设计中本专业所遵循的主要规范、标准及设计基础资料；设计范围及内容，应说明本专业设计的内容和分工（当有合作设计时应说明各方工作界面）；外管设计，应包括管道特性一览表、室外管道设计方案、外管管道材料说明、管道防腐及保温等，对改扩建工程应结合现有室外管道系统进行说明。

管道特性一览表，应视项目实际情况列出外管管道所输送的介质的流量、温度、压力、管径、管材、走向及保温材料（可用图纸来说明）；应阐述室外管道敷设方式（架空、管沟或埋设）、管架或地沟的形式；应对特殊管道材料进行说明；对管道特殊要求进行说明；对管道防腐做法、保温材料和保冷材料选择进行阐述。

室外管道设计图纸应有厂区外管走向图。厂区外管走向图应标明室内与室外联系的所有工艺管线和公用工程管线、流体流向、管道参数表、风玫瑰图或指北针、图例、制图比例、图纸名称。

十四、辅助生产设施设计

辅助生产设施设计通常包括：综合仓库、化学品库、贮罐区、质检中心、维修车间、动物房等内容的设计说明、设计图纸和表格。

1. 综合仓库专业设计 设计文件包括：设计说明、设计依据、设计范围及内容；综合仓库设计方案的阐述；综合仓库设计图纸，设备平面布置图。

2. 化学品库专业设计 设计文件包括：设计说明、设计依据、设计范围及内容；化学品库设计方案的阐述；化学品库设计图纸，平面布置图。

3. 贮罐区专业设计 设计文件包括：设计说明、设计依据、设计范围及内容；贮罐区设计方案的阐述；贮罐区设计图纸和表格应有贮罐区工艺管道及仪表流程图，设备平面、立面布置图，设备一览表。

4. 质检中心设计 设计文件包括：设计依据，说明在本项目设计中本专业所遵循的主要规范、标准及设计基础资料；设计范围及内容，应说明质检设计的内容和分工；质检中心设计方案的阐述；质检中心设计图纸，平面布置图。

5. 维修车间设计 设计文件包括：设计依据，说明在本项目设计中本专业所遵循的主要规范、标准及设计基础资料；设计范围及内容，应说明本专业设计的内容和分工；维修车间设计方案的阐述；应视项目的复杂程度确定是否需要提供维修车间设计图纸，若需提供，维修车间设计图纸应有设备平面布置图。

6. 动物房设计 设计文件包括：设计依据，说明在本项目设计中本专业所遵循的主要规范、标准及设计基础资料；设计范围及内容，应说明本专业设计的内容和分工；动物房设计方案的阐述；动物房设计图纸和表格应有设备平面布置图、洁净区域划分图、人物流走向示意图、设备一览表。

十五、行政管理设置及生活设施设计

初步设计阶段行政管理设置及生活设施应有设计说明。说明行政管理楼设施的工作性质及其主要功能；说明行政管理楼设施功能划分原则，建筑物长、宽、高等；说明行政管理楼所采取的消防安全等设施；说明生活设施的性质及内容，如餐厅、全厂性淋浴、医务室、值班人员的安置等。

十六、节能设计

在初步设计阶段应有节能设计说明，包括概述、设计依据、能耗构成分析、节能措施、建筑节能设计等。

1. 概述 简述设计依据、主要耗能概况、节能原则等。

2. 设计依据 应列出国家有关政策、法规及设计所遵循的主要规范、标准；应说明主要能耗概况（可用图示或表格形式阐述）；阐述全厂节能原则。

3. 能耗构成分析 应分析工艺、公用工程、空调等专业的能耗构成，并依此阐述采取节能措施的关键点。

4. 节能措施 应阐述主要工艺流程的节能技术；阐述节能的机电产品的选用；阐述空压冷冻系统节能措施、热力系统节能措施、工业用水回收率和重复利用率情况及其他节能措施。

5. 建筑节能 设计应根据各单体的生产特点，阐述建筑平面布置、结构选型、节点构造设置及建筑材料的选用等原则（包括建筑节能的热工设计、暖通设计等）。

十七、概算

初步设计阶段概算，通常称为总概算书。概算应有编制说明、编制依据、费用及费率的确定、土建三材用量参考指标、投资概算表。

1. 编制说明 应阐述项目概况（包括建设地点、生产规模、项目性质、建筑面积等主要情况）、投资概算的范围。

2. 编制依据 包括与本项目投资有关的国家、部门和地方政府等决策部门的有关文件以及与本项目有关的合同。

3. 费用及费率 包括建筑、安装工程费用定额、指标的选取依据；设备、材料价格的确定依据；引进硬件费和软件费的确定依据；引进从属费用的计算依据；人民币基准汇率的选取依据；其他专项费用的计取依据；土建三材（指水泥、木材、钢材）用量参考指标等。

4. 投资概算表 编制办法可依据国家建设部之规定执行，应说明编制概算有关事项、投资方的资金来源及投资方式（应注明铺底流动资金或全额流动资金）。

投资概算表应有总概算表、综合概算表、单位概算表（或指标表）、工程建设其他费用估算表。

第三节 工程项目施工图设计的内容

工程项目的施工图设计是一项非常具体的工作，必须由具有资质的专业设计院来完成。项目施工图设计是根据经批准的初步（扩大）设计文件，绘制建设施工图纸，编写文字说明书和工程预算书，为建设工程施工提供依据和服务。此阶段最终形成的文件有详细的施工图纸、施工文字说明、主要原材料汇总表及总工程量。施工图设计是在初步设计的基础上，进一步详细设计，包括土建、工艺和设备、空调和采暖、给排水、配电及自控等专业的设计，施工图设计的主要内容和初步设计相同，是对初步设计和扩大初步设计的细化和具体化，是施工单位进行工程施工的文件。

对于医药工程项目，工艺设计是极具专业特点的、与其他工程项目不同的专业设计，下面结合工艺专业简单介绍医药工程项目的施工图设计内容和深度。

一、施工图设计内容

施工图设计是以批准的初步（扩大）设计及总概算为依据，编制完成各种类施工图纸、施工说明及施工图预算，使初步（扩大）设计的内容更完善、具体和详尽，以便施工。

施工图设计的内容：设计说明书，施工图设计说明书的内容除初步（扩大）设计说明书内容外，还包括对原初步（扩大）设计的内容进行修改的原因说明；安装、试压、保温、油漆、吹扫、运转安全等要求；设备和管道的安装依据、验收标准和注意事项。通常将此部分直接标注在图纸上，可不写入设计说明书中。

施工图纸是工艺设计的最终成品，主要包括以下内容：施工阶段管道及仪表流程图（带控制点的工艺流程图）；施工阶段设备布置图及安装图；施工阶段管道布置图及安装图；非标设备制造及安装图；设备一览表；非工艺工程设计项目的施工图。

施工图设计的深度应满足下列要求，设备及材料的安排和订货；非标设备的设计和安排；施工图预算的编制；土建和安装工程的要求。

施工图设计基本程序：施工图设计阶段通常要经过设计准备、编制开工报告、签订条件往返协作时间表、编制施工图设计文件、校审、会签、复审、发图、归档等工作程序，见图 1-1。

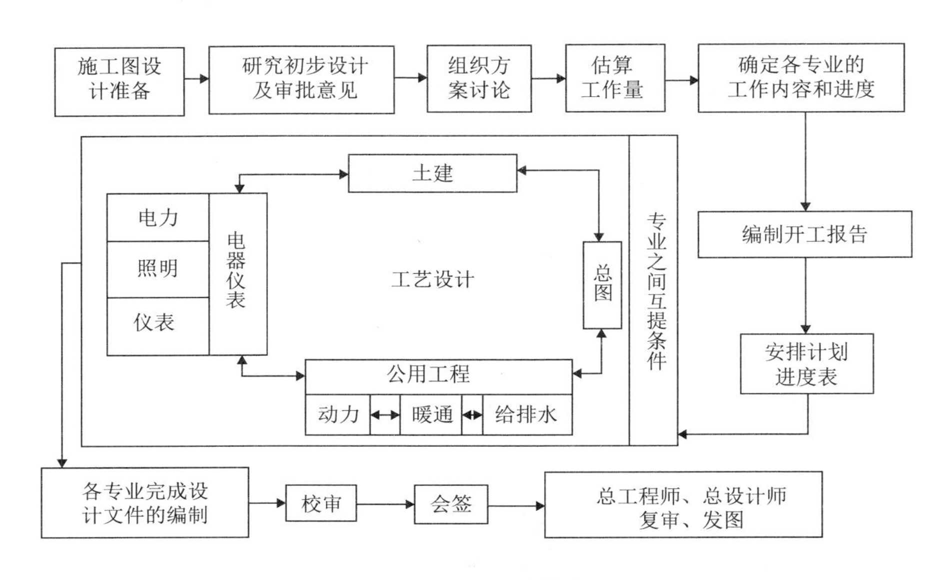

图 1-1　施工图设计基本程序

二、工艺施工图设计一般规定

1. 图面基本要求　所有图纸均由计算机出图，字体为仿宋字体，文字、数字、管线、管件和仪表符号均要求统一规格大小。

2. 图幅规格　0＃、1＃、1＃加长、2＃、2＃加长、3＃等。使用设计院规定的标题栏，字体为仿宋字体。管线表示法以及流体代号，举例如下：

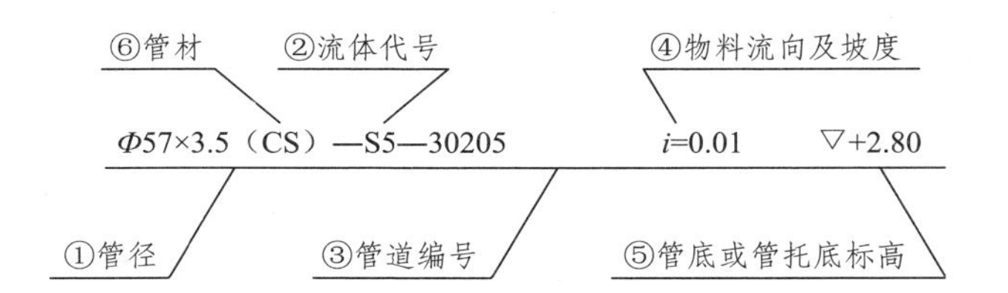

3. 管道画法 各设计院都有画法要求；管件符号，根据行业规定和设计院具体补充；仪表、自动控制符号标注，按化工行业的规定；字体，汉字用仿宋体，阿拉伯数字用书版字体，英文字母按印刷体大小写字母，字体大小满足图面布置及美观的需要。

4. 管线要求

（1）流程图：主物料管线（液体和气体）及固体物料管线用0.9mm（粗）实线及虚线表示；辅助原料、公用系统、排空、真空、排凝液、取样、吹扫等管线用0.6mm（中）实线；其他内容均用0.3mm（细）实线。

（2）工艺设备安装布置图：工艺设备外轮廓线和机电类设备主体用0.9mm（粗）实线；其他内容均用0.3mm（细）实线绘制。

工艺管道布置图：所有管道均用0.9mm（粗）线；其他内容均用0.3mm（细）线。

5. 图纸目录 所有发至施工单位的图纸均应列入图纸目录中；施工说明要求，施工说明内容至少应包括设计依据、设计范围、项目或单体概况、施工图组成、施工图编号、设备安装、管道安装、管道保温及防腐刷色要求、注意事项。注意直接做施工图的项目设计依据要写充分。

6. 工艺流程图图例要求 工艺流程图图例至少应包括本项目中所涵盖的管道表示方法及代号、介质符号、管材代号、仪表符号。

7. 管道及仪表流程图要求 图面需绘制内容为工艺设备、工艺管线（包括固体物料线）、控制点、建筑楼层及操作平台、设备安装高度及管道安装的特定高度尺寸线、系统图视每个系统内容多少进行绘制。工艺设备绘制要求与配管和操作有关的管口必须绘出、设备大小按相对比例绘出，安装高度根据工艺需要按相对比例绘出，安装位置要表示清楚；设备位号及名称标注在设备下方。工艺管线、管件及其他内容绘制，要求绘出全部与工艺有关管线、管件及仪表，其管件和仪表的相对位置正确；绘出管道安装高低相对位置；双线管线及其附件、连接件、阀件均按实样，不用符号；公用系统管线应绘出方向指示箭头；管线来去表示用文字注明；根据工艺流程走向绘制管线进出设备位置；交错管线原则上按细断、粗不断，横断、纵不断绘制；绘出地坑、地沟、地坪、楼板、操作台；楼层标高以室内一层地面为0.00，于图纸右端相应楼层处注明；操作台按高度单线绘出，与设备、管线相碰处断开；成套设备只标注与外部相接管线；控制点由工艺专业和自控仪表专业共同完成绘制。

8. 设备一览表 其内容应有序号、设备位号、名称、规格、功率、单重、总重、台数、备注，材料栏可只写出主体部分材料，规格要写全。

9. 工艺设备布置图

（1）内容要求：图面内容，所有房间及走廊的名称均要标注；操作台、操作踏脚要注明相对标高；标出设备外形、安装方式、定位方向、定位尺寸、设备位号；标出设备基础及安装高度。平面图要有设备表，内容有序号、名称、位号、规格、台数、备注；平面图的图纸右上角需画出与总图的设计北向一致的方向标。

（2）绘制要求：设备布置图一般绘平面图，当平面图表示不清楚时，可绘立面图或局部剖视图；对工艺设备（带基础及电机）可视部分用粗线，不可见部分用粗虚线；工艺流程所涉及设备应全部绘出；平、立、剖面设备布置图的绘制应包括详细内容；可见的支柱，栏杆、加强板，楼梯踏步、踏板等均应绘出；设备平面定位尺寸的标注基准以满足施工要求为准。

10. 工艺管道布置图

（1）内容要求：图面内容，应标示出所有管道、管件及相应标高；标注所有管架位置，且每个管架均编一个独立的管架号；所有房间及走廊应标出名称；标出设备外形、安装方式、设备位号；操作台、操作踏步要注明标高；平面图要有管线表，内容包括序号、名称、管线号、标高、备注；在平面图的图纸右上角画出与总图的设计北向一致的方向标。

（2）绘制要求：绘制管道布置图应以管道及仪表流程图、建（构）筑物的土建设计图、设备布置图、设备图和制造厂提供的有关产品样本等资料为依据。

管道布置图一般只绘平面图，当平面图中局部表示不够清楚时，可绘制剖视图，绘制剖视图时要按比例绘出，可根据需要标注尺寸。平面图上要标示所剖切的位置、方向及编号。

多层建筑物、构筑物的管道布置平面图应按层次绘制；当某一层平面管道上下重叠过多、布置比较复杂时，可分层绘制。

有操作台部分如表示不清楚时，可只绘出操作台上面的管道，操作台下面的管道，另外绘制平面图或局部平面图。

管道布置图上建（构）筑物的标示参照化工专业的详细规定。管道布置图上设备的标示参照化工专业的详细规定。管道定位尺寸的标注要求如下：

管道布置图上应标注管道定位尺寸，以建筑物或构筑物的轴线、设备中心线、设备管口中心线及区域分界线等作为基准；高度定位尺寸一般用标高的形式标注管底与基准面之间的距离；露天装置以装置的地坪作为基准面；直接与设备管连接的管道可以不标注标高；在管道旁边适当位置画箭头表示物料流向。

所有管道高点应设放空，低点应设排净，并有阀门。重叠管道画法参照化工专业的详细规定。

管架图应包括本项目中所有管架形式、管架代号；必要时要区分出固定管架和滑动管架。

工艺管道一览表中应包括：管号、管路起止、操作条件、公称直径、管线、法兰、阀门、管件、螺栓、垫片、保温、备注。

综合材料表中应包括：序号、材料名称、规格、数量、备注。

三、设计后期注意事项

设计完成后，设计人员对项目建设进行施工技术交底，在土建过程中亲临现场指导施工、配合解决施工中存在的设计问题，参与设备安装、调试、试运转和工程验收，直至项目正常运营。

施工过程中凡涉及方案问题、标准问题和安全问题的变动，都必须首先与设计部门协商，待取得一致意见后，方可变动。因为项目建设的设计方案是经过可行性研究阶段、初步设计阶段和施工图设计阶段研究所确定的，施工中任意改动，势必会影响到竣工后的验收和使用要求；设计标准的变动会涉及项目建设是否合乎 GMP 及其他有关规范的要求和项目投资的增减；安全方面的问题更是至关重要，其中不仅包括厂房、设施与设备结构的安全问题，而且包括洁净厂房设计中建筑、暖通、给排水和电气专业所采取的一系列安全措施，因此设计完成后不能随意变动。

整个设计工程的验收是在建设单位的组织下，以设计单位为主，与施工单位共同完成。

第二章　厂址选择与厂区布局

药品是特殊商品，国家为强化对药品生产的监督管理，确保药品安全有效，开办药品生产企业除必须按照国家关于开办生产企业的法律法规规定，履行报批程序外，还必须具备开办药品生产企业的条件。

《中华人民共和国药品管理法》在第二章“药品生产企业管理”中规定了开办药品生产企业的基本条件和审批程序，核发“药品生产许可证”应遵循的原则。为了保证药品质量和人民用药安全有效，对企业生产药品以及生产药品所需要原料、辅料的基本要求提出了具体规定，从执法的角度配合宏观经济主管部门促进医药事业健康发展。

第一节　厂址选择

药品生产企业应有与生产品种和规模相适应的足够面积和空间的生产建筑、辅助建筑和设施。厂房与设施是药品生产企业实施《药品生产质量管理规范》（简称 GMP）的基础，也是开办药品生产企业的一个先决条件，可以说是硬件中的关键部分。

厂址选择是指在拟建地区具体地点范围内明确建设项目坐落的位置，是基础建设的一个重要环节。根据拟建工程项目所必须具备的条件，结合制药工业的特点，进行调查和勘测，并进行多方案比较，提出推荐方案，编制厂址选择报告，经上级主管部门批准后，即可确定厂址的具体位置。

厂址选择是工程项目进行设计的前提，是基本建设前期工作的重要环节。厂址选择涉及许多部门，是一项政策性和科学性很强的综合性工作。在厂址选择时，必须采取科学、慎重的态度，认真调查研究，确定适宜的厂址。厂址选择是否合理，不仅关系到工程项目的建设速度、建设投资和建设质量，而且关系到项目建成后的经济效益、社会效益和环境效益，并对国家和地区的工业布局和城市规划有着深远的影响。

一、厂址选择的基本原则

厂址选择从整体上看，要有今后的发展余地；从综合方面看，应考虑到地理位置，地质状况，水源及清洁污染情况，周围的大气环境，常年的主导风向，电能的输送，通讯方便与否，交通运输方面等因素。

1. 遵守国家的法律、法规的原则　选择厂址时，要贯彻执行国家的方针、政策，遵守国家的法律、法规，要符合国家的长远规划、国土开发整治规划和城镇发展规划等。

2. 对环境因素的特殊性要求的原则　药品是一种特殊的商品，其质量好坏直接关系到人体健康和安全。为保证药品质量，药品生产必须符合 GMP 的要求，在严格控制的洁净环境中生产。

制药企业厂址选择之所以重视周围环境，主要是由于大气污染对厂房的影响和空气净化处理系统的管理各种因素所决定的。制药厂房中车间的空气洁净度合格与否与室外环境有着密切的关系。从卫生的角度来认识厂址中环境因素在实施GMP中的重要性，可以从防止污染、防止差错的目标要素上来理解。室外的大气污染的因素复杂，有的污染发生在自然界，有的是人类活动的产物；有固定污染源，也有流动污染源。若是选址阶段不注重室外环境的污染因素，虽然事后可以依靠洁净室的空调净化系统来处理从室外吸入的空气，但势必会加重过滤装置的负担，并为此而付出额外的设备投资、长期维护管理费用和能源消耗。若是室外环境好，就能相应地减少净化设施的费用，所以一定要在选择厂址中注意环境的情况。

（1）对大气质量的要求：制药企业宜选址在周围环境较洁净且绿化较好，厂址周围应有良好的卫生环境，大气中含尘、含菌浓度低，无有害气体、粉尘等污染源，自然环境好的区域，不宜选在多风沙的地区和严重灰尘、烟气、腐蚀性气体污染的工业区，通常选在大气质量为二类的地区。大气质量分类见表2-1。

表2-1 大气环境空气污染物允许浓度限制（mg/mL）

污染物名称	取值时间	一级标准	二级标准	三级标准
总悬浮微粒	日平均数	0.15	0.30	0.50
	任何一次数	0.30	1.00	1.50
飘尘	日平均数	0.05	0.15	0.25
	任何一次数	0.15	0.50	0.70
二氧化硫	日平均数	0.05	0.15	0.25
	任何一次数	0.15	0.50	0.70
氮氧化物	日平均数	0.05	0.10	0.15
	任何一次数	0.10	0.15	0.30
一氧化碳	日平均数	4.00	4.00	6.00
	任何一次数	10.00	10.00	20.00
光化学氧化剂（O_3）	一小时平均	0.12	0.16	0.20

按上表标准，通常一类为国家自然保护区、风景游览区、名胜古迹和疗养地；二类为城市规划的居民区、商业交通居民混合区、文化区和广大农村；三类为大气污染程度比较严重的城镇和工业区及城市交通枢纽干线等地区。制药厂厂址选在二类大气质量区较为合理。同时注意周围几公里以内无污染排放源，水质未受污染，大气降尘量少，特别要避开大气中的二氧化硫、飘尘和降尘浓度大的化工区。

（2）对人口密度的要求：以人口密度较小为宜。这样可以克服由人为造成的各项污染，应尽量远离铁路、公路、机场、码头等人流、物流比较密集的区域和烟囱，离市政干道距离大于50m，避免其散发的大量粉尘和有害气体、振动和噪声干扰生产。

（3）对长年季风风速、风向、频率的要求：掌握全年的主导风向和夏季的主导风向的资料，对夏季可以开窗的生产车间，常以夏季主导风向来考虑车间厂房的相互位置，但对质量要求高的注射剂、无菌制剂车间应以全年主导风向来考虑，对全年主导风向来说，尽管工业区应设在城镇常年主导风向的下风向，但考虑到药品生产对环境的特殊要求，药厂厂址应设在工业区的上风位置，同时还应考虑：目前和可预见的市政规划，是否会使工厂四周环境发生不利变化。

（4）考虑建筑物的方位、形状的要求：保证车间有良好的天然采光和自然通风，避免西晒，同时要考虑将空调设施布置于朝北车间内；由于厂址对药厂环境的影响具有先天性，因此，选择厂址时必须充分考虑药厂对环境因素的特殊要求。

3. 协调处理各种平衡关系的原则 选择厂址时，要正确协调处理好生产与生态的平衡、工业与农业的平衡、生产与生活的平衡、近期与远期的平衡等关系，从实际出发，统筹兼顾。

4. 考虑环境保护和综合利用的原则 保护生态环境是我国的一项基本国策，对药品生产企业来讲，应该选择有利于药品生产的环境，应避开粉尘、烟气、有害有毒气体的地方，也要远离霉菌和花粉的传播源。另一方面，对药厂生产过程中产生的“三废”要进行综合治理，不得造成环境污染。从排放的废弃物中回收有价值的资源，开展综合利用，是保护环境的一个积极措施。

5. 节约用地、长远发展的原则 我国是一个人口众多的国家，人均可耕地面积远远低于世界平均水平。因此，选择厂址时要尽量利用荒地、坡地及低产地，少占或不占良田、林地。厂区的面积、形状和其他条件既要满足生产工艺合理布局的要求，又要留有一定的发展余地。

6. 具备基本生产条件的原则 药厂也是工厂，它的运行与其他工厂是相同的，需要有厂房设备、需要有生产工作人员、需要有原料的运进和成品的运出等，应当符合工厂建设的基本要求。

（1）地质条件方面，应符合建筑施工的要求，地耐力宜在150kN/m^{2}以上。厂址的自然地形应整齐、平坦，这样既有利于工厂的总平面布置，又有利于场地排水和厂内的交通运输。

（2）厂址的交通运输方面，应方便、畅通、快捷，GMP第八条明确指出：“药品生产企业必须有整洁的生产环境；厂区的地面、路面及运输等不应对药品的生产造成污染；生产、行政、生活和辅助区的总体布局应合理，不得互相妨碍。”这就对药厂内部交通状况做出了明确规定。制药企业与外部社会拥有密切的交往，要有畅通的交通，以保证制药原料、辅料、包装材料能够及时的运输，确保企业的正常运转，故而通常宜选择在交通便利的城市近郊为宜。不能选在风景名胜区、自然保护区、文物古迹区等特殊区域。

（3）公用设施方面，水、电、汽、原材料和燃料的供应要方便。水、电、动力（蒸汽）、燃料、排污及废水处理在目前及今后发展时容易妥善解决。

水源：通常选择药厂厂址的水源（可以是地下水、水库水、自来水），均需要通过当地水质部门的水质分析，达到饮用水标准方可采用。厂址的地下水位不能过高，给、排水设施，管网设施，距供水主干线距离等均应考虑其能否满足工业化大生产的需要。

供电能力：包括电压、电负荷容量，要满足设计生产能力的要求。

通讯设施：包括电线、电缆等通讯设备，是否与现代高科技技术接轨。

其他工程设施：包括煤气管线、容量；锅炉排污、排渣，工业“三废”处理设施等，能否与制药企业的生产规模相适应。

以上是厂址选择的一些基本原则。实际上，要选择一个理想的厂址是非常困难的，应根据厂址的具体特点和要求，抓主要矛盾。首先满足对药厂的生存和发展有重要影响的要求，然后再尽可能满足其他要求，选择适宜的厂址。

二、厂址选择程序

厂址选择程序一般包括准备、现场调查和编制厂址选择报告三个阶段。

1. 调研阶段 包括组织准备和技术调研阶段。

（1）组织准备阶段：首先组成选址工作组，选址工作组成员的专业配备应视工程项目的性质和内容不同而有所侧重。一般由勘察、设计、城市建设、环境保护、交通运输、水文地质等单位的人员以及当地有关部门的人员共同组成。

（2）技术调研阶段：选址工作人员要编制厂址选择指标和收集资料提纲。选厂指标包括总投资、占地面积、建筑面积、职工总数、原材料及能源消耗、协作关系、环保设施和施工条件等。收集资料提纲包括地形、地势、地质、水文、气象、地震、资源、动力、交通运输、给排水、公用设施和施工条件等。在此基础上，对拟建项目进行初步的分析研究，确定工厂组成，估算厂区外形和占地面积，绘制出总平面布置示意图，并在图中注明各部分的特点和要求，作为选择厂址的初步指标。

2. 实地勘察阶段 实地勘察是厂址选择的关键环节，其目的是按照厂址选择指标，深入现场调查研究，收集相关资料，确定若干个具备建厂条件的厂址方案，以供比较。

实地勘察的重点是按照准备阶段编制的收集资料提纲收集相关资料，并按照厂址的选择指标分析建厂的可行性和现实性。在现场调查中，不仅要收集厂址的地形、地势、地质、水文、气象、面积等自然条件，而且要收集厂址周围的环境状况，动力资源、交通运输、给排水、公用设施等技术经济条件。收集资料是否齐全、准确，直接关系到厂址方案的比较结果。

3. 研究讨论、编制报告阶段 编制厂址选择报告是厂址选择工作的最后阶段。根据准备阶段和现场调查阶段所取得的资料，对可选的几个厂址方案进行综合分析和比较，权衡利弊，提出选址工作组对厂址的推荐方案，编制出厂址选择报告，报上级批准机关审批。

三、厂址选择报告

厂址选择报告一般由工程项目的主管部门会同建设单位和设计单位共同编制，其主要内容如下。

1. 概述 说明选址的目的与依据、选址工作组成员及其工作过程。

2. 主要技术经济指标 根据工程项目的类型、工艺技术特点和要求等情况，列出选择厂址应具有的主要技术经济指标，如项目总投资、占地面积、建筑面积、职工总数、原材料和能源消耗、协作关系、环保设施和施工条件等。

3. 厂址条件 根据准备阶段和现场调查阶段收集的资料，按照厂址选择指标，确定若干个具备建厂条件的厂址，分别说明其地理位置、地形、地势、地质、水文、气象、面积等自然条件以及土地征用及拆迁、原材料供应、动力资源、交通运输、给排水、环保工程和公用设施等技术经济条件。

4. 厂址方案比较 根据厂址选择的基本原则，对拟定的若干个厂址选择方案进行综合分析和比较，提出厂址的推荐方案，并对存在的问题提出建议。

厂址方案比较侧重于厂址的自然条件、建设费用和经营费用三个主要方面的综合分析和比较。其中自然条件的比较应包括对厂址的位置、面积、地形、地势、地质、水文、气象、交通运输、公用工程、协作关系、移民和拆迁等因素的比较；建设投资的比较应包括土地补偿和拆迁费用、土石方工程量以及给水、排水、动力工程等设施建设费用的比较；经营费用的比较应包括原料、燃料和产品的运输费用、污染物的治理费用以及给水、排水、动力等费用的比较。

5. 厂址方案推荐 对各厂址方案的优劣进行综合论证，并结合当地政府及有关部门对厂址选择的意见，提出选址工作组对厂址选择的推荐方案。

6. 结论和建议 论述推荐方案的优缺点，并对存在的问题提出建议。最后，对厂址选择做出初步的结论意见。

7. 主要附件 包括各试选厂址的区域位置图和地形图；各试选厂址的地质、水文、气象、地震等调查资料；各试选厂址的总平面布置示意图；各试选厂址的环境资料及工程项目对环境的影响评价报告；各试选厂址的有关协议文件、证明材料和厂址讨论会议纪要等。

四、厂址选择报告的审批

大、中型工程项目，如编制设计任务书时已经选定了厂址，则有关厂址选择报告的内容可与设计任务书一起上报审批。在设计任务书批准后选址的大型工程项目厂址选择报告需经国家城乡建设环境保护部门审批。中、小型工程项目，应按项目的隶属关系，由国家主管部门或省、直辖市、自治区审批。

第二节 厂区布局

厂区布局设计是在主管部门批准的既定厂址和工业企业总体规划的基础上，按照生产工艺流程及安全、运输等要求，经济合理地确定厂区内所有建筑物、构筑物（如水塔、酒精回收蒸馏塔等）、道路、运输、工程管线等设施的平面及立面布置关系。

一、厂区布局设计的意义

制药企业实施 GMP 是一项系统工程，涉及设计、施工、管理、监督等方方面面，对其中的每一个环节，都有法令、法规的约束，必须按律而行。而工程设计作为实施GMP的第一步，其重要地位和作用更不容忽视。设计是一门涉及科学、技术、经济和国家方针政策等多方面因素的综合性的应用技术。制药企业厂区平面布局设计要综合工艺、通风、土建、水、电、动力、自动控制、设备等专业的要求，是各专业之间的有机结合，是整个工程的灵魂。设计是药品生产形成的前期工作，因此，需要进行论证确认。设计时应主要围绕药品生产工艺流程，遵守GMP中有关对硬件要求的规定。

“药品质量是设计和生产出来的”原则是科学原理，也是人们在进行药品生产的实践中总结出来的并深刻认识的客观规律。制药企业应该像对主要物料供应商质量体系评估一样，对医药工程设计单位进行市场调研，选择好医药工程设计单位；并在设计过程中集思广益，把重点放在设计方案的优化、技术先进性的确定、主要设备的选择上。

厂区平面布局设计是工程设计的一个重要组成部分，其方案是否合理直接关系到工程设计的质量和建设投资的效果。总平面布置的科学性、规范性、经济合理性，对于工程施工会有很大的影响。科学合理的总平面布置可以大大减少建筑工程量，节省建筑投资，加快建设速度，为企业创造良好的生产环境，提供良好的生产组织经营条件。总平面设计不协调、不完善，不仅会使工程项目的总体布局紊乱、不合理，建设投资增加，而且项目建成后还会带来生产、生活和管理上的问题，甚至影响产品质量和企业的经营效益。

厂区平面布局设计应把握“合理、先进、经济”三原则，也就是设计方案要科学合理，能有效地防止污染和交叉污染；采用的药品生产技术要先进；而投资费用要经济节约，降低生产成本。

二、厂区划分

GMP第八条规定：“药品生产企业必须有整洁的生产环境；厂区的地面、路面及运输等不应对药品的生产造成污染；生产、行政、生活和辅助区的总体布局应合理，不得互相妨碍。”根据这条规定，药品生产企业应将厂区按建筑物的使用性质进行归类分区布置，即使老厂规划改造时也应这样做。

厂区划分就是根据生产、管理和生活的需要，结合安全、卫生、管线、运输和绿化的特点，将全厂的建（构）筑物划分为若干个联系紧密而性质相近的单元，以便进行总体布置。

厂区划分一般以主体车间为中心，分别对生产、辅助生产、公用系统、行政管理及生活设施进行归类分区，然后进行总体布置。

1. 生产车间 厂内生产成品或半成品的主要工序部门，称为生产车间。如原料药车间、制剂车间等。生产车间可以是多品种共用，也可以为生产某一产品而专门设置。生产车间通常由若干建（构）筑物（厂房）组成，是全厂的主体。根据工厂的生产情况可将其中的1～2个主体车间作为厂区布置的中心。

2. 辅助车间及公用系统 协助生产车间正常生产的辅助生产部门，称为辅助车间，如机修、电工、仪表等车间。辅助车间也由若干建（构）筑物（厂房）组成。公用系统包括供水、供电、锅炉、冷冻、空气压缩等车间或设施，其作用是保证生产车间的顺利生产和全厂各部门的正常运转。

3. 行政管理区 由办公室、汽车库、食堂、传达室等建（构）筑物组成。

4. 生活区 由职工宿舍、绿化美化等建（构）筑物和设施组成，是体现企业文化的重要部分。

三、厂区设计原则

每个城镇或区域一般都有一个总体发展规划，对该城镇或区域的工业、农业、交通运输、服务业等进行合理布局和安排。城镇或区域的总体发展规划，尤其是工业区规划和交通运输规划，是所建企业的重要外部条件。因此，在进行厂区总体平面设计时，设计人员一定要了解项目所在城镇或区城的总体发展规划，使厂区总体平面设计与该城镇或区城的总体规划相适应。

1. 满足生产要求、工艺流程合理 生产厂房包括一般厂房和有空气洁净度级别要求的洁净厂房。一般厂房执行一般工业生产条件和工艺要求，洁净厂房遵守 GMP 的要求设计。

预防污染是厂房规划设计的重点。制药企业的洁净厂房必须以微粒和微生物两者为主要控制对象，这是由药品及其生产的特殊性所决定；设计与生产都要坚持控制污染的主要原则。

GMP 的核心就是预防生产中药品的污染、交叉污染、混批、混杂。总平面设计原则就是依据药品 GMP 的规定创造合格的布局，合理的生产场所。具体地讲，交叉污染是指通过人流、工具传送、物料传输和空气流动等途径，将不同品种药品的成分互相干扰、污染，或是因人、工器具、物料、空气等不恰当的流向，让洁净级别低的生产区的污染物传入洁净级别高的生产区，造成交叉污染。所谓混杂，是指因平面布局不当及管理不严，造成不合格的原料、中间体及半成品的继续加工误作合格品而包装出厂，或生产中遗漏任何生产程序或控制步骤。

工艺布局遵循“三协调”原则，即人流物流协调，工艺流程协调，洁净级别协调。洁净厂房宜布置在厂区内环境清洁、人流物流不穿越或少穿越的地段，与市政交通干道的间距宜大于 100m。车间、仓库等建（构）筑物应尽可能按照生产工艺流程的顺序进行布置，将人流和物流通道分开，并尽量缩短物料的传送路线，避免与人流路线的交叉。同时，应合理设计厂内的运输系统，努力创造优良的运输条件和效益。

在进行厂区总体平面设计时，应面向城镇交通干道方向做企业的正面布置，正面的建（构）筑物应与城镇的建筑群保持协调。厂区内占地面积较大的主厂房一般应布置在中心地带，其他建（构）筑物可合理配置在其周围。工厂大门至少应设两个以上，如正门、侧门和后门等，工厂大门及生活区应与主厂房相适应，以方便职工上下班。

对有洁净厂房的药厂进行总平面设计时，设计人员应对全厂的人流和物流分布情况进行全面的分析和预测，合理规划和布置人流和物流通道，并尽可能避免不同物流之间以及物流与人流之间的交叉往返。厂区与外部环境之间以及厂内不同区域之间，可以设置若干个大门。为人流设置的大门，主要用于生产和管理人员出入厂区或厂内的不同区域；为物流设置的大门，主要用于厂区与外部环境之间以及厂内不同区域之间的物流输送。无关人员或物料不得穿越洁净区，以免影响洁净区的洁净环境。

2. 充分利用厂址的自然条件　总平面设计应充分利用厂址的地形、地势、地质等自然条件，因地制宜，紧凑布置，提高土地的利用率。若厂址位置的地形坡度较大，可采用阶梯式布置，这样既能减少平整场地的土石方量，又能缩短车间之间的距离。当地形地质受到限制时，应采取相应的施工措施，既不能降低总平面设计的质量，也不能留下隐患，否则长期会影响生产经营。

3. 考虑企业所在地的主导风向、减少环境污染　有洁净厂房的药厂，厂址不宜选在多风沙地区，周围的环境应清洁，并远离灰尘、烟气、有毒和腐蚀性气体等污染源。如实在不能远离时，洁净厂房必须布置在全年主导风向的上风处。总平面设计应充分考虑地区的主导风向对药厂环境质量的影响，合理布置厂区及各建（构）筑物的位置。厂址地区的主导风向是指风吹向厂址最多的方向，可从当地气象部门提供的风玫瑰图查得。

风玫瑰图表示一个地区的风向和风向频率。风向频率是在一定的时间内，某风向出现的次数占总观测次数的百分比。风玫瑰图在直角坐标系中绘制，坐标原点表示厂址位置，风向可按 8 个、12 个或 16 个方位指向厂址，如图 2-1 所示，当地气象部门根据多年的风向观测资料，将各个方向的风向频率按比例和方位标绘在直角坐标系中，并用直线将各相邻方向的端点连接起来，构成一个形似玫瑰花的闭合折线，这就是风玫瑰图。

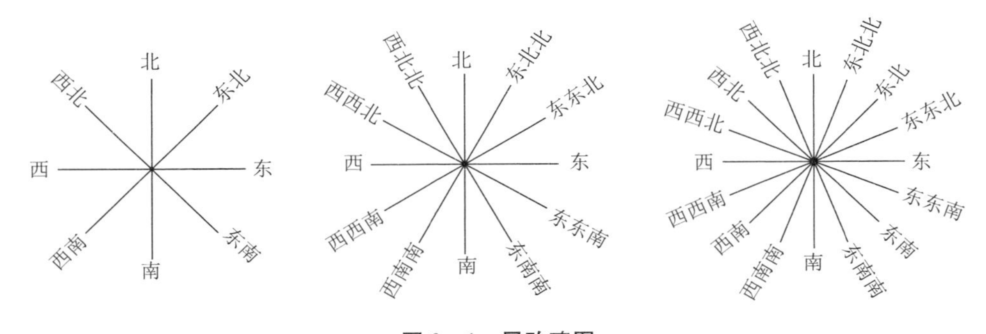

图 2-1　风玫瑰图

图 2-2 为部分地区全年风向的风玫瑰图，图中虚线表示夏季的风玫瑰图。可见，该厂址所在位置的全年主导风向为东南方向。

原料药生产区应布置在全年主导风向的下风侧，而洁净区则应布置在常年主导风向的上风侧，以减少有害气体和粉尘的影响。

工厂烟囱是典型的灰尘污染源。按照污染程度的不同，烟囱烟尘的污染范围可分为“重污染区”“较重污染区”“轻污染区”。如图 2-3 所示，Ⅰ区所代表的六边形区域为重污染区，Ⅱ区所代表的六边形区域（不含Ⅰ区）为较重污染区，其余区域为轻污染区，因此，对有洁净厂房的工厂进行总平面设计时，不仅要处理好洁净厂房与烟囱之间的风向位置关系，而且要与烟囱保持足够的距离。

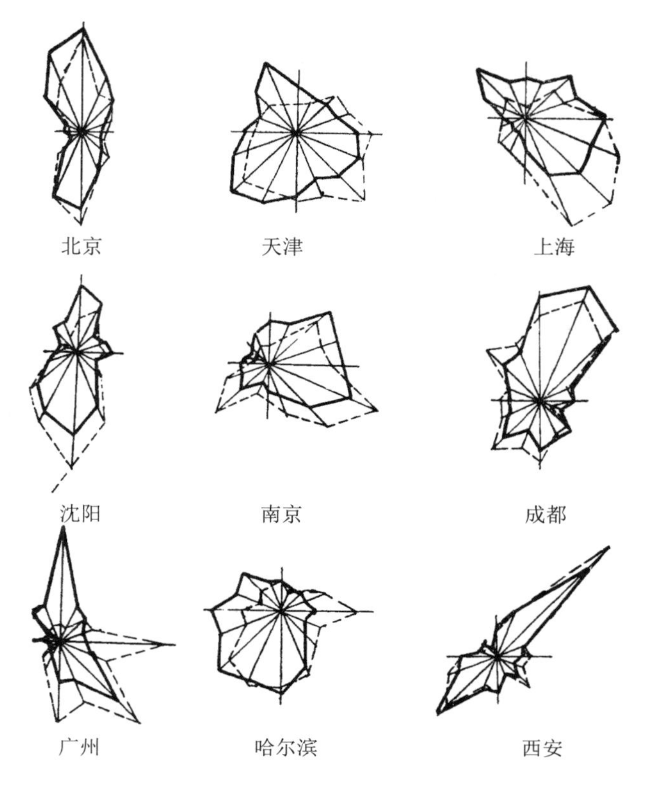

图 2-2　部分地区全年风向的风玫瑰图

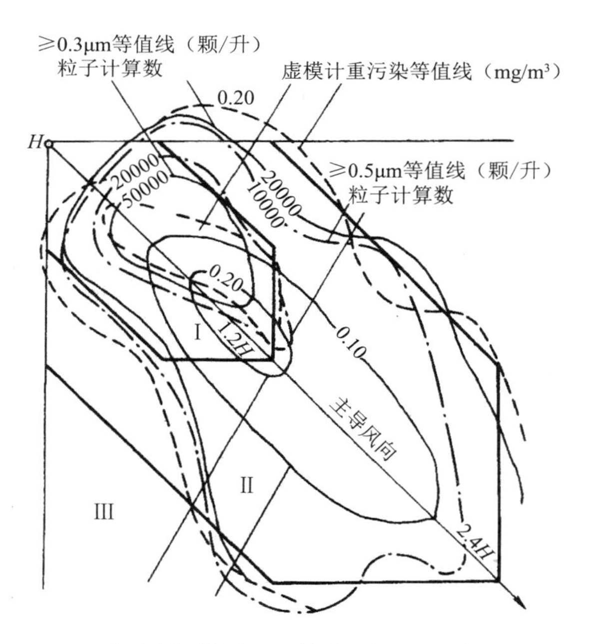

Ⅰ-严重污染区；Ⅱ-较重污染区；Ⅲ-轻污染区

图 2-3　烟囱烟尘污染分区模式图

重污染区（Ⅰ区）：以烟囱为顶点，以主导风向为轴，两边张角 90°，长轴为烟囱高度的 12 倍，短轴与长轴相垂直为烟囱高度的 6 倍，所构成的六边形为重污染区。

较重污染区（Ⅱ区）：与Ⅰ区有同样的原点和主轴，该区长轴相当于烟囱的 24 倍，短轴相当于烟囱的 12 倍，所构成的六边形中扣除Ⅰ区即为较重污染区。

轻污染区（Ⅲ区）：烟囱顶点下风向直角范围内除去Ⅰ区、Ⅱ区之外的区域。

工业设施排放到大气中的污染物，一般多为粉尘、烟雾和有害气体，其中煤烟在大气中的扩散有时甚至可以影响自地表面起 300m 高度和水平距离 1～10km。有洁净室的工厂在总体设计时，除了处理好厂房与烟囱之间的风向位置关系外，其间距不宜小于烟囱高度的 12 倍。

必须指出，以上研究只是对烟囱污染状况作了相对区域划分，每个烟囱会依其源强、风力及周围情况等因素的影响不同来定。

道路既是振动源和噪声源，又是主要的污染源。道路尘埃的水平扩散，是总体设计中研究洁净厂房与道路相互位置关系时必须考虑的一个重要方面，道路不仅与风速、路面结构、路旁绿化和自然条件有关，而且与车型、车速和车流量有关。下面是一个课题组对道路尘源影响范围的研究：该道路为沥青路面，两侧无路肩和人行道，无组织排水，路边有少量柳树，路边有少量房屋，两侧为农田，附近无足以影响测试的其他尘源，与路边不同距离 1.2m 高处含尘浓度测定结果如表 2－2、图 2－4 所示，根据道路烟尘浓度的衰减趋势，道路两侧的污染区也可分为“重污染区”“较重污染区”“轻污染区”。对一般道路而言，距路边 50m 以内的区域为重污染区，50～100m 的区域为较重污染区，100m 以外的区域为轻污染区。因此，有洁净厂房的工厂应尽量远离铁路、公路和机场。

表 2－2　道路污染的影响

机动车平均流量（辆/小时）	平均风速（m/s）	与路边不同距离 1.2m 高处空气含尘浓度（mg/m^3）（10 次平均）					
871	1.8	0m	10m	25m	50m	100m	150m
滤膜计重测定结果		1.558	1.781	1.498	0.630	0.220	0.350
滤膜计重测定结果浓度比		1.0	1.13	0.96	0.40	0.14	0.22
粒子计重测定结果		81256	74468	74482	73541	47021	
粒子计重测定结果浓度比		1.0	0.92	0.92	0.91	0.58	

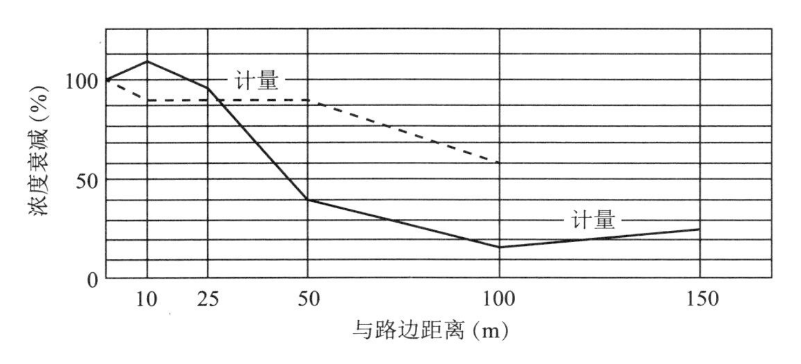

图 2－4　道路烟尘衰减趋势图

在总平面设计时，洁净厂房不宜布置在主干道两侧，要合理设计洁净厂房周围道路的宽度和转弯半径，限制重型车辆驶入，路面要采用沥青、混凝土等不易起尘的材料构筑，露土地面要用耐寒草皮覆盖或种植不产生花絮的树木。

4. 全面考虑远期和近期建设、应留有发展余地 总平面设计要考虑企业的发展要求，留有一定的发展余地。分期建设的工程，总平面设计应一次完成，且要考虑前期工程与后续工程的衔接，然后分期建设。

5. 考虑防火防爆、注意防振防噪音、确保安全 工厂建、构（筑）物的相对位置初步确定以后，就要进一步确定建筑物的间距。决定建筑物的因素主要有防火、防爆、防毒、防尘等防护要求和通风、采光等卫生要求，还有地形、地质条件、交通运输、管线等综合要求。

（1）卫生要求：应将卫生要求相近的车间集中布置，将产生粉尘、有害气体的车间布置在厂区的下风的边缘地带。注意建筑物的方位、形状，保证天然采光和自然通风。

（2）防火要求：建筑物的防火间距是根据生产的产品的火灾危险性、建筑物的耐火等级、建筑面积、建筑层数等因素确定的。

依据建筑构件所用材料的燃烧性能，建筑物的耐火等级分为四级，见表 2－3。

表 2－3 厂房的防火间距（m）

耐火等级 / 防火间距 / 耐火等级	一、二级	三级	四级
一、二级	10	12	14
三级	12	14	16
四级	14	16	18

总的来说，制药企业必须有整洁的生产环境，生产区的地面、路面及运输不应对药品生产造成污染；厂房设计要求合理，并达到生产所要求的质量标准；还应考虑到生产扩大的拓展可能性和变换产品的机动灵活性。总之要做到：环境无污染，厂区要整洁；区间不妨碍，发展有余地。

四、厂区设计注意事项

具体地讲，要针对具体品种的特殊性，在总体布局上严格划分区域，特别一些特殊品种。在总平面设计时，除了遵循上述原则外，还应注意以下问题。

1. 生产 β-内酰胺结构类药品的厂房与其他厂房严格分开，生产青霉素类药品的厂房不得与生产其他药品的厂房安排在同一建筑物内。避孕药品、激素类、抗肿瘤类化学药品的生产也应使用专用设备，厂房应装有防尘及捕尘设施，空调系统的排气应经净化处理。生产用菌毒种与非生产用菌毒种、生产用细胞与非生产用细胞、强毒与弱毒、死毒与活毒、脱毒前与脱毒后的制品和活疫苗、人血液制品、预防制品等的加工或灌装不得同时在同一厂房内进行，其贮存要严格分开。

2. 药材的前处理、提取、浓缩（蒸发）以及动物脏器、组织的洗涤或处理等生产操作，不得与其制剂生产使用同一厂房。

3. 动物房的设置应符合国家食品药品监督管理局《实验动物管理办法》等有关规定，布置在僻静处，并有专门的排污和空调设施。

4. 生产区应有足够的平面和空间，并且要考虑与邻近操作的适合程度与通讯联络。有足够的地方合理安放设备和材料，使能有条理地进行工作，从而防止不同药品的中间体之间发生混杂，防止由其他药品或其他物质带来的交叉污染，并防止遗漏任何生产或控制事故的发生。除了生产工艺所需房间外，还要合理考虑以下房间的面积，以免出现错误：存放待检原料、半成品室的面积；中间体化验室的面积；设备清洗室的面积；清洁工具间的面积；原辅料的加工、处理面积；存放待处理的不合格的原材料、半成品的面积。

5. 仓库的安排应根据工艺流程在仓库与车间之间设置输送原辅料的进口及一输送成品的出口，使之运输距离最短；要注意到洁净厂房使用的原辅料、包装材料及成品待验仓库宜与洁净厂房布置在一起，有一定的面积；若生产品种较多，可将仓库设于中央通道一侧，使之方便地将原辅料分别送至各生产区及接受各生产区的成品，多层厂房一般将仓库设在底层，或紧贴多层建筑的单层厂房内。

6. 物料贮存场所应设置能确保与其洁净级别相适应的温度、湿度和洁净度控制的设施；不仅洁净级别分区，而且物料也应分区；原辅料、半成品和成品以及包装材料的贮存区也应明显；待验品、合格和不合格品应有足够的面积存放，并严格分开。贮存区与生产区的距离要尽量缩短，以减少途中污染。

实际上，总体规划的厂区布置是个总纲，十分重要，必须要在一定程度上给生产管理、质量管理和检验等带来方便和保证。

五、厂区总体平面设计的内容

厂区总体平面设计的内容繁杂，涉及的知识面很广，影响因素很多，矛盾也错综复杂，因此在进行厂区总体平面设计时，设计人员要善于听取和集中各方面的意见，充分掌握厂址的自然条件、生产工艺特点、运输要求、安全和卫生指标、施工条件以及城镇规划等相关资料，按照厂区总体平面设计的基本原则和要求，对各种方案进行认真的分析和比较，力求获得最佳设计效果。工程项目的厂区总体平面设计一般包括以下内容。

1. 平面布置设计 平面布置设计是总平面设计的核心内容，其任务是结合生产工艺流程特点和厂址的自然条件，合理确定厂址范围内的建（构）筑物、道路、管线、绿化等设施的平面位置。

2. 立面布置设计 立面布置设计是总平面设计的一个重要组成部分，其任务是结合生产工艺流程特点和厂址的自然条件，合理确定厂址范围内的建（构）筑物、道路、管线、绿化等设施的立面位置。

3. 运输设计 根据生产要求、运输特点和厂内的人流、物流分布情况，合理规划和布置厂址范围内的交通运输路线和设施。

厂区内道路的人流、物流分开对保持厂区清洁卫生关系很大。药品生产所用的原辅料、包装材料、燃料等很多，成品、废渣还要运出厂外，运输相当频繁。假如人流物流不清，灰尘可以通过人流带到车间；物流若不设计在离车间较远的地方，对车间污染就很大。洁净厂房周围道路要宽敞，能通过消防车辆；道路应选用整体性好、发尘少的覆面材料。

4. 管线布置设计 根据生产工艺流程及各类工程管线的特点，确定各类物流、电气仪表、采暖通风等管线的平面和立面位置。

5. 绿化设计 由于药品生产对环境的特殊要求，药厂的绿化设计就显得更为重要。随着制药工业的发展和GMP在制药工业中的普遍实施，绿化设计在药厂总平面设计中的重要性越来越显著。

绿化有滞尘、吸收有害气体与抑菌、美化环境三个作用。因此符合GMP要求的制药厂都有比较高的绿化率。绿化设计是总平面设计的一个重要组成部分，应在总平面设计时统一考虑。绿化设计的主要内容包括绿化方式选择、绿化区平面布置设计等。

要保持厂区清洁卫生，首要的一条要求就是生产区内及周围应无露土地面。这可通过草坪绿化以及其他一些手段来实现。一般来说，洁净厂房周围均有大片的草坪和常绿树木。有的药厂一进厂门就是绿化区，几十米后才有建筑物，在绿化方面，应以种植草皮为主；选用的树种，宜常绿，不产生花絮、绒毛及粉尘，也不要种植观赏花木、高大乔木。以免花粉对大气造成污染，个别过敏体质的人很可能导致过敏。

水面也有吸尘作用。水面的存在既能美化环境，还可以起到提供消防水源的作用。有些制药厂选址在湖边或河流边，或者建造人工喷水池，就是这个道理。

没有绿化，或者暂时不能绿化又无水面的地表，一定要采取适当措施来避免地面露土，例如覆盖人工树皮或鹅卵石等，而道路应尽量采用不易起尘的柏油路面，或者混凝土路面，目的都是减少尘土的污染。

6. 土建设计 土建设计的通则，车间底层的室内标高，不论是多层或单层，应高出室外地坪0.5～1.5m。如有地下室，可充分利用，将冷热管、动力设备、冷库等优先布置在地下室内。新建厂房的层高一般为2.8～3.5m，技术夹层净高1.2～2.2m，仓库层高4.5～6.0m，一般办公室、值班室高度为2.6～3.2m。

厂房层数的考虑根据投资较省、工期较快、能耗较少、工艺路线紧凑等要求，以建造单层大框架大面积的厂房为好。其优点是：①大跨度的厂房，柱子减少，分隔房间灵活、紧凑，节省面积；②外墙面积较少，能耗少，受外界污染也少；③车间布局可按工艺流程布置得合理紧凑，生产过程中交叉污染的机会也少；④投资省、上马快，尤其对地质条件较差的地方，可使基础投资减少；⑤设置安装方便；⑥物料、半成品及成品的输送，有利于采用机械化运输。

多层厂房虽然存在一些不足，例如：有效面积少（因楼梯、电梯、人员净化设施占去不少面积）、技术夹层复杂、建筑载荷高、造价相对高，但是这种设计安排也不是绝对的，常常有片剂车间设计成二至三层的例子，这主要考虑利用位差解决物料的输送问题，从而可节省运输能耗，并减少粉尘。

土建设计应注意的问题，地面构造重点要解决一个基层防潮的性能问题。地面防潮，对在地下水位较高的地段建造厂房特别重要。地下水的渗透能破坏地面面层材料的黏结。解决隔潮的措施有两种：一是在地面混凝土基层下设置膜式隔气层；二是采用架空地面，这种地面形式对今后车间局部改造时改动下水管道较为方便。

7. 特殊房间的设计要求 特殊房间主要包括：实验动物房的设计、称量室的设计、取样间的设计。

8. 厂房防虫等设施的设计 GMP 第十条规定："厂房应有防止昆虫和其他动物进入的设施。"昆虫及其他动物的侵扰是造成药品生产中污染和交叉污染的一个重要因素。具体的防范措施是：设纱门纱窗（与外界大气直接接触的门窗）、门口设置灭虫灯、草坪周围设置灭虫灯、厂房建筑外设置隔离带、入门处外侧设置空气幕等。

（1）灭虫灯：主要为黑光灯，诱虫入网，达到灭虫目的。

（2）隔离带：在建筑物外墙之外约 3m 宽内可铺成水泥路面，并设置几十厘米深与宽的水泥排水沟，内置砂层和卵石层，适时可喷洒药液。

（3）空气幕：在车间入门处外侧安装空气幕，并投入运转。做到"先开空气幕、后开门"和"先关门、后关空气幕"。也可在空气幕下安挂轻柔的条状膜片，随风飘动，防虫效果较好。也可以建立一个规程，使用经过批准的药物，以达到防止昆虫和其他动物干扰的目的，达到防止污染和交叉污染的目的。

在制药企业所在地区的生态环境中，有哪些可能干扰药厂环境的昆虫及其他动物，可以请教生物学专家及防疫专家；在实践中黑光灯诱杀昆虫的标本，应予记录，并可供研究。仓库等建筑物内，可设置"电猫"以及其他的防鼠措施。

六、厂区总体平面设计的技术经济指标

根据厂区总体平面设计的依据和原则，有时可以得到几种不同的布置方案。为保证厂区总体设计的质量，必须对各种方案进行全面的分析和比较，其中的一项重要内容就是对各种方案的技术经济指标进行分析和比较。总平面设计的技术经济指标包括全厂占地面积、堆场及作业场占地面积、建（构）筑物占地面积、建筑系数、道路长度及占地面积、绿地面积及绿地率、围墙长度、厂区利用系数和土方工程量等。其中比较重要的指标有建筑系数、厂区利用系数、土方工程量等。

1. 建筑系数 建筑系数可按式（2-1）计算：

$$\text{建筑系数}=\frac{\text{建（构）筑物占地面积}+\text{堆场、作业场占地面积}}{\text{全厂占地面积}}\times 100\% \qquad (2-1)$$

建筑系数反映了厂址范围内的建筑密度。建筑系数过小，不但占地多，而且会增加道路、管线等的费用；但建筑系数也不能过大，否则会影响安全、卫生及改造等。制药企业的建筑系数一般可取 25%～30%。

2. 厂区利用系数 建筑系数尚不能完全反映厂区土地的利用情况，而厂区利用系数则能全面反映厂区的场地利用是否合理。厂区利用系数可按式（2-2）计算：

$$厂区利用系数=\frac{建（构）筑物、堆场、作业场、道路、管线的总占地面积}{全厂占地面积}\times100\% \quad (2-2)$$

厂区利用系数是反映厂区场地有效利用率高低的指标。制药企业的厂区利用系数一般60%～70%。

3. 土方工程量 如果厂址的地形凹凸不平或自然坡度太大，则需要对场地进行平整。平整场地所需的土方工程量越大，则施工费用就越高。因此，要现场测量挖土填石所需的土方工程量，尽量少挖少填、并保持挖填土石方量的平衡，以减少土石方的运出量和运入量，从而加快施工进度，减少施工费用。

4. 绿地率 由于药品生产对环境的特殊要求，保证一定的绿地率是药厂总平面设计中不可缺少的重要技术经济指标。厂区绿地率可按式（2-3）计算：

$$绿地率=\frac{厂区集中绿地面积+建（构）筑物与道路网及围墙之间的绿地面积}{全厂占地面积}\times100\% \quad (2-3)$$

七、厂区总体平面布置图

在总体布局上应注意各部门的比例适当，如占地面积、建筑面积、生产用房面积、辅助用房面积、仓贮用房面积、露土和不露土面积等，还应合理地确定建筑物之间的距离。建筑物之间的防火间距与生产类别及建筑物的耐火等级有关，不同的生产类别及建筑物的不同耐火等级，其防火间距不同。危险品仓库应置偏僻地带。实验动物房应与其他区域严格分开，其设计建造应符合国家有关规定。

八、药厂的有序管理

在药品GMP中，包括硬件和软件两部分，药厂的设计属于硬件方面，这是药品生产的根本条件。但是这些硬件若没有软件的配合，便失去了药品生产的主要基础。软件是指先进可靠的生产工艺，严格的管理制度、文件和质量控制。无数事实证明了软件管理的重要性。例如，一些制药企业投入不少资金，新建了厂房、安装了空调净化设施，但由于未重视人员素质的提高，失之管理，一段时间过去，生产环境就变得一团糟，厂房甚至长了霉。故在进行药厂设计时，应当从厂房设计、施工开始就十分重视管理，并延伸到药品生产的全过程中也要严格实施GMP管理，使药品的生产经营步入良性循环。

1. 厂房的施工及其管理 厂房施工是指制药企业符合GMP要求的规范化厂房，从酝酿、提出到决策，经过设计、建造直至投产使用的整个过程。

不论厂房施工属于基本建设项目，还是技术改造措施项目，都要纳入具有法制性科学性的基本建设程序。制药企业应对建设项目的施工进行监督，可以成立一个以质量管理部为主的由医药专业技术人员组成的GMP管理小组。其任务是与施工单位共同制订施工计划书，施工单位按施工计划和工程技术标准进行施工，并做好详细的作业记录。在施工中若发现对今后产品质量有影响的问题时，工程监理及时以报告书形式通知

GMP 管理小组，由 GMP 小组与设计单位协商重新拿出新方案，使之达到工程技术标准。

建设项目的施工管理内容主要是进度控制、质量控制及投资控制，这三者之间相互依赖、相互制约。若进度加快，需要增加投资，但工程能提前使用则可提高投资效益；但是进度加快有可能影响工程质量；而质量控制严格，则有可能影响进度；但如因质量的严格控制而不致返工，又会加快速度。所以必须全面辩证地考虑，正确处理好进度，质量和投资的关系，提高工程建设的综合效益。

2. 建设项目的竣工验收　必须在施工单位完成所有项目后才符合竣工验收的条件。

第三章 车间设计

车间设计原则是在产品方案确定以后，综合考虑产品方案的合理性、可行性，从中选择一个工艺流程最长、化学反应或单元操作的种类最多的产品作为设计和选择工艺设备的基础，同时考虑各产品的生产量和生产周期，确定适应各产品生产的设备，以能互用或通用的设备为优先考虑原则。

制药工业车间通常包括原料药生产车间和制剂生产车间两大种类型：原料药生产车间有化学合成药、中草药、生物制品原料及抗生素发酵车间；制剂生产车间是以剂型来划分的，如注射剂、固体制剂、软胶囊剂、丸剂、口服液等。根据常见的剂型和品种，本章节将丸剂和口服液车间以中药制剂为主叙述。

第一节 洁净厂房设计

在 GMP 中，对制药企业洁净厂房做出了明确规定，即把需要对尘埃粒子和微生物含量进行控制的房间或区域定义为洁净室或洁净区。

GMP 根据对尘埃粒子和微生物的控制情况，把洁净室或洁净区划分为四个级别。洁净等级见表 3－1。

表 3－1 药品生产洁净室（区）的空气洁净度等级表

洁净度级别	悬浮粒子最大允许数/m^3			
	静态		动态③	
	≥0.5μm	≥5μm②	≥0.5μm	≥5μm
A 级①	3520	20	3520	20
B 级	3520	29	352000	2900
C 级	352000	2900	3520000	29000
D 级	3520000	29000	不作规定	不作规定

①为确认 A 级洁净区的级别，每个采样点的采样量不得少于 $1m^3$。

②在确认级别时，应当使用采样管较短的便携式尘埃粒子计数器，避免≥5μm 悬浮粒子在远程采样系统的长采样管中沉降。在单向流系统中，应当采用等动力学的取样头。

③静态是指在全部安装完成并已运行但没有操作人员在场的状态。动态是指生产设施按预定的工艺模式运行并有规定数量的操作人员进行现场操作的状态。

一、洁净厂房

制药企业洁净厂房是指各种制剂、原料药、药用辅料和药用包装材料生产中有空气洁净度要求的厂房。有洁净度要求的不是厂房的全部，而主要是指药液配制、灌装、粉碎过筛、称量、分装等药品生产过程中的暴露工序和直接接触药品的包装材料清洗等岗位。

二、洁净厂房的工艺布局要求

洁净厂房中人员和物料的出入通道必须分别设置，原辅料和成品的出入口分开。极易造成污染的物料和废弃物，必要时可设置专用出入口，洁净厂房内的物料传递路线尽量要短；人员和物料进入洁净厂房要有各自的净化用室和设施。净化用室的设置要求与生产区的洁净级别相适应；生产区域的布局要顺应工艺流程，减少生产流程的迂回、往返；操作区内只允许放置与操作有关的物料，设置必要的工艺设备。用于制造、储存的区域不得用作非区域内工作人员的通道；人员和物料使用的电梯要分开。电梯不宜设在洁净区内，必须设置时，电梯前应设气闸室。

在满足工艺条件的前提下，为提高净化效果，有洁净级别要求的房间宜按下列要求布局：洁净级别高的房间或区域宜布置在人员最少到达的地方，并宜靠近空调机房；不同洁净级别的房间或区域宜按洁净级别的高低由里及外布置；洁净级别相同的房间宜相对集中；不同洁净级别房间之间相互联系要有防止污染措施，如气闸室、空气吹淋室、缓冲间或传递窗、传递洞、风幕。

原材料、半成品存放区与生产区的距离要尽量缩短，以减少途中污染。原材料、半成品和成品存放区面积要与生产规模相适应。生产辅助用室要求如下：称量室宜靠近原辅料暂存间，其洁净级别同配料室；设备及容器具清洗室要求，D、C级区清洗室可放在本区域内，B级区域清洗室宜设在本区域外，其洁净级别可低于生产区一个级别，A级和无菌B级的清洗室应设在非无菌B级区内，不可设在本区域内；清洁工具洗涤、存放室设在本区域内，无菌C级区域只设清洁器具存放室，A、B级区不设清洁工具室；洁净工作服的洗涤、干燥室的洁净级别可低于生产区一个级别，无菌服的整理、灭菌后存放与生产区相同；维修保养室不宜设在洁净生产区内。

三、人员与物料净化

人员净化用室包括：门厅（雨具存放）、换鞋室、存外衣室、盥洗室、洁净工作服室、气闸室或空气吹淋室。厕所、淋浴室、休息室等生活用室可根据需要设置，但不得对洁净区产生不良影响。

1. 门厅 是厂房内人员的入口，门厅外要设刮泥格栅，进门后设更鞋柜，在此将外出鞋换掉。

2. 存外衣室 也是普更室，在此将穿来的外衣换下，穿一般区的普通工作服。此处需根据车间定员设计，每人一柜。

3. 洁净工作服室 进入洁净区必须在洁净区入口设更换洁净工作服的地方，进入C级洁净区脱衣和穿洁净工作服要分房间，进无菌室不仅脱与穿要分房间，而且穿无菌内衣和无菌外衣之间要进行手消毒。

4. 淋浴与厕所 淋浴由于温湿度，对洁净室易造成污染。所以，洁净厂房内不主张设浴室，如生产特殊产品必须设置时，应将淋浴放到车间存外衣室附近，而且要解决淋浴室排风问题，并使其维持一定的负压。

5. 气闸与风淋 在早期的设计中，洁净区入口处一般设风淋室，而后大多采用气闸室。风淋会将衣物和身体的尘粒吹散无确定去处；在气闸室停滞足够的时间，达到足够的换气次数，就可以达到净化效果。但是，气闸室内没有送风和洁净等级要求。因此在近年的设计中，风淋室和气闸室已经逐渐被缓冲间所替代。

根据不同的洁净级别和所需人员数量，洁净厂房内人员净化用室面积和生活用室面积，一般按平均每人 4～6m² 计算。人员净化用室和生活用室的布置应避免往复交叉。净化程序见图 3－1、图 3－2。

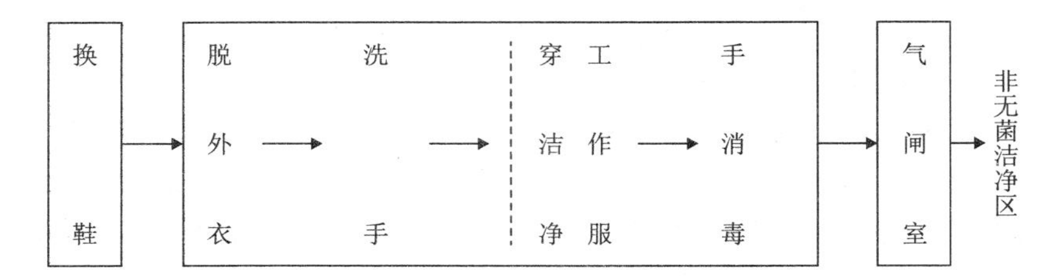

图 3－1 进入非无菌洁净区的生产人员净化程序

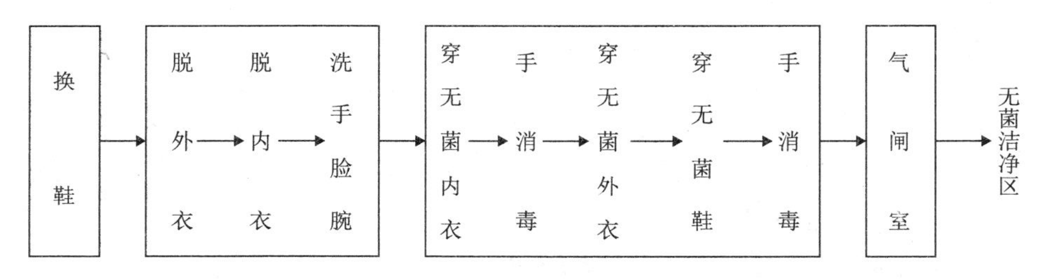

图 3－2 进入无菌洁净区的生产人员净化程序

物料净化室包括物料外包装清洁处理室、气闸室或传递窗（洞），气闸室或传递窗（洞）要设防止同时打开的连锁门或窗。

医药工作洁净厂房应设置供进入洁净室（区）的原辅料、包装材料等清洁用的清洁室；对进入非最终灭菌的无菌药品生产区的原辅料、包装材料和其他物品，还应设置供物料消毒或灭菌用的消毒灭菌室和消毒灭菌设施。

物料清洁室或灭菌室与清洁室（区）之间应设置气闸室或传递窗（洞），用于传递清洁或灭菌后的原辅料、包装材料、和其他物品。传递窗（洞）两边的传递门应有防止同时被打开的措施，密封性好并易于清洁。传递窗（洞）的尺寸和结构，应满足传递物品的大小和重量所需要求。传递至无菌洁净室的传递窗（洞）应设置净化设施或其他防污染设施。

用于生产过程中产生的废弃物的出口不宜与物料进口合用一个气闸室或传送窗（洞），宜单独设置专用传递设施。

四、洁净室形式分类

洁净区的气流组织分单向流和非单向流两种。洁净室按气流形式分为单向流洁净室（以前称为层流洁净室）和非单向流洁净室（以前称为乱流洁净室）。因为室内气流并非严格的层流，故现改称为单向流和非单向流洁净室。单向流洁净室，按气流方向又可分为垂直单向流和水平单向流两大类。垂直单向流多用于灌封点的局部保护和单向流工作台；水平单向流多用于洁净室的全面洁净控制；非单向流，也称乱流或紊流，按气流组织形式可有顶送和侧送等。

1. 垂直单向流室　这种洁净室天棚上满布高效过滤器。回风可通过侧墙下部回风口或通过整个格栅地板，空气经过操作人员和工作台时，可将污染物带走。由于气流系单一方向垂直平行流，故因操作时产生的污染物不会落到工作台上去。这样，就可以在全部操作位置上保持无菌无尘，达到 A 级的洁净级别。

2. 水平单向流室　室内一面墙上满布高效过滤器，作为送风墙，对面墙上满布回风格栅，作为回风墙。洁净空气沿水平方向均匀地从送风墙流向回风墙。工作位置离高校过滤器越近，越能接收到最洁净的空气，可达到 A/B 级洁净度。室内不同地方得到不同等级的洁净度。

3. 局部净化　是指使室内工作区域特定局部空间的空气含尘浓度达到所要求的洁净度级别的净化方式。局部净化比较经济，净化装置供一些只需在局部洁净环境下操作的工序使用，如洁净工作台、层流罩及带有层流装置的设备，常见的是在 B 级或 C 级背景环境中实现 A 级。

4. 乱流洁净室的气流组织方式　和一般空调区别不大，即在部分天棚或侧墙上装高效过滤器，作为送风口，气流方向是变动的，存在涡流区，故较单向流洁净度低，它可以达到的洁净度是 B/C/D 级。室内换气次数愈多，所得的洁净度也愈高。工业上采用的洁净室绝大多数是乱流式的。因为具有初投资和运行费用低、改建扩建容易等优点，在医药行业得到普遍应用。

第二节　注射剂车间

注射剂是药品分类中最重要的一类液体制剂，也是对质量要求最严格的剂型，包括最终灭菌小容量注射剂、最终灭菌大容量注射剂、非最终灭菌无菌分装注射剂、非最终灭菌无菌冻干粉注射剂。在设计中可以根据生产规模和企业的需要，将一类或几类注射剂布置在一个厂房内，也可以和其他剂型布置在同一厂房内，但各车间要独立，生产线完全分开，空调系统完全分开。

一、最终灭菌小容量注射剂

最终灭菌小容量注射剂是指装量小于 50mL，采用湿热灭菌法制备的灭菌注射剂。除一般理化性质外，无菌、热原或细菌内毒素、澄明度、pH 值等项目的检查均应符合规定。

（一）主要生产岗位设计要点

最终灭菌的小容量注射剂不是无菌制剂，药品生产的暴露环境最高级别只是C级，无须做成局部A级，灌封设备也不需要选择加层流罩的设备。

1. 称量 称量室的设备为电子秤，根据物料的量的多少选择秤的量程，小容量注射剂固体物料量较少，所以称量室面积不宜大，秤数量少，安装电插座即可；如果有加炭的生产工艺，需单独设称量间并做排风。

2. 配制 是注射剂的关键岗位，按产量和生产班次选择适宜容积的配制罐和配套辅助设备；小容量注射剂的配制量一般不大，罐体积也不大，不必设计操作平台；配制间面积和吊顶高度根据设备大小确定，配制一般高于其他房间。配制间工艺管线较多，需注意管线位置及阀门高度等，设计要本着有利于操作的原则。

3. 安瓿洗涤及干燥灭菌 目前多采用洗、灌、封联动机组进行安瓿洗涤灭菌，只有小产量高附加值产品采用单机灌装，单选安瓿洗涤和灭菌设备。洗瓶干燥灭菌间通常面积大、房间湿热，需注意排风，隧道烘箱的取风量很大，注意送风量设计。

4. 灌封 可灭菌小容量注射剂常用火焰融封，注意气体间的设计，防止爆炸，惰性气体保护要充分，保证药品质量。灌装机产量必须与配制罐体积匹配，每批药品要在4小时内灌装完去灭菌。

5. 灭菌 灭菌前、灭菌后区域要宽敞，方便灭菌小车推拉；灭菌柜容积与批生产量匹配。

6. 灯检 可用自动灯检机和人工灯检，要有不合格品存放区。

7. 印字（贴签）、包装 最好选用不干胶贴标机进行贴签，印字需要油墨涉及消防安全并且要设局部排风来排异味。

（二）平面布置图参考示例

最终灭菌的小容量注射剂平面布局比较简单，通常在针剂车间里面将最终灭菌小容量注射剂和无菌注射剂布置在同一厂房内，但要严格区分C级和C级背景下的局部A级。最终灭菌的小容量注射剂平面布局见图3-3，最终灭菌的小容量注射剂与无菌冻干粉注射剂在同一厂房的平面布局见图3-4。

二、最终灭菌大容量注射剂

最终灭菌大容量注射剂简称大输液或输液，是指50mL及以上的最终灭菌注射剂。输液容器有瓶型和袋型两种，材质有玻璃、聚乙烯、聚丙烯、聚氯乙烯、聚酰胺、聚碳酸酯、丙烯多聚物或复合膜等。

（一）主要生产岗位设计要点

大输液车间是比较复杂的针剂车间，生产设备多，体积大，设计过程中要严格计算，

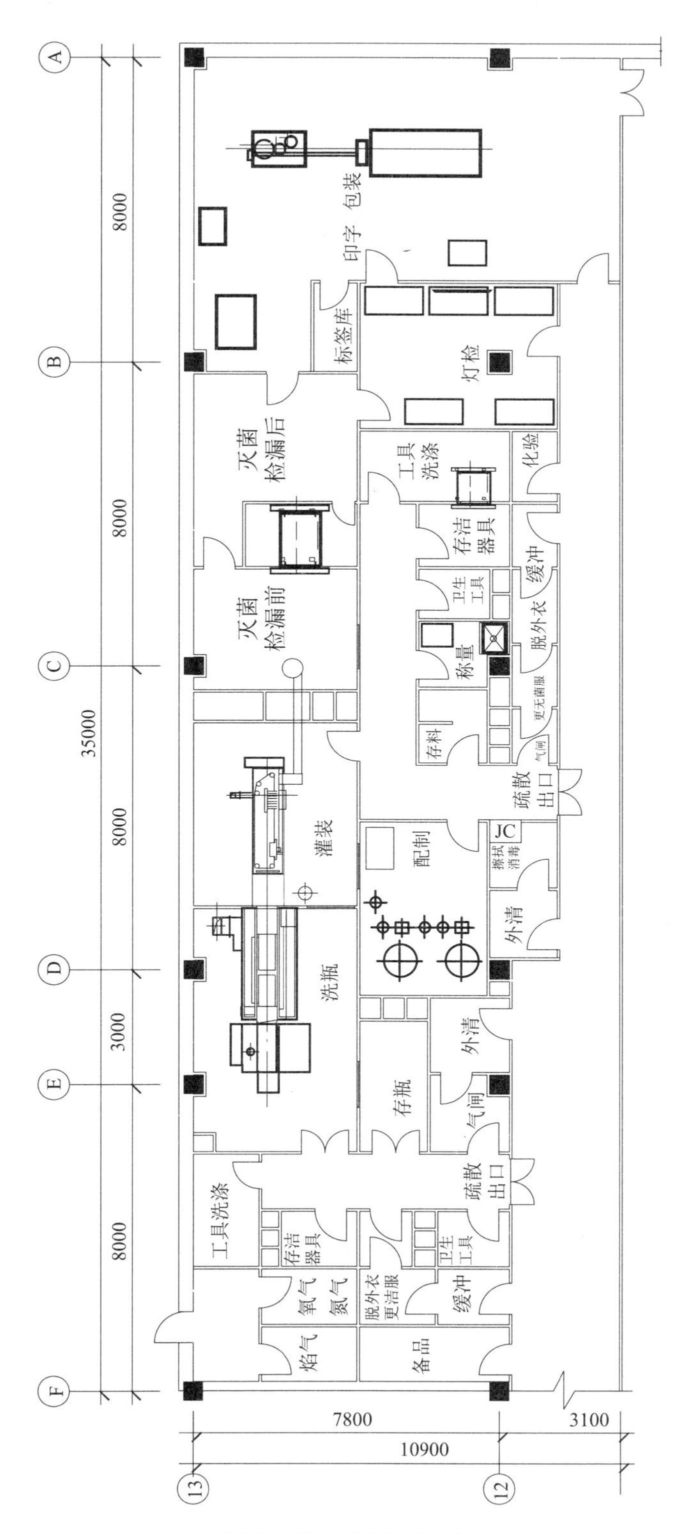

图 3-3 最终灭菌小容量注射剂平面布局图

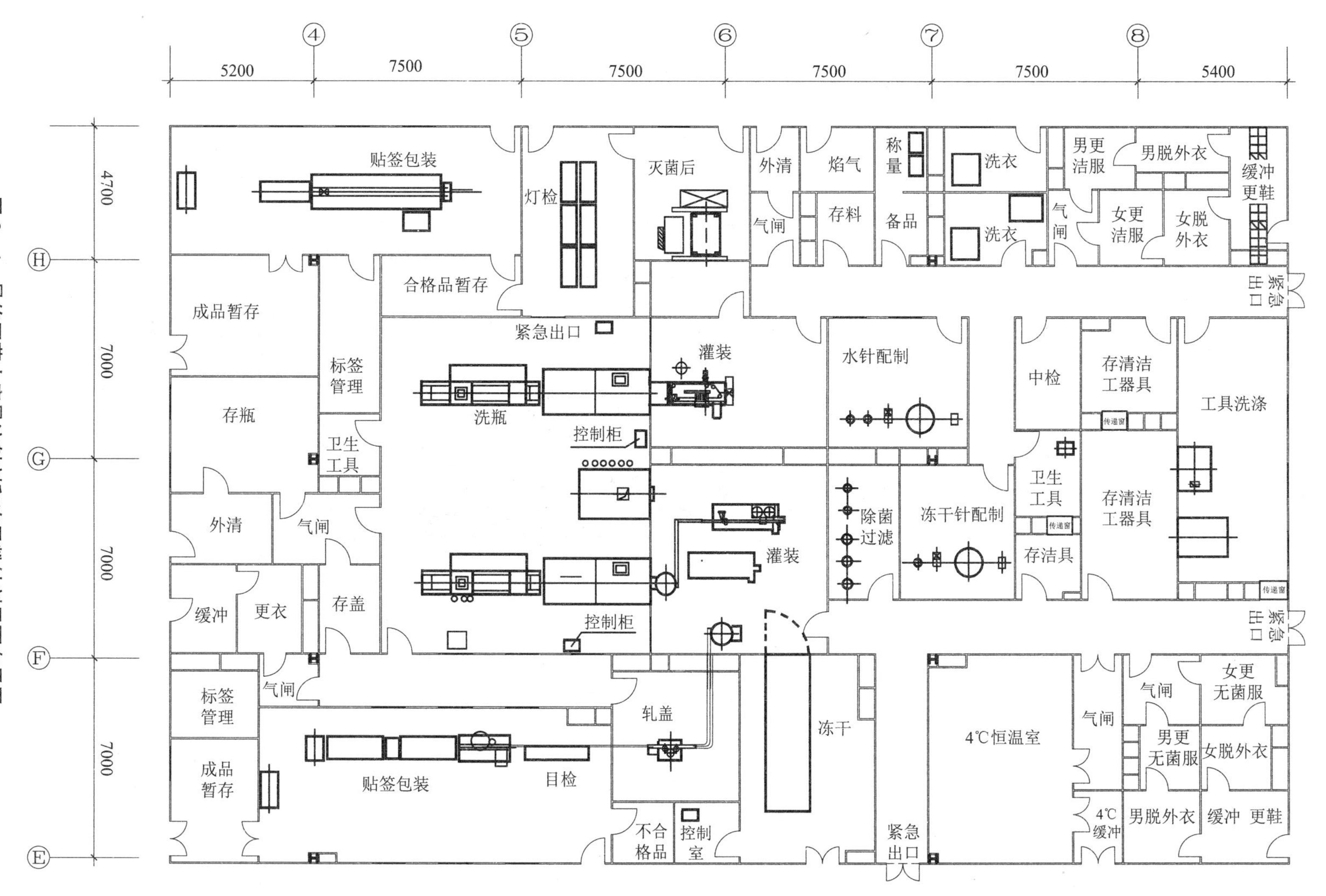

图 3-4　最终灭菌小容量注射剂和冻干粉针剂平面布局图

使各环节相匹配。药品装量大，染菌机会多，生产的暴露环境必须是B级背景下的局部A级。

1. 注射用水系统 注射用水是大输液中最主要的成分，水的质量是产品质量的关键，蒸馏水机是关键设备，产水量要和输液产量相匹配，并且考虑清洗设备的大量用水。注射用水系统要考虑用纯蒸汽消毒或灭菌，设计产气量适宜的纯蒸汽发生器。注射水生产岗位温度高并且潮湿，需设计排风。

2. 称量 输液原辅料称量间和称炭间分开，并设计捕尘和排风；天平、磅秤配备齐全；称量室的洁净级别与浓配一致。

3. 配制及过滤 因输液的配制量大，为了配制均匀，分为浓配和稀配两步，浓配在C级，稀配在B级（非密闭系统）或D级（密闭系统），浓配后药液经除炭滤器过滤至稀配罐，再经0.45μm和0.22μm微孔滤膜至灌装；输液配制为生产关键工序，房间面积大，要高吊顶，浓配间在3.5m以上，稀配间配在4m以上，要留出配制罐检修拆卸的空隙。

4. 洗瓶 因玻璃输液瓶重量大、体积大，所以脱外包至暂存再至粗洗之间距离要近。玻璃输液瓶清洗应该选用联动设备，粗洗设备在一般生产区，精洗设备在D级区且为密闭设备，出口在B级背景下的A级灌装区。根据质量要求，洗瓶设备接饮用水、纯化水和注射水。洗瓶的房间必须设排潮排热系统。

5. 塑料容器的清洗 塑料瓶输液需要设置制瓶和吹洗的房间，用注塑机将塑料瓶制好成型，然后用压缩空气进行吹洗。塑料袋通常不需要清洗，制袋与灌装通常为一体设备。有制瓶制袋的房间需要做排异味处理。

6. 胶塞的处理 在现在的设计中已全部采用丁基胶塞，处理一般用注射水漂洗和硅化然后灭菌，全部过程在胶塞处理机内完成。在过去的设计中使用天然胶塞，必须使用涤纶膜，增加洗膜工序和加膜工序。胶塞处理可选用胶塞清洗灭菌一体化设备，应设计在C级，设备出口在B级，加A级层流保护。

7. 灌装 大输液灌装为生产关键岗位，设备选择以先进可靠为原则，生产能力与稀配罐匹配，必须在4小时内完成一罐液体的灌装。大输液灌装加塞必须在B级背景下的A级环境下进行。使用丁基胶塞不需加涤纶膜和翻塞工序。

8. 灭菌 大输液灭菌柜要采用双扉式灭菌柜，灭菌前、灭菌后的区域面积应尽量大，可以存放灭菌小车。灭菌柜的批次与配液批次相对应，为GMP软件管理方便，尽力设计大装量的灭菌柜。

9. 灯检 大输液要有足够面积灯检区，合格品与不合格品分区存放。

10. 包装 大输液的贴签包装通常为联动生产线，房间设计要宽敞通风。

（二）平面布置图参考示例

大输液车间平面布局相对复杂一些，由包装形式确定车间平面布局不同，下面图示的输液车间平面图包括玻璃瓶输液、塑料瓶输液和软袋输液，详见图3-5。

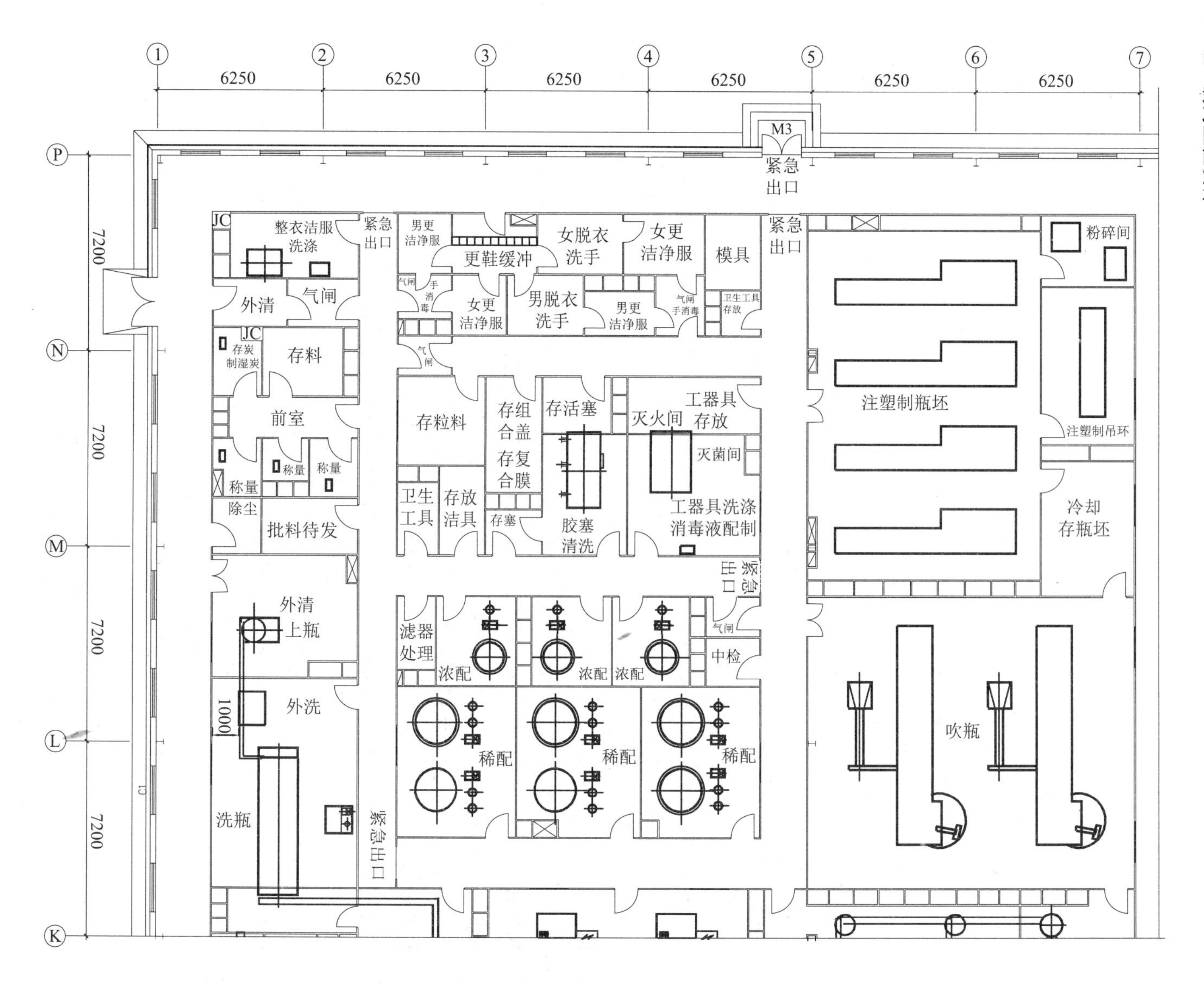
M3
紧急出口
整衣洁服洗涤
男更洁净服
更鞋缓冲
女脱衣洗手
女更洁净服
模具
粉碎间
外清
气闸
手消毒
女更洁净服
男脱衣洗手
男更洁净服
手消毒
卫生工具存放
JC
存炭制湿炭
存料
注塑制瓶坯
注塑制吊环
前室
存粒料
存组合盖
存复合膜
存活塞
灭火间
工器具存放
灭菌间
称量
卫生工具
存放洁具
存塞
胶塞清洗
工器具洗涤消毒液配制
冷却存瓶坯
除尘
批料待发
外清上瓶
滤器处理
浓配
中检
外洗
稀配
吹瓶
洗瓶
1000
6250
7200
1
2
3
4
5
6
7
P
N
M
L
K

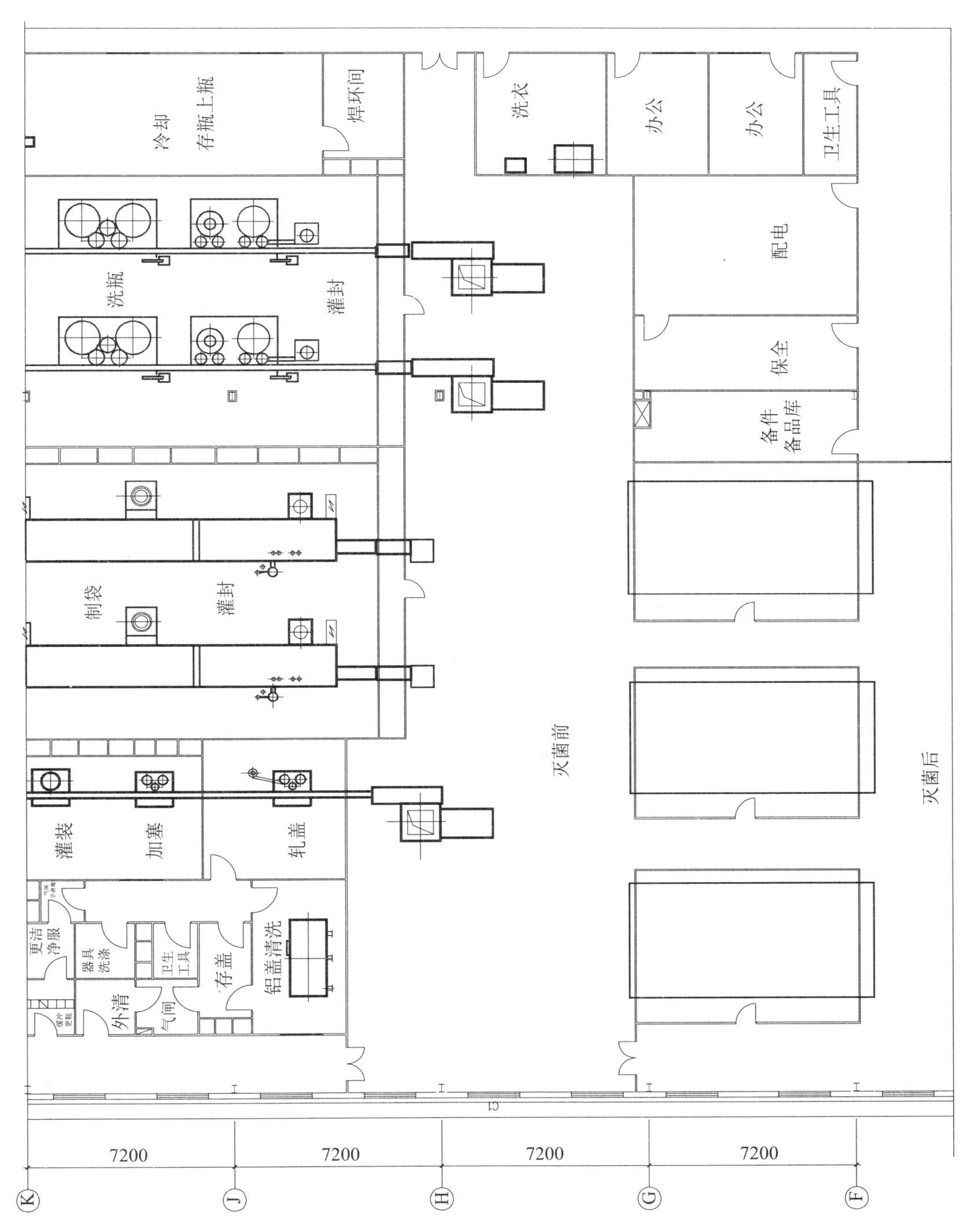

图 3-5　最终灭菌大容量注射剂车间平面布局图

三、非最终灭菌无菌分装注射剂

非最终灭菌无菌分装注射剂是指用无菌工艺操作制备的无菌注射剂。需要无菌分装的注射剂为不耐热、不能采用成品灭菌工艺的产品。

（一）主要生产岗位设计要点

非最终灭菌无菌分装注射剂通常为无菌分装的粉针剂，洁净级别要求高，装量要求精确，通常有低湿度要求。

1. 洗瓶 非最终灭菌注射剂通常用西林瓶分装，西林瓶采用超声波洗瓶机洗涤，隧道灭菌烘箱灭菌干燥。洗瓶用注射水需经换热设备降温，以加强超声波效果、减少碎瓶数量。洗瓶灭菌间必须加大送风量，以保证隧道灭菌烘箱取风量。隧道灭菌烘箱带有层流，保证出瓶环境局部A级。洗瓶灭菌间要大量排热排潮。

2. 胶塞处理 西林瓶胶塞为丁基胶塞，用胶塞处理机进行清洗、硅化、灭菌。胶塞处理机设计在C级，出口在无菌C级背景下的局部A级层流下。

3. 称量 非最终灭菌无菌分装注射剂的称量需在A级层流保护下进行，并设计捕尘和排风。

4. 批混 非最终灭菌无菌分装注射剂如为单一成分，则不需设计批混间；如为混合成分则需设计批混间，批混设备的进出料口要在B级背景下的局部A级层流保护下。目前批混机最好采用料斗式混合机，以减少污染机会。

5. 分装 无菌分装要在B级背景下的局部A级环境中进行。分装设备可用气流式分装机和螺杆式分装机，气流式分装机需接除油除湿除菌的压缩空气，螺杆式分装机应设有故障报警和自停装置。分装过程应用特制天平进行装量检查，螺杆式分装机装量通常比气流式分装机准确一些，但易产生污染。另外，称量、批混、分装是药品直接暴露的岗位，房间必须做排潮处理，保持房间干燥。

6. 轧盖 根据已压塞产品的密封性、轧盖设备的设计及铝盖的特性等因素，西林瓶轧盖可选择在C级或B背景下的局部A级环境下进行，选用能力与分装设备相匹配的轧盖机。

7. 灯检 目前多采用灯检机进行检查。

8. 贴签、包装 西林瓶用不干胶贴标机进行贴签，然后装盒装箱。

（二）平面布置图参考示例

非最终灭菌无菌分装注射剂车间工艺设备较少，特别是随着近些年来越来越多的自动化联动生产线的选用，使得车间平面布局趋于简化，但级别要考虑周全，详见图3-6。

四、非最终灭菌无菌注射剂

非最终灭菌无菌注射剂是指用无菌工艺制备的注射剂，包括无菌液体注射剂和无菌冻干粉针注射剂，无菌冻干粉针注射剂较无菌液体注射剂增加冷冻干燥岗位。

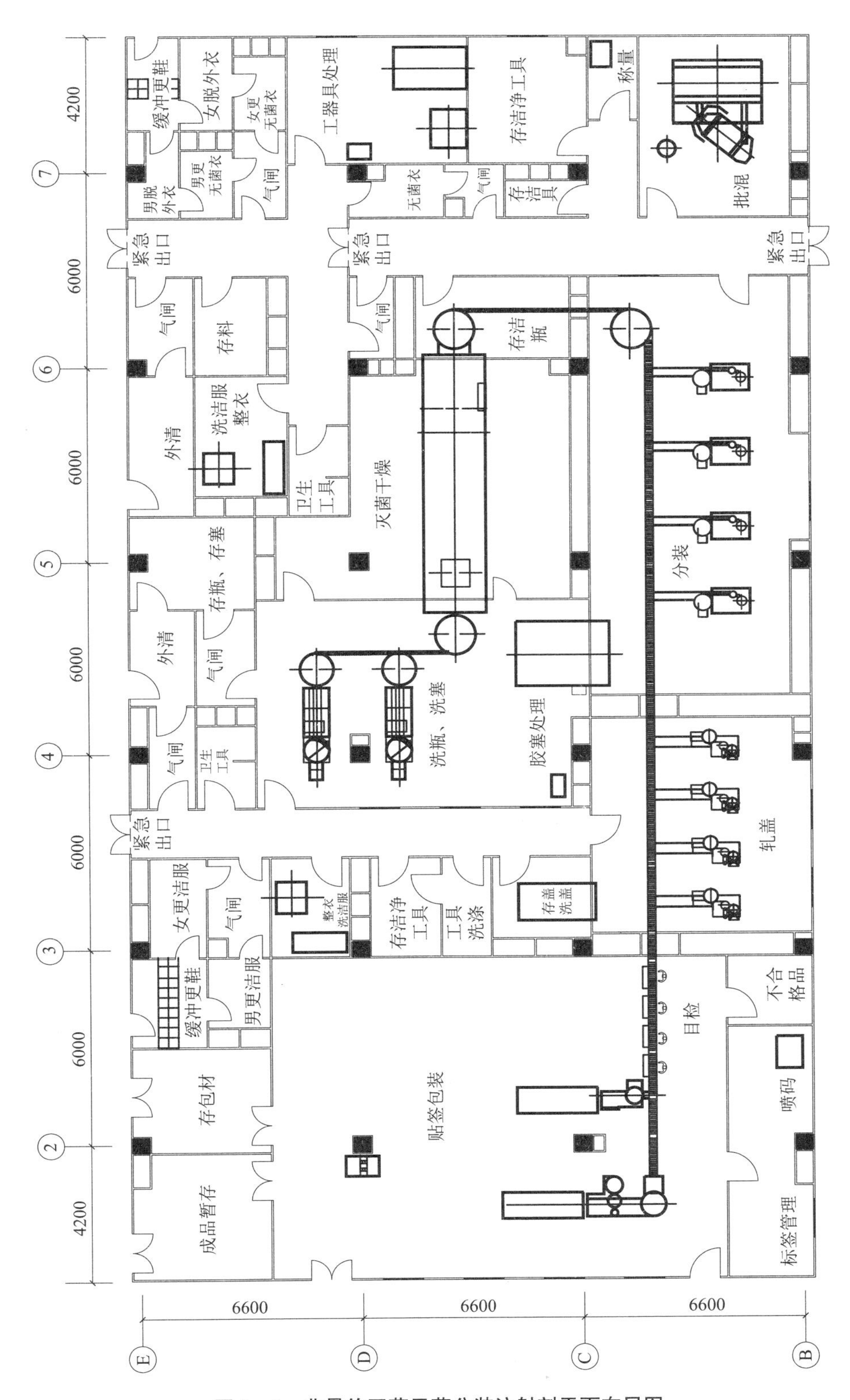

图 3-6　非最终灭菌无菌分装注射剂平面布局图

（一）主要生产岗位设计要点

以无菌冻干粉针注射剂为例说明非最终灭菌无菌注射剂生产岗位设计要点具有代表性，并且无菌冻干粉针是无菌制剂的最常见剂型。

1. 洗瓶 无菌冻干粉针用西林瓶灌装，西林瓶采用超声波洗瓶机洗涤，隧道灭菌烘箱灭菌干燥。洗瓶用注射水需经换热设备降温，以加强超声波效果、减少碎瓶数量。洗瓶灭菌间必须加大送风量，以保证远红外隧道灭菌烘箱取风量，瓶体出隧道灭菌烘箱即受到局部A级层流保护。洗瓶灭菌间要大量排热排潮。

2. 胶塞处理 西林瓶胶塞为丁基胶塞，用胶塞处理机进行清洗、硅化、灭菌。胶塞处理可选用胶塞清洗灭菌一体化设备，应设计在C级，设备出口在B级，加A级层流保护。

3. 称量 无菌冻干粉针的称量设在非无菌C级洁净区，设捕尘和排风。

4. 配液 无菌冻干粉针药液的配制岗位设在非无菌C级洁净区，配制罐大小根据生产能力进行选择，通常无菌冻干粉针为高附加值产品，生产量并不大，所以罐体积不大，房间可不必采取高吊顶，根据罐高度确定适当高度。配制间工艺管线较多，需注意管线位置及阀门高度等，设计要人性化，利于操作。

5. 过滤 无菌冻干针注射剂在灌装前必须经0.22μm的过滤器进行除菌过滤，过滤设备可设计在配制间内，但接收装置必须在无菌C级洁净区内，可单独设置，也可在灌装间内接收。

6. 灌装 无菌冻干针注射剂灌装岗位设在B级洁净区，药液暴露区加A级层流保护，包括灌装机和冻干前室的区域。冻干针灌装设备为灌装半加塞机，西林瓶在冻干过程完成后才全加塞，所以灌装间的局部A级区域较大，设计必须全面。

7. 冻干 冻干岗位为无菌冻干粉针生产的关键岗位，在B级背景下的A级环境下进行操作。冻干时间根据生产工艺不同而不同，通常24～72小时不等，选择冻干机时要了解工艺和设备，根据每批冻干产品量和冻干时间计算出所需冻干机型号和台数。冻干机台数要与配制和灌装匹配，因为冻干产品批次是以冻干箱次划分的。选择冻干机必须有在线清洗（CIP）和在线灭菌（SIP）系统，否则无法保证产品质量。

8. 轧盖 西林瓶轧盖应在B级背景下的A级环境下进行，也可在C级背景下的A级送风环境中操作，A级送风环境应至少符合A级区的静态要求，选用能力与分装设备相匹配的轧盖机。

9. 灯检 无菌冻干粉针和无菌分装注射剂一样，目前多采用灯检机进行检查。

10. 贴签、包装 西林瓶用不干胶贴标机进行贴签，然后装盒装箱。

注意：无菌冻干粉针有许多产品是低温贮存的，如一些生化产品、生物制品等，根据工艺需要设计低温库。

（二）平面布置图参考示例

无菌冻干粉针车间工艺设备较少（多选用联动生产线），平面布局不复杂，但是往往与其他针剂布置在同一厂房内，见图3-4，图3-7为单一的无菌冻干粉针车间平面布局图。

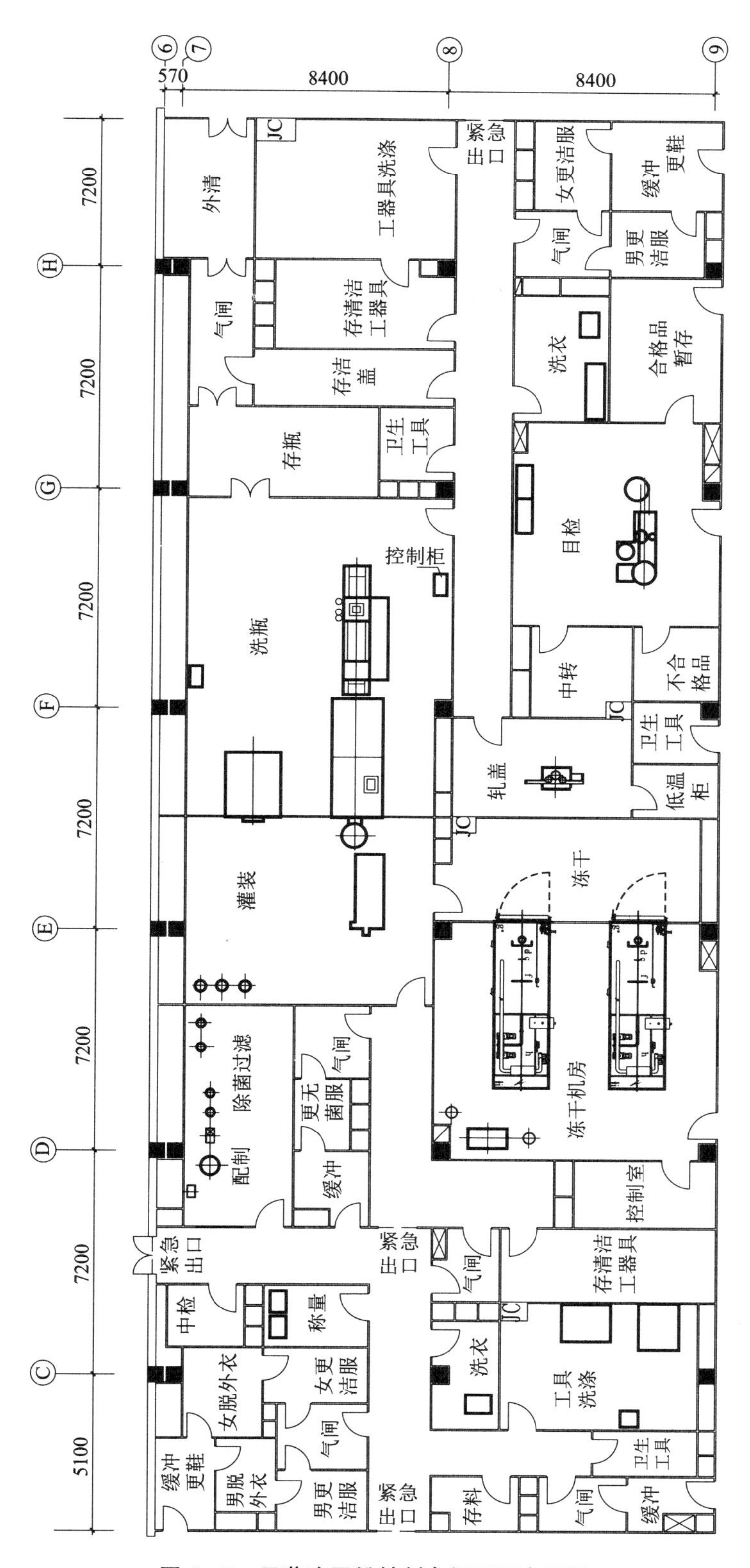

图3-7　无菌冻干粉针剂车间平面布局图

第三节 口服制剂车间

口服制剂的剂型很多，在西药口服制剂中最常见的有片剂、胶囊和颗粒剂，属于口服固体制剂；近年来，软胶囊剂也越来越得到发展和应用，是一个有前途的半固体口服制剂；蜜丸和浓缩水丸是中药最常见的中药剂型。下面将对各剂型口服制剂车间分别进行阐述。

一、片剂、胶囊剂和颗粒剂车间

片剂、胶囊剂和颗粒剂虽然是不同的剂型，但均为口服固体制剂，在生产工艺和设备方面有许多相同之处，通常归为一类阐述。

（一）主要生产岗位设计要点

固体制剂生产车间洁净级别要求不高，全部为D级，固体制剂生产的关键是注意粉尘处理，应该选择产尘少和不产尘的设备。

1. 原辅料预处理 物料的粉碎过筛岗位应有与生产能力适应的面积，选择的粉碎机和振荡筛等设备要有吸尘装置，含尘空气经过滤处理后排放。

2. 称量和配料 称量岗位面积应稍大，有称量和称量后暂存的地方。因固体制剂称量的物料量大，粉尘量大，必须设排尘和捕尘设备。配料岗位通常与称量不分开，将物料按处方称量后进行混合后装在清洁的容器内，待下一工序使用。

3. 制粒和干燥 制粒有干法制粒和湿法制粒，干法制粒采用干法制粒设备直接将配好的物料压制成颗粒，不需制浆和干燥的过程；湿法制粒是最常用的制粒方法，根据物料性质不同而采用不同方式，如摇摆颗粒机加干燥箱的方式、湿法制粒机加沸腾床方式、一步制粒机直接造粒方式。湿法制粒都有制浆、制粒和干燥的过程。制浆间需排潮排热；制粒如用到沸腾干燥床或一步造粒机，则房间吊顶至少在4m以上，根据设备型号确定。

4. 整粒和混合 整粒不必单独设计房间，直接在制粒干燥间内加整粒机进行整粒即可，但整粒机需有除尘装置。混合岗位也称批混岗位，必须设计单独的批混间，根据混合量的大小选择混合设备的型号，确定房间高度。目前固体制剂混合多采用三维运动混合机或料斗式混合机。固体制剂每混合一次为一个批号，所以混合机型号要与批生产能力匹配。

5. 中间站 固体制剂车间必须设计足够大面积的中间站，保证各工序半成品分区贮存和周转。

6. 压片 压片岗位是片剂生产的关键岗位，压片间通常设有前室，压片室与室外保持相对负压，并设排尘装置。规模大的压片岗位设模具间，小规模设模具柜。根据物料的性质选用适当压力的压片机，根据产量确定压片机的生产能力，大规模的片剂生产厂家可选用高速压片机，以减少生产岗位面积，节省运行成本。压片机应有吸尘装置，加料采用密闭加料装置。

7. 胶囊剂灌装 胶囊剂灌装岗位是胶囊剂生产的关键岗位，胶囊剂灌装间通常设有前室，灌装室与室外保持相对负压，并设排尘装置。胶囊灌装间也应有适宜的模具存放地点。胶囊灌装机型号和数量的选择要适应生产规模。胶囊灌装机应有吸尘装置，加料采用密闭加料装置。

8. 颗粒分装　颗粒分装岗位是颗粒剂生产的关键岗位，颗粒分装机型号与颗粒剂装量相适应，并有吸尘装置，加料采用密闭加料装置。

9. 包衣　包衣岗位是有糖衣或薄膜衣片剂的重要岗位，如果是包糖衣应设熬糖浆的岗位，如果使用水性薄膜衣可直接进行配制，如果使用有机薄膜衣必须注意防爆设计；包衣间宜设计前室，包衣操作间与室外保持相对负压，设除尘装置排尘；根据产量选择包衣机的型号和台数，目前主要包衣设备为高效包衣机，旧式的包衣锅已不再使用。包衣间面积以方便操作为宜，包衣机的辅机布置在包衣后室的辅机间内，辅机间在非洁净区开门。

10. 内包装　颗粒剂在颗粒分装后直接送入非洁净区进行外包装，片剂和胶囊剂在压片包衣和灌装后先进行内包装；片剂内包装可采用铝塑包装、铝铝包装和瓶装等形式，胶囊剂常用铝塑包装、铝塑铝包装和瓶包装等形式；采用铝塑、铝铝等包装时，房间必须有排除异味设施，采用瓶装生产线时应注意生产线长度，生产线在洁净区的设备和非洁净区设备的分界。

11. 外包装　口服固体制剂内包装完成后直接送入外包间进行装盒装箱打包，近些年多采用联动生产线形式。外包间为非洁净区，宜宽敞明亮并通风，并有存包材间、标签管理间和成品暂存间，标签管理需排异味。

（二）平面布置图参考示例

生产规模大的固体制剂车间通常设计成独立的大平面生产厂房，生产规模相对稍小的固体制剂车间可以与其他剂型在同一厂房内，平面布局详见图3-8。

二、软胶囊剂车间

软胶囊剂是指以明胶、甘油等为主要成囊材料，将油性的液体或混悬液药物作内容物，定量地用连续制丸机压制成不同形状的软胶囊或用滴丸机滴制而成。

（一）主要生产岗位设计要点

软胶囊车间洁净级别要求不高，为D级。软胶囊生产设备通常为联动生产线，应选择高质量的设备，保证生产连续性。

1. 溶胶　溶胶工序包括辅料准备、称量、溶胶。溶胶间要根据生产规模设计足够的面积、相应体积的溶胶罐，根据罐大小设计适当高度的操作平台。因溶胶岗位必须在洁净区，操作平台和工艺管线等辅助设施要用不锈钢材质，选用洁净地漏，不宜设排水沟。溶胶间的高度至少在4m以上，并设计排潮排热装置。溶胶岗位附近宜设计工器具清洗室并有滤布洗涤间。

2. 配料　配料工序包括称量、配制，如果配制混悬液则需设粉碎过筛间。根据生产

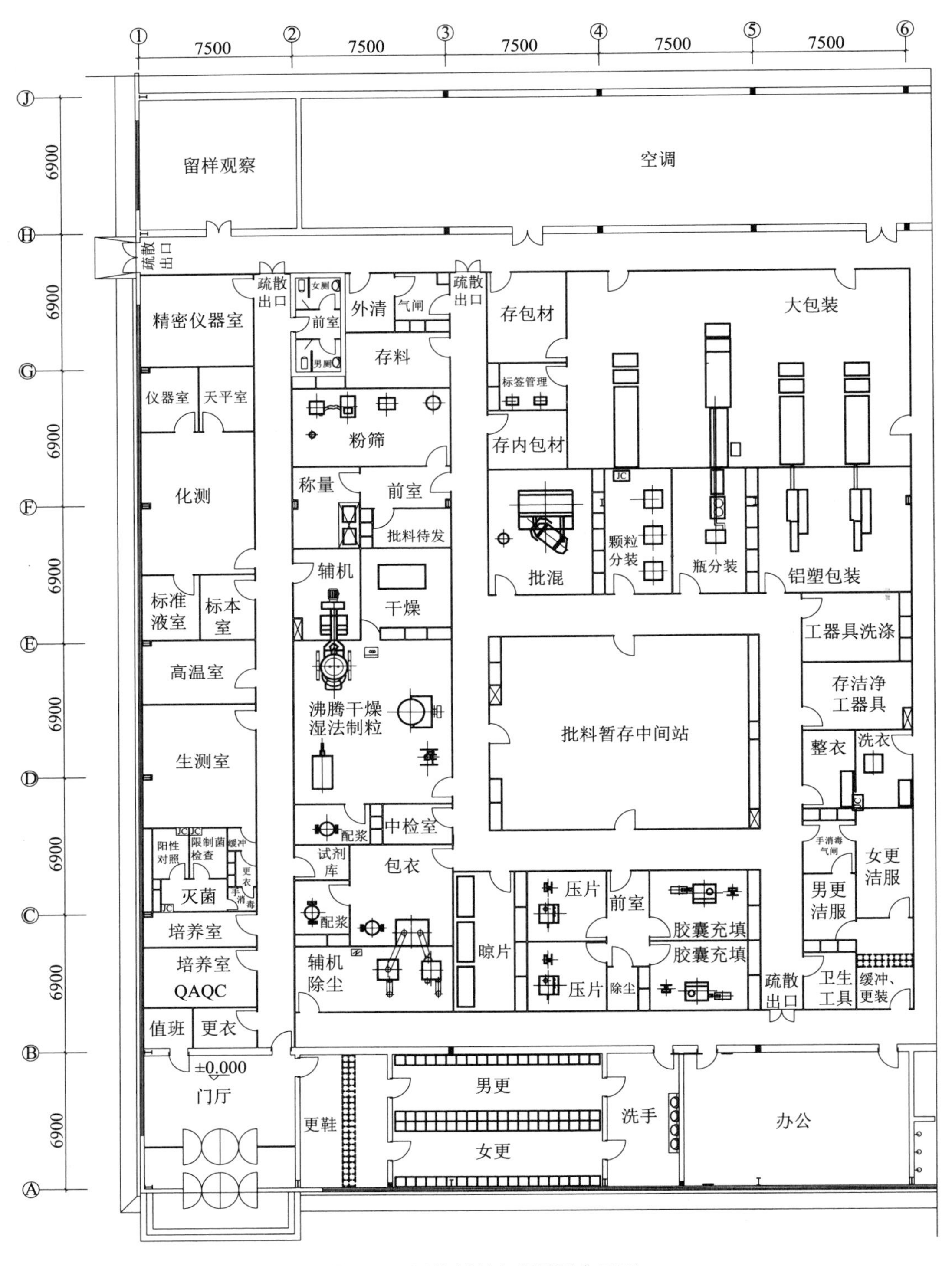

图 3-8 固体制剂车间平面布局图

规模选择配料罐的型号和数量，需加热的药液可选择带夹套加热的配料罐。

3. 压丸或滴丸　压丸或滴丸是软胶囊生产的关键岗位，要有与生产规模相适应的面积。目前压丸或滴丸设备的自动化程度都很高，压制或滴制完成后直接进入联动转笼干燥机中定形。压丸或滴丸间要有大量的送风和回风，并控制相应的温度和湿度。压丸或滴丸设备有大量模具，要设计相应的模具间。

4. 洗丸　洗丸岗位为甲类防爆，最常用洗涤剂为乙醇。洗丸设备是超声波软胶囊清洗机，产量与生产线匹配。洗丸岗位设晾丸间，洗丸完成后，挥发少量乙醇后再进行入干燥工序；洗丸岗位要设网胶处理间，设粉碎机将压丸的网胶进行粉碎，以备按适当比例投入化胶罐。

5. 低温干燥　软胶囊干燥间可用自动化程度较高的软胶囊专用干燥机，不必设计太大的干燥室面积。

6. 选丸打光　软胶囊车间要设计选丸打光岗位，采用选丸机和打光机，不必再用人工拣丸。

7. 内包装　软胶囊的内包装可采用铝塑、铝塑铝和瓶装生产线形式，并注意房间排异味和低湿度环境。

8. 包装　软胶囊剂内包装后直接送入外包间进行装盒装箱打包，近些年多采用联动生产线形式。

（二）平面布置图参考示例

软胶囊生产车间开间相对较大，布局简单，有足够大的操作面，平面布局见图 3-9。

三、丸剂（蜜丸）车间

蜜丸系指药材细粉以蜂蜜为黏合剂制成的丸剂，其中每丸重量在 0.5g（含 0.5g）以上的称大蜜丸，每丸重量在 0.5g 以下的称小蜜丸。

（一）主要生产岗位设计要点

蜜丸是典型的中药固体制剂，生产工艺相对简单，洁净级别要求不高，但生产岗位设置要根据具体品种的工艺要求，例如小蜜丸包衣岗位。

1. 研配　包括粗、细、贵药粉的兑研与混合，根据药粉的品种选择研磨的设备；药粉混合是按比例顺序将细粉、粗粉装入混合机内混合，混合机不能有死角，材质常用不锈钢；研配间可以设在前处理车间，也可以设在制剂车间，但要在洁净区，按工艺要求和厂家习惯确定，研配间要设计排风捕尘装置。

2. 炼蜜　炼蜜岗位一般设计在前处理提取车间，常用的设备为刮板炼蜜罐，根据合坨岗位用蜜量选择设备型号；炼蜜岗位设备宜采用密闭设备，以减少损失，保证环境卫生。

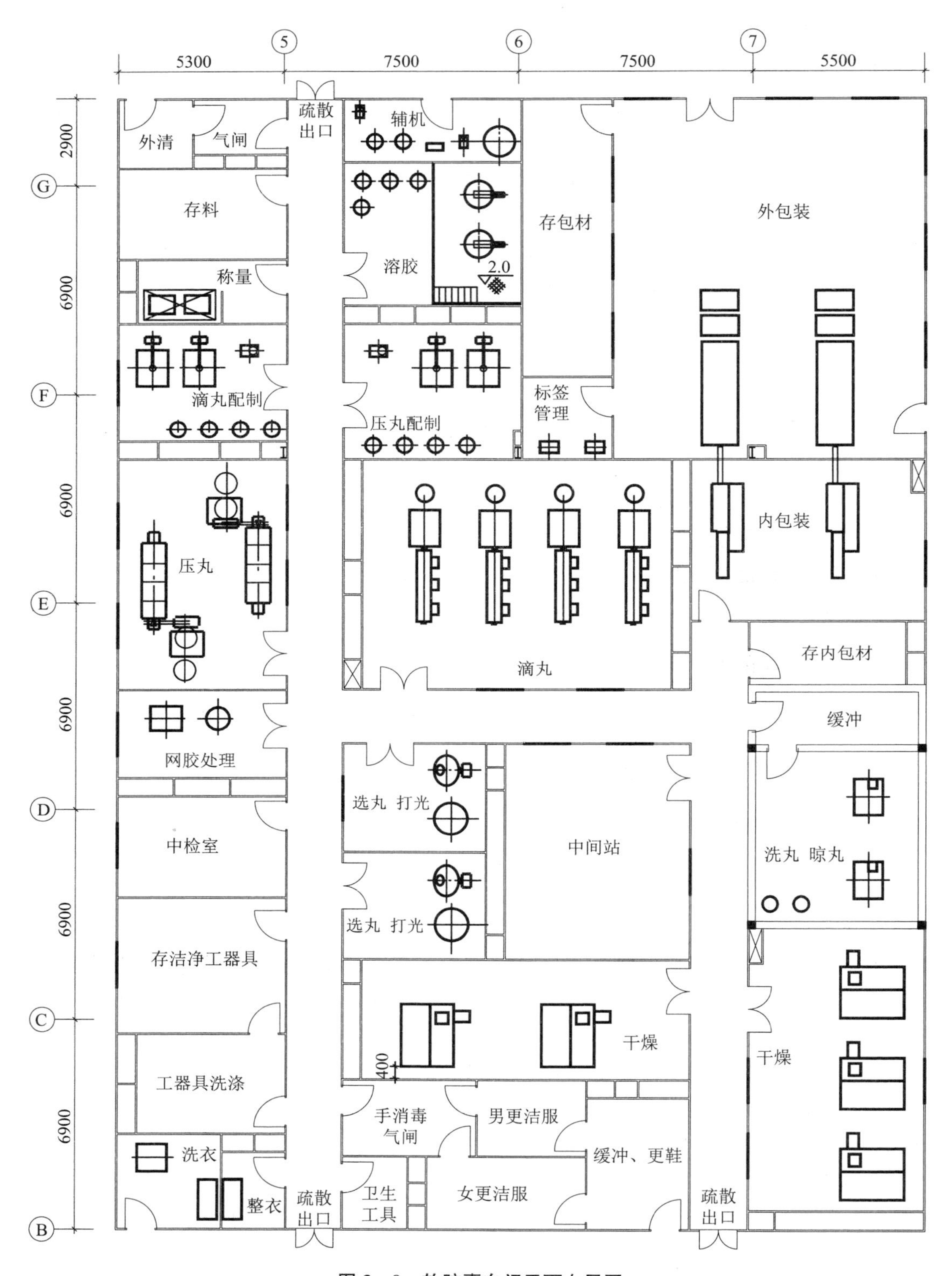

图 3-9 软胶囊车间平面布局图

3. 合坨 必须在洁净区进行，应设计在丸剂车间，合坨设备大小应按药粉加蜂蜜量选择，合坨机常用不锈钢材质，要求容易洗刷，不能有死角。

4. 制丸 制丸岗位在丸剂车间洁净区，根据丸重大小来选择大蜜丸机或小蜜丸机，制出的湿丸晾干后进行包装。

5. 内包装 丸剂的内包装必须在洁净区，小蜜丸常用瓶包装或铝塑包装，大蜜丸常用泡罩包装机或蜡丸包装。包装间要设排风和排异味装置。

6. 蜡封 蜡丸包装是大蜜丸的包装形式，蜡封间要设排异味、排热装置。

7. 外包装 外包间为非洁净区，宜宽敞明亮并通风，并有存包材间、标签管理间和成品暂存间，标签管理需排异味。

（二）平面布置图参考示例

蜜丸生产车间可以与其他制剂布置在同一厂房，生产规模大的蜜丸车间也可以单独设置，大蜜丸和小蜜丸及固体制剂在同一厂房的实例见图 3-10。

四、丸剂（浓缩水丸）车间

浓缩水丸一般指部分药材提取、浓缩的浸膏与药材细粉，以水为黏合剂制成的丸剂。浓缩水丸大部分为中药制剂，但也有一些西药水泛丸的丸剂。

（一）主要生产岗位设计要点

丸剂生产与一般固体制剂的洁净级别相同，岗位设置根据不同品种的不同生产工艺来调整。

1. 称量、配料 如果有流浸膏配料，称量配料间的面积要适当大一些，电子秤的量程也要大；称量要设捕尘装置。

2. 粉碎、过筛、混合 根据工艺要求的目数将药粉进行粉碎、过筛，选择适合中药粉的粉碎机并密闭加捕尘装置，混合设备应密闭，内臂光滑，无死角，易清洗，型号要与批量相匹配。

3. 制丸 浓缩水丸有水泛丸和机制丸，根据工艺不同选择不同设备；水泛丸主要设备是簸箕式的泛丸机，应选不锈钢锅体；机制丸设备是制丸机，其体积较大，房间面积要适当，并留出足够的操作面积。机制丸产量高，可以上规模，是发展趋势，但不是每个品种都适用。

4. 干燥 水泛丸的干燥可以采用箱式干燥或微波干燥，干燥室要排热风；箱式干燥设备占地面积小，但上下盘的劳动强度大，费时费力；微波水丸干燥设备体积大，占地面积也大，自动化程度高，适合大规模生产。

5. 包衣 根据品种要求，中药水泛丸有时需要包衣。如果包糖衣则应设计化糖间，并选择蒸汽化糖锅以保证糖融化充分；如果包薄膜衣则用电热保温配浆罐配料即可。包衣主机应选择高效包衣机，设计在洁净区，设计捕尘装置，辅机送风柜和排风柜设计在非洁净区，送风管路接过滤器，送入包衣机洁净风。包衣间和辅机间都要留出适当操作

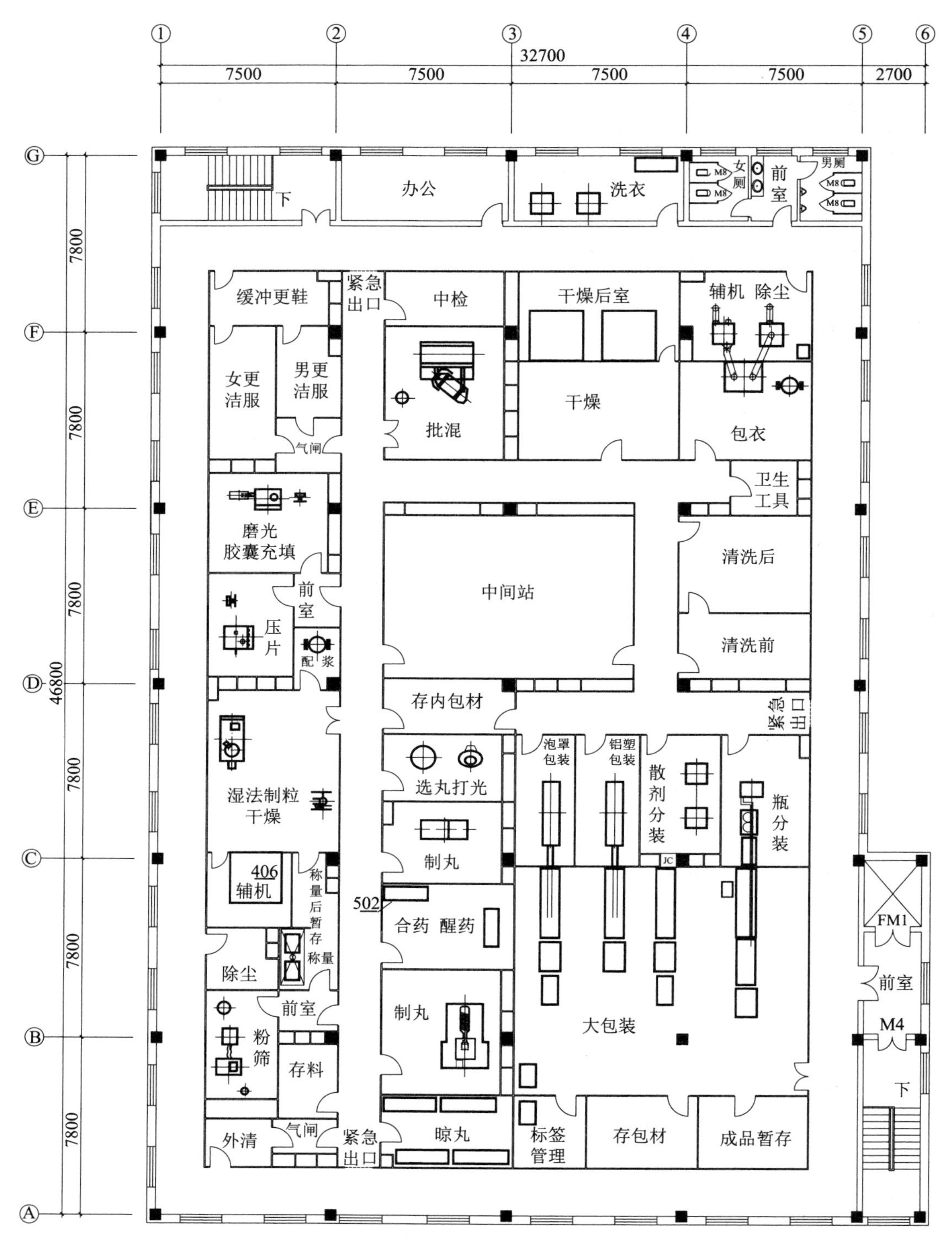

图 3-10 蜜丸和固体制剂车间综合平面布局图

面。包好的湿衣丸要及时送晾丸间干燥。

6. 选丸　要单独设置房间，并选水泛丸专用选丸机，材质为不锈钢，易清洁。

7. 包装　水泛丸内包装在洁净区，可选瓶包装线或铝塑包装线，房间内需设排异味装置。外包装在非洁净区，宜宽敞明亮。

（二）平面布置图参考示例

浓缩水丸是目前较常见的固体制剂之一，常与固体制剂车间布置在一起，见图3-11。

五、合剂车间

合剂系指药材用水或其他溶剂，采用适宜方法提取、纯化、浓缩制成的内服液体制剂。单剂量灌装的合剂称口服液。

（一）主要生产岗位设计要点

合剂生产在洁净区进行，通常采用洗灌封联动生产设备；根据合剂生产工艺不同，分为可灭菌合剂和不可灭菌合剂，生产过程中如使用酒精溶剂应注意防爆。

1. 称量、配料　合剂称量配料在D级洁净区进行，合剂原料多为流浸膏，称量配料间宜面积稍大，电子秤量程宜大小应齐全。

2. 配制　合剂的配制间要设计合适的面积和高度，根据批产量选择相匹配的配制罐容积，如果大容积配制罐要设计操作平台。配制罐要选优质不锈钢，配制间的接管和钢平台应选不锈钢材质。

3. 过滤　过滤应根据工艺要求选用适应的滤材和过滤方法，药液泵和过滤器流量要按配制量计算，药液泵和过滤器需设在配制罐附近易于操作的地方。

4. 洗瓶、干燥　根据合剂的包装形式选择适宜的洗瓶和干燥设备，合剂品种不同，包装形式多样，设备区别也很大，口服液通常采用洗灌封联动生产线，大容积合剂，如酒剂、糖浆剂等通常用异型瓶包装线。洗瓶干燥间要有排潮排热装置。

5. 灌装、压盖　灌装压盖在D级洁净区，通常用联动设备，合剂多用复合盖。合剂的生产能力由灌装设备决定，设备选择为关键步骤。

6. 灭菌　灭菌前后区域应有足够的面积，保证灭菌小车的摆放；应选择双扉灭菌柜，不锈钢材质，型号与配制罐的批产量匹配，灭菌前后要排风排潮。尽量将灭菌柜单独隔开，减少排热面积，节约能源。

7. 灯检　灯检室需为暗室，不可设窗，根据品种和包装形式，灯检可用人工灯检或灯检机，灯检后设置不合格品存放处。

8. 包装　包装间面积宜稍大，如果产量高的合剂可选用贴签、包装联动线，包装能力与灌装机一致。如果多条包装线同时生产必须设计分隔隔断，防止混淆。

（二）平面布置图参考示例

口服液车间可以单独设置，也可以与其他制剂布置同一厂房内，但要有独立的人流、物流，不可以混淆和串岗，图3-12所示为一条生产线的独立口服液车间布局实例。

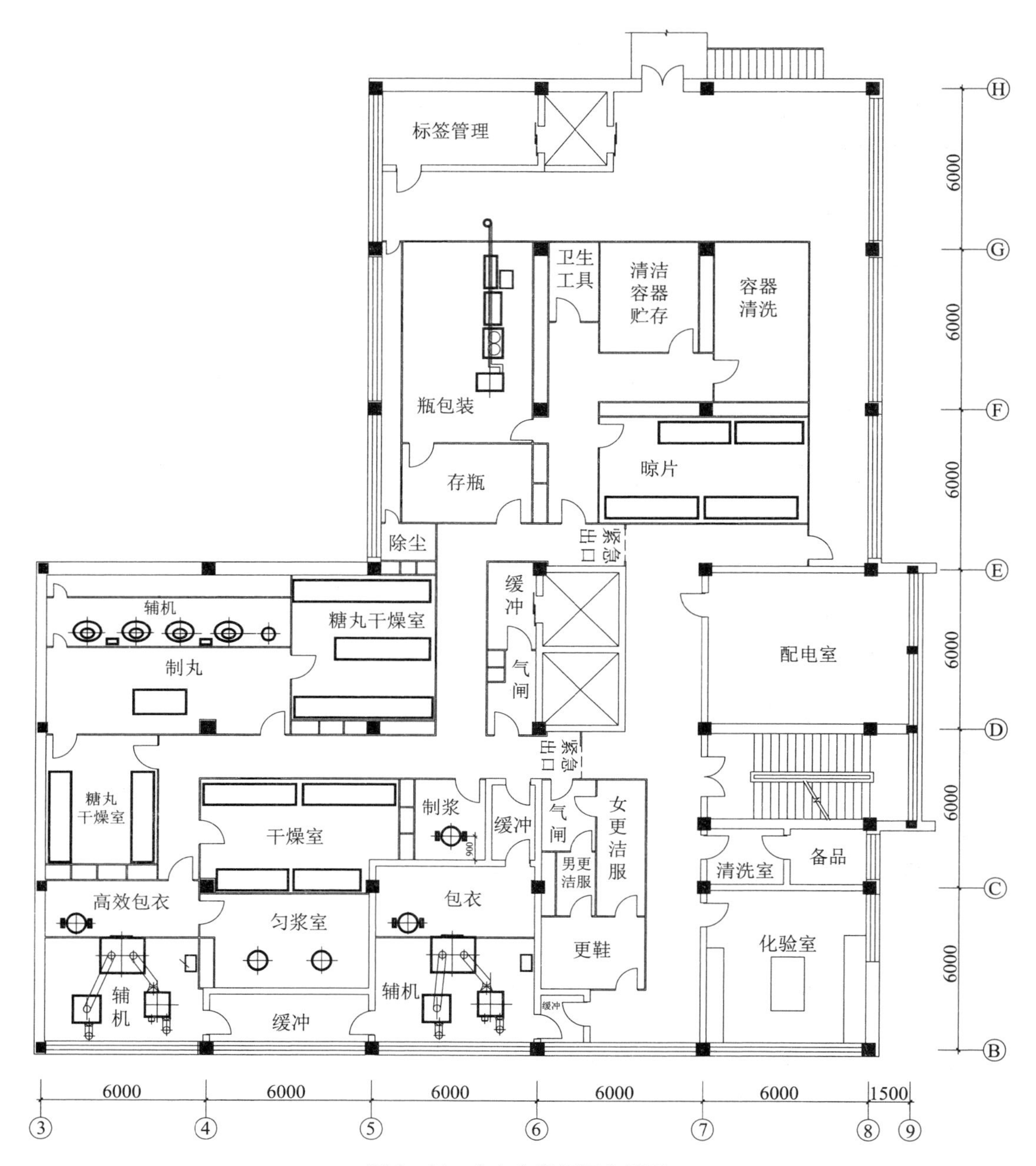

图 3-11 水丸车间平面布局图

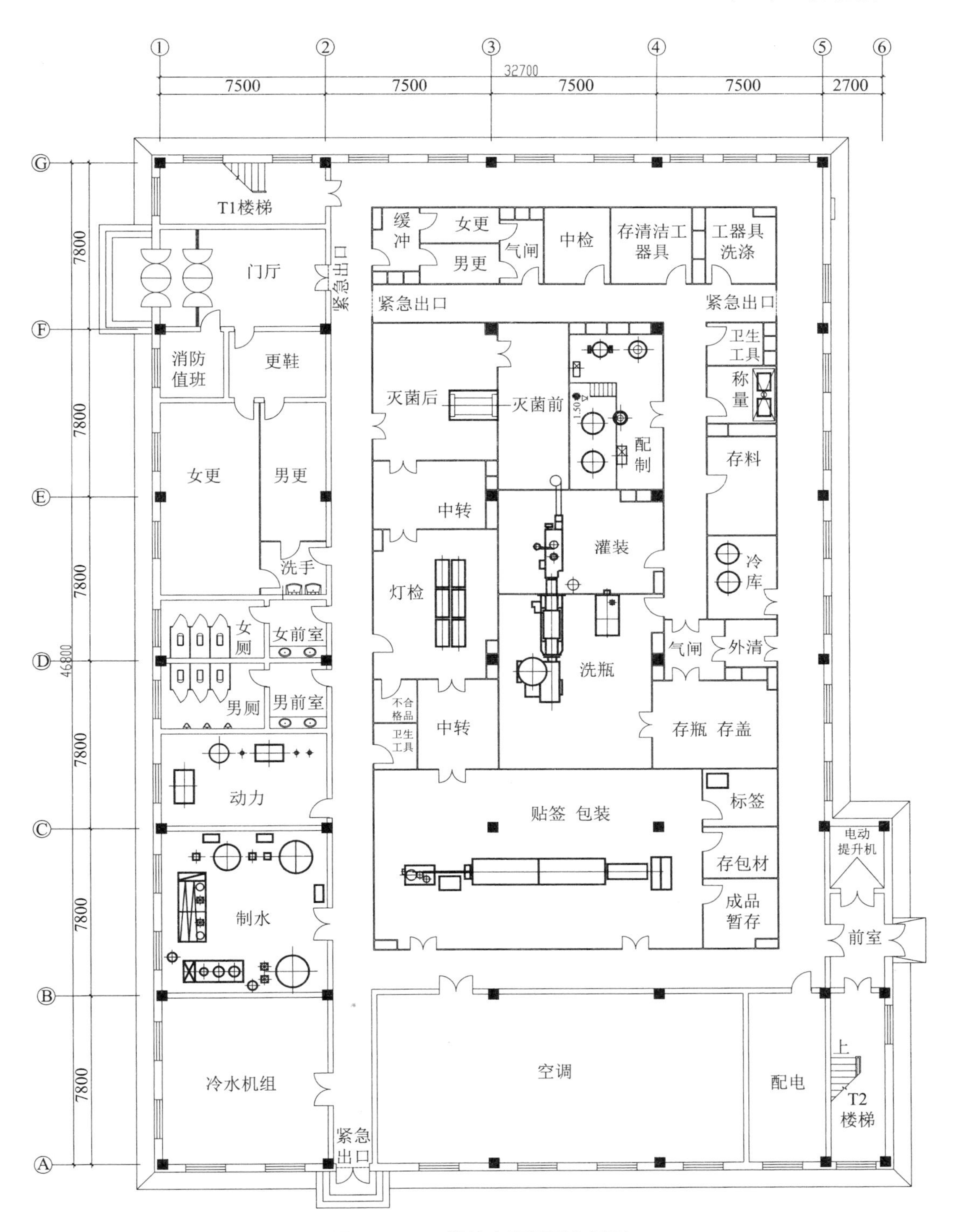

图 3－12 口服液车间平面布局图

第四节 原料药车间

原料药一般由化学合成、DNA重组技术、发酵、酶反应或从天然药物提取而成。原料药是加工成药物制剂的主要原料，有非无菌原料药和无菌原料药之分。为保证制剂产品的质量，原料药的精制、干燥、包装应符合GMP要求。

一、化学原料药

化学原料药是指用化学合成方法生产的供加工成制剂的一类原料，这类原料药属于化工产品，生产环境卫生学要求不高，但生产中使用大量有机溶剂和有毒有害物质，必须注意防毒防爆防腐蚀，按化工设计标准。

（一）主要生产岗位设计要点

化学原料药生产的合成岗位是最关键最复杂的岗位，是设计的难点；精、烘、包岗位是化学原料药生产的最后工序，也是直接影响成品质量的关键步骤，这些岗位要布置在洁净区，达到药品制剂的要求。

1. 合成 合成包括各种类型的化学反应，如水解、氧化、加氢、加成等，设计时需根据产品的工艺流程进行合理布局，匹配与反应物和产物相适应的反应罐、贮罐等，严格遵守各个反应条件。原料合成车间设计非常复杂，必须反复研究工艺、反复沟通方案、注意各个细节才能完成。

2. 精制 精制工序包括精滤、结晶、分离、检验等过程。精制过程应在洁净区内完成，根据制剂产品的需要，非无菌制剂的原料精制在D级或C级完成，无菌制剂原料精制在B级或B级背景下的A级洁净区完成。活性炭脱色罐材质按所用有机溶剂的性质选择，容积根据精制量计算；过滤器常用不锈钢桶式滤包，型号根据流量计算；结晶罐是精制的关键设备，材质符合溶剂要求，符合洁净易清洁要求，溶剂根据结晶时间和结晶量计算。结晶品的分离有离心甩滤、板框过滤、溶媒萃取、树脂吸附和浓缩等方法。精制的所有房间面积要求宽敞，通风良好，易于操作，尤其有溶媒挥发的设备设局部排风。

3. 干燥 干燥工序包括干燥、粉碎、混粉及检验等过程。根据物料性质选择不同干燥设备和干燥方式。原料生产过程的中间品干燥可以不在洁净区，最终精制产品干燥要在洁净区。箱式干燥设备要易清洗，材质常为不锈钢，排潮口有过滤装置。干燥间常有有机溶剂的蒸汽散发，必须设置排风装置。粉碎过筛间要注意设排尘或吸尘装置。

4. 包装 精制产品的内包装要在洁净区完成，包装间面积要足够大，并设称量的电子秤，包装台设排尘装置。

（二）平面布置图参考示例

化学原料药车间布局主要考虑生产流程顺畅，人流、物流合理、防爆排毒排污等符合各种规范要求。图3-13是小规模合成车间平面布局图，仅作为参考实例。

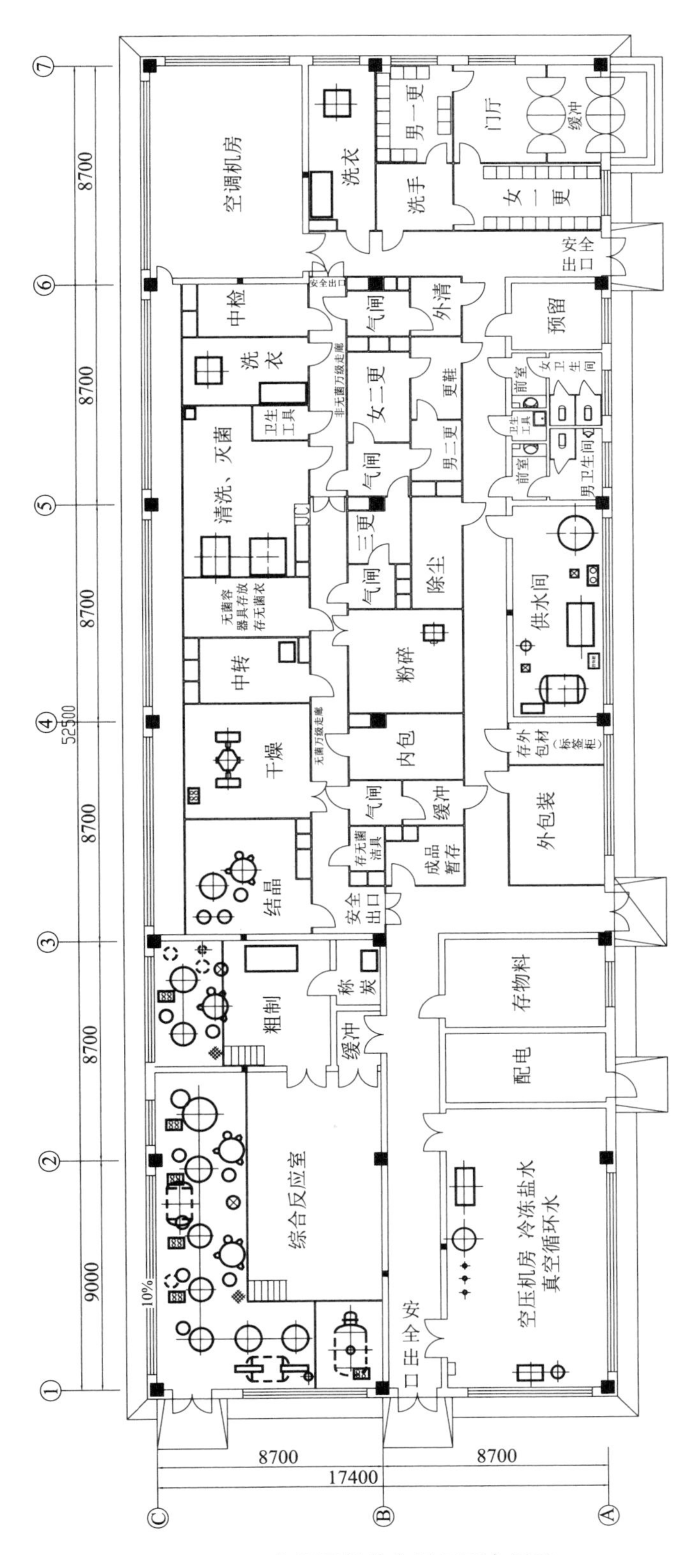

图3-13　化学原料药车间平面布局图

二、生物原料药

（一）主要生产岗位设计要点

生物原料药包括细菌疫苗、病毒疫苗、血液制品、重组技术产品、发酵的抗生素产品等，每种生物原料药的生产工艺都不相同，所以每个品种的生产车间岗位不同，房间、设备等的设计要点也各不相同，设计中要严格按着建设单位提供的生产工艺进行设计。

（二）平面布置图参考示例

生物制品原料药生产车间各不相同，仅以实例说明，参见图 3－14、图 3－15、图3－16。

三、中药前处理提取车间

中药制剂生产前必须对使用的中药材按规定进行拣选、整理、炮制、洗涤等加工，有些净药材还必须粉碎成药粉，以符合制剂生产时净料投料要求；净药材需经过提取和浓缩得到流浸膏、浸膏或干膏粉，经后续加工成为一定剂型的中药制剂成品。

（一）前处理岗位生产要点

中药材的前处理在一般生产区进行，并且要有通风设施；直接入药的中药材的配料、粉碎过筛要在洁净区进行，并且与其制剂有相适应的洁净级别。

1. 净选 药材净选包括拣选、风选、筛选、剪切、剔除、刷擦、碾串等方法，净选可采用人工手段或利用设备。拣选应设工作台，工作台表面应平整，不易产生脱落物，常用不锈钢材质；风选、筛选等粉尘较大的操作间应安装捕吸尘设施。

2. 清洗 清洗间应注意排水系统的设计，地面要不积水、易清洗、耐腐蚀；药材洗涤槽应选用平整、光洁、易清洗、耐腐蚀材质，一般用不锈钢加工，尺寸根据药材量来设计；洗涤槽内应设上下水，满足流动水洗涤药材的要求。

3. 浸润 润药间的给排水设计也很重要，应注意设备排水口与下水管的对接位置；药材的浸润设备可以选不锈钢润药槽或润药机，如有不能接触金属的药材需选其他材质设备。润药间面积应根据润药机的转动半径设计房间的高度和操作面。

4. 切制 按工艺切片、切段、切块、切丝的要求，选用适当的切、镑、刨、锉、劈等切制方法；切制间要有足够的面积，切制设备的两侧要有摆放待切和已切药材的地方；切制设备电源位置必须在设备选定后确定，因切药机有时布置在房间中间，电源易错位。

5. 炮炙 中药材蒸、炒、炙、煅等炮制生产厂房应与其生产规模相适应，并有良好的通风、除尘、除烟、降温等设施；中药材炮制间一般设置在厂房的边缘地方，并设置外窗。

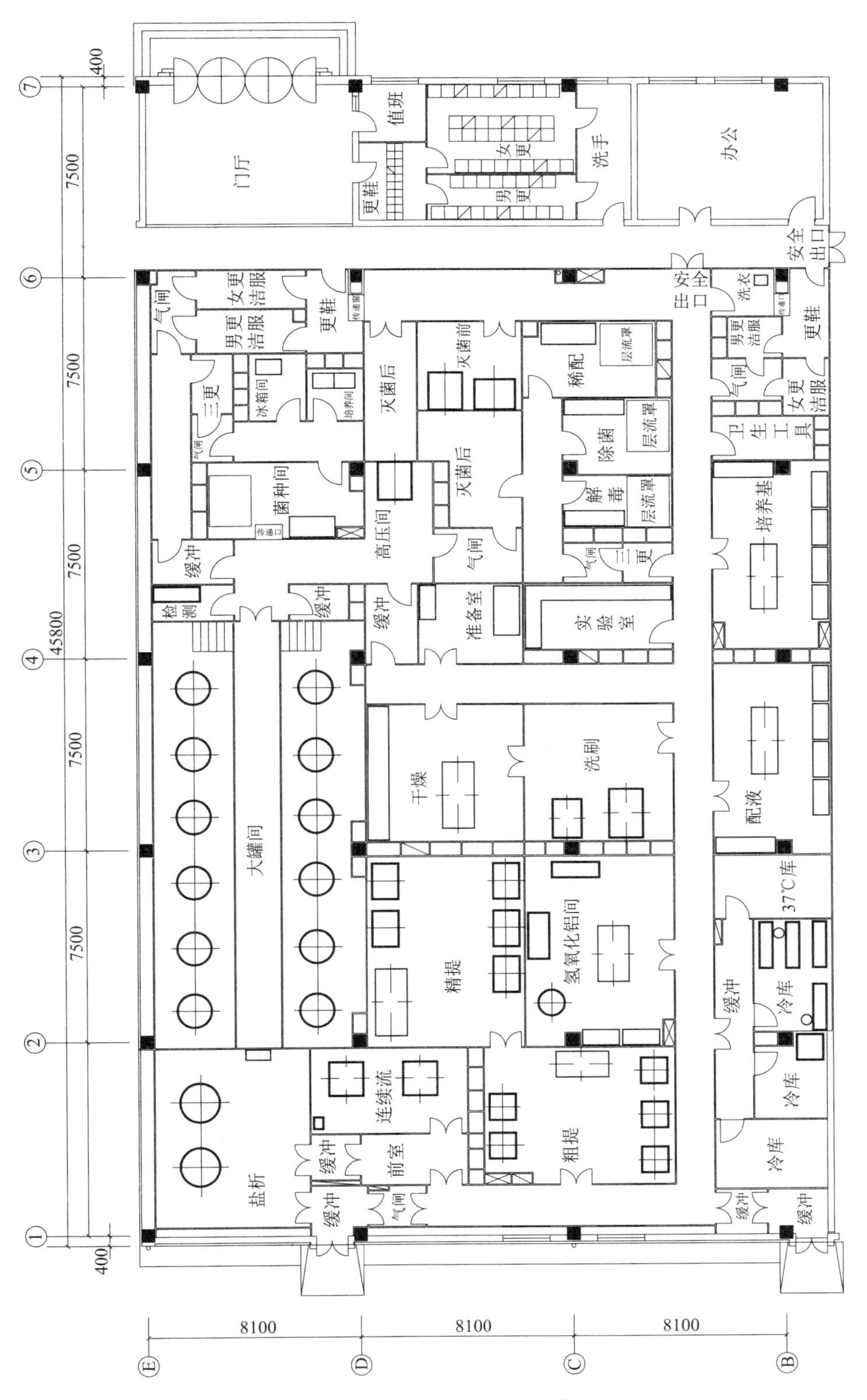

图 3－14　细菌类疫苗车间平面布局图

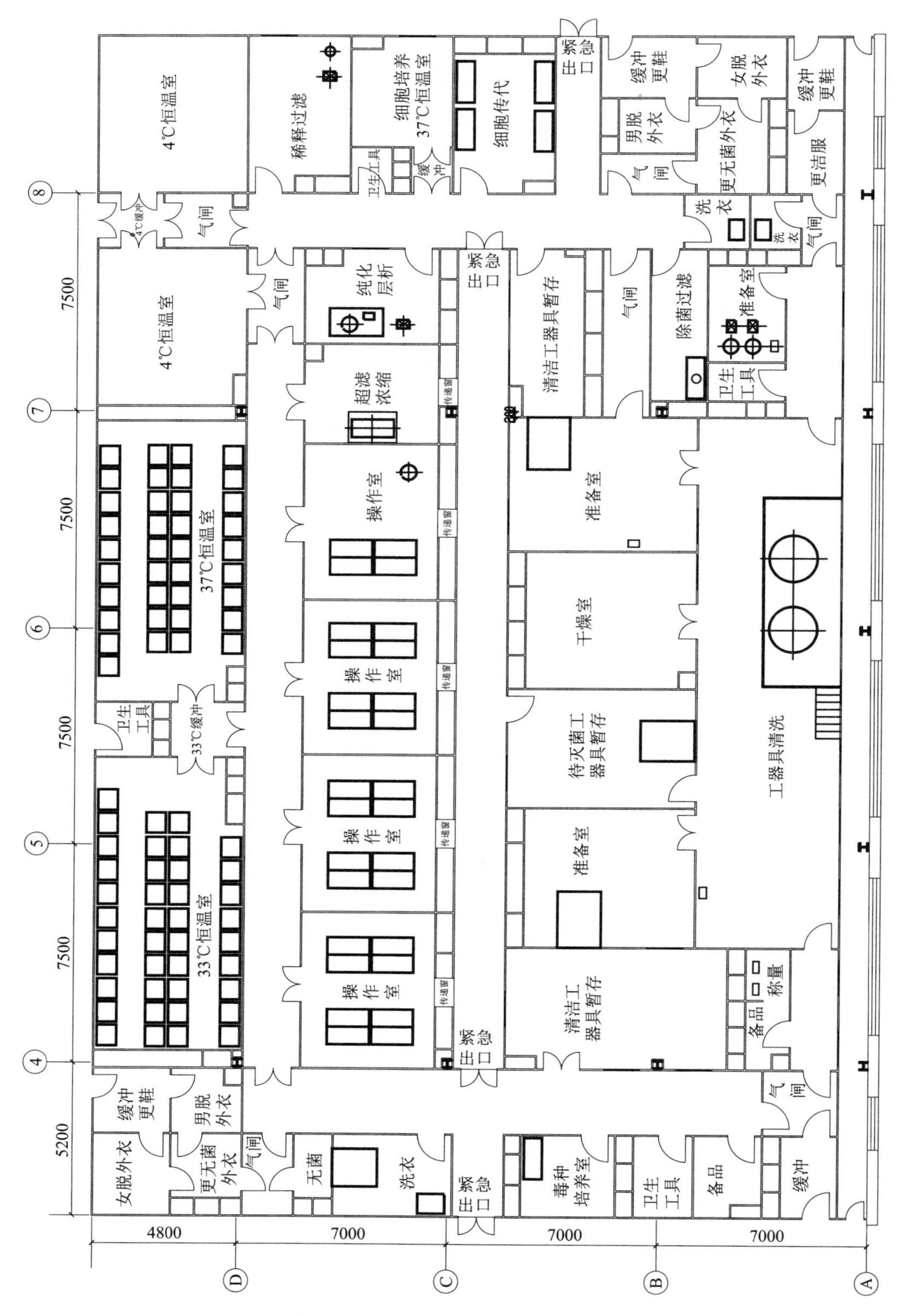

图 3-15　病毒类疫苗车间平面布局图

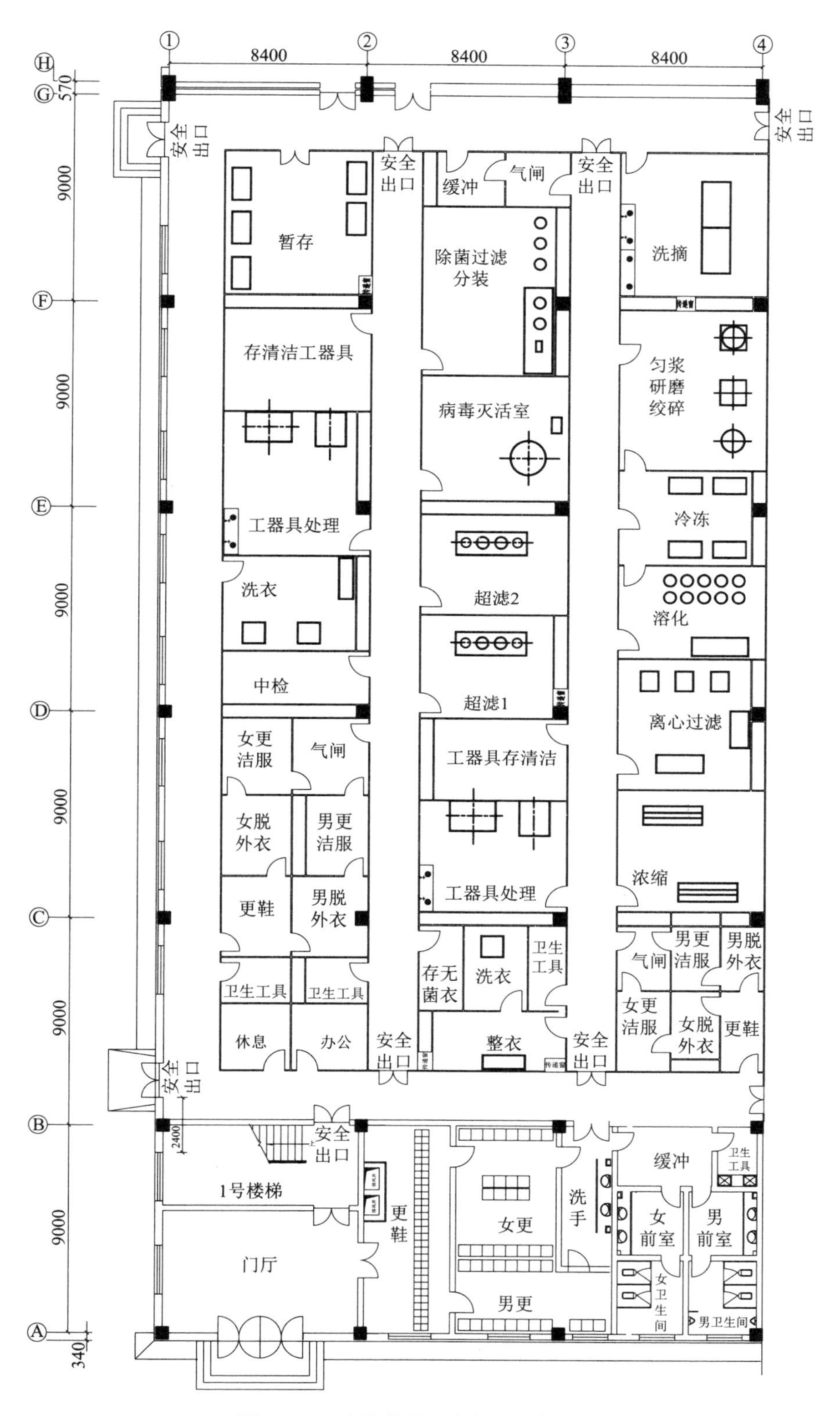

图 3-16　生化前处理车间平面布局图

6. 干燥 药材的干燥必须在干燥室，要根据需干燥的药材量计算干燥设备的台数，从而确定干燥室的面积。药材性质不同，干燥温度不同，选择的干燥设备的技术参数也应不同。干燥室需设计排热风系统，干燥设备的排潮口要接至空调排风管道。

7. 配料 直接入药的净药材的配料、粉碎、过筛、混合的厂房应布置在洁净区，设通风、除尘设施。

8. 灭菌 药材灭菌需根据药材的性质选择灭菌柜，可以用蒸汽灭菌柜、臭氧灭菌柜，蒸汽灭菌柜要灭菌并干燥，根据需要可选择单扉或双扉。

（二）提取浓缩岗位生产要点

提取和浓缩岗位设置在一般生产区，中药材的提取浓缩提倡选用先进节能的设备，加速中药现代化进程。

1. 称量、配料 提取用中药材是经处理的净药材，按工艺要求进行称量、配料。

2. 提取 根据工艺要求可以采取煎煮、渗漉、浸渍、回流等溶剂提取方法，也可采用新型提取技术诸如超临界流体萃取法、超声提取技术和酶法提取技术等，根据产量做物料衡算得到提取量，再计算提取罐的容积和台数，按提取设备的外形尺寸确定提取间的厂房高度和钢平台的尺寸。如果是规模很大的提取间则应设计水泥平台，如果提取用乙醇等有机溶剂则要设计成防爆提取间。

3. 浓缩 浓缩岗位也设计在提取间内，浓缩设备的选择要与提取设备配套，根据工艺要求的浓缩程度来选择适宜的设备。注意提取间排水沟的设计，提取和浓缩设备大量排水不可以聚积。提取过程用饮用水，如果是针剂提取则要设计纯化水设备。

4. 精制（转溶） 精制也是在提取间内进行操作，精制有醇沉、水沉两种，精制罐的选择要与提取浓缩设备配套。

5. 过滤 过滤要选择管道过滤器，大小与提取设备配套。

6. 干燥 干燥常采用烘箱干燥、真空干燥和喷雾干燥；烘箱干燥、真空干燥的应设计在洁净区，流浸膏的收膏也应在洁净区；喷雾干燥的主机应在提取间内，收粉设计在洁净区，并且要高吊顶，排尘。

7. 粉碎、混合 干膏的配料、粉碎、过筛、混合等生产操作应设计在洁净区，根据需要选择粗粉机、细粉机和筛网目数，设备材质要符合 GMP 要求。

（三）平面布置图参考示例

在中药材的前处理提取车间常常有乙醇提取岗位，有防爆要求，所以厂房应设计足够的泄爆面积和通风外窗，提取车间不宜做大平面布局，适宜设计成有局部单高层的二层厂房，详见图 3-17、图 3-18。

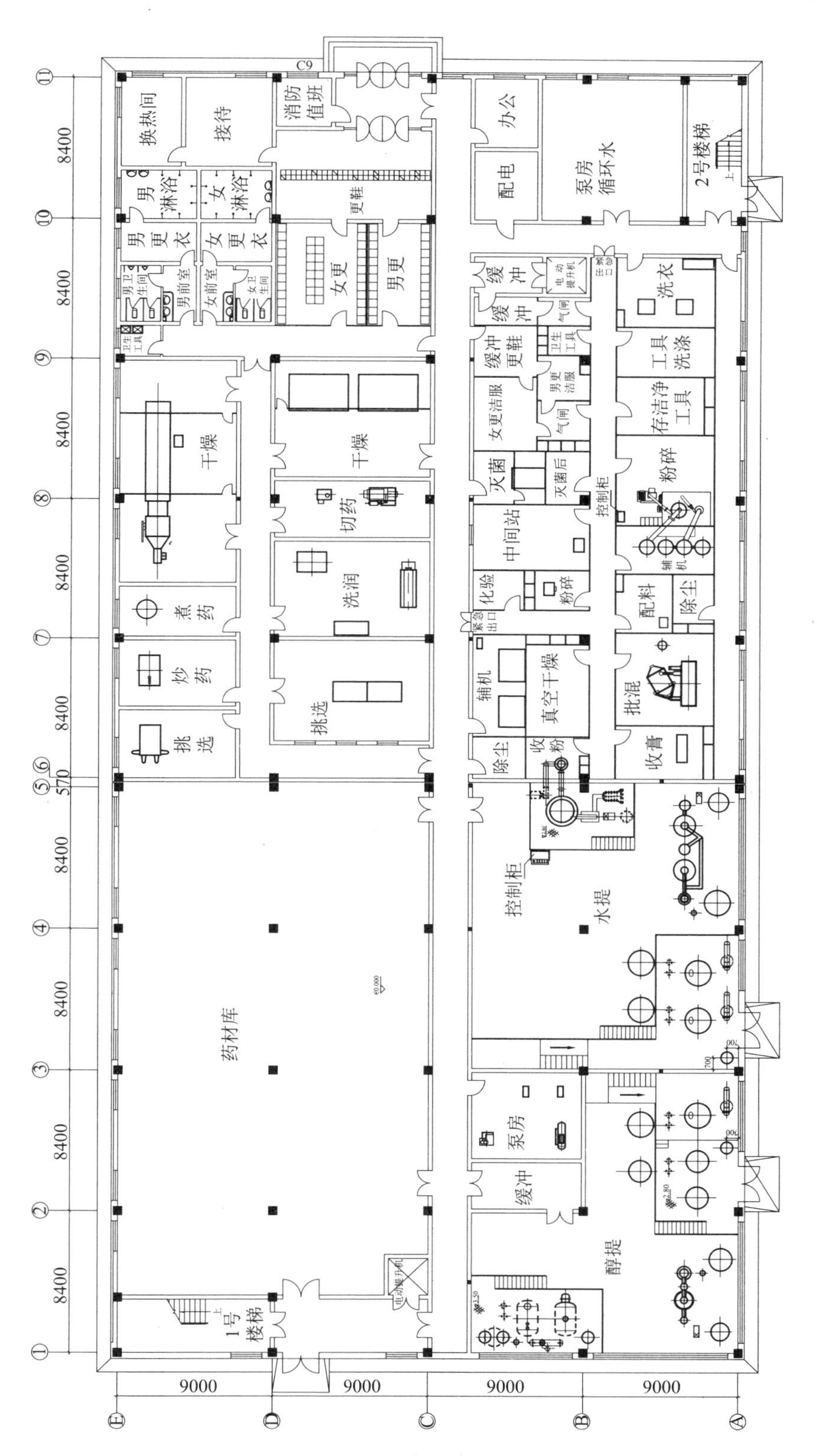

图 3－17　前处理提取车间平面布局图（1）

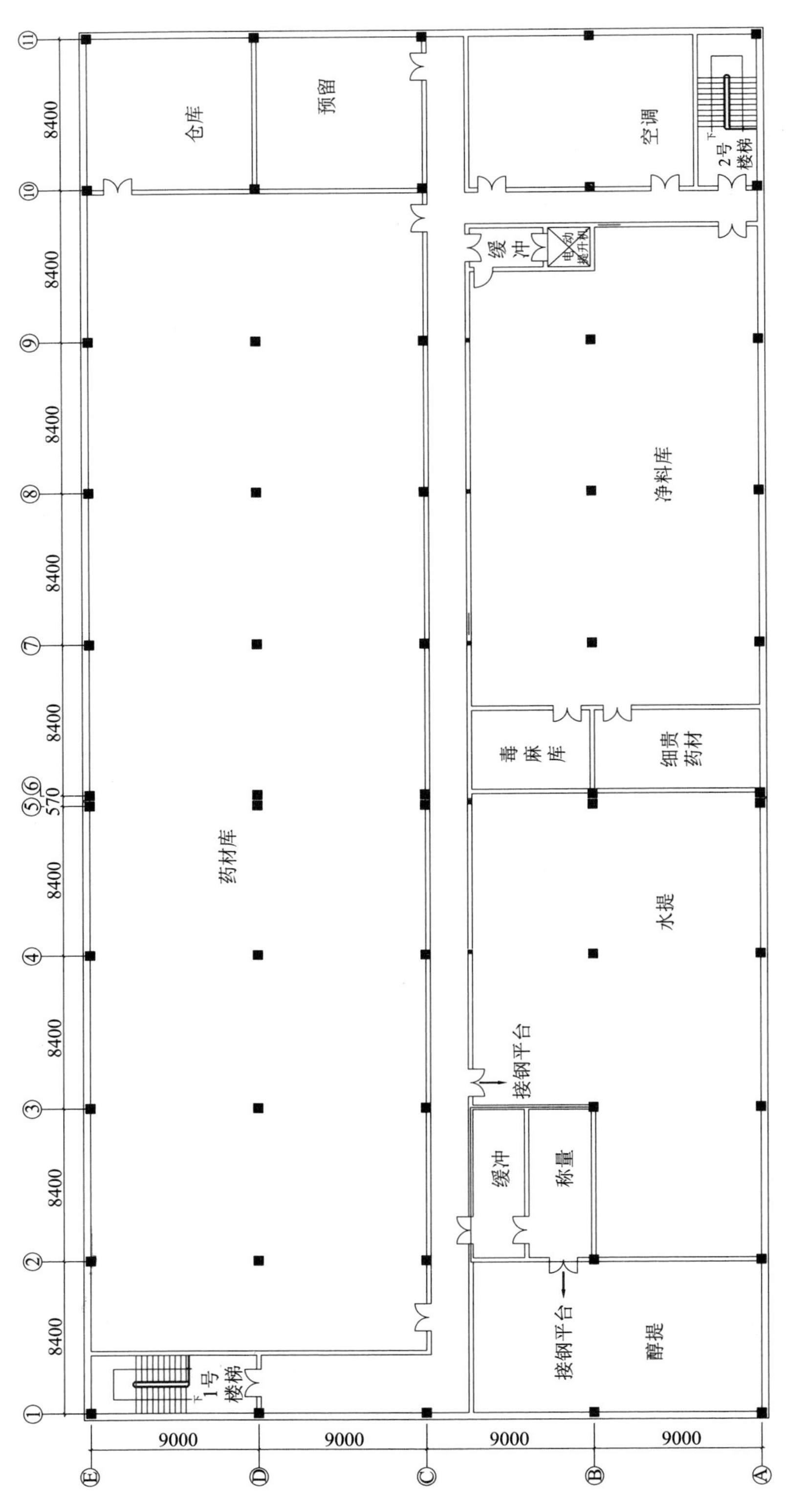

图 3-18 前处理提取车间平面布局图（2）

第四章 能量与物耗设计

在制药工程设计中，能量与物耗的设计是进行物流及能量流平衡、设备设计、经济核算等的重要依据，是工程设计的主要基础。在生产中，它们又是生产管理、技术管理、寻找存在的问题、进而提出解决措施的最基本的方法。因而，能量与物耗设计直接关系到整个工艺设计的可靠程度，并可为完善能源管理、制定节能措施、降低单位能耗提供可靠的依据。

第一节 燃料消耗量

凡能用来燃烧而取得能量且具有一定经济价值的物质都称为燃料。除原子燃料外，一般燃料可分为固体燃料、液体燃料和气体燃料三大类。

一、固体燃料

固体燃料系指在常温下其物理状态为固体的能提供能量的物质。因其主要为含碳物质，在有空气的情况下能燃烧，所以称之为固体燃料。

（一）固体燃料的种类

固体燃料主要有天然及人造固体燃料之分。天然的固体燃料有各种煤、可燃页岩、木材、薪材以及各种植物的根、茎、叶等。人造固体燃料主要是煤与木材经过加工后制得的焦炭、半焦与木炭，其中的焦炭和半焦均为烟煤经干馏后的制成物。这些固态可燃物中，广泛用作工业燃料的只有煤和焦炭（包括半焦）。

煤是埋藏于地层内，已炭化的可燃物。根据埋藏的年代及煤化程度的差异，可将煤分为泥煤、褐煤、烟煤、无烟煤四类。

1. 泥煤 煤化程度最低，有的泥煤中的木质纤维还隐约可见。泥煤多是由沼泽地带的植物沉积物在空气量不足和存在大量水分的条件下生成的。其含水量高达 80%～90%，因而泥煤需干燥以后方可用于燃烧。

风干后的泥煤仍含水 30%～40%，灰分在干燥基中约占 10%。可燃基中碳元素占 55%～60%，氢占 6%左右，硫通常不超过 0.5%，其余为氧和氮。由于氧含量高达 30%左右，因而泥煤的发热量很低，但它的挥发分很高，可达 70%左右。

泥煤质软、强度低，运输损失大，并且容易氧化，不宜长期储存，多作民用燃料或用于气化和制作肥料。

2. 褐煤 是植物炭化的第二期产物，但煤化程度仍然较低。其颜色一般为褐色或暗褐色，无光泽，含木质构造。褐煤的水分与挥发分含量较泥煤的低，碳分则有所增高。新开采的褐煤含水在35%～50%。可燃基中含碳65%～75%，氢4.5%～6.5%，氧15%～25%，其余为氮和硫，挥发分在40%以上。灰分在干燥基中的含量为11%～33%。褐煤易燃，在空气中自燃着火温度为250～450℃。褐煤可用作工业或生活燃料，也可作为气化与低温干馏的原料。因褐煤易裂散和氧化，故它仍被利用。

3. 烟煤 是煤化程度较高的煤，其中已完全看不见木质构造。其外观为黑色或灰黑色，有沥青样光泽。烟煤质硬，有较高的强度，燃烧时常现红黄色火焰和棕黄色浓烟，带有沥青气味。烟煤同褐煤相比，烟煤含水量较少（内在水分在10%以下），氧和挥发分亦有所减少，碳分与发热量则增高。其可燃基碳含量为80%～90%，氢4%～6.5%，含氧量一般在3%～15%之间，氮与硫的含量同褐煤相近，挥发分为10%～40%。供应状态的烟煤原煤一般含内在水分为2%～5%，灰分在20%～30%。

烟煤较易着火，自燃着火温度400～500℃。其最主要的用途是炼制冶金焦炭，也可作为燃料和低温干馏与气化用原料，在工业上具有较为重要的地位。

4. 无烟煤 无烟煤亦称“白煤”，色黑质坚，有半金属样光泽。其煤化程度最高，它是由烟煤在炭化过程中进一步逸出挥发分与水分，相应增高碳分而形成的。可燃基中碳分一般高达90%以上（90%～97%），氢与氧均1%～4%，挥发分在10%以下。无烟煤的内在水分多在3%以下，灰分与烟煤相近。

无烟煤燃烧时几乎不产生煤烟，火焰很弱或无火焰，不黏结，自燃着火温度在700℃左右。无烟煤通常用作动力和生活用燃料，也用于制取化工用气。

5. 焦炭 一般所说的焦炭包括焦炭和半焦，皆为烟煤经干馏后的制成物。干馏是将天然固体燃料在隔绝空气的情况下加热至一定温度的一种热化学加工方法，有高温干馏与低温干馏之分。烟煤经高温干馏（900～1100℃）得到的固态产物即为焦炭，同时还得到焦炉煤气和高温煤焦油。经低温干馏（500～550℃）则得到半焦，同时还得到半焦煤气与低温煤焦油。

焦炭主要用作冶金工业的还原剂和燃料，也用于气化过程作化工原料用，只有次焦及碎焦才仅用作燃料。半焦强度差，易碎，残余挥发分与杂质较多，主要用作燃料和气化原料。由此可见，煤是制药工业生产中主要使用的固体燃料。

（二）煤的组成

煤的组成分为可燃成分与不燃成分两部分，其中可燃成分包括挥发分和固定碳，也可按其元素组成来表示。不燃成分主要包括水分和灰分。

1. 水分 也称全水分，以符号“W”表示。机械地浸附在燃料颗粒外表及大毛细管内、可用风干方法除去的水分叫外在水分（W_{WZ}）；通过细毛细管吸附到燃料内部、需要加热才能除去的水分叫内在水分（W_{NZ}）。外在水分与内在水分之和即为全水分。

煤的水分因煤种以及开采方法不同而异，运输、储存等条件亦能影响其实际含水量。水分增多会使煤的可燃成分降低，从而既造成运输量的浪费，又使煤易风化变质，且购煤者更不愿以煤价买水，所以水分是煤质与计价的一项重要指标。

2. 灰分　燃料燃烧后余下的固态残留部分即为灰分，以符号“A”表示。灰分使可燃成分比率和燃烧温度降低，是固体燃料质量分级的一项重要指标。我国煤的灰分一般在10%～30%。

3. 挥发分　将干燥的固体燃料在隔绝空气的情况下加热至一定温度，逸出的气态部分即为挥发分，亦称挥发分产率，以符号“V”表示。挥发分产率一定程度上代表了煤的煤化程度，是煤分类的重要指标。

挥发分易燃，故含挥发分高的煤容易点燃，火焰长且持续时间较久，燃烧效率亦较高。

4. 固定碳　固体燃料干馏后的固态剩余物中除去灰分就是固定碳，以符号“C_{GD}”表示。在烟煤和无烟煤的可燃成分中，固定碳占有最大的质量比和最多部分的发热量，是主要的发热部分。

5. 可燃元素　固体燃料的可燃成分包括挥发分与固定碳，故习惯上以这两部分的元素构成作为可燃元素。可燃元素有碳、氢、氧、氮、硫五种，其中碳和氢是主要的发热元素，氧只是助燃，氮不参与燃烧，硫则属于有害的杂质。

碳元素在煤中的含量随煤化程度的提高而增加，氢元素含量则随煤化程度的增加而减少。氧元素同氢相似，主要含于挥发分中，越“年轻”的煤中氧的含量越多。氧不发热，这样就相应地降低了发热元素的含量，并且还能使部分发热元素氧化，所以，氧含量越高，煤的发热量就越低。另一方面，氧含量高的煤的挥发分产率也高，因此氧含量高又对燃烧有利。作为工业用燃料，煤只要是氧含量不是特别高，还是可以应用的。

氮在煤中多存在于复杂的有机化合物中，燃烧时呈气态析出。氮含量很低，通常为1%～3%，随着对氮氧化物污染的重视，氮含量的有害影响已引起人们注意，故氮在煤中的含量应以少为好。

燃料中的硫可分为有机硫与无机硫两类，其和称为全硫（S_Q）。无机硫又分为硫化铁硫（S_{LT}）和硫酸盐硫（S_{LY}）两种，硫化铁硫可燃，同有机硫合称为可燃硫（S_R），硫酸盐硫不能燃烧，存在于灰分中。煤中硫分的划分如图4－1所示。可燃硫是主要的硫分，通常所说的含硫量即是指可燃硫，并常以全硫数据代替，误差比较小。

煤中含硫量一般在3%以下，其含量不高，但却有害。硫的燃烧产物二氧化硫是毒性气体，既污染环境，危害农作物生长和人类健康，又腐蚀被加热物料和加热设备。含硫量多的煤不易保管，容易变质和自燃。所以硫是很有害的杂质，越少越好。

（三）煤的成分表示方法

在分析和计算成分含量时，所包含的项目不同，计算基准及成分的表示方法也不同。固体燃料成分有应用基（以其汉语拼音第一个字母“y”表示。下同）、干燥基（“g”）、分析基（“f”）、可燃基（“r”）和有机基（“j”）五种表示方法。各种表示方法同成分项目之间的关系如表4－1所示。

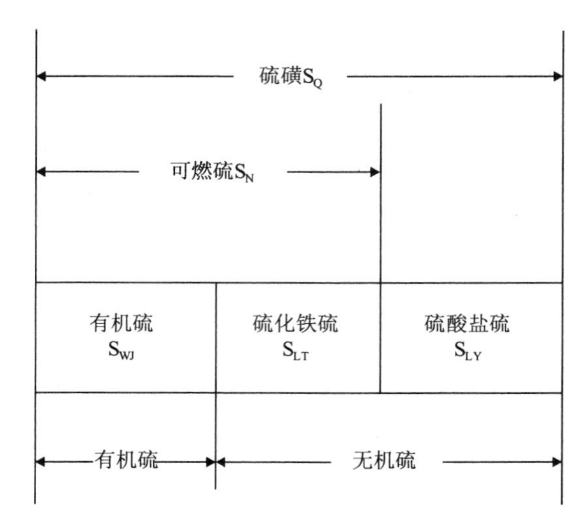

图 4-1 煤中硫分划分示意图

表 4-1 燃料成分与计算基准的关系

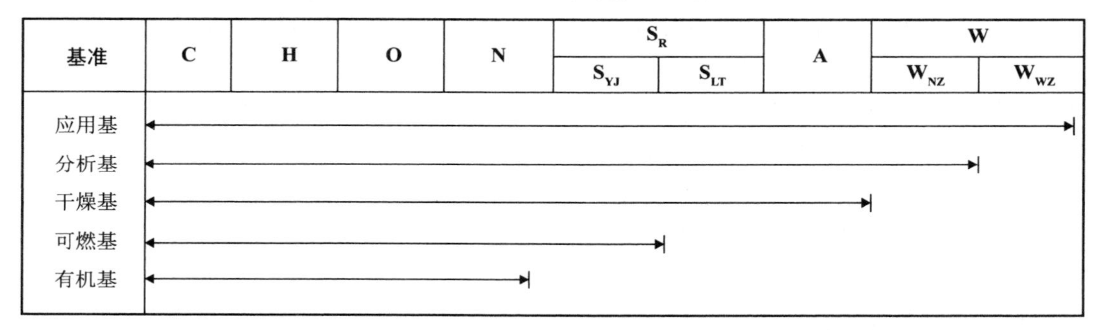

基准	C	H	O	N	S_R		A	W	
					S_{YJ}	S_{LT}		W_{NZ}	W_{WZ}
应用基									
分析基									
干燥基									
可燃基									
有机基									

（四）煤的特性

煤的特性主要表现在两个方面：一是煤特性，多指煤的氧化与自燃、水分、灰分、挥发分、固定碳、元素含量、发热量、着火温度、可磨性、粒度等与燃烧、加工、输送及储存等有直接关系的特性。二是灰特性，指煤灰的化学成分、高温下的特性、比电阻等，这些特性对燃烧后的清洁度以及煤灰的清除等都有很大的影响。

1. 煤的氧化与自燃 煤与空气接触时会吸附氧气从而进行缓慢的氧化，若存在较多的水分和硫化铁则会加速这种氧化反应。氧化过程中会产生热量，煤堆如果散热不好，内部温度就会增高，当达到着火温度时，煤就会燃烧，此即为煤的“自燃”。

煤在存放过程中即使不发生自燃，长期的缓慢氧化也会对煤的质量产生重要影响，如烟煤存放一年后其发热量会降低 1%～5%，有的甚至可达 10%，结焦性和焦油产率也会相应降低，所以煤不宜长时间存放。

2. 煤的黏结性和结焦性 煤的黏结性是指煤粒在隔绝空气受热时能否使其本身或无黏结能力的物质黏结成焦块的性质，这种黏结是高温下热分解析出胶凝性物质的结果。这种胶凝性物质主要是沥青质，在烟煤中的含量较多。

煤的结焦性是指煤粒在隔绝空气受热后能否生成优质焦炭的性质。结焦性同黏结性既有联系又有区别。结焦性好的自然黏结性好，但黏结性好不一定结焦性亦好。如有的煤黏结性好，能结焦，但焦炭裂缝多、强度差，其结焦性并不好。煤的黏结性和结焦性常用胶质层厚度和焦渣特征表示。

含沥青质的煤干馏加热至一定温度时，受热表面会逐层分解，形成胶体状态，再逐渐转变为焦炭。这种不断形成的胶质层的厚度就称为胶质层厚度，通常取形成的最大厚度作为厚度值，厚度值越大，黏结性越好。

焦渣特征是指对测定挥发分后的焦渣的鉴定结果，共被划分为 8 个号，号数高表示黏结性与结焦性好。焦渣分号特征如下：

（1）粉着：焦渣全部是粉末，没有互相黏着的颗粒。

（2）黏着：焦渣以手指轻压即能碎成粉状。

（3）弱黏结：以手指轻压，焦渣即碎成碎块。

（4）不熔融黏结：焦渣需以手指用力压才能碎成小块。

（5）不膨胀熔融黏结：焦渣呈扁平的饼状，煤粒界限不易分清，表面有银白色金属光泽。

（6）微膨胀熔融黏结：焦渣用手指压不碎，表面有银白色金属光泽和较小的膨胀泡。

（7）膨胀熔融黏结：焦渣表面有银白色金属光泽，明显膨胀，但高度不超过 15mm。

（8）强膨胀熔融黏结：焦渣表面有银白色金属光泽，明显膨胀，焦渣高度超过 15mm。

3. 煤的灰分软化温度和结渣性　灰分是多种无机矿物质的混合物，受热后会软化或熔融为液态。不同的灰分，软化温度和熔点亦不同。软化温度和熔点低的灰分可能在燃烧室内呈黏稠或熔融状态，从而阻碍空气流通，影响燃烧或气化的正常进行。

通常将灰渣开始变软的温度称为变形温度，完全软化的温度称为软化温度，熔融呈流体状时的温度称为熔化温度。软化温度同熔点有一定关系。根据灰分软化温度的高低，可将灰分分为易熔（熔点小于 1100℃）、低熔（熔点在 1100～1250℃之间）、高熔（熔点在 1250～1500℃之间）和解熔（熔点大于 1500℃）四种。我国煤的灰分软化温度一般在 1100～1700℃之间。

煤的结渣性是指煤在燃烧或气化过程中灰渣是否容易结块的性质。结渣性的强弱以结渣率表示，结渣率大的不利于燃烧及气化的进行。

结渣性与灰分含量、灰分软化温度、硫含量和碳酸盐含量等有关。灰分重、熔点低、硫和碳酸盐含量高的较易结渣，从燃烧角度来选择燃料时，应综合考虑结渣性与灰分软化温度的影响。

4. 煤的流散性和堆积角　流散性是指固体燃料粒、块之间在重力作用下彼此的相对移动性。它主要取决于颗粒之间的摩擦力与附着力。流散性大的煤不易堆积，堆积角度小；流散性小的煤就容易堆积，堆积角大。当煤堆的堆积角等于或大于 90°时，即可认为失去了流散性。因此堆积角在一定程度反映了流散性的大小。干燥固体燃料的自然堆积角如表 4-2 所示。煤所吸附的机械水分增多会使流散性恶化，达到极限水分时流散性就会消失。煤的流散性变差会给输送、装卸等造成困难。燃烧工作中还可利用堆积角大致估计煤的含水量。

表 4-2 固体燃料的流散性

名称	自然堆积角（°）	
	运动时	静止时
泥煤（铲采）	32	45
（块状）	40	45
褐 煤	35	50
烟 煤	30	45
无烟煤	27	45
焦 渣	35	50

5. 煤的可磨性 煤的可磨性是指煤被粉碎的难易程度，是制备煤粉应了解的一种性质，煤的可磨指数越高表示其可磨性越好。

二、液体燃料

液体燃料系指在常温下其物理状态为液体的能提供能量的物质。因其主要含碳、氢等元素，在有空气的情况下能燃烧，所以称之为液体燃料。天然的液体燃料几乎全部来自于石油。

石油产品中燃料油品占其总量的 90%以上。固定式动力装置如电站、工业锅炉等使用的燃料主要是重油、残渣油或轻柴油。非固定式动力装置如航空、航海、发动机等使用的燃料主要是汽油、轻柴油等。

（一）液体燃料的种类

原油在常压直馏时，经分馏能得到直馏汽油、煤油与柴油，余下的重质油称直馏重油，俗称常渣油。直馏重油如再经减压蒸馏，可分馏出各种润滑油和裂化原料，剩下的为减压渣油。直馏重油和裂化原料都可再经裂化处理，用来制取裂化汽油、裂化煤油，余下的为裂化残油。常渣油可直接供燃烧用，减压渣油和裂化残油则需加入轻油调制后才能用作燃料，各种渣残油经掺和、调配至符合质量指标规定后，就是标准牌号的重油；未经配制或稍加调制，只有部分指标符合规定但可供燃烧用的即为渣油。通常所称的重油包含渣油在内。

石油的很多油品以及原油均可用作为锅炉燃料，但从合理性与经济性角度来看仍以使用重油为好。有的国家也推荐用柴油或重柴油，其价格虽高一些，但可省却预热设备，在用量不多和对燃烧要求较严的情况下是可行的。我国由于油料紧张，因而正提倡以煤代油，压缩重油的消耗，所以选用燃料时应充分考虑到这一点。另外，各种低温干馏的焦油和工厂废油亦可燃用，只是应注意废油中不能混入过多的汽油。

1. 重油 国产重油按 80℃时的运动黏度分为 20，60，100，200 四个牌号。牌号的数值约等于该油在 80℃时的恩氏黏度°E_{80}。其主要质量指标如表 4-3 所示。

表 4-3 重油质量标准

质量标准	20 号	60 号	100 号	200 号
恩氏黏度（°E_{80}）不大于	5.0	11.0	15.5	
恩氏黏度（°E_{100}）不大于	—	—	—	5.5～9.5
闪点（开口）（℃）不低于	80	100	120	130
凝固点（℃）不高于	15	20	25	36
灰分（%）不大于	0.3	0.3	0.3	0.3
水分（%）不大于	1.0	1.5	2.0	2.0
含硫量（%）不大于	1.0	1.5	2.0	3.0
机械杂质（%）不大于	1.5	2.0	2.5	2.5

20 号重油用于具有较小喷嘴的燃烧炉上（喷油量 30kg/h 以下）。60 号用在中等喷嘴的船用蒸汽锅炉或工业锅炉上。100 号用在大型喷嘴的陆用炉或具有预热设备的工业锅炉上。200 号多用于与石油厂有直接管线连接的具有大型喷嘴的锅炉。

2. 残渣油 残渣油是石油炼制过程中的塔底残油，是国产标准油规格以外的重油。目前很多厂矿都使用这种油作锅炉燃料。

残渣油有减压渣油、裂化渣油以及混合渣油等。原油不同，残渣油的质量指标各异。同是一种原油，生产工艺不同，残渣油的质量指标也不同。所以各炼油厂所生产的残渣油的质量指标都不一样，并且部分指标波动范围较大。因此，当使用残渣油作锅炉燃料时，应取得残渣油的黏度、闪点、凝点、水分以及含硫量等几个主要项目的质量指标值，以便采取相应的技术措施，满足残渣油的储存、运输以及雾化的要求。

3. 轻柴油 考虑到使用成本，一般锅炉在启动点火时才采用轻柴油。

（二）液体燃料的成分及主要性质

液体燃料的可燃部分仍由碳、氢、氧、氮、硫等五元素构成。重油可燃基含碳 85%～88%，氢 11%～13%，氧与氮共 0.5%～1.0%，硫 0.1%～1.0%。同轻质油相比，重油含碳稍多，含氢量略低，硫含量因分馏积累也较高一些，是一种优良的工业炉用燃料。

1. 密度和相对密度 密度即单位体积内所含物质的质量，用符号 ρ 表示。国际单位为 kg/m^3。我国标准规定，石油或石油产品的密度，以 20℃时的密度 ρ_{20} 为标准密度。同体积的油和水的质量比为相对密度，用符号 d 表示，故相对密度为无因次数。我国常用的油料为 20℃的油与 4℃时同体积的纯水（密度为 $1g/m^3$）的质量之比，以符号 d_4^{20} 表示。

若测定相对密度时的油温不是 20℃，则可用式（4-1）进行换算：

$$d_4^{20} = d_4^t + \alpha(t - 20) \tag{4-1}$$

式中，d_4^t —油温为 t℃时油的相对密度测定值；

d_4^{20} —换算成 20℃时油的相对密度值；

t —测定相对密度时的油温，单位为℃（0～50℃）；

α —温度校正系数，单位为$℃^{-1}$，其值见表 4－4。

表 4－4 温度校正值

相对密度 d_4^{20}	温度校正值 α	相对密度 d_4^{20}	温度校正值 α
0.8000～0.8099	0.000765	0.9000～0.9099	0.000633
0.8100～0.8199	0.000752	0.9100～0.9199	0.000620
0.8200～0.8299	0.000738	0.9200～0.9299	0.000607
0.8300～0.8399	0.000725	0.9300～0.9399	0.000594
0.8400～0.8499	0.000712	0.9400～0.9499	0.000581
0.8500～0.8599	0.000699	0.9500～0.9599	0.000567
0.8600～0.8699	0.000686	0.9600～0.9699	0.000555
0.8700～0.8799	0.000673	0.9700～0.9799	0.000542
0.8800～0.8899	0.000660	0.9800～0.9899	0.000529
0.8900～0.8999	0.000647	0.9900～1.0000	0.000518

石油产品的相对密度随馏分不同而不同。如汽油的相对密度不大于 0.76；溶剂油的相对密度不大于 0.795；煤油的相对密度不大于 0.83；轻质润滑油的相对密度在 0.86～0.90 之间；重质润滑油的相对密度可达 0.93；渣油的相对密度为 1.00 左右。燃料油因其组分不同，相对密度多在 0.80～0.98 之间。

测定油料的相对密度可根据所要求的精确度不同而采用不同的方法，有相对密度计法、韦氏天平法和相对密度瓶法等。应用相对密度计法较为简便，可自插入试油的恒重相对密度计上直接读出相对密度的数值，然后再根据测试的油温按式（4－1）换算成 20℃下的通用比重。

在重油供应系统的设计中，重油相对密度是常用数据，又是表示油中水分和机械杂质沉淀难易程度的指标。相对密度越小，油中的水分和机械杂质越易沉淀，相对密度越大，则越难沉淀。

2. 黏度 黏度是评价黏性油品流动性的指标。它对作为燃料油的重油卸车、脱水、管线压力降以及在炉膛中的雾化质量等都有重要影响。和其他燃料油一样，重油的黏度随着温度而变化，油温高黏度小，降低温度则黏度增大。根据重油这一物理性质，常采用加热的方法降低其黏度以满足重油储运和雾化的需要。

液体的黏度为液体分子之间的一种物性，当液体受到外力作用时，如果液体沿管道内流动，管道截面上的各层液体的流速是不相同的，管道中心的液体流速最大，而管壁上的液体流速为零。这是因为液体流动时，液体内部各流动层之间产生了摩擦力，它阻止了靠近管壁的液体流动。液体流动时产生阻力的这种物性称为液体的黏度。液体种类不同，其分子结构型各异，因而即使在相同温度下，不同液体的黏度亦各不相同。在工程计算中，对于同一种液体，有动力黏度、运动黏度及恩氏黏度等之分，这只是用不同的单位表示相同的黏度，它们之间的数值是可以换算的。

（1）动力黏度（μ）：动力黏度的国际单位为帕·秒（Pa·s）。

温度为 t℃的某种液体的动力黏度用符号 μ_t 表示。在有关的热工手册中可以查到不同温度下各种油品的 μ_t 值。

（2）运动黏度（ν）：某一种液体在同一温度下，其动力黏度与密度之比值称为该液体的运动黏度，即：

$$\nu_t = \frac{\mu_t}{\rho_t} \tag{4-2}$$

式中，ν_t—液体在 t℃时的运动黏度，m^2/s；

μ_t—液体在 t℃时的动力黏度，$N \cdot s/m^2$；

ρ_t—液体在 t℃时的密度，kg/m^3。

（3）恩氏黏度：恩氏黏度°E 又称为条件黏度，系指液体在特定温度下从恩氏黏度计流出 200mL 所需时间（秒）与蒸馏水在 20℃下流出相同体积所需时间（秒）之比值。恩氏黏度计应满足 20℃的 200mL 蒸馏水从仪器流完的时间保持在 51 ～ 52 秒。被测定液体的温度可按 20℃、50℃、80℃或 100℃进行。所以，恩氏黏度的符号的°E 一般还用°E_t 表示，脚码 t 表示被测液体的温度。

液体的恩氏黏度°E 与运动黏度 ν 可用式（4-3）进行换算：

$$\nu_t = (7.31°E_t - 6.31°E_t^{-1}) \times 10^{-6} \tag{4-3}$$

目前，世界各国对液体燃料的黏度名称逐渐使用运动黏度这一统一名称。在商业上，各国还采用不同的条件黏度。如我国和欧洲大陆各国常用恩氏黏度；英国和日本常用雷氏黏度；美国则广泛使用雷氏黏度和赛氏通用黏度。

3. 闪点 闪点亦称之为闪火点，是指油料的蒸汽与空气的混合物在临近火焰时发生短暂（时间不超过 5 秒）燃烧时的温度。从火焰的物理化学本质来看，即是可燃气体与空气混合物极小的爆炸。如同所有的混合气体爆炸一样，闪火只能在一定混合物组成的情况下方能发生，当可燃气体过多或过少时，爆炸都不能发生。因此，它和可燃液体的蒸发性以及在空气混合物中的最低含量有着直接的关系。

在常温下，大多数液体燃料的蒸气是不能同空气中的氧气发生闪火的。为了测定油料的闪点，就需要将油料加热，并在加热过程中每隔一定时间试验闪点能否发生。测定是在严格的规定条件下进行的，它与使用的仪器及实验方法的每一个细节都有密切关系，所以闪点也是一个条件常数。

测定闪点的仪器通常采用开口式和闭口式两种，都是将一定数量的试样油，倒入插有温度计的特殊容器中，在不断加热的条件下进行。开口式在测定过程中油面始终与大气接触，适用于测定润滑油或深色石油产品。闭口式在测定过程中，油温每升高一定幅度，即用传动机构将容器顶部油气门开闭一次，当油气门打开的同时，点火器的火焰也接近油气门，以检验在此温度下闪火是否发生。此法适用于各种石油产品。

开口式闪点和闭口式闪点有着较大的差别，其原因是在开口式仪器中，试油蒸气可以自由地扩散到空气中，因而要使试油蒸气与空气的混合物达到能发生闪火现象，就需要更高的温度；而在闭口式仪器中，试油蒸气都聚集在容器中，故在较低的温度下就可达到闪火所需要的浓度。因而，闪点是油品均匀性的一个指标。用来判断重油在储运过程中是否混入汽油、煤油等轻质油料，也是油品的一个重要的安全指标。在无压容器中（例如重油罐）加热重油时，其最高加热温度至少应低于闪点 10℃。在压力容器和压力管道中则不受此限。

4. 燃点和自燃点 用开口式闪点仪将试油加热超过闪点 30～50℃时，随即点火试验。若油面完全燃烧并能持续 5 秒钟以上时，这时试油的温度即为燃点（或称着火点）。自燃点是试油的蒸气与空气的混合物未接触火焰而自行燃烧时的温度。自燃点有时要比闪点高数百度，并受测定仪器材质的影响。例如，汽油的闪点为 15～20℃，而它与空气混合物的自燃点则为 383～415℃。重油的自燃点 300～350℃；轻柴油的自燃点 350～380℃。

5. 凝固点 油品在低温下失去流动性的原因之一是由于油中含蜡的缘故。当温度适当时，油中的固体蜡可溶解于油中，但当油的温度低于固体蜡的溶解温度时，蜡就会自油中析出，产生少量的细微结晶，使原来透明的油品出现混浊现象，此时的温度称为浊点。继续降低油的温度，则蜡的结晶逐渐长大，至结晶明显可辨时的温度即称为结晶点（或冰点）。若再进一步降温，则油中形成的大量结晶连成网状，构成结晶骨架，此骨架将处在液体状态的油包裹其中，致使油品全部失去流动性，此时的温度即称为凝固点。

凝固点是表示油品流动性的重要指标。凝固点的高低与重油中的蜡含量有关，蜡含量少，凝固点低；蜡含量多，凝固点就高。重油温度过低时，流动困难，甚至会完全凝固，因此，重油在卸车、储存和管道输送过程中，必须采取防凝措施，如卸车加热、罐内加热保温、管道伴热保温等。

轻柴油在储运过程中一般不考虑加热，而是按地区季节的变化选用适宜凝固点的轻柴油作为锅炉启动点燃燃料。

6. 硫分 重油中所含硫量占总油量的质量百分数称为硫分。硫是一种发热量比碳低的可燃成分，是重油中的一种有害物质。所以硫能降低燃料可燃质的平均发热量，而且还能造成锅炉受热面的低温腐蚀。重油燃烧后，烟气中含有水蒸气，特别是采用蒸气雾化时，水蒸气就更多。重油中的硫分经过氧化生成二氧化硫，受到再次氧化转变为三氧化硫，三氧化硫遇水蒸气形成硫酸。同时烟气中的三氧化硫还急剧地提高烟气的露点。这种烟气中的硫酸蒸气在低于烟气露点的锅炉受热面（省煤器或空气预热器）上凝结成液态硫酸，使金属受到酸性腐蚀。

7. 水分 重油中的水分能降低油的热值和燃烧效率。当水在油中分布不均匀时，能使燃烧不稳定，甚至火焰中断，锅炉熄火。重油加热到一定温度后，其中水分汽化，进入油泵，影响油泵的正常运行。特别是含硫重油中的水分造成锅炉受热面的低温腐蚀，水分越多，腐蚀越严重。因此，重油中的水分对锅炉和重油系统的正常运行都有着直接的影响。

重油中的正常含水量为1%～2%，油中水分的增加主要是在储运过程中由外界混入的。例如：重油卸车时往油中通蒸气直接加热，蒸气扫线后管线中积存，罐内加热器、炉前加热器以及扫线阀门漏气等都是使油中水分增加的原因。因此在设计和管理过程中，必须防止上述漏气事故的发生，管线应有排水措施，油罐应设有脱水设施。

8. 机械杂质 炼油厂出厂的重油（包括残渣油）中所含机械杂质的质量百分数一般在2.5%以下。重油中机械杂质的增加亦多是在储运过程中由外界混入的。例如砂土以及纤维性物质等通过油罐车上的颈口、储油罐入孔和亮孔以及卸油沟槽等进入油中。重油中含有机械杂质时将增加油泵的磨损，喷油嘴容易堵塞。因此，应采取适当措施防止外界机械杂质混入油中，一般多在重油系统中安装滤过装置。

9. 比热容和发热量 1kg油品温度升高1℃所需要的热量称为比热容，单位以kJ/（kg·℃)表示。各种密度的油品在不同温度下的比热容是不同的。测定液体燃料的发热量方法与测定固体燃料发热量的方法相同。利用氧弹测热器所测得的发热量称为氧弹发热量。从试油的氧弹发热量中减去油在氧弹测热器中燃烧时二氧化硫变成硫酸及硫酸溶解于水时所放出的热量和由氮生成硝酸及硝酸溶解于水时所放出的热量，所得的热量称为高位发热量，再从高位发热量中减去油在氧弹测热器中燃烧时水分（包括含于油中的水分及燃烧氢元素生成的水分）的蒸发热，所得的热量称为低位发热量。只有油的低位发热量才是它在炉膛中燃烧时的有效热值，是决定重油消耗量及热力计算的依据。

三、气体燃料

气体燃料系指在常温下其物理状态是气体的能提供能量的物质。气体燃料所含的主要元素为碳和氢，在有空气的情况下能燃烧，所以称之为气体燃料，天然的气体燃料主要来自于天然气。

(一)气体燃料的种类

气体燃料亦有天然和人造之分。天然气体燃料包括天然气、石油气与矿井瓦斯气等，人造气体燃料则是指对固体燃料和液体燃料进行加工制得的各种煤气和裂解气。在工业上，常根据发热量的高低将气体燃料分为高、中和低热值燃气，其划分标准如下：

1. 低热值燃气 $Q_{DW}<7530kJ/m^3$（标准状态，以下简称标态）。

2. 中热值燃气 $Q_{DW}=7530\sim15050kJ/m^3$（标态）。

3. 高热值燃气 $Q_{DW}>15050kJ/m^3$（标态）。

（二）气体燃料的组成与性质

气体燃料由处于分子状态的多种气体混合而成，其来源、原料或生产方式不同，组成燃气的气体种类和含量亦不同，故而就形成了各种类型的气体燃料。

在气体组分中，可燃的烃类气体、一氧化碳和氢气与不燃的二氧化碳和氮气是主要成分，硫化氢、二硫化碳、氨、二氧化氮等则为杂质成分。杂质气体有害，但量少，净化后可基本除去。应用基中少量的水蒸气通常不列入气体组分。

无论是天然的还是人工制造的气体燃料，一般都要经过净化处理，以清除尘埃和有害杂质。供人们使用的气体燃料大多数是净化气，因而讨论时对微量杂质气体忽略不计。

气体燃料直接以分子状态参加反应，因而有更好的燃烧效果与热工性能，并有利于输送与自动调节，有利于进一步改善劳动条件，所以是较燃油更为理想的炉用燃料。但须特别注意的是，气体燃料在使用中有发生爆炸与出现中毒事故的危险。虽然事故都是因为使用不当或安全措施不严密所造成的，但使用气体燃料更容易发生这种危险，故使用气体燃料时需要采取更严格的措施来保障安全。

（三）常用的气体燃料

常用的气体燃料主要有天然气及各种人工燃气，其中以天然气较为普遍。

1. 天然气 天然气主要是指蕴藏在地层内的天然可燃气体，其可燃成分为烃类气体，是一种优良的气体燃料。我国是世界上开采利用天然气最早的国家，四川省是天然气的著名产地。在成都等地出土的汉墓墓砖上就有燃烧天然气煮盐的图案，证明我国最迟在 2000 多年前的汉代就已经在应用天然气了，而驰名世界的自流井构造在 1700 年前就已经有了，至今仍在产气。

通常说的天然气是指气井产的气。气井气有“干气”与“湿气”之分，干气是指矿产成分中主要含甲烷、乙烷等不易液化的气体，亦即气质“干”。湿气中则含有较多的丙烷以上烷烃，在温度、压力变化不大的情况下就会有凝结的液态油出现，亦即气质“湿”。湿气需要在湿性成分被分离后才能输出作燃料。即使是干气，由于它们中的大多数要经长距离或高压输送，因而也要经分离处理。所以供用的天然气大多是典型的干气，其中的烃类气体通常占 80%以上，而烃类气体中的甲烷含量往往大于 90%，占总体积的 70%以上。其次是乙烷，丙烷、丁烷含量很少。氢的含量亦较少，一般在 0.5%以下。一氧化碳只在极少数地区的天然气中含有，含量也很低。不可燃成分以二氧化碳和氮气为主，含量一般在 20%以下。

天然气中的有害杂质主要是硫化氢。不少地区的矿产气中含有硫化氢，其含量一般在 5%以下，含硫化氢的天然气一般需要经过脱硫处理。城镇、生活用气要求硫化氢含量在 $0.02g/m^3$（标态）以下，相当于体积百分比的 0.0013%以下，因而需要严格脱硫。对于工业燃烧用气，为了避免硫化氢对管线和设备的腐蚀和适应环保的需要，也应对含硫天然气进行严格的脱硫处理。

2. 石油气 石油气亦称石油伴生气，是随采油而从油井中得到的。油田的石油气的产量很可观，这也是天然气的一个重要来源。石油气绝大多数是湿性气，需要分离丙烷以上烷烃成分才宜输出作为燃料。

3. 液化石油气与天然汽油 从石油气、天然气中分离出的丙烷以上烷烃成分称为气体汽油。气体汽油液化再分离，戊烷以上的烷烃成分为天然汽油，丙烷、丁烷则称液化石油气。

液态的丙烷、丁烷体积为气态时的六百分之一，常注入钢瓶储存供用。液化石油气可分为工业丙烷、工业丁烷和丙烷-丁烷混合气三种。液化石油气发热量很高，是优良的燃料与化工制气用原料。

4. 发生炉煤气　将固体燃料置于煤气发生炉内气化，使其可燃成分转移到气态产物——煤气中而制得的煤气统称为发生炉煤气。

气化的基本反应是不完全燃烧反应和水煤气反应，即向炭层供入不足量的空气或氧气而使之产生不完全反应生成一氧化碳，或向赤热的炭层通入水蒸气而生成一氧化碳和氢气。按生产工艺的不同，发生炉煤气又可分为空气煤气、水煤气、混合煤气、氧-蒸汽煤气、高压气化煤气等数种。

利用鼓风空气制得的煤气为空气煤气。这种煤气以一氧化碳为主要可燃成分，但含氮气量高达70%左右，故发热量很低。水煤气通常是指用间歇法生产的水煤气，即先向炭层鼓风使燃烧反应升温，然后停风通水蒸气进行水煤气反应，生成一氧化碳和氢气。把通蒸汽时的制取气单独收集导出即形成水煤气。水煤气发热量较高，但产气率太低。现在已很少将空气煤气和水煤气用作燃料。

广泛用作工业燃料的发生炉煤气是混合煤气，即以空气和水蒸气混合鼓风制得的发生炉煤气。生产混合煤气时水蒸气不能过多，理想的平衡状态产气应含一氧化碳41%、氢气21%、氮气38%。

混合发生炉煤气含氮气仍然较多，发热量不高，属低热值燃气。采用氧气、蒸汽混合鼓风能阻止氮气的进入，从而得到理论成分接近水煤气的“氧-蒸汽煤气”，也称“连续法水煤气”。实际的氧-蒸汽煤气低发热量在8780～10450kJ/m^3（标态）之间，从而达到了较为理想的中热值范围。但这种制气法需要大量氧气，投资较高，目前应用不多。另有用富氧空气同蒸汽混合鼓风制取“富氧-蒸汽煤气”的，这是一种较易实现的制气方法。

如使气化过程在高压下进行，则得到“高压气化煤气”。高压有利于甲烷生成并能强化气化进程，产物为接近炼焦煤气、低发热量达到12545kJ/m^3（标态）以上的煤气。

上述各种煤气由于一氧化碳含量高，因而使用发生炉煤气除了应注意避免爆炸外，还要特别注意防止出现中毒事故。

5. 干馏煤气　干馏煤气系指煤在隔绝空气的条件下受热分解所产生的气体，包括焦炉煤气和半焦煤气等。

（1）焦炉煤气：烟煤在高温干馏时的气态产物即为焦炉煤气。在冶金企业，焦炉煤气是炼焦的副产物。炼冶金焦时，1吨原料可得净煤气300～350m^3。炼焦厂通常只消耗所产气的40%左右，剩余的焦炉煤气可外供，故焦炉煤气是冶金工厂的一项重要燃气来源。

焦炉煤气中可燃成分约占90%，其中20%～30%为甲烷，低发热量高达15470～18820kJ/m^3（标态）。此外，焦炉煤气还有易点火、燃烧性能好等优点，是一种较好的气体燃料。

（2）半焦煤气：烟煤低温干馏（半焦化）时的气态产物称为半焦煤气。这种煤气含甲烷约50%，发热量较焦炉煤气的更高，但产气率低，不是实用的气体燃料。

工业上有所谓“完全气化”的制气方法，即是指将低温干馏同气化结合起来进行。在一种二段炉内，先在第一段提取低温煤焦油，然后在第二段对煤进行气化。采用这种方法气化时，低温干馏可利用第二阶段的热煤气的热量将半焦煤气同气化制取的煤气混合输出，这样既可较好地利用热能，又能使煤气质量提高，因而完全气化是对煤进行综合利用的一种较好形式。

另外，木柴、页岩干馏时也能获得干馏煤气，但受产地限制，这种煤气应用并不普遍。

6. 高炉煤气 高炉煤气是炼铁过程的副产品。炼铁时1吨焦炭约可得到4000m^3净高炉煤气，焦炭的发热量有55%左右转移到高炉煤气中，所以高炉煤气产量十分可观，是冶金企业的一项重要燃料来源。

高炉煤气的成分同空气发生炉煤气的相似，即以一氧化碳为主要可燃成分，一氧化碳含量26%～31%，因此高炉煤气发热量较低。冶金企业通常将它同焦炉煤气掺合使用，以增加煤气的发热量和提高燃烧温度。这种掺合使用的煤气习惯上也称为“混合煤气”，不过这是高-焦混合煤气，应注意将其与发生炉混合煤气加以区别。

煤气的发热量在达到8360kJ/m^3（标态）以后燃烧温度就不会随着发热量的增加而明显提高，所以冶金企业的高-焦混合煤气一般是配制到发热量为8360 kJ/m^3（标态）左右时供用的。

7. 裂解气 是对液体燃料加工制得的人造气体燃料，主要有炼厂气、热裂解气与裂解煤气等几类。

炼厂气是炼油厂在进行各种处理时得到的各种副产气的总称。这些气体由碳氢化合物与少量氢气组成，发热量很高。因含丙烷以上的烷烃和乙烯以上的烯烃较多，故现在一般是将炼厂气先分离出烯烃与丙烷以上烷烃成分，然后把尾气输出作燃料。也有的炼油厂将炼厂气直接液化输出作燃料，习惯上也称这种气为“液化石油气”，但这种气体含有烯烃等成分，同前面介绍的液化石油气不同。

裂解气是将油料或某些烷烃气体在700℃以上高温条件下进行裂解所得到的气体。热裂解不用催化剂，加热温度在800℃以上。石油化工领域常用热裂解制取烯烃等基本有机原料，燃料工业领域则以热裂解气作为其他煤气的增热成分或提取烯烃后将尾气输出作燃料。

8. 其他燃气 在冶炼、化工等生产中还有一些副产气可作燃料用，如制合成氨时的生成气、制电石时的电石炉煤气、由煤矿矿井里抽出的矿井瓦斯气等。因产量和地区性的限制，这些可燃气体只能在局部地区使用。另外值得提起的是转炉煤气。这种煤气含一氧化碳达60%左右，1吨钢约产气70m^3，将转炉煤气加以回收利用是钢铁厂节能和减轻污染的一项重要措施。

由各种有机物质如蛋白质、纤维素、脂肪、淀粉等，在隔绝空气的条件下发酵，并在微生物的作用下产生的可燃气体称为沼气。发酵的原料通常是粪便、垃圾、杂草和落叶等有机物质。沼气的组分中甲烷的含量约为60%；二氧化碳约为35%。此外，还含有少量的氢、一氧化碳等气体。发热量约为14630kJ/m^3。

近年来，为应对能源、环境、气候变化等全球面临的一系列重大问题，生物燃料逐渐成为人们关注的焦点。所谓生物燃料，是由生物质原料转化而来，包括生物气体燃料（如生物氢）、生物液体燃料（如生物柴油）、生物固体燃料（如薪柴）和生物发电（如沼气发电）等。目前最普遍的生物燃料为生物柴油（产自植物油）和生物乙醇（产自糖和淀粉类作物）。

生物燃料的合理使用可降低不可再生能源的消耗、减轻大气污染并减少温室气体的排放，因此在一定程度上能够起到合理利用自然资源、保障国家能源安全和防止气候变化的积极作用。但生物燃料的开发与利用也可能存在着影响粮食生产，破坏生物多样性，产生新的污染物等负面影响。

四、燃料消耗量的计算

燃料的消耗量可用式（4－4）计算：

$$G=\frac{Q_2}{\eta Q_p} \tag{4-4}$$

式中，G—燃料的消耗量，kg 或 kg/h；

Q_2 —由蒸气传递给物料及设备的热量，kJ 或 kJ/h；

η—燃烧炉的热效率，一般燃烧炉的 η 值可取 0.3～0.5，锅炉的 η 值可取 0.6～0.92；

Q_p —燃料的发热量，kJ/kg。

几种常用燃料的发热量如表 4－5 所示。

表 4－5 几种常用燃料的发热量

燃料名称	褐煤	烟煤	无烟煤	燃料油	天然气
发热量（kJ/kg）	8400～14600	14600～33500	14600～29300	40600～43100	33500～37700

第二节 电能消耗量

电能是一种最方便、最清洁、最容易控制和转换的能源形式，又称二次能源。它是将一次能源在发电厂经过加工转换而成。改革开放以来，我国的电力工业得到了迅猛发展，但是，电力生产仍然满足不了工农业和人民生活的需求。一些地区在某一时期内，仍存在着不同程度的缺电现象。缺电的原因，除了发电装机容量不足外，还存在一次能源供应量不能满足发电需要，交通运输跟不上，以及普遍存在着电能使用不合理与浪费等问题。

一、电能计量装置

电能计量是由电能计量装置来确定电能量值的一组操作，是为实现电能量单位及其量值准确、可靠的一系列活动。

记录用电客户使用电能量多少的度量衡器具称为电能计量装置。它包括各种类型的电能表、计量用的电压、电流互感器及其二次回路、电能计量柜（箱）等。电能计量装置是供电企业和电力客户进行电能计量、结算的主要依据。一般居民客户仅仅使用单相电表记录用电量。

（一）电能计量装置的种类

1. 用来测量电能的仪表称为电能表，又叫电度表、千瓦小时表。电能表的种类可分为：

（1）按相别分：单相、三相三线、三相四线电能表等。

（2）按功能及用途分：有功电能表、无功电能表、最大需量表、复费率电能表、多功能电能表、铜损表、铁损表等。

（3）按工作原理分：感应式、电子式、机电式电能表等。

电能表是电力企业中使用普遍的电测仪表。电能表（以下称电表）不同于其他电测仪表，是《计量法》规定的强制检定贸易结算的计量器具。随着我国电力事业的发展，电业部门本身的重要经济指标如发电量、供电量、售电量、线损等电能计量装置（以下称计量装置）也日益增多。

2. 现行有关规定中将运行中的计量装置按其所计量电能的多少和计量对象的重要性分为 5 类。

Ⅰ类：月平均用电量 500 万 kW 及以上或受电变压器容量为 10MVA 以上的高压计费用户；200MW 及以上的发电机（发电量）、跨省（市）高压电网经营企业之间的互馈电量交换点，省级电网经营与市（县）供电企业的供电关口计电量点的计量装置。

Ⅱ类：月平均用电量 100 万 kW 及以上或受电变压器容量为 2MVA 及以上高压计费用户，100MW 及以上发电机（发电量）供电企业之间的电量交换点的计量装置。

Ⅲ类：月平均用电量 10 万 kW 及以上或受电变压器容量 315kVA 及以上计费用户，100MW 以上发电机（发电量）、发电厂（大型变电所）厂用电、所用电和供电企业内部用于承包考核的计量点，考核有功电量平衡的 100kV 及以上的送电线路计量装置。

Ⅳ类：用电负荷容量为 315kVA 以下的计费用户，发供电企业内部经济指标分析，考核用的计量装置。

Ⅴ类：单相供电的电力用户计费用的计量装置（住宅小区照明用电）。

（二）计量方式

我国目前高压输电的电压等级分为 500（330）、220 和 110kV。配置给大用户的电压等级为 110kV、35kV、10kV，配置给广大中小用户（居民照明）的电压为三相四线 380V、220V，独户居民照明用电为单相 220V。供电部门对各种用户的计量方式主要有 3 种：

1. 高压供电，高压侧计量（简称高供高计） 指我国城乡普遍使用的国家电压标准 10kV 及以上的高压供电系统，须经高压电压互感器（PT）、高压电流互感器（CT）计时。电表额定电压：3×100V（三相三线三元件）或 3×100/57.7V（三相四线三元件），额定电流：1（2）、1.5（6）、3（6）A。计算用电量须乘高压 PT、CT 倍率。10kV/630kVA 受电变压器及以上的大用户为高供高计。

2. 高压供电，低压侧计量（简称高供低计）　指35、10kV及以上供电系统。有专用配电变压器的大用户，须经低压电流互感器（CT）计量。电表额定电压3×380V（三相三线二元件）或3×380/220V（三相四线三元件）。额定电流1.5（6）、3（6）、2.5（10）A。计算用电量须乘以低压CT倍率。10kV受电变压器500kVA及以下为高供低计。

3. 低压供电，低压侧计量（简称低供低计）　指城乡普遍使用，经10kV公用配电变压器供电用户。电表额定电压：单相220V（居民用电），3×380V/220V（居民小区及中小动力和较大照明用电），额定电流：5（20）、5（30）、10（40）、15（60）、20（80）和30（100）A用电量直接从电表内读出。10kV受电变压器100kVA及以下为低供低计。

低压三相四线制计量方式中，也可以用3个单相电表来计量，其用电量为3个单相电表之和。

为达到正确计量，高压计量装置要根据电力系统主接线的运行方式配置。如为了提高供电可靠性，城乡普遍使用的10kV配电系统，是采用中心点不接地运行方式，应配置三相三线二元件电表。为了节约投资和金属材料，我国500kV、220kV的跨省（市）高压输电系统，目前普遍使用自耦式降压变压器，是中心点直接接地运行方式，应配置三相四线三元件电表。城乡普遍使用的低压电网是带有零线的三相四线制供电，要供单相照明（220V）、三相动力（380V），同时用电，同时计量的应配置的三相四线三元件电表以防止漏计。一般居民生活照明用电配置单相电表。

二、电能消耗量的计算

电能的消耗量可用式（4－5）计算：

$$E=\frac{Q_2}{3600\eta} \tag{4-5}$$

式中，E—电能的消耗量，kWh（1kWh＝3600kJ）；

η—电热装置的热效率，一般可取0.85～0.95。

第三节　水、蒸汽消耗量

在制药工业中，水和蒸汽的使用相当普遍，药物的提取、溶解、配液等工艺过程大量使用到水，而需要加热、灭菌等处理的工序则往往离不开蒸汽的使用。

一、制药用水

水是药物生产中用量大、使用广泛的一种辅料，用于生产过程及药物制剂的制备，制药用水是制药工业的生命线。

（一）制药工艺用水分类及水质标准

药物制备过程中，根据各工序及要求的不同，需要使用不同类型及水质标准的水，以达到既能降低生产成本，又能保证制剂质量的目的。

1. 制药用水的分类　《中华人民共和国药典》（简称《中国药典》）2015 年版收载的制药用水，根据使用的范围不同分为饮用水、纯化水、注射用水及灭菌注射用水。制药用水的原水通常为饮用水，为天然水经净化处理所得的水，其质量必须符合现行中华人民共和国国家标准《生活饮用水卫生标准》。应根据各生产工序或使用目的与要求选用适宜的制药用水，天然水不得用作制药用水。

（1）饮用水：通常为自来水公司供应的自来水或深井水，又称原水。饮用水可作为药材净制时的漂洗、制药器具的粗洗用水。除另有规定外，也可作为饮片的提取溶剂。

（2）纯化水：为饮用水经蒸馏法、离子交换法、反渗透法或其他适宜的方法制备的制药用水。纯化水不含任何附加剂，其质量应符合纯化水项下的规定。

纯化水可作为配制普通药物制剂用的溶剂或试验用水；可作为中药注射剂、滴眼剂等灭菌制剂所用饮片的提取溶剂，口服、外用制剂配制用溶剂或稀释剂，非灭菌制剂用器具的精洗用水；也用作非灭菌制剂用饮片的提取溶剂。纯化水不得用于注射剂的配制与稀释。

纯化水有多种制备方法，应严格监测各生产环节，防止微生物污染。

（3）注射用水：为纯化水经蒸馏所得的水，应符合细菌内毒素试验要求。注射用水必须在防止细菌内毒素产生的设计条件下生产、贮藏及分装。其质量应符合注射用水项下的规定。

为保证注射用水的质量，应减少原水中的细菌内毒素，监控蒸馏法制备注射用水的各生产环节，并防止微生物的污染。应定期清洗与消毒注射用水系统。注射用水的储存方式和静态储存期限应经过验证确保水质符合质量要求。例如可以在 80℃以上保温或 70℃以上保温循环或 4℃以下的状态下存放。

（4）灭菌注射用水：为注射用水按照注射剂生产工艺制备所得，不含任何添加剂，主要用于注射用无菌粉末的溶剂或注射液的稀释剂。其质量应符合灭菌注射用水项下的规定。

灭菌注射用水灌装规格应与临床需要相适应，避免大规格、多次使用造成的污染。

2. 制药用水的水质标准　根据各种制药用水的使用目的和要求的不同，我国对制药用水的水质标准均作出了相应规定。

（1）饮用水：应符合现行中华人民共和国国家标准《生活饮用水卫生标准》。

（2）纯化水：应符合《中国药典》2015 年版纯化水项下的规定。

（3）注射用水：应符合《中国药典》2015 年版注射用水项下的规定。

（4）灭菌注射用水：应符合《中国药典》2015 年版灭菌注射用水项下的规定。

（二）用水设计

制药用水系统根据工艺用水的要求和具体用水情况的不同，有各种各样的系统设计形式。无论是哪一种系统设计形式，都围绕着制药用水的特殊情况，针对工艺用水的制备、贮存、分配输送和微生物控制等方面的要求进行综合性设计。我国 2010 年版 GMP 从质量管理、质量控制、人员培训、设备管理、文件管理、确认和验证等方面明确了对制药用水系统的基本要求。

1. 生产工艺用水点情况和用水量标准　工艺用水系统中的用水量与采用的工艺用水设备的完善程度、药品生产的工艺方法、生产地水资源的情况等因素有关。通常，工艺用水的变化比较大。一般来说，工艺用水点越多，用水工艺设备越完善，每天中用水的不均匀性就越小。

制药用水的情况因各个工艺用水点的使用条件不同，差异很大。工艺用水系统分单个与多个用水点、仅为高温用水点或仅为低温用水点、既有高温用水点又有低温用水点，不同水温的用水点中，既有同时使用各种水温的情况，又有分时使用不同水温的情况等。因此，用水点的用水情况很难简单地确定，必须在设计计算以前确定制药用水系统的贮存、分配输送方式，以确定出在此基础上的最大瞬时用水量。然后，再根据工艺过程中的最大瞬时用水量进行计算。

工艺过程中最大用水量的标准，根据药品生产的全年产量，按照具体每一天分时用水量的统计情况来确定，确定用水量的过程中应考虑所设置的工艺用水贮罐的调节能力。

2. 系统设计流量的确定　设计工艺用水管道，需要通过水力计算确定管道的直径和水的阻力损失。其主要的设计依据就是工艺管道所通过的设计秒流量数值。设计秒流量值的确定需要考虑工艺用水量的实际情况、用水量的变化以及影响的因素等。

通常，按照全部用水点同时使用确定流量。按照生产线内用水设备的完善程度，设计的秒流量为：

$$q = \sum n q_{max} C \tag{4-6}$$

式中，q —工艺因素的设计秒流量，m^3/s；

n —用水点与用水设备的数量；

q_{max} —用水点的最大出水量，m^3/h；

C —用水点同时使用系数，通常可选取 0.5～0.8。

3. 管道内部的设计流速　制药用水是流体的一种类型，它具有流体的普遍特性。流体在管道中流动时，每单位时间内流经任一截面的体积称为体积流量。而管道内部流体的速度是指流体每单位时间内所流经的距离。制药用水管道内部的输送速度与系统中水的流体动力特性有密切的关系。因此，针对制药用水的特殊性，利用水的流体动力特性，恰当地选取分配输送管道内水流速度，对于工艺用水系统的设计至关重要。

制药用水系统管道内的水力计算与普通给水管道内水力计算的主要区别在于：制药用水系统的水力计算应仔细地考虑微生物控制对水系统中的流体动力特性的特殊要求。具体就是在制药用水系统中越来越多地采用各种消毒、灭菌设施；并且将传统的单向直流给水系统改变为串联循环方式。

这些区别给制药用水系统流体动力条件的设计与安装带来了一系列意义深刻的变化，例如，为控制管道系统内微生物的滋留，减少微生物膜生长的可能性等。

通常，流体的速度在管道内部横断面的各个具体点上是不一样的。流体在管道内部中心处，流速最大；愈靠近管道的管壁，流速愈小；而在紧靠管壁处，由于流体质点附着于管道的内壁上，其流速等于零。工业上流体管道内部的流动速度，可供参考的有以下的经验数值：

（1）普通液体在管道内部流动时大都选用小于 3m/s 的流速，对于黏性液体选用 0.5～1.0 m/s 的流速，在一般情况可选取的流速为 1.5～3 m/s；

（2）低压工业气体的流速一般为 8～15m/s，较高压力的工业气体则为 15～25 m/s，饱和蒸汽的流速可选择 20～30 m/s，而过热蒸汽的流速可选择为 30～50 m/s。

流体运动的类型可从雷诺实验中观察到。雷诺根据以不同流体和不同管径获得的实验结果，证明了支配流体流动形式的因素，除流体的流速 v 外，尚有流体流过导管直径 d、流体的密度 ρ 和流体的黏度 μ。流体流动的类型由 $du\rho/\mu$ 所决定。此数值称为雷诺准数或雷诺数，以 Re 表示。根据雷诺实验，可将流体在管道内的流动状态分为层流（滞流）和湍流（紊流）两种情况。

雷诺实验表明，当 Re 数值小于 2000 时，流体为滞流状态流动。Re 数值若大于 2000，流体流动的状态则开始转变为湍流。但应注意，由于物质的惯性存在，从滞流状态转变为湍流状态并不是突然的，而是会经过一个过渡阶段，通常将这个过渡阶段称之为过渡流，其 Re 数值由 2000 到 4000，有时可延到 10000 以上。因而只有当 Re 等于或大于 10000 时，才能得到稳定的湍流。

由滞流变为湍流的状况称为临界状况，一般都以 2000 为 Re 的临界值。须注意，这个临界值与许多条件有关，特别是流体的进入情况和管壁的粗糙程度等。

由此可见，在制药用水系统中，如果只讲管道内部水的流动，尚不足以强调构成控制微生物污染的必要条件，只有当水流过程的雷诺数 Re 达到 10000，真正形成了稳定的湍流时，才能够有效地造成不利于微生物生长的水流环境条件。由于微生物的分子量要比水分子量大得多，即使管壁处的流速为零，如果已经形成了稳定的湍流，水中的微生物便处在无法滞留的环境条件中。相反，如果在制药用水系统的设计和安装过程中，没有对水系统的设计及建造细节加以特别的关注，就会造成流速过低、管壁粗糙、管路上存在死水管段的结果，或者选用了结构不利于控制微生物的阀门等，微生物就完全有可能依赖于由此造成的客观条件，在工艺用水系统管道的内壁上积累生成微生物膜，从而对制药用水系统造成微生物污染。

4. 制药用水系统管道的阻力计算 工艺用水管道的水力计算，通常，根据各用水点的使用位置，先绘出系统管网轴测图，再根据管网中各管段的设计秒流量，按照制药用水的流动应处于湍流状态，即管内水流速度大于 2m/s 的要求，计算各管段的管径、管道阻力损失，进而确定工艺用水系统所需的输送压力，选择供水泵。

二、蒸汽的消耗量

由于水的分布广、易于获得、价格低廉、无毒无臭、不会污染环境，且有较好的热力性质，所以水蒸气的应用非常广泛。

（一）蒸汽的性质

蒸汽一般是在锅炉中定压加热产生的，其状态的变化规律与理想气体有很大差异。水蒸气可视为双分子、三分子或更多分子的复合体所组成的混合物，在参数变化时产生单个分子的结合及复合分子的分裂，因此其热力学性质较理想气体复杂得多。迄今为止，水蒸气的热力学性质尚未能单纯用理论方法求得其规律。

水在汽化过程中，会因为工艺参数的不同而呈现出不同状态的蒸汽：

1. 湿饱和蒸汽 汽化过程中处于两相共存的状态，为蒸汽和水的混合物，其含热量较低。

2. 饱和蒸汽 全部水均汽化为蒸汽，温度等于该压力下的饱和温度，其含热量高，潜热大。

3. 过热蒸汽 即温度高于该压力下饱和温度的蒸汽，其性质类似于干热空气。

（二）蒸汽消耗量的计算

1. 间接蒸汽加热时的蒸汽消耗量 若以0℃为基准温度，间接蒸汽加热时水蒸气的消耗量可用式（4－7）计算：

$$W=\frac{Q_2}{(H-C_pT)\eta} \quad (4-7)$$

式中，W—蒸汽的消耗量，kg或kg/h；

H—蒸汽的焓，kJ/kg；

C_p—冷凝水的定压比热，可取4.18 kJ/（kg·℃）；

T—冷凝水的温度,℃；

η—热效率。对保温设备可取0.97～0.98；对不保温设备可取0.93～0.95。

2. 直接蒸汽加热时水蒸气的消耗量 若以0℃为基准温度，直接蒸汽加热时水蒸气的消耗量可用式（4－8）计算：

$$W=\frac{Q_2}{(H-C_PT_K)\eta} \quad (4-8)$$

式中，T_K—被加热液体的最终温度,℃。

第四节 真空抽气量和压缩空气

在药品生产过程中，物料的输送、滤过等操作工艺经常使用到真空技术和压缩空气，以满足工业化大生产的需要和提高生产效率。

一、真空的抽气量

真空即是指压强低于一个标准大气压的稀薄气体的特殊空间状态。制药工艺中的吸料、滤过、蒸发等操作经常使用到不同的真空状态。

（一）抽吸液体物料

以常压（1.013×10^5Pa）下的空气体积计，一次抽吸操作所需的抽气量为：

$$V_b=V_T\ln\frac{1.013\times10^5}{P_K} \quad (4-9)$$

式中，V_b——一次操作所需的抽气量，立方米/次；

V_T—设备的容积，m^3；

P_K—设备中的剩余压强，Pa。

每天或每小时操作所需的抽气量可按式（4-9）计算。

（二）真空抽滤

一次抽滤操作所需的抽气量为：

$$V_b = CA\tau \tag{4-10}$$

式中，C—经验常数，可取 15～18；

A—真空过滤器的过滤面积，m^2；

τ—一次抽滤操作持续的时间，小时。

每天或每小时操作所需的抽气量可按式（4-10）计算。

（三）真空蒸发

在真空蒸发操作中，由设备、管道等的连接处漏入的空气以及溶液中的不凝性气体会在冷凝器内积聚，这不仅会使被冷凝蒸气的分压下降，而且会导致冷凝器的传热系数显著减小。因此，必须从冷凝器中连续抽走空气和不凝性气体。

在标准状态（$P_0=1.013\times10^5$ Pa，$T_0=273.15$K）下，1kg 水蒸气中约含 2.5×10^{-5}kg 的空气。每冷凝 1kg 蒸气，由设备、管道等的连接处漏入的空气约为 0.01kg。据此可计算出真空蒸发的抽气量。

1. 间壁式冷凝器 当采用间壁式冷凝器时，每小时必须从冷凝器抽走的空气量为：

$$G_h = 2.5\times10^{-5}D_h + 0.01D_h \approx 0.01D_h \tag{4-11}$$

式中，G_h—从冷凝器抽走的空气量，kg/h；

D_h—进入冷凝器的蒸气量，kg/h。

以标准状态下的空气体积计，每小时应从冷凝器抽走的空气体积为：

$$V_h = \frac{G_h}{M}\frac{RT_0}{P_0} = \frac{0.01D_h}{29}\times\frac{8.314\times273.15}{1.013\times10^5} = 7.73\times10^{-3}D_h \tag{4-12}$$

式中，M—空气的平均摩尔质量，常取 29g/mol；

R—通用气体常数，8.314J/（mol·K）。

2. 直接混合式冷凝器 当采用直接混合式冷凝器时，每小时必须从冷凝器抽走的空气量为：

$$G_h = 2.5\times10^{-5}(D_h + W_h) + 0.01D_h \tag{4-13}$$

式中，W_h—进入冷凝器的冷却水量，kg/h。

以标准状态下的空气体积计，每小时应从冷凝器抽走的空气体积为：

$$V_h = \frac{G_h}{M}\frac{RT_0}{P_0} = 1.95\times10^{-5}\ (D_h + W_h)\ + 7.73\times10^{-3}G_h \tag{4-14}$$

（四）建立真空所需的抽气量

建立真空时每小时需抽走的空气体积为：

$$V_h=\frac{V_T}{\tau}\ln\frac{P_1}{P_2} \tag{4-15}$$

式中，τ—抽气时间，小时；

P_1—设备内的初始压强，Pa；

P_2—设备内的终了压强，Pa。

（五）维持真空所需的抽气量

在系统内建立真空后，外界空气会从设备、管道等的各连接处漏入系统，这种气体泄漏一般是无法避免的。因此，在建立真空后仍需继续抽气，以维持系统内的真空度。

维持真空所需的抽气量可用式（4－16）计算：

$$G_h = K(G_1+G_2) \tag{4-16}$$

式中，G_h—真空系统的气体泄漏量，kg/h；

G_1—由真空系统容积确定的气体泄漏量，kg/h；

G_2—真空系统中各连接件的气体泄漏量之和，kg/h；

K—校正系数。对密封性能较好的小型装置，K 值可取 0.5～0.75；对密封性能较差及有腐蚀的装置，K 值可取 2～3。

对于无搅拌器的真空系统，由系统容积确定的气体泄漏量 G_1 可根据图 4－2 进行估算。

真空系统中常见连接件的气体泄漏量如表 4－6 所示。

表 4－6 真空系统中连接件或部件的空气泄漏量

<table>
<tr><th colspan="2">连接件或部件名称</th><th>平均泄漏量（kg/h）</th><th colspan="2">连接件或部件名称</th><th>平均泄漏量（kg/h）</th></tr>
<tr><td rowspan="2">丝扣连接</td><td>$D_g<50$①</td><td>0.045</td><td colspan="2">视镜</td><td>0.45</td></tr>
<tr><td>$D_g\geqslant 50$</td><td>0.09</td><td colspan="2" rowspan="2">玻璃液位计（含旋塞）</td><td rowspan="2">0.91</td></tr>
<tr><td rowspan="4">法兰连接</td><td>$D_g<150$</td><td>0.23</td></tr>
<tr><td>$150\leqslant D_g<600$（含人孔）</td><td>0.36</td><td colspan="2">带液封填料箱的搅拌器、泵轴等</td><td>0.14</td></tr>
<tr><td>$600\leqslant D_g<1800$</td><td>0.5</td><td colspan="2" rowspan="2">普通填料箱（以每毫米轴径计）</td><td rowspan="2">0.027</td></tr>
<tr><td>$D_g\geqslant 1800$</td><td>0.91</td></tr>
<tr><td rowspan="2">阀门（有密封圈）</td><td>$d<15$②</td><td>0.23</td><td colspan="2" rowspan="2">安全阀、放气口（以每毫米公称直径计）</td><td rowspan="2">0.018</td></tr>
<tr><td>$d\geqslant 15$</td><td>0.45</td></tr>
<tr><td colspan="2">润滑旋塞</td><td>0.045</td><td rowspan="2">轴封</td><td>普通</td><td>2.3</td></tr>
<tr><td colspan="2">泄放用小型旋塞</td><td>0.09</td><td>十分严密</td><td>0.5～1</td></tr>
</table>

①D_g—公称直径，mm。

②d—阀杆直径，mm。

求出各种能量消耗后，还应考虑输送过程中的损失。通常的做法是将所求得的能量消耗再乘上适当的能耗系数。常见能耗系数见表 4－7。

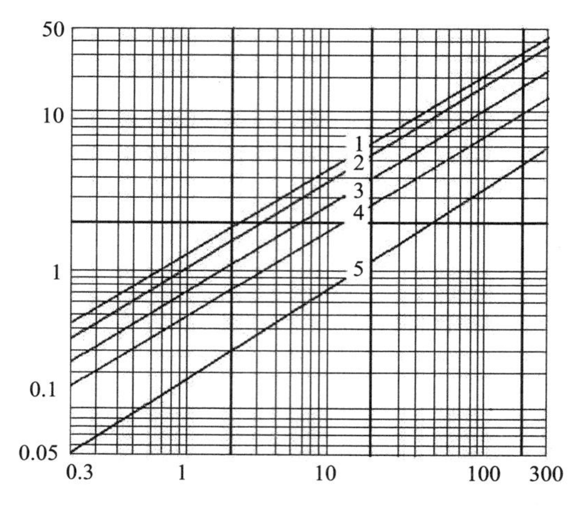

图 4-2 无搅拌器的密闭系统内所允许的最大空气泄露量

1. 绝对压力为 0～8.8×10⁴Pa 或真空度为 99～760mmHg 柱；
2. 绝对压力为 9×10⁴～9.85×10⁴Pa 或真空度为 21～88mmHg 柱；
3. 绝对压力为 9.87×10⁴～1.01×10⁵Pa 或真空度为 3.1～20mmHg 柱；
4. 绝对压力为 1.01×10⁵～1.012×10⁵Pa 或真空度为 1～3mmHg 柱；
5. 绝对压力>1.012×10⁵Pa 或真空度<1mmHg 柱。

表 4-7 能耗系数

名称	水	水蒸气	冷冻盐水	压缩空气	真空抽气量
能耗系数	1.20	1.25	1.20	1.30	1.30

二、压缩空气消耗量

一般情况下，压缩空气的消耗量均要折算成常压下的空气体积或体积流量。因此，首先要计算出压缩空气的压强以及操作状态下的空气体积或体积流量。

（一）压送液体物料时压缩空气的消耗量

如图 4-3 所示，用压缩空气将贮罐内的液体压送至高位槽。根据柏努利方程，贮罐内压缩空气的最低压强可用式（4-17）计算。

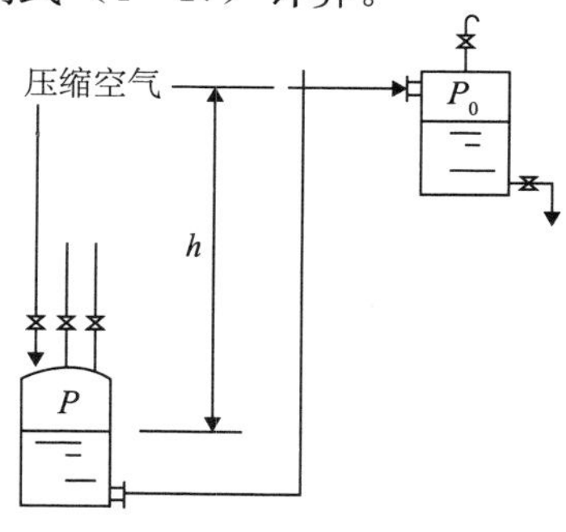

图 4-3 压送液体物料示意图

$$P = P_0 + \rho gh + \lambda \frac{1 + \sum l_e}{d} \frac{\rho U^2}{2} \quad (4-17)$$

式中，P_0—高位槽内液面上方的压强，Pa；

h—压送液体的高度，m；

ρ—液体的密度，kg/m^3；

g—重力加速度，$9.81m/s^2$；

λ—摩擦系数，无因次；

U—管内液体的流速，m/s；

l—管路系统各段直管的总长度，m；

$\sum l_e$—管路系统的全部管件、阀门以及进、出口等的当量长度之和，m。

应用式（4-17）时，由流动阻力而引起的压力降可根据实际情况进行计算。为简化起见，也可按压送液体高度的20%～50%估算。

1. 每次操作均将设备中的液体全部压完时的压缩空气消耗量 以常压下的空气体积计，一次操作所需的压缩空气消耗量为：

$$V_b = \frac{V_T P}{1.013 \times 10^5} \quad (4-18)$$

式中，V_b——一次操作所需的压缩空气体积，立方米/次；

V_T—设备容积，m^3；

P—压缩空气在设备内建立的压强，Pa。

若每天压送物料的次数为n，则每天操作所需的压缩空气体积为：

$$V_d = nV_b \quad (4-19)$$

式中，V_d—每天操作所需的压缩空气体积，m^3/d。

每小时操作所需的压缩空气体积为：

$$V_h = \frac{V_b}{\tau} \quad (4-20)$$

式中，V_h—每小时操作所需的压缩空气体积，m^3/h；

τ—每次压送液体所持续的时间，小时。

2. 每次操作仅将设备中的部分液体压出时的压缩空气消耗量 以常压下的空气体积计，一次操作所需的压缩空气消耗量为：

$$V_b = \frac{V_T(1-\varphi) + V_1}{1.013 \times 10^5} P \quad (4-21)$$

式中，φ—设备的装料系数，即设备的实际装料体积与设备容积之比，无因次；

V_1—每次压送的液体体积，m^3。

每天或每小时操作所需的压缩空气体积可分别按式（4-19）或式（4-20）计算。

（二）搅拌液体时压缩空气的消耗量

向液体物料中通入压缩空气，利用高速气流可搅拌液体物料。显然，压缩空气的压强必须足以克服管路阻力及被搅拌液体的液柱阻力。为简化起见，管路阻力可按液柱高度的 20%估算，则压缩空气的最低压强为：

$$P = 1.2\rho gh + P_0 \tag{4-22}$$

式中，h —被搅拌液体的液柱高度，m；

ρ —被搅拌液体的密度，kg/m³；

P_0 —被搅拌液体上方的压强，Pa。

以常压下的空气体积计，一次操作所需的压缩空气消耗量为：

$$V_b = \frac{KA\tau P}{1.013 \times 10^5} \tag{4-23}$$

式中，K —与搅拌强度有关的常数，缓和搅拌取 24，中等强度搅拌取 48，强烈搅拌取 60；

A —被搅拌液体的横截面积，m²；

τ —一次搅拌操作持续的时间，小时。

每天或每小时操作所需的压缩空气体积可分别按式（4－19）或式（4－20）计算。

第五节 节 能

我国经济正处在一个高速发展阶段，提高经济增长的质量和效益的一条十分重要的途径就是节能降耗。《中华人民共和国节约能源法》自 1998 年 1 月实施后，我国的节能工作逐渐步入法制化轨道，节能管理制度得以加强，节能科技进步得到促进，节能的法律责任得以明确，带动了全民节能意识的普遍增强。

一、节能的重要性

能源与人类的文明和社会的发展一直紧密地联系在一起，是社会发展的物质基础。在当今世界上，能源问题更是渗透到社会生活的各个方面，直接关系到整个社会经济的发展和人们物质文化生活水平的提高。对于正在致力于现代化建设的我国来说，能源问题的重要性也是不言而喻的。就蕴藏量而言，我国是世界上能源最丰富的国家之一，煤炭储量仅次于前苏联和美国，居世界第三，水力资源的储量居世界首位，石油和天然气资源也显示了良好的前景。但我国目前能源的总体形势是：产量迅速提高，已进入世界前列，但供应仍然短缺，能源持续紧张。造成我国能源供应短缺紧张局面的原因很多，首先，我国地域广阔，人口众多，因经济建设和生产的发展，人民生活水平的提高，能源的需求量越来越大。其次，只看到我国能源资源的丰富，而未充分注意到能源生产发展速度还赶不上生产的发展，而且能源技术落后，开发能源也需要时间。第三，存在着严重的浪费现象。因此，目前我国解决能源问题的主要途径应该是：① 继续开发常规能源，努力提高能源产量；② 加强对新能源的科学技术研究和开发利用；③ 节约使用能源，减少能源的消耗，避免能源的浪费。

二、节能的措施

能源节约的最基本原理是合理利用能量，提高能源的利用率，减少各种能量损失，加强对余能资源的重复利用和回收利用。为了合理利用能量，必须对用能情况进行分析。用能情况可扼要地以图 4-4 表示：

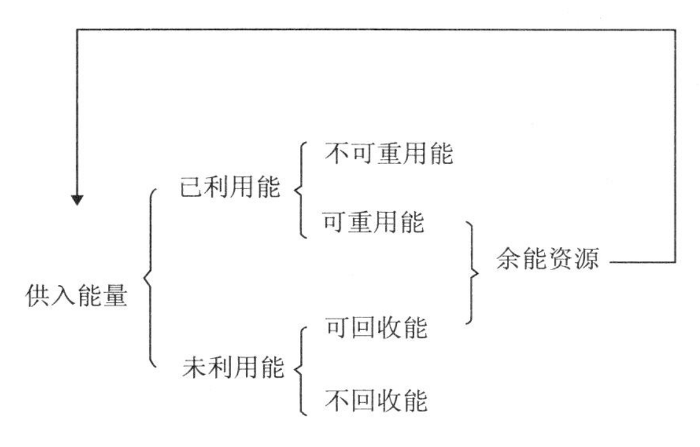

图 4-4　用能情况示意图

对任一体系（或一企业、或一设备），供入的能量，都可分成已被利用和没有被利用两部分。未利用能，在一定条件下又可能回收一部分，称为可回收能；而另一部分，由于技术上有困难或经济上不合理，现在不能回收，称为不可回收能。同样，已利用能，在一定条件下，也可能重复利用一部分，称为可重用能；另一部分，由于技术上或经济上的原因，不能重复利用，称为不可重用能。可回收能和可重用能，都是可以再次利用的，称为余能资源。

能源种类繁多，而且能源的性质、品位、储存、价格各不相同，应用起来差别很大，必须根据具体情况合理选择能源，是提高能源利用率的基本前提。

在选择燃料时，一般应多用煤，少用油；在选择固定设备的动力时，一般应多用电，少用油；在选择移动设备的动力时，一般应多用油，少用蒸气；在选择生产工艺升温、加热、干燥、蒸发时，一般应多用蒸气，少用电。在进行制药工程设计时，主要有以下节能途径：

（一）调整节能

对于新设计的设备或装置，通过能量与物耗设计来确定设备的型式、数量和主要工艺尺寸，在实际生产中，也通过能量与物耗的计算及时调整车间与设备布置、工艺流程及生产操作时间等可以节约大量能源。

例如，我国燃煤工业锅炉的设计效率与国外相比差距不大，但实际运行效率比国际先进水平低 15%～20%，通过进一步的技术改进，仅这一个方面每年的节能潜力就有 7000 万吨。另外，我国目前火电平均供电煤耗比国际先进水平高 22.5%，如果每度电的供电煤耗下降 10 克标准煤，则全国一年可以少消耗 2000 万吨标准煤。

（二）管理节能

当前，无论在生产领域和流通领域，还是在消费领域里，节能管理都是个薄弱环节，浪费能源，跑冒滴漏现象很普遍。对能源缺乏科学的管理，或管理不善，均会使能源造成极大的浪费。如能源消费的七无现象：使用无依据，分配无指标，消耗无定额，考核无计量，损失无监督，节约无措施，浪费无人管等。能源管理是企业管理的一个重要方面，并对企业的生产经营活动发挥着有益的作用，它有利于合理组织生产力，提高生产效率，使能源的品种和数量的供应、分配、消费、储存各环节相互衔接、密切配合，保证生产的需要；消灭七无现象，节约能源的消耗，降低单位产值的能耗，降低生产成本；推广节能技术，采用节能生产设备，促进新技术的应用和新产品的发展。

一般地说，企业节能管理要抓好以下几项基本环节：

1. 对能源的品种、质量、价格的调查和核算。在满足企业生产用能要求的前提下，选择使用具有最好经济性的能源。

2. 对企业内部能量的消费量和损耗量作调查，进行热平衡和电平衡，以确定在能量使用上的合理性。

3. 确定节能对象，制订节能计划，落实节能措施，贯彻能源政策。按照系统工程的要求，将企业的能源管理划分为燃料管理、用电管理、用水管理、用汽管理系统，统筹考虑，合理安排，以求得整体的最优规划、最优控制、最优管理。

4. 制订各种工艺或产品的能耗指标、节能指标和计算方法。

5. 制订对节能工作的监督、考核和协调的方法，并使能源管理制度化。

6. 开展节能的教育和宣传工作，交流节能技术和经验。

（三）技术节能

通过采用新技术、新工艺、新设备、新材料以及先进操作方法，达到提高产量和产值，或降低能量消耗的效果，称为技术节能。

具体地实现某种产品的节能生产或节能使用，需要对其生产工艺或使用过程的个性有针对性地进行深刻的研究，才能做到节能的技术性与经济性的统一。

例如制药工业洁净室（区）的节能问题已引起人们的高度重视。资料表明，洁净室比普通空调办公楼每平方米耗能高出10～30倍。随着GMP的实施，我国的洁净室（区）的数量和规模日益增长，使其节能问题不容忽视，所以，在洁净室（区）的设计和使用时，应该注意以下几点：

1. 严格控制洁净室的面积及洁净度级别，特别是高级别洁净室的面积 按照我国《医药工业洁净厂房设计规范》的要求，从表4-8中可以明显地看出，洁净度等级不同，通风机的相对耗电量存在着很大的差异。

表4-8 各级别洁净室的通风机相对耗电量

洁净度等级	换气次数（次/小时）	风机全压（Pa）	相对用电量
D	15	1471.5	1
C	25	1471.5	1.7
B	50	1471.5	3.3
A	360	1471.5	24

换气次数越多对洁净度越有利，但换气次数多能耗也就越大。所以，洁净室的换气次数要对尘粒及微生物发生的负荷、重新开工或突发污染时的自净时间、有毒有害及易燃易爆气体或粉尘的排除与室内浓度标准、操作费用与成本等多项因素予以统筹考虑，其中最首要的还是要保证达到洁净室的净化等级。

2. 合理设计送风量　在洁净室设计时，减少送风量是实现节能的重要手段之一。设计时可根据GMP的相关规定，以热平衡计算验证来确定适宜的风速和换气次数，这样可以有效地降低能量消耗。

3. 减少新风负荷　一般空调系统在过渡季节都用增加新风量的方法节省冷冻机的耗电量，而现在常用污染源强度（Olf）作为定量污染源的单位，即一个"标准人"的污染散发量为1 Olf，以此测算，吸烟者为6 Olf，而室内窗帘则达到9 Olf。可见，室内空气的主要污染源除人外，更主要的是建筑装饰材料、黏接剂、清洁剂等等，所以，片面增大新风量是不可取的，不但不能节能，而且能耗更大。只有在采用低Olf值的材料，设计出低Olf的系统，采取降低Olf值的手段，并制订出严格维护计划以保持系统在使用期内处于低Olf值状态，才能真正减少新风负荷，达到节能的目的。

此外，减少局部排风量、降低排风速度、合理选择系统的运行方式以及注意净化空调系统的设备加工质量和系统的施工质量，才能在工作中取得较好的节能效果。

在制药工业生产中，制药用水的使用量非常大，蒸馏法是历史最为悠久的制水工艺，主要有多级蒸馏、高压分级蒸馏和离心净化蒸馏等工艺，所有蒸馏方法均在120℃高温状态下进行，运行中能源的消耗量相当大，设备的造价及维护费用也很高。若采用反渗透结合高效臭氧消毒的高纯水制备技术制备制药用水，整个系统工作于常温、低压状态，设备投资省，运行及维护费用低，其运行成本仅为蒸馏法的12%～15%，因而极具竞争力。

（四）回收节能

回收节能的途径主要有两个：①从已经利用的余热和未经利用的废热中，回收热量，是对能量直接重新利用；②对生产过程中的废料、余渣和伴生物，收集起来进行再加工而成为有用的新原料、新产品，增加产值，是对能量的间接回收利用。

极为重视节能降耗工作的我国某大型制药企业，采取种种措施和手段节约能源，降低成本，如广泛使用变频技术，对该厂十余台循环水风机实施变频改造，每年就能节约电费支出达一百多万元。建成4套循环水系统，使水的重复利用率达90%以上，凡能使用循环水的工序均以循环补水，年节水3000多万吨。此外，回收利用冷却水每年达到70万吨，可节约支出150万元。

在现代制药企业中，大量采用了烟道余热回收、冷却水余热回收、排气余热回收以及利用100℃以下的低温余热制冷等，从而在节约能源、保护环境、提高经济效益、降低单位产品能耗等方面取得了显著的效果。

第五章　固体制剂生产工艺设计

生产工艺设计的目的是通过图解的形式，表示出在生产过程中，由原、辅料制得成品过程中物料和能量发生的变化及流向，并表示出生产中采用哪些药物制剂加工过程及设备，为进一步进行车间布置、管道设计和计量控制设计等提供依据。

由于生产的药物制剂剂型类别和制剂品种不同，一个药物制剂厂通常由若干个生产车间所组成。其中每一个（类）生产车间的生产工段及相应的加工工序不同，完成这些产品生产的设施与设备也有差异，即其车间工艺亦不同。因此，只有以车间为单位进行工艺设计，才能构成全厂总生产工艺图。所以车间工艺设计是工厂的重要组成部分，它主要由制剂工程设计人员担负。

工艺设计是在确定的原、辅料种类和药物制剂生产技术路线及生产规模基础上进行的，它与车间布置设计是决定整个车间基本面貌的关键步骤。

生产工艺设计是车间工艺设计的核心，表现在它是车间设计最重要、最基础的设计步骤。因为车间建设的目的在于生产产品，而产品质量优劣，经济效益的高低，取决于工艺的可靠性、合理性和先进性。工艺设计一般包括以下几个方面：

1. 确定全流程的组成。全流程包括有药物原料、制剂辅料、溶剂及包装材料制得合格产品所需的加工工序和单元操作以及它们之间的顺序和相互联系。流程的形成通过工艺流程图表示，其中加工工序和单元操作表示为制剂设备型式、大小；顺序表示为设备毗邻关系和竖向布置；相互联系表示为物料流向。

2. 确定工艺流程中工序划分及其对环境的卫生要求（如洁净度）。

3. 确定载能介质的技术规格和流向。制剂工艺常用的载能介质有水、电、汽、冷、气（真空或压缩）等。

4. 确定生产质量控制方法。流程设计要确定各加工工序和单元操作的空气洁净度、温度、压力、物料流量、分装、包装量等检测点，显示计量器和仪表以及各操作单元之间的控制手法。以保证按产品方案规定的操作条件和参数生产出符合质量标准的产品。

5. 确定安全技术措施。根据生产的开车、停车、正常运转及检修中可能存在的安全问题，制定预防、制止事故的安全技术措施，如报警装置、防毒、防爆、防火、防尘、防噪等措施。

6. 生产管理要点。根据生产工艺流程图编写生产工艺操作说明书，阐述从原、辅料到产品的每一个过程和步骤的具体操作方法。

7. 验证工作要点。GMP 要求对每一产品的操作规程、生产工艺各种工艺参数进行验证以达到生产工艺的稳定性。

第一节　片剂生产工艺设计

片剂是指原料药物或与适宜的辅料制成的圆形或异形的片状固体制剂。主要供内服，亦有外用或特殊用途。

一、片剂生产特殊要求

片剂生产特殊要求在于，固体制剂的设备、工艺须经验证，以确保含量均一性；合理布局，采取积极有效措施防止交叉污染和差错；原辅料晶型、粒度、工艺条件及设备型号、性能对产品质量有一定影响，其工艺条件的确定应强调有效性和重现性。任何影响质量的重要变更，均须通过验证，必要时须作产品贮存稳定性考察；此种剂型属非无菌制剂，应符合国家有关部门规定的卫生标准。

二、工艺流程及环境区域划分

片剂生产工艺流程包括的主要工序有：配料、制粒、干燥、整粒与总混、压片、包衣和内外包装等。其中配料、制粒、干燥、整粒与总混、压片、包衣和内包装等是在D级洁净区内进行。片剂工艺流程及环境区域划分，见图5-1。

三、生产管理要点

从质量部门批准的供货单位进购原辅材料。原辅料须检验合格由质量部门放行后，方可使用。原辅料生产商的变更应通过小样试验，必要时须通过验证。

物料应经缓冲区脱外包装或经适当清洁处理后才能进入备料室。原辅料配料室的环境和空气洁净度与生产一致，并有捕尘和防止交叉污染措施。

原辅料使用前应目检、核对毛重并过筛。液体原料必要时应过滤，除去异物。由计量部门专人对称量用的衡器定期校验，做好校验记录，并在已校验的衡器上贴上合格证，称量衡器使用前应由操作人员进行校正。

过筛前核对品名、规格、批号和重量等。过筛后的原辅料应在盛器内外贴有标签，写明品名、代号、批号、规格、重量、日期和操作者等，做好相关记录。

过筛和粉碎设备应有吸尘装置，含尘空气经处理后排放；滤网、筛网每次使用前后，应检查其磨损和破裂情况，发现问题要追查原因并及时更换。过筛后的原辅料应粉碎至规定细度。

1. 配料　配料前应按领料单先核对原辅料品名、规格、代号、批号、生产厂、包装情况；处方计算、称量及投料必须复核，操作者及复核者均应在记录上签名；配好的料装在清洁的容器里，容器内、外都应有标签，写明物料品名、规格、批号、重量、日期和操作者姓名。

2. 制粒　使用的容器、设备和工具应洁净，无异物；制粒时，必须按规定将原辅料混合均匀，加入黏合剂，对主药含量小或有毒剧药物的品种应按药物的性质用适宜的

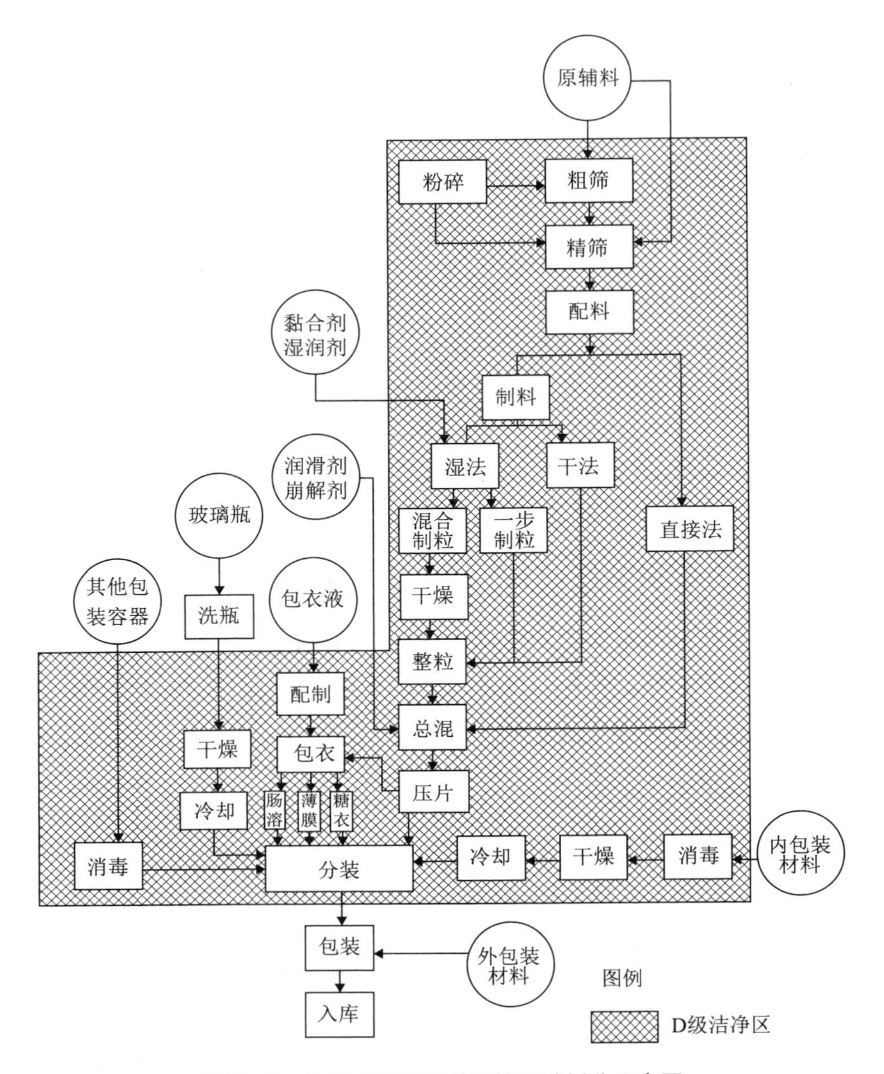

图5-1　片剂工艺流程及环境区域划分示意图

方法使药物均匀度符合规定，一个批号分几次制粒时，颗粒的松紧要一致。采用高速湿法混合颗粒机制粒时，按工艺要求设定干混、湿混时间以及搅拌桨和制粒刀的速度与加入黏合剂的量。当混合制粒结束时，彻底将混合器的内壁、搅拌桨和盖子上的物料擦刮干净，以减少损失，消除交叉污染的风险；对黏合剂的品种、温度、浓度、数量、流化喷雾法制粒的喷雾、颗粒翻腾状态以及干压制粒的压力等技术条件，必须按品种特点制订必要的技术参数，严格控制操作。流化法制粒时应注意防爆。

3. 干燥　按品种制定参数以控制干燥盘中的湿粒厚度、数量，干燥过程中应按规定翻料，并记录；严格控制干燥温度，防止颗粒融熔、变质，并定时记录温度；采用流化床干燥时所用的空气应净化除尘，排出的气体要有防止交叉污染的措施。操作中随时注意流化室温度，颗粒流动情况，应不断检查有无结料现象。更换品种时必须洗净或更换滤袋。应定期检查干燥温度的均匀性。

4. 整粒与混合　整粒机必须装有除尘装置。特殊品种如抗癌药、激素类药物的操作室应与邻室保持相对负压，操作人员应有隔离防护措施，排除的粉尘应集中处理；整粒机的落料漏斗应装有金属探测器，除去意外进入颗粒中的金属屑；宜采用V型混合机或多向运动混合机进行总混，每混合一次为一个批号；混合机内的装量一般不宜超过该机总容积的三分之二；混合好的颗粒装在洁净的容器内，容器内、外均应有标签，写明品名、规格、批号、重量、日期和操作者等，及时送中间站。

5. 中间站　必要时，可按工艺要求设中间站，其环境区域为D级。中间站的职责范围包括：制订各工序半成品的入站、移交、验收、贮存及发放制度，各工序容器保管、发放制度；中间站必须有专人负责验收、保管半成品；按品种、规格、批号明显标志，加盖分区存放；并按作业计划向各工序发放，做好记录；统一管理车间半成品的各种周转容器及盛具，各工具使用后的容器及盛具退回中间站后要检查，清洗并烘干后才能再使用。

6. 压片　压片室与外室保持相对负压，粉尘由吸尘装置排除；压片工段应设冲模室，由专人负责冲模的核对、检测、维修、保管和发放。建立冲模使用档案和冲模清洁保养管理制度，保证冲模质量，提高冲模使用率；冲模使用前后均应检查品名、规格、光洁度，检查有无凹槽、卷皮、缺角、爆冲和磨损，发现问题应追查原因并及时更换，为防止片重和厚度差异，必须控制冲头长度；宜采用刻字冲头，使用前必须核对品名、规格，冲头应字迹清晰、表面光洁。压片前应试压，并检查片重、硬度、厚度、崩解度、脆碎度和外观，必要时可根据品种要求，增测含量、溶出度或均匀度。符合要求后才能开车，开车后应定时（最长不超过30分钟）抽样检查平均片重。压片机的加料宜采用密闭加料装置，减少粉尘飞扬。压片机应有吸尘装置，除去粉尘。压制好的半成品放在清洁干燥的容器中，容器内、外都应有标签，写明品名、规格、批号、重量、操作者和日期，然后送中间站。

压片过程中取出供测试或其他目的之药片不应放回成品中。

7. 包衣　包装操作室与外室保持相对负压，粉尘由吸尘装置排除；使用有机溶剂的包衣室和配制室必须符合防火、防爆要求，禁止使用明火；包衣锅内干燥用空气应经过滤，所含微粒应符合规定要求；包衣用的糖浆须用纯化水配制、煮沸、滤除杂质。食用色素须用纯化水溶解、过滤，再加入糖浆中搅匀，并做好包衣液的配制记录。薄膜包衣材料可根据规定配制；薄膜包衣时，根据工艺要求计算薄膜包衣的重量，包衣材料的浓度。核对品名、规格、包衣颜色；将适量的溶剂或纯化水加入大小适宜的容器中，并加入薄膜包衣材料，以一定速度搅拌使液面形成旋涡带动整个容器液体。包衣时其材料应充分溶解均匀；包薄膜衣时，应控制进风温度、出风温度、锅体转速、压缩空气的压力，使包衣片快速干燥、不粘连而且细腻。包薄膜衣过程中，随时取样检查包衣片质量和控制包衣片增重量。装有包制好的半成品的盛器内、外应有标签，写明品名、规格、批号、重量、日期和操作者等。按规定时间干燥后送中间站。

8. 包装　包装材料的选用应符合国家食品药品监督管理局第13号令《直接接触药品的包装材料和容器管理办法》，在使用前应经预处理。

玻璃瓶用饮用水洗干净，最后用纯化水冲洗并经高温干燥灭菌，清洁贮存，贮存时间不得超过三天，超过规定时间应重洗。

塑料瓶、袋、铝塑材料等的外包装应严密，内部清洁干燥。必要时采取适当方法清洁消毒。

直接接触药品的内包装材料应与药品不起作用，并采取适当方法清洁消毒，清毒后干燥密闭保存。

旋转式分装机和铝塑包装机上部都应有吸尘装置，排除粉尘；数片用具应专人检查、清洗、保管和发放；对包装标签的品名、规格、批号、有效期等必须复核校对。包装结束后，应准确统计标签的实用数、损坏数及剩余数，与领用数相符。剩余标签和报废标签按规定处理；包装全过程应随时检查包装质量。要求贴签端正、批号正确、封口纸平整严密、PVP泡罩和铝塑热压熔合均匀、装箱数量准确及外箱文字内容清晰正确。

9. 清场 现场生产在换批号和更换品种、规格时，每一生产工序需进行彻底清场。清场合格后应挂标示牌。清场合格证应纳入批生产记录。

10. 生产记录 各工段应即时填写本工段的生产记录，并由车间质量管理员按批及时汇总，审核后交质量管理部门放入批档案，以便进行批成品质量审核及评估，符合要求者出具成品合格证书，放行出厂。

四、质量控制要点

在压片过程中有时会出现裂片、松片、叠片、粘冲、崩解迟缓、片重差异超限、变色或表面有斑点等情况。这些问题的产生，归纳起来主要有三方面的原因：①颗粒过硬、过松、过湿、过干、大小悬殊不均、颗粒细粉比例失当等；②空气中的湿度可能太高；③压片机及其工作是否正常。片剂生产的质量控制要点见表5-1。

表5-1 片剂质量控制要点

工序	质量控制点	质量控制项目	频次
粉碎	原辅料	异物	每批
	粉碎过筛	细度、异物	每批
配料	投料	品种、数量	1次/班
制粒	颗粒	黏合剂浓度、温度	1次/批、班
		筛网	
		含量、水分	
烘干	烘箱	温度、时间、清洁度	随时/班
	沸腾床	温度、滤袋完好、清洁度	随时/班
压片	片子	平均片重	定时/班
		片重差异	3～4次/班
		硬度、崩解时限、脆碎度	1次以上/班
		外观	随时/班
		含量、均匀度、溶出度（指规定品种）	每批

续表

工序	质量控制点	质量控制项目	频次
包衣	包衣	外观	随时/班
		崩解时限	定时/班
洗瓶	纯化水	《中国药典》全项	1次/月
	瓶子	清洁度	随时/班
		干 燥	随时/班
包装	在包装品	装量、封口、瓶签、填充物	随时/班
	装盒	数量、说明书，标签	随时/班
	标签	内容、数量、使用记录	每批
	装箱	数量、装箱单、印刷内容	每箱

五、验证工作要点

在片剂的生产过程中，为了切实执行GMP，生产优质和质量稳定的产品，必须对所有生产过程的设备、工艺、试验方法及分析方法的可靠性予以验证，为此必须确立一个对片剂和胶囊剂的生产过程进行验证的严密科学验证体系。

1. 生产设备验证　如同其他剂型的产品一样，片剂等口服固体制剂的设备验证包括确认（prequalification）或设计确认（DQ）、安装确认（IQ）、运行确认（OQ）和性能确认（PQ）。其目的是通过一系列的文件检查和设备考察以确定该设备与GMP要求、采购设计及使用产品工艺要求的吻合性。片剂需要验证的主要设备有上料器、制粒机、粉碎机、过筛机、混合机、压片机、金属检测仪、包衣锅、胶囊灌装机、包装机。

2. 生产工艺验证　对生产工艺过程进行验证是十分重要的，为保证产品质量的均一性和有效性，在产品开发阶段要筛选合格的处方和工艺，然后进行工艺验证，并通过稳定性试验获得必要的技术数据，以确认工艺处方的可靠性和重现性。

片剂的生产过程中，必须对所使用的设备、工艺进行系统验证。验证的项目和主要内容见表5-2

表5-2　片剂验证工作要点

类别	序号	名称	主要验证内容
设备	1	高速混合制粒机	搅拌桨、制粒刀转速、电流强度、粒度分布调整
	2	沸腾干燥器	送风温度、风量调整、袋滤器效果、干燥均匀性、干燥效率
	3	干燥箱	温度、热分布均匀性、风量及送排风
	4	V型混合器	转速、电流、混合均匀性
	5	高速压片机	压力、转速、充填量及压力调整、片重及片差变化、硬度、厚度、脆碎度检查
	6	高效包衣机	喷雾压力与粒度、进排风温度及风量、真空度、转速
	7	铝塑泡罩包装机	吸泡及热封温度、热材压力、运行速度
	8	空调系统	尘埃粒子、微生物、温湿度、换气次数、送风量、滤器压差
	9	制水系统	贮罐及用水点水质（化学项目、电导率、微生物）、水流量、压力

续表

类别	序号	名称	主要验证内容
工艺	1	设备、容器清洗	残留量
	2	产品工艺	对制粒、干燥、总混、压片、包衣工序制订验证项目和指标，头、中、尾取样
	3	混合器混合工艺	不同产品的装量、混合时间

第二节　胶囊剂生产工艺设计

胶囊剂是指原料药物或与适宜辅料充填于空心胶囊或密封于软质囊材中制成的固体制剂。胶囊壳的材料（简称囊材）多数是由明胶、甘油、水等组成；也有用变性明胶、甲基纤维素、海藻酸钙（或钠盐）、聚乙烯醇等高分子材料组成的，以改变胶囊壳的溶解性能。胶囊剂分为硬胶囊、软胶囊（胶丸）、缓释胶囊、控释胶囊和肠溶胶囊，主要供口服用。其中硬胶囊剂（hardcapsules）系指采用适宜的制剂技术，将原料药物或加适宜辅料制成的均匀粉末、颗粒、小片、小丸、半固体或液体等，充填于空心胶囊中的胶囊剂。

一、胶囊剂生产特殊要求

胶囊剂属固体制剂，其设备、工艺均须经验证，以确保含量均一性；合理布局，采取积极有效措施防止交叉污染和差错；设备型号、性能对产品质量有一定影响，其工艺条件的确定应强调有效性和重现性。任何影响质量的重要变更，均须通过验证，必要时须做产品贮存稳定性考察；此种剂型属非无菌制剂，应符合国家有关部门规定的卫生标准。

二、工艺流程及环境区域划分

硬胶囊剂生产工艺流程包括的主要工序有：配料、制粒、干燥、整粒、装囊、检囊打光、分装和包装等。洁净区内级别为D级。硬胶囊剂工艺流程及环境区域划分示意图，见图5-2。

三、生产管理要点

从质量部门批准的供货单位进购原辅材料。原辅料须检验合格由质量部门放行后，方可使用。原辅料生产商的变更应通过小样试验，必要时须通过验证。

物料应经缓冲区脱外包装或经适当清洁处理后才能进入备料室。原辅料配料室的环境和空气洁净度与生产一致，并有捕尘和防止交叉污染措施。

原辅料使用前应目检、核对毛重并过筛。液体原料必要时应过滤，除去异物。由计量部门专人对称量用的衡器定期校验，做好校验记录，并在已校验的衡器上贴上合格证，称量衡器使用前应由操作人员进行校正。

过筛前核对品名、规格、批号和重量等。过筛后的原辅料应在盛器内外贴有标签，

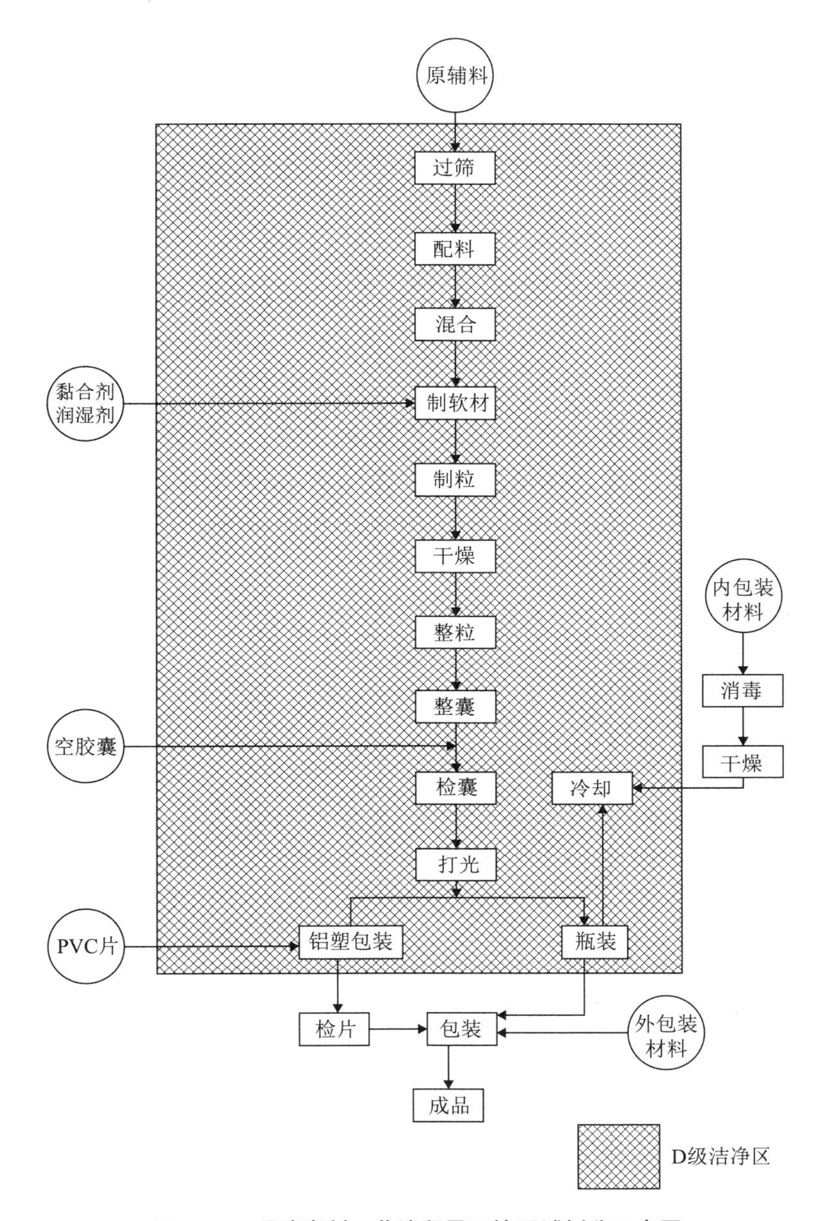

图 5-2 硬胶囊剂工艺流程及环境区域划分示意图

写明品名、代号、批号、规格、重量、日期和操作者等，做好相关记录。

过筛和粉碎设备应有吸尘装置，含尘空气经处理后排放；滤网、筛网每次使用前后，应检查其磨损和破裂情况，发现问题要追查原因并及时更换。过筛后的原辅料应粉碎至规定细度。

1. 配料 配料前应按领料单先核对原辅料品名、规格、代号、批号、生产厂、包装情况；处方计算、称量及投料必须复核，操作者及复核者均应在记录上签名；配好的料装在清洁的容器里，容器内、外都应有标签，写明物料品名、规格、批号、重量、日期和操作者姓名。

2. 制粒 使用的容器、设备和工具应洁净，无异物；制粒时，必须按规定将原辅料混合均匀，加入黏合剂，对主药含量小或有毒剧药物的品种应按药物的性质用适宜的方法使药物均匀度符合规定，一个批号分几次制粒时，颗粒的松紧要一致。采用高速湿法混合颗粒机制粒时，按工艺要求设定干混、湿混时间以及搅拌桨和制粒刀的速度与加入黏合剂的量。当混合制粒结束时，彻底将混合器的内壁、搅拌桨和盖子上的物料擦刮干净，以减少损失，消除交叉污染的风险；对黏合剂的品种、温度、浓度、数量、流化喷雾法制粒的喷雾、颗粒翻腾状态以及干压制粒的压力等技术条件，必须按品种特点制订必要的技术参数，严格控制操作。流化法制粒时应注意防爆。

3. 干燥 按品种制定参数以控制干燥盘中的湿粒厚度、数量，干燥过程中应按规定翻料，并记录；严格控制干燥温度，防止颗粒融熔、变质，并定时记录温度；采用流化床干燥时所用的空气应净化除尘，排出的气体要有防止交叉污染的措施。操作中随时注意流化室温度，颗粒流动情况，应不断检查有无结料现象。更换品种时必须洗净或更换滤袋。应定期检查干燥温度的均匀性。

4. 整粒与混合 整粒机必须装有除尘装置。特殊品种如抗癌药、激素类药物的操作室应与邻室保持相对负压，操作人员应有隔离防护措施，排除的粉尘应集中处理；整粒机的落料漏斗应装有金属探测器，除去意外进入颗粒中的金属屑；宜采用 V 型混合机或多向运动混合机进行总混，每混合一次为一个批号；混合机内的装量一般不宜超过该机总容积的三分之二；混合好的颗粒装在洁净的容器内，容器内、外均应有标签，写明品名、规格、批号、重量、日期和操作者等，及时送中间站。

5. 胶囊剂灌装 生产作业场所与外室保持相对负压，粉尘由吸尘装置排除。室内应根据工艺要求控制温度和湿度；在灌装前核对颗粒的品名、规格、批号、重量，并检查颗粒的外观质量和空胶壳规格、颜色是否与工艺要求相符；灌装前应试车，并检查胶囊的装量、崩解度。符合要求后才能正常开车，开车后应定时抽样检查装量。

已灌装的胶囊，筛去附在胶囊表面的细粉，拣去瘪头等不合格品，并用干净的不脱落纤维的织物将胶囊表面的细粉揩净，盛于清洁的容器内，标明品名、规格、批号、重量等。

6. 包装 包装材料的选用应符合国家药品监督管理局第 21 号令《药品包装用材料、容器管理办法》，在使用前应经预处理。

玻璃瓶用饮用水洗干净，最后用纯化水冲洗并经高温干燥灭菌，清洁贮存，贮存时间不得超过三天，超过规定时间应重洗。

塑料瓶、袋、铝塑材料等的外包装应严密，内部清洁干燥。必要时采取适当方法清洁消毒。

旋转式分装机和铝塑包装机上部都应有吸尘装置，排除粉尘；数片用具应专人检查、清洗、保管和发放；对包装标签的品名、规格、批号、有效期等必须复核校对。包装结束后，应准确统计标签的实用数、损坏数及剩余数，与领用数相符。剩余标签和报废标签按规定处理；包装全过程应随时检查包装质量。要求贴签端正、批号正确、封口纸平整严密、PVP 泡罩和铝塑热压熔合均匀、装箱数量准确及外箱文字内容清晰正确。

7. 清场　现场生产在换批号和更换品种、规格时，每一生产工序需进行彻底清场。清场合格后应挂标示牌。清场合格证应纳入批生产记录。

8. 生产记录　各工段应即时填写本工段的生产记录，并由车间质量管理员按批及时汇总，审核后交质量管理部门放入批档案，以便进行批成品质量审核及评估，符合要求者出具成品合格证书，放行出厂。

四、质量控制要点

胶囊剂外观应整洁，不得有黏结、变形或破裂现象，并应无异臭；除另有规定外，胶囊剂应按《中国药典》进行水分、装量差异、崩解时限、微生物限度等检查。胶囊剂生产的质量控制要点见表5-3。

表5-3　胶囊剂质量控制要点

工序	质量控制点	质量控制项目	频次
粉碎	原辅料	异物	每批
	粉碎过筛	细度、异物	每批
配料	投料	品种、数量	1次/班
制粒	颗粒	黏合剂浓度、温度	1次/批、班
		筛网	
		含量、水分	
烘干	烘箱	温度、时间、清洁度	随时/班
	沸腾床	温度、滤袋完好、清洁度	随时/班
灌装	硬胶囊	温度、湿度	随时/班
		装量差异	3～4次/班
		崩解时限	1次以上/班
		外观	随时/班
		含量、均匀度	每批
洗瓶	纯化水	《中国药典》全项	1次/月
	瓶子	清洁度	随时/班
		干 燥	随时/班
包装	在包装品	装量、封口、瓶签、填充物	随时/班
	装盒	数量、说明书、标签	随时/班
	标签	内容、数量、使用记录	每批
	装箱	数量、装箱单、印刷内容	每箱

五、验证工作要点

在胶囊剂的生产过程中，为了切实执行GMP，生产优质和质量稳定的产品，必须对所有生产过程的设备、工艺、试验方法及分析方法的可靠性予以验证，为此必须确立一个对片剂和胶囊剂的生产过程进行验证的严密科学的验证体系。

1. 生产设备验证 如同其他剂型的产品一样，胶囊剂等口服固体制剂的设备验证包括确认（prequalification）或设计确认（DQ）、安装确认（IQ）、运行确认（OQ）和性能确认（PQ）。其目的是通过一系列的文件检查和设备考察以确定该设备与 GMP 要求、采购设计及使用产品工艺要求的吻合性。胶囊剂需要验证的主要设备有上料器、制粒机、粉碎机、过筛机、混合机、胶囊灌装机、包装机等。

2. 生产工艺验证 对生产工艺过程进行验证是十分重要的，为保证产品质量的均一性和有效性，在产品开发阶段要筛选合格的处方和工艺，然后进行工艺验证，并通过稳定性试验获得必要的技术数据，以确认工艺处方的可靠性和重现性。

胶囊剂的生产过程中，必须对所使用的设备、工艺进行系统验证。验证的项目和主要内容见表 5-4。

表 5-4 胶囊剂验证工作要点

类别	序号	名称	主要验证内容
设备	1	高速混合制粒机	搅拌桨、制粒刀转速、电流强度、粒度分布调整
	2	沸腾干燥器	送风温度、风量调整、袋滤器效果、干燥均匀性、干燥效率
	3	干燥箱	温度、热分布均匀性、风量及送排风
	4	V 型混合器	转速、电流、混合均匀性
	5	胶囊充填机	填充量差异及可调性、转速、真空度
	6	铝塑泡罩包装机	吸泡及热封温度、热材压力、运行速度
	7	空调系统	尘埃粒子、微生物、温湿度、换气次数、送风量、滤器压差
	8	制水系统	贮罐及用水点水质（化学项目、电导率、微生物）、水流量、压力
工艺	1	设备、容器清洗	残留量
	2	产品工艺	对制粒、干燥、总混、压片、包衣工序制订验证项目和指标，头、中、尾取样
	3	混合器混合工艺	不同产品的装量、混合时间

第三节 丸剂

丸剂（pills）系指原料药物与适宜的辅料制成的球形或类球形固体制剂，主要供内服。

丸剂是中药传统剂型之一。早在《五十二病方》中对丸剂的名称、处方、规格、剂量，以及服用方法就有记述。20 世纪 80 年代以来，由于科技的进步，中药制丸机械有了较大的发展，使中药制药逐步摆脱了手工作坊式制作，发展成为工厂化批量生产。

传统的丸剂作用迟缓，多用于慢性病的治疗，与汤剂、散剂等比较，传统的水丸、蜜丸、糊丸、蜡丸内服后在胃肠道中溶散缓慢，发挥药效迟缓，但作用持久，故多用于慢性病的治疗。正如李东垣所说："丸者缓也，不能速去病，舒缓而治之也。"

某些新型丸剂可用于急救，例如苏冰滴丸、复方丹参滴丸、麝香保心丸等，由于系药物提取的有效成分或化学物质与水溶性基质制成的丸剂，故溶化奏效迅速。

丸剂可缓和某些药物的毒副作用，例如有些毒性、刺激性药物，可通过选用赋形剂，如制成糊丸、蜡丸，以延缓其吸收，减弱毒性和不良反应。

丸剂赋形剂不同，可分为水丸、蜜丸、水蜜丸、浓缩丸、糊丸、蜡丸；根据制法不同，可分为泛制丸、塑制丸、滴制丸。

一、蜜丸

蜜丸系指饮片细粉以炼蜜为黏合剂制成的丸剂。蜜丸一般分为大蜜丸和小蜜丸，大蜜丸每丸重量在0.5g（含0.5g）以上，服用时按粒数计算。小蜜丸每丸重量在0.5g以下，服用剂量多按重量计算，亦有按粒数服用。蜜丸是临床上应用最广泛的传统中药丸剂之一，多用于镇咳祛痰药、补中益气药。蜂蜜主要成分为葡萄糖和果糖，另有少量蔗糖、维生素、酶类、有机酸、无机盐等营养成分。既可益气补中、缓急止痛、滋阴补虚、止咳滑肠，又可起到解毒、缓和药性和矫味的的作用。

蜜丸生产的特殊要求：生产过程中的投料、计算、称量要由双人复核，操作人、复核人均应签名；处方中如有贵细药材，应以细粉计量，与其他药材细粉用适当方法混合均匀后供配制用；药粉配制前应做微生物限度检查，需符合企业内控标准要求；蜂蜜使用前应经过滤并炼制，根据工艺要求使用不同浓度的炼蜜；采用分次混合或合坨等生产操作，应经验证确认，在规定限度内所生产一定数量的中间产品，具有同一性质和质量，则可定为一批；含有毒性或重金属等药粉的生产操作，应有防止交叉污染的特殊措施；产尘量大的洁净室经捕尘处理仍不能避免交叉污染时，其空气净化系统不利用回风。

蜜丸的工艺流程及环境区域划分：蜜丸剂生产工艺流程包括的工序有炼蜜、药粉混合、合坨、制丸、内包装和包装等，其中药粉混合、合坨、制丸、内包装等是在D级洁净区内进行。蜜丸的工艺流程及环境区域划分示意图，见图5-3。

（一）生产管理要点

蜜丸各工序在生产操作前，应由专人对生产准备情况进行检查，并记录。检查通常应包括该品种的批生产指令及相应配套文件，如工艺规程、岗位操作法或岗位SOP、清洁规程、中间产品质量监控规程及记录等；本批生产所用的中药药粉与批生产指令相符，厂房、设备设施有“清场合格证”；对设备状况进行检查，挂有“合格”“已清洁”标志的设备方可使用；检查容器具是否符合清洁标准，是否挂有“已清洁”的状态标志；对计量器具进行核对，必要时进行调试。生产的具体过程如下：

1. 研配 研配包括粗、细（贵重药粉）药粉的兑研与混合。

（1）细料研磨：专人负责领料，核对细料的品种、重量，并有记录；从专柜中取出细料，按每罐投料量称重，双人复核并记录；按投料顺序兑研细料，研好后放入洁净容器内，注明品名、重量、批号，备用。

（2）药粉混合：将细料、粗料按比例顺序装入混合罐内，按工艺要求分别进行混合，至符合要求；将混后合格的药粉等量分装在洁净容器中，每件容器注明品名、批

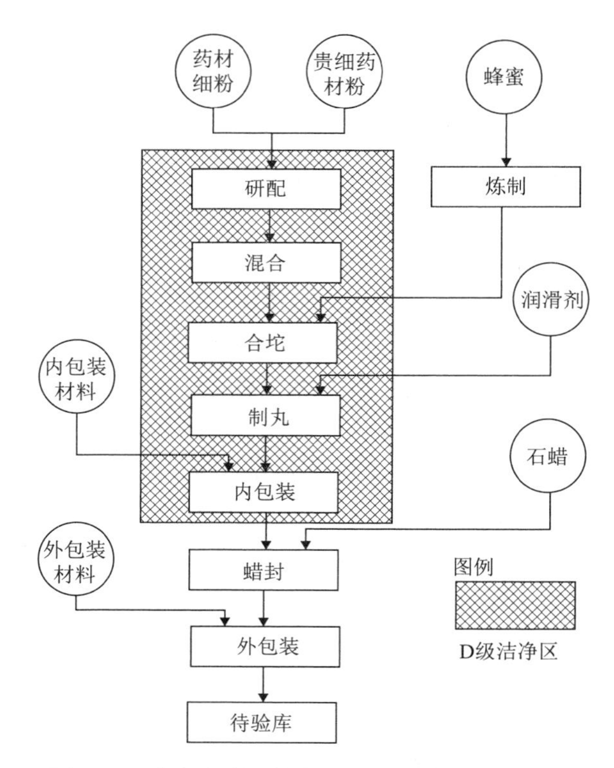

图 5-3　蜜丸生产工艺流程及环境区域划分示意图

号、数量、日期，由过程监控员审核，开具半成品放行单或半成品递交许可证，汇同批生产指令移交下工序。

（3）炼蜜：操作人员应首先确认该批蜂蜜具有合格品的检验报告书，并按工艺要求对蜂蜜进行烘化处理；操作人员将烘化后的蜂蜜用真空泵抽至过滤箱内，再经筛目至静置罐，随管道输送至减压浓缩罐内；用减压浓缩方法进行炼制，在炼制过程中应注意真空度、压力、温度、时间；出蜜检测，蜜液浓缩至所需浓度时，取蜜进行检测，其检测结果应符合该品种使用炼蜜的工艺要求；输送，将炼制合格的蜂蜜输送至合坨工序。

2. 合坨　按半成品传递规程要求，由专人核对其物料、半成品放行单或半成品递交许可证，并对其进行检斤、验质，合格后进入本工序；将合格的药粉、炼蜜按工艺规定的比例兑入，置合坨机内进行搅拌至均匀；合好的药坨放入洁净容器内，注明品名、批号、数量、日期等，审核后随半成品放行单或半成品递交许可证、批生产指令移交下工序。

3. 制丸　核对生产指令及上工序移送的半成品药坨；严格按蜜丸制丸设备 SOP 操作，保证出条均匀，并随时随机检查丸重；将合格的丸药放入洁净容器内，注明品名、批号、数量、日期、机组等，并进行半成品检验；过程监控员对生产现场进行监控，审核其批生产记录及半成品化验合格单，开具半成品审核放行单或半成品递交许可证，随批生产指令一起移交下工序。

4. 内包装　核对批包装指令及半成品化验单、半成品递交许可证或半成品审核放行单，核对实物的品名、批号、数量、规格等；根据批包装指令领取包装材料，同时抽取半成品，检查合格后包装；按岗位操作法或岗位 SOP 进行操作；将包装好的药丸放入洁净的容器内，注明品名、批号、数量、日期、工号移交下工序。

5. 外包装　根据批包装指令，核对产品的品名、批号、数量；操作间清场合格后，严格计数领发本批号的包装材料；按规程进行包装，抽取样品待验，挂黄色待验标志；经检验合格后，挂绿色合格标志，等待最后审核放行。

6. 生产结束　各工序生产结束后，按规定做好清场、清洁、收率统计、物料结退及生产记录审核等工作。

（1）清场与清洁：每批药品的每一生产阶段完成后，必须由生产操作人员按照清洁规程对生产厂房、设备、容器具等进行清场、清洁，并填写清场记录；工序过程监控员应对生产现场进行检查，对清场、清洁效果进行确认，填写相关记录，发放“清场清洁合格证”；各工序接到清场清洁合格证后，方可准备下一批次的生产。

（2）收率统计计算：蜜丸制剂的研配、合坨、制丸、内包装、蜡封、外包装等各工序，生产结束后按规定计算收率，其偏差应在合理的范围内。当偏差超出合理范围时，由车间负责人、操作人员、过程监控员对生产过程、设备、原辅料使用情况进行综合调查，得到合理解释，并经质量管理部门确认不影响产品质量后，方可放行至下工序。

（3）结料与退料：每个工序生产结束后，都必须进行物料使用情况的统计，应符合规定的限额要求；剩余的物料经检查质量、核对数量后封存，注明品名、数量、封存日期、封存人、复核人，退库，并做好记录；当物料清算发生偏差时，应按偏差处理程序及时处理，并有记录；在生产过程中，对印有批号的剩余包装材料不可再利用，应按物料报废销毁程序及时销毁，并做好销毁记录。

7. 生产记录　每个岗位在生产过程中和生产结束后应及时填写生产记录，生产记录的填写应符合各岗位应有操作记录，由岗位操作人员填写，岗位负责人审核并签字；岗位操作记录应及时填写，内容真实完整，填写有差错时应及时更正并盖上更正章。

按岗位操作串联复核；记录内容与工艺规程对照复核；上下工序、成品记录必须一致，正确；各工序或岗位应将本批生产操作有关记录，如生产指令、运行状态标志、中间产品合格证、中间产品的流转卡、领料单、过程监控记录、清场清洁记录、物料或中间产品检验报告书以及有关偏差处理记录、异常信息等汇总整理后，归入批生产记录，经岗位负责人复核签字后交车间；车间专人将各岗位同批生产记录依次汇总整理、审核后，经车间负责人审签，交质量管理部审核并归档，作为产品放行的依据。

8. 中间库　蜜丸制剂的中间库包括净料库、丸药库等。进入中间库的中间产品，每件容器上必须有明显标志；中间产品在中间库必须按品种、批号、间距存放，并有明显状态标志和货位卡；有可能互相影响质量或有混药可能的中间产品，宜分室存放或采取有效隔离措施，防止混药；应建立中间库的出入库管理制度，并做好相应记录。

（二）质量控制要点

中药蜜丸剂在生产中主要有染菌、溶散超时限等问题。外观检查、水分、重量差异、装量差异及溶散时限等的检查是质量检查的要点。蜜丸生产质量控制要点见表 5－5。

表 5-5 蜜丸生产质量控制要点

工序	质量控制点	质量控制项目		频次
		生产过程	中间产品	
配料	称量	药粉的标志、合格证	性状	每批
	研配	每次兑入数量、比例、兑入次数		
混合	混合	装量、时间、转速	性状、均匀度	每批
	过筛	筛目	细度	
炼蜜	温蜜	温度、时间	蜜温	每批
	炼制	进料速度、真空度、温度、时间	性状、水分	
合坨		蜜温、蜜量、药粉量、搅拌时间	滋润、均匀	每次
制丸		进料速度、出条孔径、切丸刀距	性状、外观、水分、重量差异、微生物数	随时/每批
内包	包纸		包严	随时/每批
	装壳		扣紧、扣严，无空壳	
蜡封	蜡封	温度、次数	均匀、严密、光滑	随时
	印名	印料、印章	位正、清晰	
包装	装盒		数量、批号、说明书	随时
	装箱		数量、装箱单、封箱牢固	每箱
待验库	成品	清洁卫生、温度、湿度	分区、分批、分品种、货位卡、状态标志	定时

（三）验证工作要点

中药蜜丸剂生产过程验证的内容包括厂房与设施的验证、设备验证、生产工艺验证、原辅料验证以及产品验证等。中药蜜丸剂生产验证工作要点见表 5-6。

表 5-6 蜜丸生产验证工作要点

序号	类别	验证对象	主要验证内容
1	设备	混合罐	均匀性试验、批容量确认
	工艺	混合	装量、转速、时间
2	设备	合坨机	稳定性试验、均匀度试验
	工艺	合坨	装量、速度、时间
3	设备	制丸机	出条均匀性试验、刀具稳定性试验
	工艺	制丸	进料速度、出条孔径、切丸刀距
4	设备	塑料壳自动扣盒机	理壳、装丸、扣盒等系统功能试验
	工艺	扣盒	压力、转速
5	厂房与设备	空气净化系统	过滤器检漏、压差、换气次数
		生产厂房	布局、气流方向合理、温湿度、洁净度
		设施	捕吸尘、除尘、防污染等效果良好
6	设备清洁	制剂设备	无上次生产遗留物，内表面清洁无异物，最终清洗水检查符合要求

二、浓缩水丸

浓缩水丸指饮片或部分饮片提取浓缩后，与适宜的辅料或其余饮片细粉，以水为黏合剂制成的丸剂。

（一）生产特殊要求

处方中如有贵细药材，应以细粉计量，与其他药材细粉用适当方法混合均匀后供制丸用；浓缩水丸制丸前药粉的微生物限度检查应符合企业内控标准要求；无论采用泛制法或机制法制丸，其工艺均需经验证确认。采用分次混合或分罐制丸等生产操作，应经验证，确认在规定限度内所生产一定数量的中间产品具有同一性质和质量，则可定为一批；含有毒性或重金属等药粉的生产操作，应有防止交叉污染的特殊措施；产尘量大的洁净室经捕尘处理仍不能避免交叉污染时，其空气净化系统不利用回风。

（二）工艺流程及环境区域划分

浓缩水丸工艺流程包括的主要工序有：制丸、干燥、抛光、包衣、选丸、装丸和包装等。其中制丸、干燥、抛光、包衣、选丸、装丸等是在D级洁净区内进行。浓缩水丸工艺流程及环境区域划分示意图，见图5-4。

（三）生产管理要点

浓缩水丸各工序生产操作前的准备：生产前检查生产记录、清场记录、限额领料单、操作运行状态标志、中间产品标志卡、交接单等生产所需文件的空白表格，核对领（送）料单，检查物料并称量、核对，检查（清场）记录或合格证。生产的具体过程如下：

1. 称量、配料 进入备料室的药粉、浸膏或中间产品必须除去外包装或经净化处理；称量人核对药粉、浸膏或中间产品的品名、批号、合格证等，确认无误后按规定的方法和指令的定额称量、记录、签名；称量必须复核，复核人校对称量后的药粉、浸膏、中间产品的品名、数量，确认无误后记录、签名；需计算后称量的药粉、浸膏、中间产品等，计算结果先经复核无误后再称量；配好批次的药粉、浸膏、中间产品装洁净密闭容器中，附有标志，注明品名、批号、规格、数量、称量人、日期等；剩余药粉、浸膏或其他物料包装好，附有标志，放备料室，记录、签名。

2. 混合、干燥 混合前核对物料的品名、批号、数量等，确认无误后，按规定方法将药粉与浸膏混合均匀；混合后的药料应及时进行干燥，干燥工艺参数应经验证确认；干燥时应勤检查，并按规定时间及次数进行上下调格及翻动；严格控制干燥温度，并按规定定时检查和记录；干燥设备进风口应有过滤装置，出风口应有防止空气倒流的装置；干燥后药料装洁净容器内，每件容器均应附有标志，注明品名、批号、数量、日期、操作者等；必要时进行灭菌处理，严格控制灭菌温度、时间，保证灭菌效果。

3. 粉碎、过筛、混合 粉碎、过筛、混合等工艺技术参数应经验证确认；粉碎、

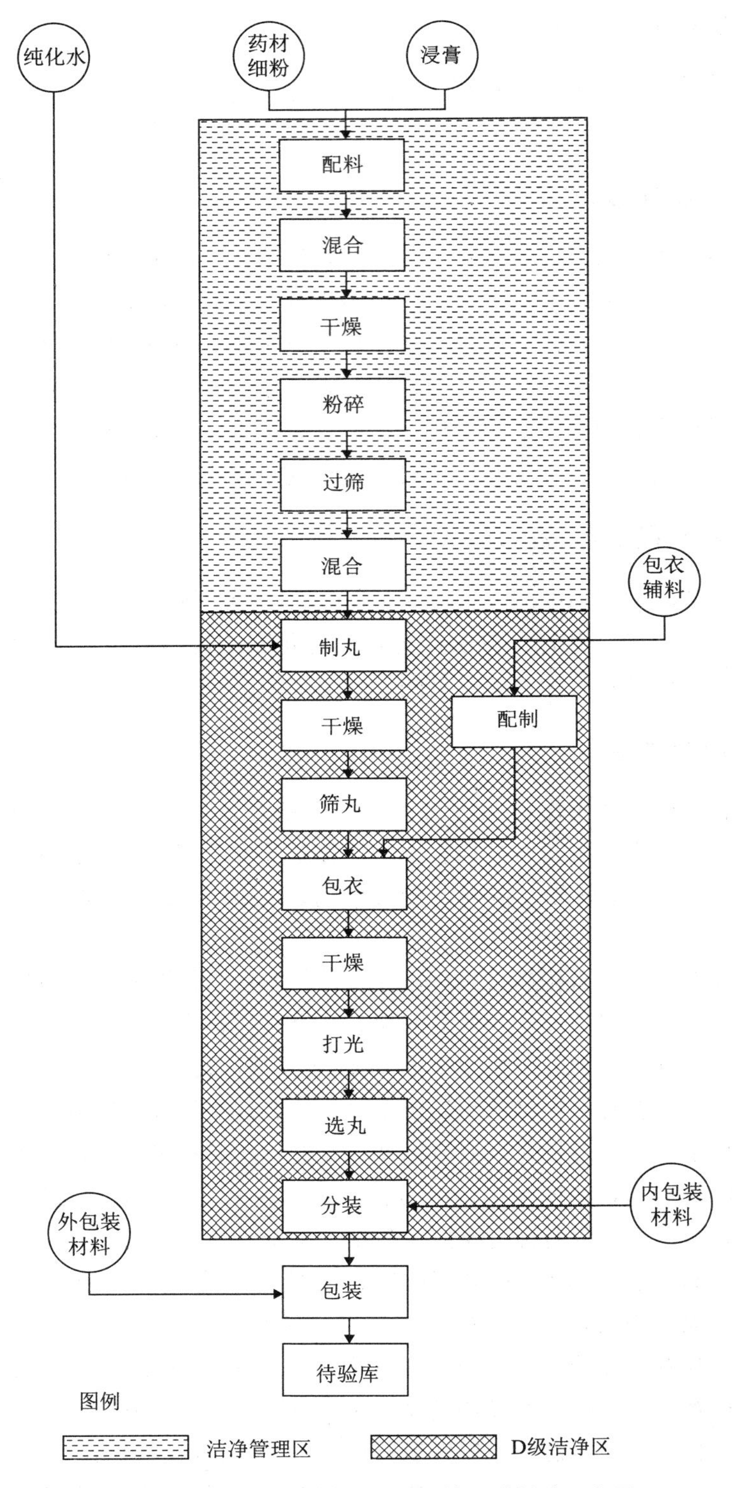

图 5-4 浓缩水丸工艺流程及环境区域划分示意图

过筛、混合等设备应有捕吸尘装置，含尘空气经处理后排放；过筛前后应严格检查筛网情况，确保药粉细度符合工艺要求；混合设备应密闭性好，内壁光滑，混合均匀，易于清洗，并能适应批量要求；混合后的药粉装洁净容器，每件容器均应附有标志，注明品名、批号、数量、操作者、日期等，送中间站待验。

4. 制丸 浓缩水丸制丸有水泛丸和机制丸等方法。

（1）水泛丸：按批药粉量计算出起丸模药粉用量后，进行起丸模操作；操作过程中用规定筛号筛选丸模，丸模应圆滑、均匀；按批药粉量计算出丸模用量后泛丸；泛丸时掌握好每次黏合剂和药粉的加入量，并注意选用合适的筛号适时筛丸，要求丸粒圆滑、大小均匀；同批药粉分数罐泛丸时，其湿丸质量的均一性应经验证确认。

（2）机制丸：机制丸有关工艺技术参数应经验证确认；制软材时应控制好加水量及混合时间，使软材松散、均匀；制丸时注意加料速度及出条均匀度，制出丸粒应圆滑、均匀，湿丸的重量符合要求。

5. 干燥 箱式干燥应按规定翻丸、调格，并定期检查干燥温度、去湿、热风循环情况；微波干燥时要掌握好进丸速度、干燥温度及控制好药丸出口温度；干丸的丸重及水分应符合规定，干丸筛选后装洁净容器，每件容器均应附有标志，经检验合格后交下工序。

6. 包衣 包衣前按工艺规定配制包衣用辅料，包衣时严格控制操作条件及辅料用量；包衣操作应有捕吸尘装置，含尘空气经处理后排放；包衣用热风经过滤后含尘应符合规定；湿衣丸应及时干燥，湿衣丸的存放应严格限时。

（1）干燥要求：分为箱式干燥和微波干燥。箱式干燥应按规定翻丸、调格，并定期检查干燥温度、去湿、热风循环情况；微波干燥时要掌握好进丸速度、干燥温度及控制好药丸出口温度；干丸筛选后装洁净容器，经检验合格后交下工序；严格控制干衣丸打光操作条件及辅料用量，打光后药丸经检验合格后交下工序；包衣过程若使用有机溶剂，操作室应符合防火、防爆要求。

（2）选丸：按品种、规格选用合适筛号筛丸，筛后丸重应符合规定；不良品用专用容器盛装，容器内外均应有明显的红色标志，注明品名、规格、批号、数量、不合格内容、签名、日期等，移至不良品处理室存放，并应按规定程序及时处理；合格药丸装洁净容器内，每件容器均应附有标志，注明品名、规格、批号、数量、操作者、日期等，交中间站待验。

7. 包装 分装前检查待装药丸，应有检验合格证；检查包装机各部位运转正常，调整温度、压力、速度在设定参数内；包装过程中应定时检测装量差异、旋盖、贴签、复合膜封口等情况，发现问题及时调整；贴签前核对标签的品名、规格、批号、日期等；包装结束后应准确统计标签的领用数、实用数和剩余数，残损标签和打印批号的标签按规定处理；装箱时注意数量、防伪标识、装箱单等，药品零头包装只限两个批号为一个合箱，合箱外应标明全部批号，并建立合箱记录。

8. 生产结束 丸剂生产使用的混合、制丸、包衣、干燥等设备，应彻底清洗，不可有遗留物，清洗效果经验证确认；浓缩水丸的粉碎（出粉率）、制丸（干丸）、筛丸、选丸等工序操作结束后，按规定计算收率，应在合理的偏差范围内；生产结束后应对厂房、设备、容器具等按清洁规程清洁，不得有遗留物，其清洁效果应经验证确认；按清场要求进行清场，并填写清场记录。

9. 中间库 浓缩水丸生产过程中需入中间库待验的中间产品有混合后的药粉、干丸（基丸）、衣丸（待包装品）等，各项要求按中间库的要求；中间库有药材净料库和药粉库等，其中，药粉库为洁净管理区。中间产品必须按品种、批号间距存放，必须有明显状态标志和货位卡，防止混药。中间产品出入库必须填写出入库记录，不合格品或待处理品必须按有关规定限时处理。

（四）质量控制要点

外观检查、水分、重量差异、装量差异、溶散时限等的检查是浓缩水丸剂质量检查的要点。浓缩水丸生产质量控制要点见表5-7。

表5-7 浓缩水丸生产质量控制要点

工序	质量控制点	质量控制项目		频次
		生产过程	中间产品	
配料	称量	原辅料、浸膏的标志、合格证		每批
	研配	数量与品种的复核		
混合	过筛	筛目	细度	每批
	混合	装量、时间、转速	性状、均匀度、水分、微生物	
泛丸	泛丸	加水量、时间	丸重、水分、圆滑度	每次
	筛丸	筛号	丸重、均匀度	每次
干燥		装量、时间、温度、翻动调格次数	外观、水分、溶散时限	每次
筛丸		筛号	丸重、均匀度、外观	每次
机制丸	软材	加水量、混合时间	松散均匀	每次
	制丸	出条孔径、制丸速度	外观、丸重	随时
微波干燥	干燥	进出口温度、频率、进丸速度	外观、水分、溶散时限	随时
	筛丸	筛号、速度	外观、丸重、均匀度	
包衣		辅料加入量、方法、温度、时间	外观、色泽、水分	每罐
衣丸干燥		装量、时间、温度、翻动调格次数	性状、丸重、水分	随时
打光		辅料量、加入方法、时间	外观、光亮、水分、丸重	每罐
选丸		筛号、速度	外观、光亮、丸重、水分、溶散时限、微生物数	每批
装瓶	装丸	速度、位置	装量	随时
	拧盖	速度、位置	平整、紧密	
贴签	贴签	速度、位置	端正、牢固、无皱褶	随时
	批号打印	速度、位置	位正、字迹清晰，无错印、漏印	
装盒	封膜	温度	密封	随时
	装小盒	速度	说明、防伪标识	

续表

工序	质量控制点	质量控制项目		频次
		生产过程	中间产品	
中包装	收缩膜封包	速度、温度	数量、封包平整、缩封紧密	随时
装箱			数量、装箱单、封箱牢固、标识准确	随时
待验库	成品	清洁卫生、温度、湿度	分区、分批、分品种、货位卡、状态标志	定时

（五）验证工作要点

浓缩水丸剂生产过程验证的内容包括厂房与设施的验证、设备验证、生产工艺验证、原辅料验证以及产品验证等。浓缩水丸生产验证工作要点见表 5-8。

表 5-8　浓缩水丸生产验证工作要点

序号	类别	验证对象	主要验证内容
1	设备	蒸汽灭菌柜	热分布试验、热穿透性试验、真空度试验
	工艺	蒸汽灭菌	装量，真空度，次数，灭菌温度、时间，干燥时间
2	设备	混合机	均匀性试验、批容量确认
	工艺	混合	装量、转速、时间
3	设备	制丸机	搅拌、出条均匀性试验
	工艺	制丸	出条孔径、速度
4	设备	振动筛	稳定性试验、筛丸效果
	工艺	筛丸	落丸速度、落丸量、振动频率
5	设备	干燥箱	热分布试验、风口过滤效果、设定风量试验
	工艺	干燥	温度、时间、翻丸调格次数、装量、排湿/循环间隔时间
6	设备	包装生产线	理瓶、输送、旋盖、装丸、贴标签等系统功能试验，如传感器灵敏度试验
	工艺	内包装	装丸速度、温度、压力
7	设备	包衣罐	角度、转速、均匀性
	工艺	包衣	温度、风量、时间、次数
8	厂房与设施	空气净化系统	过滤器检漏、压差、换气次数
		生产厂房	布局、气流方向合理、温湿度、洁净度
		设施	捕吸尘、除尘、防污染等效果良好
9	设备清洗	制剂设备	无上次生产遗留物，内表面清洁无异物，最终清洗水检查符合要求

第六章　液体制剂生产工艺设计

液体制剂系指药物分散在液体分散介质中组成的内服或外用的液态制剂。液体制剂按照给药途径和给药方法可分为注射剂、口服液剂。

液体制剂给药途径广泛，可用于消化道、肌肉、静脉；也可用于皮肤或黏膜。同固体制剂相比，减少了体内溶出的过程，吸收快且迅速发挥作用；液体制剂也便于分剂量。但液体制剂有贮存、运输和使用上的不方便等缺点。

液体制剂除应符合制剂的一般质量要求外，澄明无微粒及放置无沉淀是该制剂最为突出的质量要求。其中注射剂的质量要求在各种剂型中是最高的，其生产环境要求也最高，所以对其在生产过程中一整套质量控制的措施、生产区域的划分、生产管理要点、质量控制及验证要点做了较为详尽的阐述。

第一节　最终灭菌小容量注射剂

最终灭菌小容量注射剂是指装量小于50mL，采用湿热灭菌法制备的灭菌注射剂。除一般理化性质外，无菌、热原或细菌内毒素、澄明度、pH值等项目的检查均应符合规定。

一、生产特殊要求

注射剂的生产特殊要求通常是，生产用的原料、溶剂、附加剂应符合注射用标准；注射剂的配制、灌装过程中，应严密防止微生物的污染，已调配的药液应在规定的时间内灌注、灭菌，保证无菌、热原符合要求；注射剂的生产应在GMP规定的净化环境下进行，此外，对精洗、配制、灌封工序生产操作人员服装的材质也有特殊要求（如发尘量小，不易发生纤维脱落等）；药液的pH值在灭菌前后或贮存期内可能发生变化，在配制过程中应设定内控pH值范围，并规定调节方法；注射剂的稳定性较差，在生产过程中对水、植物油及其他非水性溶剂、容器、惰性气体等影响质量的因素须加强控制。

二、工艺流程及环境区域划分

最终灭菌小容量注射剂生产工艺过程包括原辅料的准备、安瓿处理、配液滤过、灌装封口、灭菌检漏、质量检查、印字包装等工序，其一般生产区、洁净区划分见工艺流程及环境区域划分示意图。最终灭菌小容量注射剂单机灌装工艺流程及环境区域划分示意图，见图6-1；最终灭菌小容量注射剂洗、灌、封联动工艺流程及环境区域划分示意图，见图6-2。

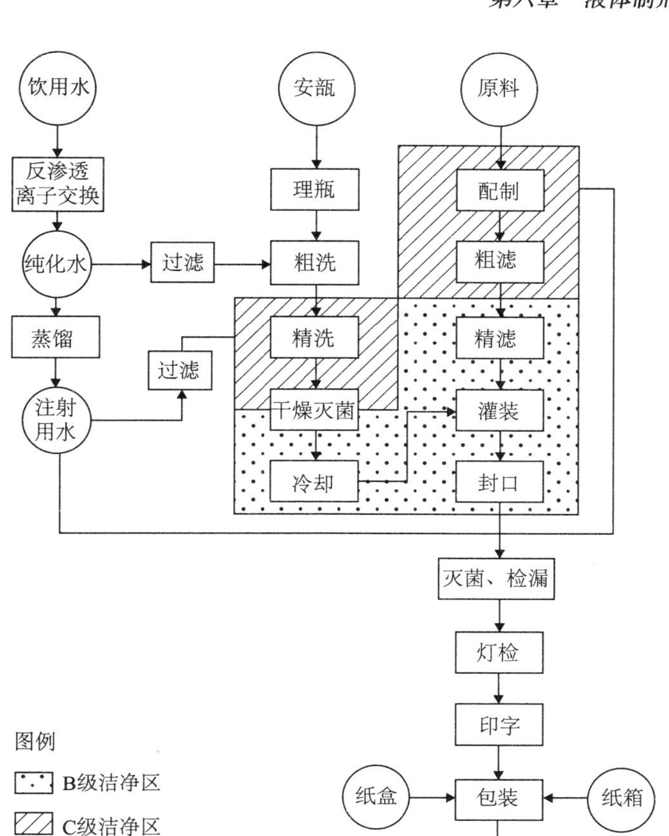

图 6-1 最终灭菌小容量注射剂单机灌装工艺流程及环境区域划分示意图

最终灭菌小容量注射剂生产工艺的两种方案，对于单机多工艺流程，即安瓿洗涤、干燥灭菌，注射用水制备，注射液配制，灌装，封口，灭菌检漏，灯检，印字包装多个工序；对于洗、灌、封联动工艺流程，即注射用水制备，注射液配制，安瓿洗、灌、封联动，灭菌检漏，灯检，印字包装等工序。虽后者只少一个工序，但是合并的两个洁净度为B级的工序，合并后的厂房面积以及在岗操作人员数均有大幅度地减少，效果不只是降低了基建厂房折旧费用，降低了空调费用，更为重要的是大大降低了B级洁净厂房生产环境的实施难度，更好地保证药品的生产质量。

三、生产管理要点

经质量部门批准放行的原辅材料，方可配料使用。在配料时，应核对原辅材料的品名、批号、生产厂、规格及数量；处方、计算、称量及投料必须复核，操作人、复核人均应在称量原始记录上签名；剩余原辅料应封口贮存，在容器外标明品名、批号、日期、剩余量及使用人签名；天平、磅秤每次使用前应校正，并定期由计量部门专人校验，做好记录。

1. 配制 每个配制罐须标明配制液的全名、规格、批号和配制量；配制药液用的

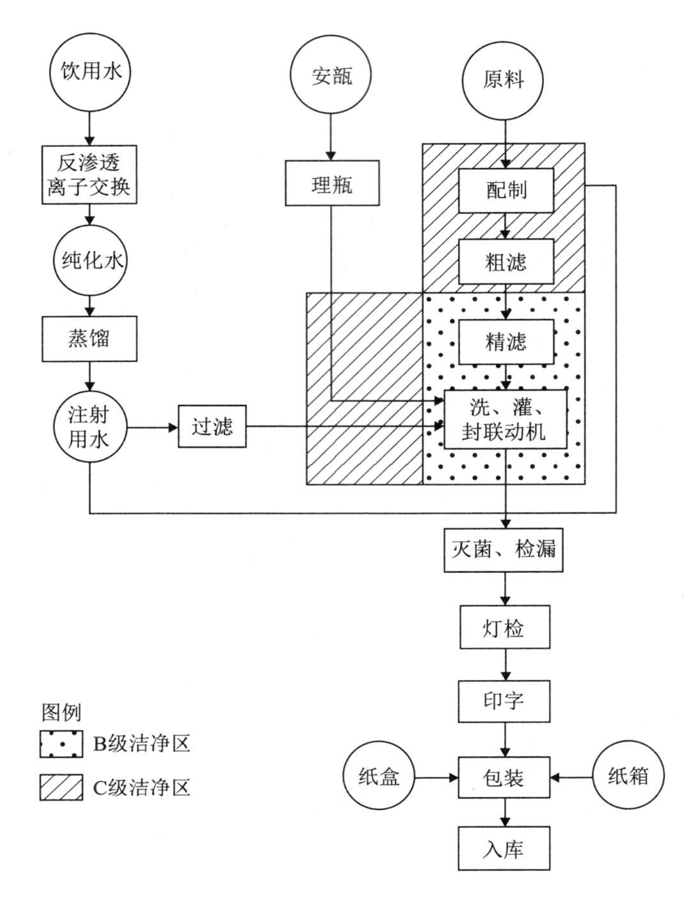

图 6-2 最终灭菌小容量注射剂洗、灌、封联动工艺流程及环境区域划分示意图

注射用水应符合以下要求：制备、存储和分配要有防止微生物滋生和污染的措施，宜贮存于 316L 不锈钢贮罐，贮罐的通气口安装不脱落纤维的疏水性除菌滤器，并在 80℃以上保温、65℃以上保温循环或 4℃以下存放。接触药液的一切容器具、管道应根据验证的结果制订清洁规程；砂棒按品种专用。药液用孔径为 0.22～0.80μm 过滤器过滤，不得使用含有石棉的过滤器材；使用 0.22μm 微孔滤膜时，先用注射用水漂洗或压滤至无异物脱落，并在使用前后做起泡点试验；药液经含量（调整含量须经复核）、pH 值检验合格后方可精滤。精滤药液经澄明度检查合格后才能灌装；直接与药液接触的惰性气体、压缩空气，使用前需净化处理，其纯度（只指惰性气体）、无油及所含微粒量应符合规定要求；盛精滤晶的容器应密闭，容器的通气口应安装不脱落纤维的疏水性除菌过滤器。

2. 安瓿洗涤及干燥灭菌 领取经质量部门批准使用的安瓿，使用时应核对规格、批号、生产厂、数量，然后进行理瓶；洗瓶工艺用水及压缩空气系统经验证后方可使用；不论采取何种安瓿洗涤方式，安瓿外壁应冲洗，内壁至少用纯化水洗二次，每次必须充分除去残水，最后用注射用水洗净、干燥灭菌、冷却；灭菌后的安瓿宜立即使用或清洁存放。安瓿贮存不得超过 48 小时，如已超过则必须重新灭菌或重新洗涤、灭菌。

3. 灌封 灌装管道、针头等使用前用注射用水洗净并煮沸灭菌，必要时应干燥灭菌。灌装软管应选用不落微粒者，特殊品种应专用；盛药液容器应密闭，需充惰性气体的品种在灌封操作过程中应注意气体压力变化，保证充填足够的惰性气体；灌封后应及时抽取少量半成品检查澄明度、装量、封口等质量状况；半成品盛器内应标明产品名称、规格、批号、日期、灌装机及顺序号、操作者姓名，并在4小时内进行灭菌；容器、管道、工具等清洁要求同配制工序。

4. 灭菌 灭菌常用方法有湿热灭菌法、干热灭菌法、除菌滤过法、辐射灭菌法和环氧乙烷灭菌法。灭菌前制定微生物限度；灭菌前后的产品应有可靠的区分方法，应有明确的产品名称、规格、批号及灭菌状态标记。灭菌柜宜采用双扉式。灭菌前后的产品分门进出，分别储放；灭菌设备制定误差限度，定期校验和记录；除菌过滤前后，检查装置及滤膜的完整性，并记录检查结果。每批操作前应对灭菌场地、灭菌柜进行检查，不得有上一批号或上一锅的产品遗漏；不同品种、规格产品的灭菌程序应予验证。验证后的灭菌条件，如温度、时间、柜内放置数量和排列层次等，不得任意更改；每批产品灭菌前，应核对品名、批号、数量，按岗位操作法（SOP）操作；灭菌时应及时做好记录，并密切注意（温度、压力、时间）自动检测及记录装置的运行状况，如有异常应及时处理。产品灭菌后应进行检漏，检漏的真空度必须在－80kPa以上；灭菌后必须逐柜取样，按柜编号做无菌试验；灭菌结束后，仔细清除灭菌柜中遗漏的安瓿，以防混入下一批；灭菌柜应定期进行再验证，温度计、压力表等计量仪表应在规定的有效期内使用；灭菌产品的存放应按品种、规格分开，应制订措施，严防灭菌前后产品混淆。

5. 灯检 除另有规定外，应照《澄明度检查细则和判断标准》的规定检查澄明度。同时注意剔除其他不合格品；检查员视力应在0.9以上，每年检查一次；检查后的半成品应注明检查者的姓名或代号，由专人抽查，不符合要求时应返工重检；每批结束后做好清场工作。灯检不合格品应标明品名、规格、批号，置于加盖容器内移交专人负责保管或处理。

6. 印字（贴签）、包装 印字、包装用的标签，必须填写需料送料单，派专人领取。废标签应按规定销毁。批包装记录的管理：各岗位应有操作记录，由岗位操作人员填写，岗位负责人审核并签字；岗位操作记录应及时填写，内容真实完整，填写有差错时及时更正并盖上更正章。按岗位操作串联复核；记录内容与工艺规程对照复核；上下工序、成品记录必须一致、正确。

操作前核对半成品的名称、规格、批号及数量，应与所领用的包装材料、说明书、标签全部相符；印字、包装过程中随时检查批号、说明书与包装要求是否相符；包装结束，应准确统计标签的领用数、实用数及剩余数，并按有关规定处理剩余标签和报废标签。

有效期规定的品种，必须在标签上标明有效期；包装结束后，包装品交待验库，检验合格后入库；生产结束后，要对生产物料进行平衡检查，记录包装实用数、剩余数及残损数，不合格产品按规定及时销毁；同时对生产场所进行清场，清场工作应有清场记录，清场结束由生产部门质量员复查合格后发“清场合格证”，并附入生产记录，不合格者不得进行下一步的生产。

7. 生产记录 各工序操作均需作记录；当每批产品生产结束时，应由专人负责各工序操作记录的收集、汇总并审核，汇编成批生产记录。

四、质量控制要点

经含量测定、鉴别试验、pH 值与杂质检查等项目检验合格的最终灭菌小容量注射剂，灌封、灭菌，制成注射剂后，还必须做装量差异、澄明度、热原和无菌检查等。最终灭菌小容量注射剂生产的质量控制要点见表 6－1。

表 6－1　最终灭菌小容量注射剂质量控制要点

<table>
<tr><th>工序</th><th>质量控制点</th><th>质量控制项目</th><th>频次①</th></tr>
<tr><td rowspan="4">制水</td><td rowspan="2">纯化水</td><td>电导率</td><td>1 次/2 小时</td></tr>
<tr><td>《中国药典》全项</td><td>1 次/周</td></tr>
<tr><td rowspan="2">注射用水</td><td>pH 值、氯化物、铵盐</td><td>1 次/2 小时</td></tr>
<tr><td>《中国药典》全项</td><td>1 次/周</td></tr>
<tr><td>理瓶</td><td>原包装安瓿</td><td>检验报告单、清洁度</td><td>定时/班</td></tr>
<tr><td rowspan="3">洗瓶</td><td>隧道烘箱</td><td>温度</td><td>定时/班</td></tr>
<tr><td>洗净后安瓿</td><td>清洁度</td><td>定时/班</td></tr>
<tr><td>烘干后安瓿</td><td>清洁与干燥程度</td><td>定时/班</td></tr>
<tr><td>配药</td><td>药液</td><td>批号划分与编制、主药含量、pH 值、澄明度、色泽、过滤器材的检查（如起泡点等）</td><td>每批</td></tr>
<tr><td rowspan="5">灌封</td><td>烘干安瓿</td><td>清洁度</td><td>随时/班</td></tr>
<tr><td rowspan="2">药液</td><td>色泽</td><td>随时/班</td></tr>
<tr><td>澄明度</td><td>随时/班</td></tr>
<tr><td>封口</td><td>长度、外观</td><td>随时/班</td></tr>
<tr><td>灌封后半成品</td><td>药液装量、澄明度</td><td>随时/班</td></tr>
<tr><td rowspan="2">灭菌</td><td>灭菌柜</td><td>标记、装量、温度、时间、记录、真空度</td><td>每锅</td></tr>
<tr><td>灭菌前后半成品</td><td>外观清洁度、标记、存放区</td><td>每批</td></tr>
<tr><td rowspan="2">灯检</td><td rowspan="2">灯检品</td><td>抽查澄明度</td><td>定时/班</td></tr>
<tr><td>每盘标记、灯检者代号、存放区</td><td>随时/班</td></tr>
<tr><td rowspan="5">包装</td><td>在包装品</td><td>每盘标记、灯检者代号</td><td>每盘</td></tr>
<tr><td>印字</td><td>批号、内容、字迹</td><td>随时/班</td></tr>
<tr><td>装盒</td><td>数量、说明书、标签</td><td>随时/班</td></tr>
<tr><td>标签</td><td>内容、数量、使用记录</td><td>每批</td></tr>
<tr><td>装箱</td><td>数量、装箱单、印刷内容、装箱者代号</td><td>每箱</td></tr>
</table>

①根据验证及监控结果进行调整。

五、验证工作要点

最终灭菌小容量注射剂生产全过程中，洗瓶、干热灭菌不必按品种进行验证，只有特殊品种的配液、灌装、产品灭菌、在线清洗可能需单独制定验证方案，关键在于产品与产品之间的差异程度，当同类产品的配液、灌装等，在有代表性的产品的验证完成后，其他产品不必照搬该品种的验证方案进行过多的重复性验证试验，而可根据产品的具体情况对验证方案做适当调整。黏度及溶解性相同的产品，其配制及灌装差异甚小，一般可在试生产中适当多取一些样品进行检测，考察工艺过程是否与有代表性的产品一样处于良好的受控状态，应收集的数据不得少于三个连续批号。最终灭菌小容量注射剂验证工作要点见表 6-2。

表 6-2 最终灭菌小容量注射剂验证工作要点

内容类别	项目	控制标准	方法
洁净区空调净化系统	压差（相邻房间之间）	≥5Pa（0.5mm 水柱）	倾斜式微压计
	压差（与室外大气之间）	≥10Pa（1mm 水柱）	U 型管、微压表
	温度	18～28℃	温度计
	相对湿度（RH）	45%～65%	温度计
	悬浮粒子（B 级）	≥0.5μm 粒子：≤350000 个/立方米 ≥5μm 粒子：≤2000 个/立方米	按 GB/T16292－1996 方法
	活微生物数（B 级）	浮游菌≤100 个/立方米	按 GB/T16293－1996 方法
	换气次数	≥25 次/小时	风速计
注射用水系统① 药液过滤系统	滤器的完整性	孔径 0.45μm：≥0.24MPa 孔径 0.22μm：≥0.34MPa	起泡点试验
	澄明度	部颁《澄明度检查细则及判断标准》	灯检法
	细菌内毒素	≤0.25EU/mL	按《中国药典》方法
	微生物指标	≤100CFU/100mL	按《中国药典》方法
容器管道清洁验证	残留清洗剂	pH 5～7	pH 计（与注射用水对照）
	细菌内毒素	≤0.25EU/mL	按《中国药典》方法
	微生物指标	微生物：≤10 CFU/100mL	按《中国药典》方法
内包装器清洗效果验证	澄明度	无可见异物	灯检法
	酸碱度	pH 5～7	pH 计（与注射用水对照）
	细菌内毒素	≤0.25 EU/mL	按《中国药典》方法
	微生物指标	≤10 CFU/100mL	按《中国药典》方法
灌封系统验证	灌封机	药液灌装量	装量差异检查符合要求
		灌装速度	药液无溅壁现象
		封口完好	无漏气、顶端圆整光滑、无歪头、尖头、泡头、瘪头、焦头
	惰性气体	纯度	含量 99.9%以上
	安瓿空间充惰性气体	残氧量	符合工艺要求
热压蒸汽灭菌柜验证	热分布试验	最冷点与平均温度差小于 2.5℃	无菌保证值大于 6
	热穿透试验		
	生物指示剂试验	模拟生产状态、温度记录	用嗜热脂肪杆菌芽孢无菌培养检查

①按《中国药典》规定项目与标准进行验证。

第二节 最终灭菌大容量注射剂

最终灭菌大容量注射剂简称大输液或输液，是指 50mL 以上的最终灭菌注射剂。最终灭菌大容量注射剂的使用范围主要有纠正体内水和电解质代谢紊乱，恢复和维持血容量，调节酸碱平衡和电解质成分的稳定，以恢复人体的正常生理功能；也用于静脉营养，稀释药物供静脉滴注和排泄毒物等。

一、生产特殊要求

由于产品直接进入人体血液，应在生产全过程中采取各种措施防止微粒、微生物、内毒素污染，确保安全。所用的主要设备，包括灭菌设备、过滤系统、空调净化系统、水系统均应验证，按标准操作规程要求维修保养，实施监控；直接接触药液的设备、内包装材料、工器具，如配制罐、输送药液的管道等的清洁规程须进行验证；任何新的加工程序，其有效性都应经过验证并需定期进行再验证。当工艺或设备有重大变更时，也应进行验证；灭菌程序对每种类型被灭菌品的有效性应当验证，并定期进行再验证。

二、工艺流程及环境区域划分

最终灭菌大容量注射剂生产工艺流程包括的主要工序有：浓配液、稀配液、粗滤、精滤、洗瓶及隔膜和胶囊、灌封、灭菌、灯检和包装等。其中稀配液、粗滤、精滤、精洗瓶及放膜和上塞、灌封等是在 B 级或 B＋A 级洁净区内进行。玻璃瓶装最终灭菌大容量注射剂工艺流程及环境区域划分示意图，见图 6－3。复合膜装最终灭菌大容量注射剂工艺流程及环境区域划分示意图，见图 6－4。塑料容器最终灭菌大容量注射剂工艺流程及环境区域划分示意图，见图 6－5。

三、生产管理要点

注射用水系统是由纯化水经蒸馏制得，用于药液配制和直接接触药液的容器具、包装材料的最终清洗；配制药液用的注射用水的制备、存储和分配要有防止微生物滋生和污染的措施，宜贮存于 304/316L 不锈钢贮罐，贮罐的通气口安装不脱落纤维的疏水性除菌滤器，并在 80℃以上保温、65℃以上保温循环或 4℃以下存放。

注射用水系统应能用纯蒸汽消毒或灭菌。可采用 121℃灭菌 40 分钟的灭菌程序，也可采用其他经验证的程序，消毒或灭菌的频率应根据验证及监控的数据来定，如每月 1 次。

1. 原辅料称量 经质量部门批准放行的原辅料方可配料。配料时，应仔细核对原辅料品名、规格、代号、批号、生产厂及数量。原辅料供应商变更时，应通过小样试验，必要时须经验证；原辅料应在称量室称料，其环境的空气洁净度级别应与配制间一致，并有捕尘和防止交叉污染的措施；原辅料称量、称量过程中的计算及投料，应实行复核制度，操作人、复核人均应在原始记录上签名；剩余的原辅料应封口贮存，在容器

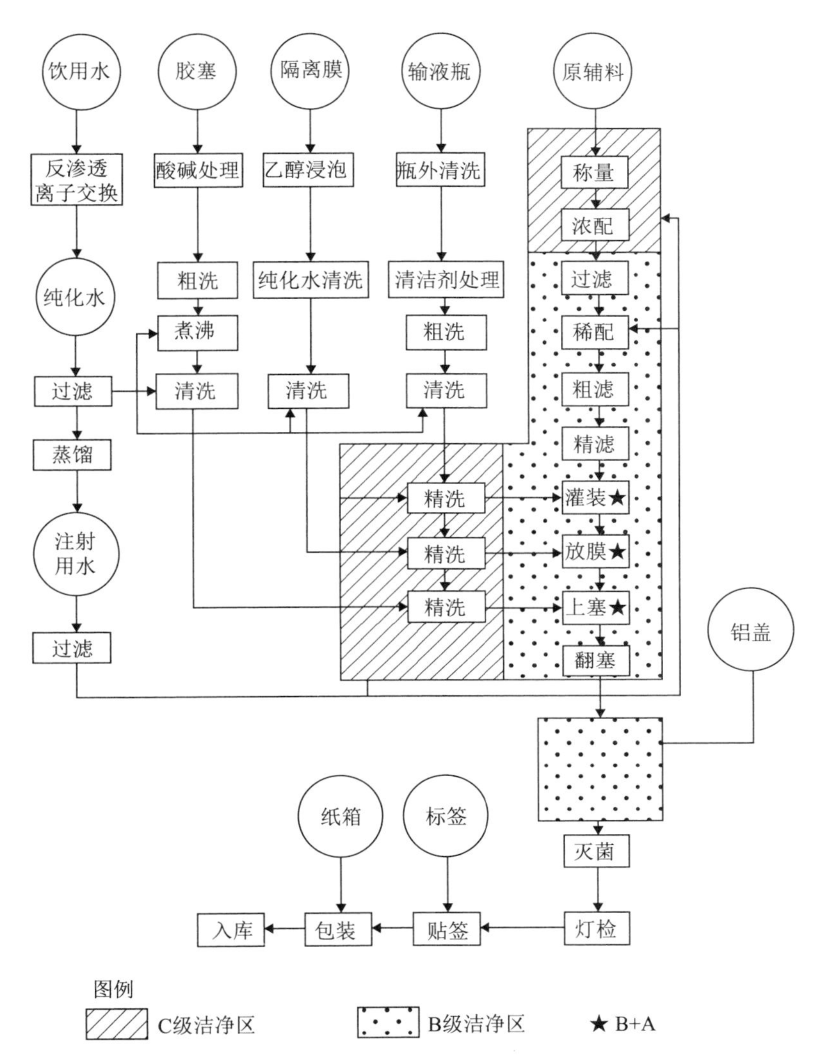

图 6-3　玻璃瓶装最终灭菌大容量注射剂工艺流程及环境区域划分示意图

外标明品名、代号、批号、日期、剩余量及使用人签名。

天平、磅秤应定期由计量部门专人校验，贴有检定合格证并有正式校验记录。每次使用前应由操作人员进行校正。

2. 配制及过滤　配制人员应按当天生产的品种，认真检查、复核原辅料，并在核料单上签字；每个配制罐须标明配制液的全名、规格、代号和批号、生产日期；选用的过滤器材与处理方法应符合工艺要求，滤棒按品种专用，在同一品种连续生产时要每天清洗、煮沸消毒或采用其他经验证的清洁及灭菌程序处理。根据不同的品种，选用 0.22～0.45μm 的微孔滤膜进行过滤，以降低药液的微生物污染水平；接触药液的一切容器具，使用前后都必须用注射用水洗净。更换品种或停车检修后，须按规定的标准操作规程清洁/灭菌；药液终端过滤使用 0.22μm 微孔滤膜时，先用注射用水漂洗至无异物脱落，并在使用前后做起泡点试验；配制药液应经充分混合均匀后，取样检测主药含

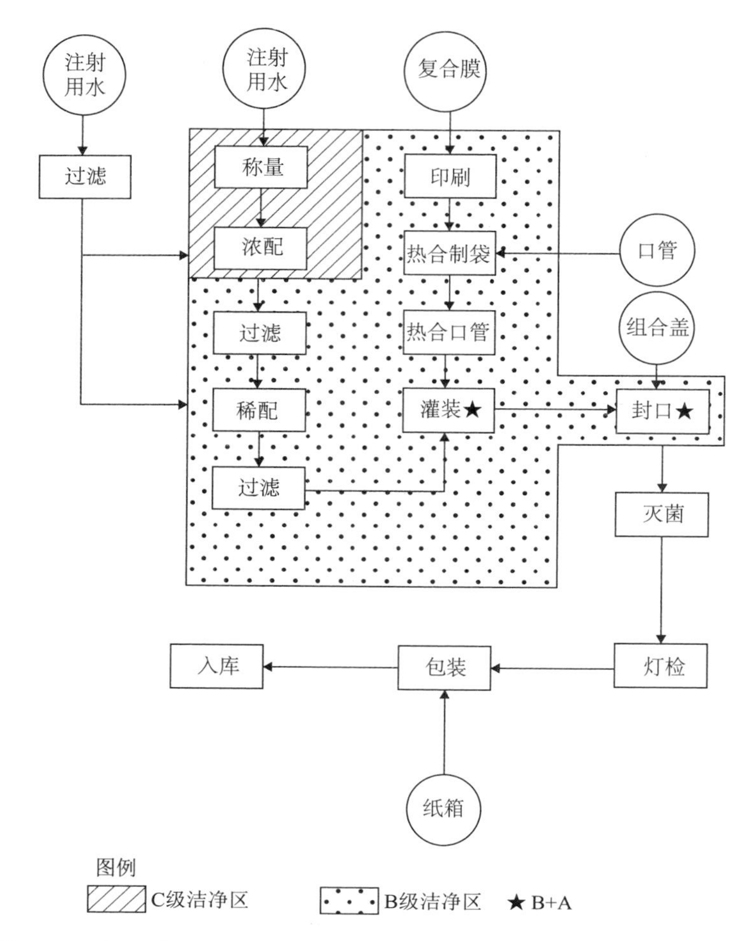

图 6-4 复合膜装最终灭菌大容量注射剂工艺流程及环境区域划分示意图

量、pH 值后方可精滤。精滤药液经澄明度检查合格后灌装，应通过验证规定药液配制完毕至灌装结束的间隔时间以及灌装结束至开始灭菌的最长存放时间；直接与药液接触的惰性气体需经净化处理，其含氧量、微粒及微生物指标均应符合规定。

3. 洗瓶 玻璃瓶在准备室除去外包装后送至粗洗室，不得使用回收瓶；用饮用水洗净内外壁后，必要时，可用合适的清洁剂进行粗洗，后经热水清洗→纯化水清洗→注射用水洗净，严格按规定的标准操作规程洗瓶。清洗时注意清洗水温和清洁剂浓度控制，定时检查洗瓶质量、清洁度、pH 值、残留水量。

（1）塑料容器的清洗：不同的塑料容器应采用有效的方法进行清洗（注射用水或洁净空气吹洗），用于最后清洗塑料容器内壁的注射用水或气体应经孔径≤0.45μm 的微孔滤膜的过滤；定时检查塑料容器的清洗质量，经清洗好的容器，应立即进入 B+A 级层流保护，以防止再次被污染。

（2）涤纶膜及胶塞的处理：采用丁基胶塞时，可不使用涤纶膜。胶塞一般用注射用水漂洗及硅化，必要时灭菌。采用天然胶塞时，须用涤纶膜。

涤纶薄膜处理：采用经验证的清洁程序进行处理，如将涤纶膜逐张分散后以药用乙

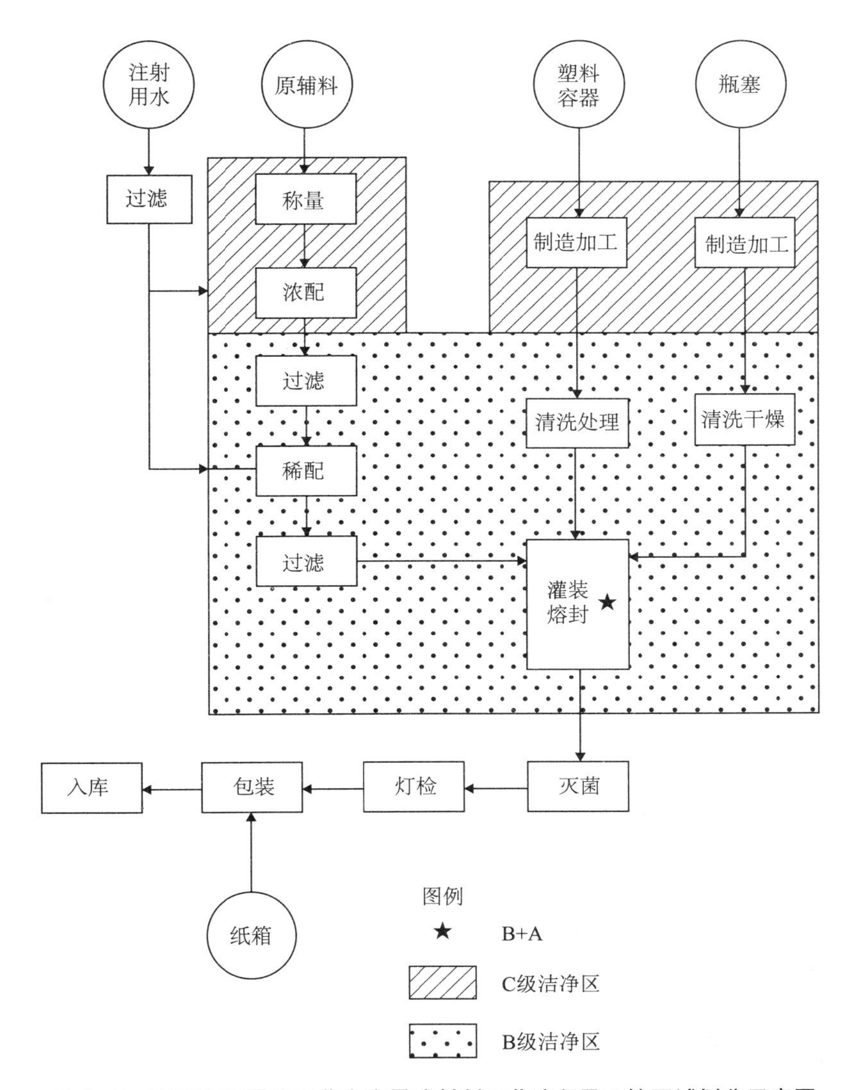

图 6-5　塑料容器最终灭菌大容量注射剂工艺流程及环境区域划分示意图

醇浸泡，纯化水清洗除乙醇，再用纯化水清洗，最后在 B 级洗涤室用注射用水清洗至洗涤水目检无小白点。生产剩余的涤纶膜应将水沥干后再浸入药用乙醇中，按规定重新处理使用。

胶塞处理：天然胶塞经碱或酸处理后，用饮用水洗至洗液呈中性，在纯化水中煮沸 30 分钟取出。在 B 级清洗室用经滤膜过滤的流动注射用水清洗至洗液澄清。洗净的胶塞应当天用完，剩余的胶塞在下次使用前应重新清洗至符合要求。

4. 灌装　使用已验证的清洁程序对灌装机上贮存药液的容器、管道和管件清洁。软管应选用不落微粒者，特殊产品专用；盛药液容器应密闭，置换入的空气须经过滤；从事灌装作业的操作人员不得裸手操作；灌装时应经常检查半成品装量与澄明度；药液从稀配到灌装结束一般不宜超过 4 小时，特殊品种另行规定。

5. 灭菌　宜选用双扉式灭菌柜。采用单门灭菌柜时，应有防止待灭菌品与已灭菌品相混淆的措施。不同品种、规格产品的灭菌条件，应予验证。验证后的灭菌程序，如温度、时间、柜内放置数量和排列层次等，不得随意更改。应定期对灭菌程序进行再验证。灭菌柜宜设置温度、压力的自动记录、计时器、F_0值显示等监控装置。用于塑料瓶及塑料袋灌装输液的灭菌柜应有自动压力补偿装置。

按配液批号进行灭菌，同一批号需要多个灭菌柜次灭菌时，需编制亚批号。每批灭菌后应认真清除柜内遗留产品，防止混批或混药；灌装结束至灭菌的存放时间通常不宜超过 6 小时；已灭菌品应按柜取样做无菌检查。一般情况下，可按配液批抽样检查热原；应监控灭菌冷却用水的微生物污染水平。

出料后，应及时做好清场工作，以防本批半成品混入下一批产品中去。

6. 灯检 应按《中国药典》规定的澄明度检查标准和方法逐瓶目检；检查员视力应在 0.9 以上，每年检查一次。连续灯检时间不宜过长；检查后的半成品应注明检查者的姓名代号或标记，由专人抽查，不符合要求时应返工重检；将检出的不合格品及时分类记录，标明品名、规格、代号、批号，置于盛器内移交专人处理。属塑料容器破裂、封口不严的不合格品需及时处理。每批生产结束后做好清场工作。

7. 包装 应核对半成品的名称、规格、代号、批号、数量，与领用的包装材料、标签相符后方可开始包装作业；贴签、包装及装箱过程中应随时检查品名、规格、批号是否正确，内外包装内容是否相符；包装结束后，应统计标签的实用数、损坏数及剩余数与领用数做物料平衡检查。按 SOP 规定处理剩余标签和报废标签；包装结束后，包装品及时交待验库，检验合格后入库。

8. 清场 现场生产在换批号和更换品种、规格时，每一生产工序均需进行彻底清场。清场记录和清场合格证应纳入批生产记录，清场合格后应挂标示牌。

9. 生产记录 各工段应及时填写生产记录，并由车间质量管理员及时按批汇总，审核后交质量管理部门放入批档案，以便由质量部门专人进行批成品质量审核及评估，符合要求者出具成品合格证书，放行出厂。

四、质量控制要点

经含量测定、鉴别试验、pH 值与杂质检查、溶血及安全性试验等项目检验合格的最终灭菌大容量注射剂，灌封、灭菌，制成注射剂后，还必须做装量差异、澄明度、热原和无菌检查等。

最终灭菌大容量注射剂生产的质量控制要点见表 6-3。

表 6-3 最终灭菌大容量注射剂质量控制要点

工序	质量控制点	质量控制项目	频次①
制水	纯化水	电导率、pH 值、氯化物	每 2 小时 1 次
		《中国药典》全项	每周 1 次
	注射用水	pH 值、氯化物、铵盐、电导率、硫酸盐、钙盐	每 2 小时 1 次
		内毒素、微生物	每天 1 次
		《中国药典》全项	每周 1 次

续表

工序	质量控制点	质量控制项目	频次①
洗瓶	过滤后纯化水	澄明度	定时/班
	过滤后注射用水	澄明度	定时/班
	洗瓶过程	水温、水压、毛刷、清洗剂浓度	定时/班
	洗净后瓶	残留水滴、淋洗水 pH 值、瓶清洁度	定时/班
配液	配制原辅料	复核	每批
	药液	主药含量、pH 值、澄明度	每批
	微孔滤膜	完整性试验	使用前后
灌封	涤纶薄膜	洗涤水澄明度、氯化物	定时/班
	灌装后半成品	药液装量、澄明度、铝盖紧密度	定时/班
	灌装后半成品	微小物污染水平	每批
灭菌	灭菌柜	标记、装量、排列层次、压力、温度、时间、记录	每柜
	灭菌前半成品	外壁清洁度、标记、存放区	每柜
	灭曲后半成品	外壁清洁度、标记、存放区	每柜
灯检	灯检品	澄明度	定时/班
		灯检者工号、存放区	定时/班
包装	贴签	内容、外观、使用记录	每批
	装箱	数量、装箱单、印刷内容	每批

①根据验证和监控的结果调整。

五、验证工作要点

最终灭菌大容量注射剂应为无菌、无热原、微粒控制及高纯度的质量要求，使生产验证成为复杂的课题。它包括厂房及公用系统（厂房及空调净化系统、注射用水系统、冷却水系统、氮气系统）、设备（如洗瓶机、洗塞机、灭菌柜，过滤设备、干热灭菌设备、灌封机、压盖机等）、工艺过程（清洁、在线灭菌、过滤、无菌灌装、产品等）。最终灭菌大容量注射剂的生产须进行系统的验证，验证的项目及要求见表6-4。

表6-4　最终灭菌大容量注射剂生产验证要点

内容分类	验证的对象	验证工作要点
厂房及设施	净化空调系统	高效过滤器检漏、压差、换气次数
	生产厂房	布局及气流方向合理、温湿度、洁净度达到 GMP 标准
	纯化水系统	供水能力达设计标准，水质达到《中国药典》标准
	注射用水系统	供水能力达设计标准，水质达到《中国药典》标准并做澄明度检查
	灭菌冷却水	微生物、水温及供水能力
	氮气系统	纯度、微生物、微粒

续表

内容分类	验证的对象	验证工作要点
生产设备及工艺	洗瓶机	最终淋洗水样的澄明度、不溶性微粒、微生物、细菌内毒素、pH值、氯化物
	灌装机	速度、装量符合《中国药典》要求，充氮性能、封口密封的完整性
	药液过滤系统	淋洗水的不溶性微粒、微生物、澄明度、灌装前后过滤器完整性检查
	压盖	完整性外观检查、三指法拧盖不得有松动
	灭菌柜	热分布、热穿透、生物指示剂
	灭菌工艺	灭菌工艺条件（温度、时间、放置数量、排列层次）
	在线清洁	清洗消毒效果：活性成分残留量、不溶性微粒、微生物、细菌内毒素
	生产工艺变更	稳定性、化学指标均一性、澄明度、灭菌前微生物
	主要原辅料变更	对供应商质量审核、活性成分含量、稳定性、热原
人员	操作人员	培训考核合格者上岗

第三节　非最终灭菌无菌冻干粉注射剂

非最终灭菌无菌冻干粉注射剂是指用无菌工艺制备的冷冻干燥注射剂，简称“粉针剂”。凡对热不稳定或在水溶液中易分解失效的药物，均需用无菌操作法制成粉针剂，临用前加适当溶剂溶解、分散供注射用。

一、生产特殊要求

生产作业的无菌操作与非无菌操作应严格分开，凡进入无菌操作区的物料及器具均必须经过灭菌或消毒，人员须按无菌作业的 SOP 要求更衣；无菌药液的接收设备及灌装设备均须清洁、灭菌；净化空调系统的运行应予监控，无菌操作室/区生产时的监控数据应列入该批档案，作为评估最终产品无菌保证的重要依据；应从微生物污染及组分降解两个方面去考察并确定配液至灌装结束的最长允许时间；直接接触药液的设备、包装材料和其他物品的清洗、灭菌至使用的最长存放时间应有规定；影响产品质量的设备及工艺均须进行验证及监控；应通过培养基灌装试验来确认无菌工艺的可靠性。

二、工艺流程及环境区域划分

非最终灭菌无菌冻干粉注射剂的制备方法有两种，即无菌粉末直接分装法和无菌水溶液冷冻干燥法。无菌粉末直接分装法：原材料准备→容器处理→分装→灭菌。灭菌水溶液冷冻干燥法是先将药物配制成注射溶液，再按规定方法进行除菌滤过，滤液在无菌条件下立即灌入相应的容器中，经冷冻干燥，除去容器中药液的水分，得干燥粉末，最后在灭菌条件下封口即得。非最终灭菌无菌冻干粉注射剂工艺流程及环境区域划分见图6-6。

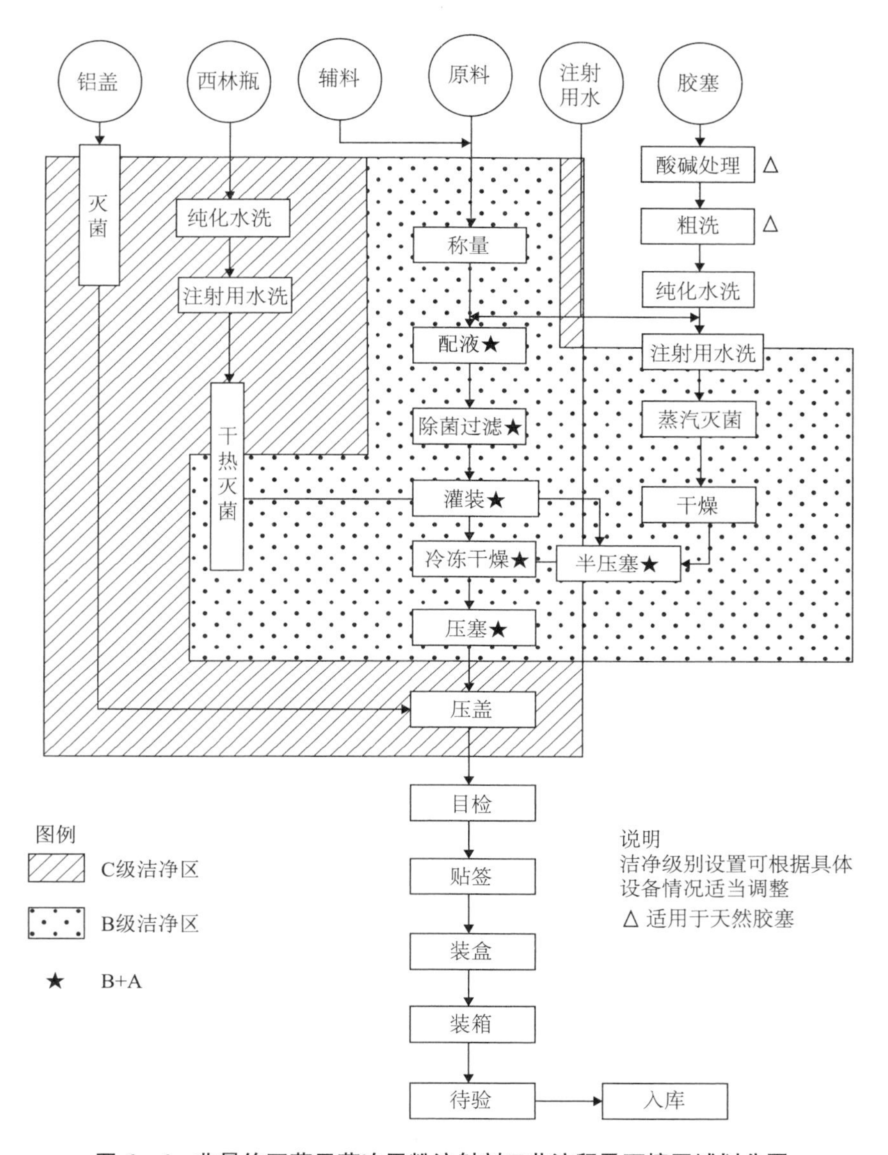

图 6－6　非最终灭菌无菌冻干粉注射剂工艺流程及环境区域划分图

三、生产管理要点

非最终灭菌无菌冻干粉注射剂是经冷冻干燥使药物在低温下凝固，又在减压条件下升华脱水，所以要求有专用设备。冻干制剂关键工序有除菌过滤与冷冻干燥，特别是冷冻干燥，必须严格设计和控制工艺条件。

1. 瓶子处理　瓶子粗洗后需经纯化水或注射用水冲洗，最终淋洗用 0.22μm 滤膜滤过的注射用水至少冲洗一次；洗净的瓶子在处理和传送时，应有防止污染的措施；洗净的瓶子应在 4 小时内灭菌；冲瓶用水管道应定期清洗，并做好清洗记录。使用洗、干、灭菌联动设备的，应记录水压、温度、时间等相关参数，有自动记录的，应将自动记录作为生产记录的附件。

2. 胶塞处理 可用稀盐酸煮洗，饮用水及纯水冲洗，最后用除菌过滤的注射用水漂洗；洗清的胶塞应进行硅化。必要时，硅油应经 180℃加热 1.5 小时以去除热原；处理后的胶塞放在有盖的不锈钢容器中，标明批次、日期，按顺序在 8 小时内灭菌。容器每次使用前都必须清洗并记录。

不需酸洗的丁基胶塞可用饮用水、纯化水及注射用水清洁；采用联动设备进行胶塞清洗、硅化、灭菌的，设备及处理程序必须通过验证。装入可灭菌塑料袋灭菌的胶塞，通常可在 5 天内使用，其最长存放时间应通过验证确定。

3. 瓶和胶塞的灭菌/去热原 玻璃瓶干热灭菌程序应达到使细菌内毒素下降 3 个对数单位的要求。常见干热灭菌柜的灭菌程序是 180℃灭菌 1.5 小时，隧道式干热灭菌器的干热灭菌程序为 320℃灭菌 5 分钟以上。

胶塞的灭菌/去热原处理有多种方式。如经 121℃灭菌 40 分钟后，在 121℃下烘 2.5 小时，或在最终清洗后，经热压蒸汽灭菌并通过加热一抽真空的程序处理，也可经热压蒸汽灭菌后不做干燥处理而直接使用。

宜采用不锈钢双扉式干热灭菌柜灭菌，其一侧的门开向无菌室内，门圈宜采用硅橡胶，不应使用石棉类物质。干热灭菌柜新风进口应在无菌室内，并装有除菌空气过滤器。干热灭菌程序应予验证，每次使用应有完整记录。

隧道式干热灭菌器已灭菌/去热原瓶子的出门应设在无菌室内，并有 B+A 级的洁净空气保护冷却的空瓶。投产前干热灭菌程序应进行验证，每次使用应有完整记录。

灭菌后直接暴露于环境的胶塞和瓶子应在单向流保护罩内存放，应检查并记录最终处理内包装材料的最长存放时间是否符合要求。

4. 称量 按处方及 SOP 要求配料，记录原辅料代号、品名、批号，并做好称量记录。如称量有自动打印记录，应在自动记录上注明品名、代号及批号，经签名后将其作为原始记录的组成部分贴在配料单后面；称量及计算必须复核，操作人、复核人均应在原始记录上签名；剩余的原辅料应封口贮存；天平及其他称重设备每次使用前应校正，并定期由计量部门专人校验，校验结果应予记录。

5. 配液 配制药液用的注射用水制备、存储和分配要有防止微生物滋生和污染的措施，宜贮存于优质低碳不锈钢贮罐，贮罐的通气口安装不脱落纤维的疏水性除菌滤器，并在 80℃以上保温、65℃以上保温循环或 4℃以下存放；按品种要求进行在线控制，如测定 pH 值等；凡接触药液的设备、管道和容器具，应根据 SOP 要求进行清洁，必要时进行灭菌处理；在线控制用计量器具应按 SOP 要求校验后方可使用；按批生产记录及标准操作规程的要求做好各种记录。

6. 过滤 可根据产品及工艺的特点，在除菌滤器前采用适当的预过滤器，应使用 0.22μm 的滤器做除菌过滤。在使用前，所有过滤器需用注射用水淋洗，并在灭菌后做完好性检查；药液过滤后，除菌过滤器须再次检查其完好性；应取少量除菌过滤前的药液，进行菌检，监控微生物污染状况；除菌过滤器不得隔天使用，除非通过验证。

7. 灌装 灌装管道、针头、灌装用具等使用前用注射用水洗净并经灭菌。灌装管道应选用不落微粒的软管。特殊品种的设备及器具应当专用；直接与药液接触的惰性气体或压缩空气，使用前应经净化处理，其所含微粒、微生物、无油项目应符合规定要求。所用惰性气体的纯度应达到规定标准；单向流保护罩发生故障时，应采取应急措施，防止灌装过程中发生污染，应适当抽样，将发生故障时的产品分开，做好标记，只有调查的结果证明故障对产品质量未造成影响时，方可将出现故障时的产品并入同一批内；单向流出现暂时故障重新开始灌装前，微粒监测的结果应符合标准；灌装过程中应定时进行装量检查，如每半小时一次，装量出现偏差时，应及时进行调整；已灌装的半成品在放入冻干腔室前，应在单向流保护下存放，以防止污染。

8. 冻干　冻干程序须经验证；冻干腔室应使用除菌空气过滤器，冻干程序结束后，以除菌过滤的氮气或空气平衡腔室的真空，安瓿在达到平衡后即可取出在单向流保护下封口；小瓶则应在略有真空条件下，如－20kPa条件下压塞，以保证封口的完好性；冻干腔室应定期进行在线清洁及在线灭菌；无在线清洁或在线灭菌功能的设备，应采取适当的方法清洁、消毒或灭菌处理。清洁消毒或灭菌的程序应予验证。

9. 压盖　压盖作业的级别不低于C级；如在同一无菌操作区内进行压盖与灌装，铝盖应予灭菌，并有防止微粒污染的措施；小瓶的封口完好性应予验证；应严格控制好压盖压力的上下限，确保产品的密封性；其他要求同无菌分装注射剂有关条款。

10. 无菌室（区）内的清洁与消毒　无菌操作区内消毒用的酒精应除菌过滤；应使用不易脱落微粒经灭菌的清洁用具。地面清洁所用的刮板、拖把等应予灭菌，不可灭菌时，则应消毒处理；无菌操作区不得存放潮湿的清洁工具；无菌室（区）应有专用的清洁规程及环境监控计划。

11. 其他　安瓿冻干粉针应进行检漏试验；外包装作业中应进行目检，剔除外观异常的产品及铝盖松动等疵品；其他外包装作业要求参照无菌分装注射剂有关条款。

四、质量控制要点

非最终灭菌无菌冻干粉注射剂对车间气流、换气次数、洁净度要求非常严格。应该特别注意制水、过滤效果评价、冷冻干燥时的真空度及温度控制。

非最终灭菌无菌冻干粉注射剂生产的质量控制要点见表6－5。

表6－5　非最终灭菌无菌冻干粉注射剂质量控制要点

工序	质量控制点	质量控制项目	频次[①]
制水	纯化水	电导率	1次/2小时或在线监控
		微生物	1次/周
	注射用水	pH值、氯化物、铵盐	1次/2小时电导可设在线监控
		《中国药典》全项	1次/月
洗瓶	过滤后注射用水	澄明度	定时/班
	洗净后玻璃瓶	清洁度	1次/2小时
	干燥、灭菌	温度、时间	1次/班

续表

工序	质量控制点	质量控制项目	频次[1]
灌装	灭菌后胶塞	灭菌指示带变色	每箱/每袋
	灭菌后玻璃瓶	清洁度	2次/班
	灌装后半成品	装量	随时/台
封口	西林瓶	铝盖松紧度	随时/台
	安瓿	封口、长度、外观	随时/台
包装	在包装品	异物检查、每盘标记	随时/班
	印字	内容、字迹	随时/班
	装盒	数量、说明书、标签	随时/班
	标签	内容、数量、使用记录	每批
	装箱	数量、装箱单、印刷内容	每箱

① 按验证后确定的监控计划或有关SOP实施。

五、验证工作要点

由于每个生产厂所采用的设备和生产方法的不同，非最终灭菌无菌冻干粉注射剂生产验证的内容有所不同，但主要包括下述八个方面的内容：①厂房设施、公用工程系统的验证：包括洁净生产厂房，注射用水生产、贮存、供应、使用系统，洁净蒸汽系统，HVAC系统，生产安全及环境保护等。② 灭菌系统的验证：包括干热灭菌、除热原系统，湿热灭菌系统，其他灭菌系统。③ 无菌环境保持系统的验证：包括消毒剂，甲醛喷雾消毒系统，紫外线杀菌物品传递系统，生产用各种除菌过滤器，无菌环境监测，无菌区人员检测等。④ 计算机控制系统的验证。⑤清洗及清洗除热原过程的验证：包括洗瓶过程，胶塞洗涤过程，在线清洗系统，设备部件清洗过程，无菌服的清洗过程，其他人工清洗过程等。⑥无菌模拟分装试验。⑦ 产品生产工艺过程验证。⑧生产用原材料供应商审计。

非最终灭菌无菌冻干粉注射剂生产须进行系统的验证，验证的项目及要求见表6-6。

表6-6 非最终灭菌无菌冻干粉注射剂生产验证要点

内容分类	验证的对象	验证要点说明
厂房及辅助系统	纯化水系统	供水能力达到设计标准；水质达到《中国药典》标准
	注射用水系统	供水能力达到设计标准；水质达到《中国药典》标准并须做澄明度检查
	净化空调系统	高效过滤器检漏、压差、换气次数
	生产厂房	布局及气流方向合理、温湿度、洁净度达到GMP标准
	充氮保护用N_2系统	纯度（符合工艺要求）、微生物（$<1CFU/m^3$）
	压缩空气	微生物（$<1CFU/m^3$）、压力、无油性[1]
	纯蒸汽系统	胶塞、无菌药液接收罐的灭菌应用纯蒸汽，其他可用经适当过滤的工业蒸汽。纯蒸汽的冷凝水应达到注射用水标准

续表

内容分类	验证的对象	验证要点说明
生产设备及工艺	瓶子洗、灭菌设备	洗瓶效果：最终淋洗水样澄明度检查/不溶性微粒及细内毒素符合《中国药典》要求[②]。 干热灭菌：微生物（不得检出）、细菌内毒素（下降3个对数单位）
	洗塞机及洗塞程序	洗塞效果：澄明度检查/不溶性微粒、菌检、细菌内毒素符合标准
	配制罐系统	能力及功能：如升降温速度、搅拌、喷淋清洁效果及称量准确度
	灭菌柜	用于口罩、工作服、手套、过滤器、罐装机部件等的灭菌柜应做灭菌程序是否达到设定标准的验证试验。胶塞如用工业蒸汽灭菌，须先装入可灭菌的塑料袋，参照《中国药典》灭菌法的要求
	药液除菌过滤器	除菌能力：符合除菌过滤器的要求，如起泡点压力不低于0.31MPa
	灌装机	速度、充氮性能、不同灌装速度下装量达到《中国药典》要求、灌装品密封的完好性（仪器监测试验或微生物浸泡试验）
	冻干	产品理化指标及稳定性达到标准
	压盖	完好性外观检查、手拧铝盖时，不得有松动现象
	清洁验证	冻干机如带在线清洁设备的，可以最终淋洗水达到《中国药典》要求作为标准，一般可只测电导、热原、微生物或pH、氯化物、铵盐。 配制系统：测前批残留物或总有机碳。通过验证应确定已清洁设备存放时限，即再次使用时，关键表面微生物仍能达标的最长存放时间
生产设备及工艺	在线灭菌	配制系统及冻干如带在线灭菌设备的，可按《中国药典》灭菌法要求验证。 如冻干腔室只能靠消毒剂消毒的，应通过验证确定清洁及消毒程序。验证合格的标准可参照GMP中对百级室（区）微生物的控制要求
	培养基灌装试验	参照WHO GMP要求，本试验为无菌保证能力的综合考察试验，每年2次，每次3批，每批灌装量不得低于3000支或正常生产批量，微生物污染概率不得超过0.1%（置信度95%）
	贴签机	条形码识别、标签计数功能
人员	无菌操作人员	培训-考核：人员通过培养基灌装试验考核，3批培养基无菌灌装结果不达标时，人员不得上岗

①对直接影响产品质量的压缩空气的要求。
②最终淋洗水样应在瓶内充分振摇，以使水样具有代表性。

第四节　非最终灭菌无菌分装注射剂

非最终灭菌无菌分装注射剂是在无菌条件下将经过无菌精制的药物粉末分装于灭菌容器内制成的一种剂型。为保证质量，对直接无菌分装的药品要求应是适宜分装的无菌粉末或结晶物。分装时应在无菌环境下进行，分装方式采用螺旋自动分装机、插管式自动分装机、真空吸管式分装机进行分装，分装后盖橡皮塞，轧口，检查合格后封蜡，贴签，包装即可。

一、生产特殊要求

需要无菌分装的注射剂为不耐热、不能采用成品灭菌工艺的产品。必须强调生产过程的无菌操作，并防止异物混入；无菌分装的注射剂吸湿性强，在生产过程中应特别注意无菌室的相对湿度、胶塞和瓶子的水分、工具的干燥和成品包装的严密性；为保证产品的无菌性，需严格监测洁净室的空气洁净度，监控空调净化系统的运行。生产作业的无菌操作与非无菌操作应严格分开，凡进入无菌操作区的物料及器具均须经过灭菌或消毒，人员须遵循无菌作业的标准操作规程（SOP）；对影响无菌分装注射剂质量的设备及工艺均须进行验证及监控，直接接触药品的包装材料、设备和其他物品的清洗、灭菌到使用时间应有规定；青霉素类无菌分装注射剂生产的特殊要求。

二、工艺流程及环境区域划分

非最终灭菌无菌分装注射剂的洁净区域分区通常为A级层流或B+A级：灌装前不需除菌滤过的药液配剂；注射剂的灌封、分装和压塞；直接接触药品的包装材料最终处理后的暴露环境。B级：灌装前需除菌滤过的药液配制。C级：压盖，直接接触药品的包装材料最后一次精洗的最低要求。非最终灭菌无菌分装注射剂的工艺流程示意图及各工序环境空气洁净度要求如图6-7所示。

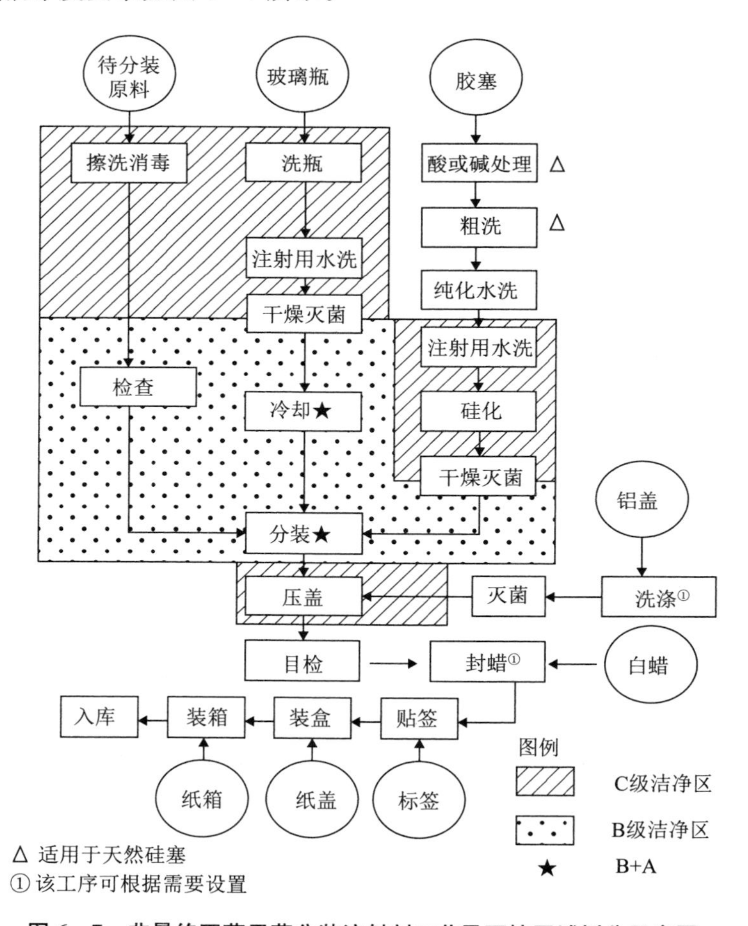

图6-7 非最终灭菌无菌分装注射剂工艺及环境区域划分示意图

三、生产管理要点

用于非最终灭菌无菌分装注射剂分装的粉末或结晶体在分装前应严格进行检查，符合质量要求才可进行分装。生产时的关键工序就是分装，注意应根据原料的性质选用合适的分装方式。

1. 洗瓶 瓶子粗洗后经纯化水冲洗，最后用注射用水冲洗；洗净的瓶子在存放和传送时，应有防止污染的措施；洗净的瓶子应在4小时内灭菌；冲瓶用水管道应定期清洗，并做好清洗记录。

2. 胶塞处理 用稀盐酸煮洗，饮用水及纯化水冲洗，最后用注射用水漂洗。洗净的胶塞进行硅化，所用硅油应经180℃加热1.5小时去除热原；处理后的胶塞放在有盖的不锈钢容器中，标明批次、日期。按顺序在8小时内灭菌。容器每次使用前都必须清洗并记录。

3. 玻璃瓶和胶塞的灭菌 玻璃瓶干热灭菌程序应达到使细菌内毒素下降3个对数单位的要求。常见的干热灭菌条件是电烘箱于180℃加热1.5小时；隧道式干热灭菌器于320℃加热5分钟以上；胶塞可采用热压蒸汽灭菌，在121℃灭菌40分钟的程序处理，并在120℃烘干，灭菌所用蒸汽宜用纯蒸汽。采用不锈钢电烘箱灭菌时，烘箱一侧的门应开向无菌室内，箱内垫圈宜用硅橡胶，不得使用石棉类物质，电烘箱新风进口应开在无菌室内，并装有除菌过滤器；用隧道式干热灭菌器灭菌时，冷却段有A级的洁净空气冷却空瓶，出口应设在无菌室内；灭菌程序必须定期验证，并有完整的验证报告（包括仪表校验、热分布、热穿透试验、生物指示剂的试验、灭菌腔内泄漏试验、空气平衡过滤器完整性试验、灭菌温度、时间、隧道内尘埃粒子测试、西林瓶和胶塞的质量检验方法等）。

灭菌后的瓶子和胶塞应在A级层流下存放或存放在专用容器中，最长存放时间应根据验证及监控结果确定。

4. 分装 分装室不宜安排三班生产以保证有足够的时间用于消毒。更换品种时，应有一定的间歇时间用于清场及消毒；应通过培养基灌装试验来验证分装工艺的可靠性后才能正式投产。每半年应进行一次再验证；确认各分装机清洁、干燥，装量符合规定后才能正式生产；原料由专人分配到分装机，加药前后都应仔细检查原料入口，以防玻璃屑、纸屑落入机内；气流式分装机用的压缩空气应经除油去湿和无菌过滤，相对湿度不得超过20%；螺杆式分装机应设有故障报警和自停装置，以防螺杆与漏斗摩擦产生金属屑；分装过程中应定时进行装量检查，装量出现偏差时，应及时进行调整。分装室专用天平宜用特制的大于瓶口的固定砝码，以防散失或落入产品中；接触药粉的部件每天拆洗、灭菌一次。清洁消毒灭菌的程序应予验证；无菌室应制订清洁规程及环境监控计划，认真执行，做好记录。

进入无菌室的物品均需采取可靠的方法进行灭菌。无菌操作区不应存放潮湿的清洁工具，清洁工具应予灭菌或消毒。

5. 压盖 压盖和灌装不宜在同一无菌操作区内进行；压盖后的产品应予目检。检查员裸眼视力要求0.9（矫正视力1.0）以上，无色盲，每年检查一次。在流水线操作的检查员应与其他岗位人员调换工作，不采用流水线的检查员应在目检一段时间后适当休息，以防止眼睛疲劳；压盖紧密度应定期抽查，如每半小时检查一次，结果记入批生产记录。

6. 包装 生产前按作业计划领取标签和使用说明书，核对数量、批号、生产日期、有效期并签字；每批生产结束后剩余标签和使用说明书的处理，生产结束后填报标签数、残损数及剩余数并做记录。不合格品按规定及时销毁，并做好销毁记录。

合格品、待验品、不合格品应分区存放并有显著标志，合格品凭检验报告单交成品库。

7. 污粉、废品、不合格品管理 各岗位污粉应每班集中放在标有明显标志的专用容器内，并有专人收集，称重，填写名称、来源后交车间。车间专职人员每月集中过筛、称重，做好标记，报质量管理部门，由质量管理部门做出决定后，再做进一步处理；每班目检拣出的废品集中后，统计数量交车间专职人员登记、拆盖、倒粉、称量，写明名称、来源，按污粉处理；经质管部门检验不合格的产品，车间应立即贴上不合格标记存放在不合格区。

8. 清场 现场生产在更换品种、规格、批号时，应清场，清场工作应有清场记录。清场结束由厂或车间质量监督员复查后签发清场合格证，清场记录和清场合格证纳入批生产记录，不合格品不得进行下一步生产。

四、质量控制要点

为确保注射剂用药安全，必须严格控制注射剂的质量，除制剂中主药含量应合格外，还应符合下列要求：无菌；无热原；澄明度；pH 值；渗透压；安全性；稳定性；其他如注射剂中有效成分含量、杂质限度和装量差异限度检查等，应符合药品标准。非最终灭菌无菌分装注射剂生产的质量控制要点见表 6－7。

表 6－7 非最终灭菌无菌分装注射剂质量控制要点

工序	质量控制点	质量控制项目	频次①
制水	纯化水	电导率	1 次/2 小时
		《中国药典》全项	1 次/周
	注射用水	pH 值、氯化物、铵盐	1 次/2 小时
		《中国药典》全项	1 次/周
洗瓶	过滤后纯化水	澄明度	定时/班
	过滤后注射用水	澄明度	定时/班
	洗净后玻璃瓶	清洁度	1 次/2 小时
	干燥灭菌	温度、时间	1 次/班
分装	灭菌后胶塞	水分、清洁度	每箱
	灭菌后玻璃瓶	水分、清洁度	2 次/班
	分装用原料	色泽、澄明度	1 次/班
	分装后半成品	装量	随时/台

续表

工序	质量控制点	质量控制项目	频次[①]
封口	西林瓶	密封性	随时/台
	安瓿	封口、长度、外观	随时/台
包装	在包装品	异物检查，每盘标记	随时/班
	印字	内容、字迹	随时/班
	装盒	数量、说明书、标签	随时/班
	标签	内容、数量、使用记录	每批
	装箱	数量、装箱单、印刷内容	每箱

①根据验证及监控结果适当调整。

五、验证工作要点

非最终灭菌无菌分装注射剂生产的验证包括空气净化系统、工艺用水系统、厂房及公用系统、灭菌设备、生产设备及仪器、工艺过程及人员等。非最终灭菌无菌分装注射剂生产的验证要点见表 6－8。

表 6－8　非最终灭菌无菌分装注射剂验证要点

内容分类	验证的对象	验证要点说明
厂房及辅助系统	纯化水系统	供水能力达到设计标准，水质达到《中国药典》标准
	注射用水系统	供水能力达到设计标准，水质达到《中国药典》标准，并需做澄明度检查
	空调净化系统	高效过滤器检漏、压差、换气次数、风速、风量
	生产厂房	布局及气流方向合理、温湿度、照明度、洁净度达到 GMP 标准
	压缩空气	微生物（<1CFU/m^3）、压力、无油性
	氮气保护系统	纯度（符合工艺要求）、微生物（<1CFU/m^3）
	纯蒸汽系统	纯蒸汽的冷凝水应达注射用水标准
生产设备及工艺	清洗设备	洗瓶效果：最终淋洗水样澄明度检查、不溶性微粒及细菌内毒素符合《中国药典》要求，洗瓶能力达到设计标准
	隧道式干热灭菌器	仪器校验、隧道式干热灭菌器运行中温度和时间、空载热分布、负载热分布、热穿透试验、隧道内尘埃粒子试验、压差测定。西林瓶微粒及细菌内毒素下降 3 个对数单位，微生物不得检出
	洗塞	洗塞能力达到设计标准
		洗塞效果：胶塞澄明度检查/不溶性微粒，菌检、细菌内毒素符合标准
	灭菌柜	用于口罩、工作服、手套、分装机部件等的灭菌柜应做灭菌程序是否达到标准的验证试验
		用于玻璃瓶、胶塞的灭菌柜：仪器仪表校验，记录仪校验，灭菌柜腔内泄漏试验，空气平衡过滤器完整性试验，热分布、热穿透试验，生物指示剂试验，F_0值计算
	分装机	分装能力达到设计要求，不同灌装速度下装量达到企业内控标准要求，层流罩洁净度测定，压差测定
		培养基灌装试验：每年 2 次，每次 3 批，每批不少于 3000 支或正常生产批量。微生物污染率<0.1%（置信度 95%）
	压盖机	压盖能力达到设计要求。外观检查，手拧铝盖时，不得有松动现象

续表

内容分类	验证的对象	验证要点说明
生产设备及工艺	贴签机	贴签能力达到设计要求。 外观检查：符合注射剂外观检查要求。 自动计数的贴签机：条形码识别，批号印制，标签计数功能
	清洗验证	设备、部件清洗灭菌验证：生物指示剂细菌挑战性试验。 无菌室清洁工作验证：更换品种；残留量允许限量测定（棉签取样、化学、生物法检测合格）
	瓶子、胶塞储存	确定存放时间
	无菌保证系统	消毒剂：有效性、耐药性、浓度配比、轮换周期等。 甲醛喷雾消毒系统：确认甲醛用量、浓度、温度、湿度、持续时间的条件及可靠性。 过滤器：除菌过滤器细菌对数下降值>7，完整性试验。 紫外线杀菌效果，物品传送系统
人员	无菌操作人员	培训考核，人员通过培养基灌装试验考核（三批无菌灌装合格）才能上岗。 生产人员无菌更衣，无菌生产操作技术
	计算机控制系统	处理与产品制造、质量控制、质量保证相关数据的系统需验证

第五节　合　　剂

中药合剂是指药材用水或其他溶剂，采用适宜方法提取制成的口服液体制剂，单剂量灌装者也可称为“口服液”。中药合剂与口服液是在汤剂的基础上改进发展起来的中药剂型。

合剂既可用于增强人体抵抗力，达到防病治病，也可用于治疗常见疾病（如止咳等）。合剂服用剂量小，吸收较快，质量相对稳定；携带、服用方便，安全卫生，易于保存，适合于大工业生产。但生产设备、工艺条件要求很高，成本大。合剂有效成分能否保留取决于生产工艺，尤其是脂溶性成分有可能大量损失而影响疗效，因此，不是所有中药都可制备合剂，而应有一定的选择性。

一、生产特殊要求

中药合剂的配制常以中药材提取、纯化、浓缩至规定相对密度的“浸膏”或“药液”，配以处方规定量的原辅料加工制成；合剂因药物性能不同，其制剂工艺及生产环境的洁净度级别也不同。非最终灭菌合剂的暴露工序为C级；最终灭菌合剂的暴露工序为D级；合剂的配制、过滤、灌封、灭菌等过程的规定完成时间应经验证确定；配制合剂的工艺用水及直接接触药品的设备、器具和包装材料最后一次洗涤用水应符合纯化水质量标准。

二、工艺流程及环境区域划分

合剂生产工艺流程包括的主要工序有：称量、配制与过滤、洗瓶、灌装封口、消毒和分装入库等。其中称量、配制与过滤、精洗瓶、干燥和灌封等是在D级洁净区内进行。最终灭菌合剂工艺流程及环境区域划分示意图，见图6-8。

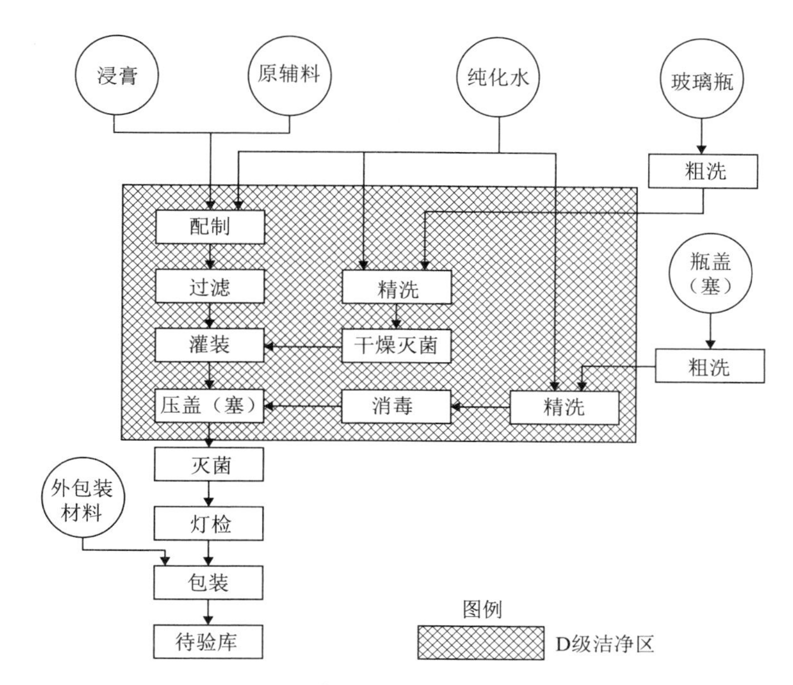

图 6-8　最终灭菌中药合剂工艺流程及环境区域划分示意图

三、生产管理要点

合剂各工序生产操作前的准备：工作生产前检查生产记录、清场记录、限额领料单、操作运行状态标志、中间产品标志卡、交接单等生产所需文件的空白表格，核对领（送）料单，检查物料并称量、核对，检查（清场）记录或合格证。生产具体过程如下：

1. 称量、配料　进入备料室的原辅料或中间产品，必须除去外包装或经净化处理；称量人核对原辅料、中间产品的品名、批号、合格证等，确认无误后，按工艺规定的方法和指令的定额量称量、记录、签名；称量必须复核，复核人核对称量后的原辅料、中间产品的品名、数量，确认无误后记录、签名；需计算后称量的原辅料、中间产品，计算结果先经复核无误后再称量；配好的批量原辅料、中间产品装洁净密闭容器中，附有标志，注明品名、批号、规格、数量、称量人、日期等。剩余原辅料、中间产品包装好，附有标志，放备料室，记录、签名。

2. 配制　合剂配制应使用新制备的纯化水，其贮存时间不宜超过 24 小时；按工艺过程规定的工艺条件进行配制，配制好的药液应做性状、pH 值、相对密度、定性、定量等质量检验；合剂中若加附加剂，其品种与用量应符合国家标准的有关规定，不得影响制品的稳定性；合剂中需加蔗糖作为附加剂时，除另有规定外，其蔗糖含量应不高于 20％（g/mL）。

3. 过滤　指按工艺要求选用适宜的滤材及过滤方法；过滤效果应经验证确认；过滤后药液贮于洁净密闭容器中，通气口应有过滤装置，容器上附有标志，注明品名、规格、批号、数量、操作日期、班次、操作者等，经澄明度检查合格后可供灌装用。

4. 洗瓶、干燥 根据瓶子的规格、形状，选用适宜的清洁剂及清洗方法。粗洗时应洗净瓶子内外壁；清洗效果经验证确认；瓶子以纯化水精洗后及时干燥（灭菌），干燥后的瓶子应有防止再污染的措施，瓶子存放时间应经验证确定；直接接触药液的内塞，用清洁剂、饮用水洗净后，用纯化水精洗，以适宜消毒方法消毒或以酒精浸泡后使用。

5. 灌装、压盖 先用纯化水冲洗灌装管道，灌装机上的容器、管件、软管应选用不脱落微粒的材质；开机灌装初期应检查装量，调整至灌装量符合要求后，正式开始灌装操作；配制好的药液一般应在当天灌装完毕，否则应将药液在规定条件下保存，确保药液不变质；压盖时检查瓶盖的紧密度，质量符合要求后正式操作；操作过程中随时检查装量和压盖质量，剔出不合格品；中间产品容器中应有标志，注明品名、规格、批号、日期、班次、设备号、操作者等。

6. 灭菌 宜采用双扉式灭菌柜，或采取其他能防止灭菌前后中间产品混淆的措施；药液从过滤到灭菌，其间隔不得超过工艺规定的时间；灭菌的工艺技术参数应经验证确认；严格执行岗位 SOP，并按要求做好记录；灭菌后中间产品按灭菌柜编号分开存放，必须逐柜取样，分别做微生物检验。

7. 灯检 应按规定标准及方法灯检；同一灯检室内，若同时灯检两个以上品种或两个批号以上的同一品种，必须进行有效隔离；灯检后中间产品置于专用容器中，每个容器上附有标志，注明品名、批号、规格、灯检日期、班次、灯检员等。由专人按规定逐盘抽查，并做好记录，不符合要求及时返工重检；灯检剔出的不合格品，应有明显的红色品不合格标志或待返工标志，注明品名、规格、批号、数量等，由专人负责返工，并记录。

8. 包装 经灯检合格品方可贴签、包装；贴签、包装、装箱过程中随时检查包装质量和数量，药品零头只限两个批号合为一箱，箱外标明全部批号，并建立合箱记录；车间用标签和批号印，应由专人、专柜上锁保管，并做好领、发、退记录；包装结束后，应准确统计标签的数量，做到领用数等于实用数、残损数、剩余数之和，印有批号的标签退库后，专人负责销毁，并做好销毁记录；包装好的成品入车间待检库，检验合格后入库。

9. 生产结束 合剂生产使用的配制、灌装等设备和管道，必须彻底清洗、消毒，其清洗和消毒效果应经验证确认；合剂的配液、灌装、灯检、包装等工序生产结束后，按规定计算收率，应在合理的偏差范围内。其他要求：生产结束后应对厂房、设备、容器具等按清洁规程清洁，不得有遗留物，其清洁效果应经验证确认；按清场要求进行清场，并填写清场记录。

10. 中间库 合剂生产的中间库有灭菌后和灯检后的中间产品贮存区等。根据工艺要求，对在配制过程中需处理存放或冷藏的药液还需设置存放区和冷藏区；干燥（灭菌）的玻璃瓶应在洁净环境下冷却和贮存，防止污染。中间库的各项要求：中间库有药材净料库和药粉库等，其中，药粉库为洁净管理区。中间产品必须按品种、批号间距存放，必须有明显状态标志和货位卡，防止混药。中间产品出入库必须填写出入库记录，不合格品或待处理品必须按有关规定限时处理。

四、质量控制要点

药材来源、品种与规格的选用标准严格按《中国药典》、部颁药品标准执行；除另有规定外，药材应洗净，适当加工成片、段或粗粉，按各该品种项下规定方法提取、纯化、浓缩至规定的相对密度；含挥发性成分的药材宜先提取挥发性成分，再与余药共同煎煮。

中药合剂应在清洁避菌的条件下配制，及时灌装于无菌的洁净干燥容器中；中药合剂可加入适宜的附加剂，其品种与用量应符合国家标准的有关规定，不得影响制品的稳定性，应避免对检验产生干扰。必要时可加入适量乙醇；中药合剂中若加入蔗糖作为附加剂，除另有规定外，其含量不高于20%（g/mL）；制定相对密度、pH值等检查项目；严格按照要求灭菌，中药合剂应密封，置于阴凉处贮藏。合剂生产的质量控制要点见表6-9。

表6-9 合剂质量控制要点

工序	质量控制点	质量控制项目		频次
		生产过程	中间产品	
配料	称量	原辅料、浸膏的标志、合格证		每批
	配料	数量与品种的复核		
配制	配液	配制工艺条件	药液性状、pH值、相对密度、定性、定量	每批
	过滤	滤材及过滤方法	药液澄清度	
洗瓶、盖	洗涤	水质、水温、水压	清洁度	定时
	干燥（灭菌）	温度、时间	干燥程度、微生物数	
灌装	灌装	速度、位置	装量	随时
	压盖	速度、压力	紧密度、外观	
灭菌		标志、装量、排列层次、温度、时间	性状、微生物数	每柜
灯检			无异物、封口严密	定时
包装	贴签		牢固、位正、外壁清洁	随时
	装盒		数量、批号、说明书	
	装箱		数量、装箱单、封箱牢固	每箱
待验库	成品	清洁卫生、温度、湿度	分区、分批、分品种、货位卡、状态标志	定时

五、验证工作要点

中药合剂的验证工作包括厂房及公用系统、设备、工艺过程及原辅料等。合剂的验证工作要点见表6-10。

表 6-10 合剂生产验证工作要点

序号	类别	验证对象	主要验证内容
1	设备	配制罐	搅拌效果、热分布试验、批量确认
	工艺	配液	温度，搅拌时间、速度
2	设备	板框过滤器	滤材适应性、过滤效果、水压试验
	工艺	板框过滤	滤材、压力、进料速度、过滤速率
3	设备	过滤器	滤膜孔径、过滤效果
	工艺	精滤	过滤速度、压力
4	设备	洗瓶机	洗瓶速度、瓶子破损率、不溶性微粒
	工艺	洗瓶	水量、水压、速度
5	设备	隧道干燥机	速度、瓶子破损率、热分布试验、风口过滤效果
	工艺	干燥（灭菌）	速度、温度、时间
6	设备	灌装（压盖）机	速度、灌装压盖准确度、灌装精度、压盖力
	工艺	灌装压盖	速度、装量、压力
7	设备	蒸汽灭菌器	热分布试验、热穿透试验
	工艺	蒸汽灭菌	温度、时间、装量
8	厂房与设施	空气净化系统	过滤器检漏、压差、换气次数
		生产厂房	布局、气流方向合理、温湿度、洁净度
9	设备清洗	制剂设备	无上次生产遗留物，内表面清洁无异物，最终清洗水检测符合要求，消毒后无菌检测符合要求

第七章　工艺设备与管道设计

在药品生产中，各种流体物料以及水、蒸汽等载能介质通常采用管道来输送，管道是制药生产中必不可少的重要部分。药厂管道犹如人体内的血管，规格多，数量大，在整个工程投资中占有重要的比例。管道布置是否合理，不仅影响工厂基本建设投资，而且与装置建成后的生产、管理、安全和操作费用密切相关。因此，管道设计在制药工程设计中占有重要的地位。

工艺流程设计是工程设计的核心，而设备选型及其工艺设计则是流程设计的主体，选择适当型号的设备，符合设计要求的设备，是完成生产任务、获得良好效益的重要前提。

管道设计是在车间布置设计完成之后进行的。在初步设计阶段，设计带控制点工艺流程图时首先要选择和确定管道、管件及阀件的规格和材料，并估算管道设计的投资；在施工图设计阶段，还需确定管沟的断面尺寸和位置，管道的支承间距和方式，管道的热补偿与保温，管道的平、立面位置及施工、安装、验收的基本要求。

管道设计的成果是管道平、立面布置图，管架图，楼板和墙的穿孔图，管架预埋件位置图，管道施工说明，管道综合材料表及管道设计概算。

第一节　管道设计内容

在进行管道设计时，应具有如下基础资料：施工阶段带控制点的工艺流程图；设备一览表；设备的平、立面布置图；设备安装图；物料衡算和能量衡算资料；水、蒸汽等总管路的走向、压力等情况；建（构）筑物的平、立面布置图；与管道设计有关的其他资料，如厂址所在地区的地质、气候条件等。管道设计一般包括以下内容：

1. 选择管材　管材可根据被输送物料的性质和操作条件来选取。适宜的管材应具有良好的耐腐蚀性能，且价格低廉。

2. 管路计算　根据物料衡算结果以及物料在管内的流动要求，通过计算，合理、经济地确定管径是管道设计的一个重要内容。对于给定的生产任务，流体流量是已知的，选择适宜的流速后即可计算出管径。

管子的壁厚对管路投资有较大的影响。一般情况下，低压管道的壁厚可根据经验选取，压力较高的管道壁厚应通过强度计算来确定。

3. 管道布置设计　根据施工阶段带控制点的工艺流程图以及车间设备布置图，对管道进行合理布置，并绘出相应的管道布置图是管道设计的又一重要内容。

4. 管道绝热设计　多数情况下，常温以上的管道需要保温，常温以下的管道需要保冷。保温和保冷的热流传递方向不同，但习惯上均称为保温。

管道绝热设计就是为了确定保温层或保冷层的结构、材料和厚度，以减少装置运行时的热量或冷量损失。

5. 管道支架设计 为保证工艺装置的安全运行，应根据管道的自重、承重等情况，确定适宜的管架位置和类型，并编制出管架数据表、材料表和设计说明书。

6. 编写设计说明书 在设计说明书中应列出各种管子、管件及阀门的材料、规格和数量，并说明各种管道的安装要求和注意事项。

一、公称压力和公称直径

公称压力是管子、阀门或管件在规定温度下的最大许用工作压力（表压），公称压力常用符号 PN 表示。管子是以 120℃的许用工作压力为基准，此时工作压力等于公称压力，如高于这温度范围，工作压力就应低于公称压力。

公称直径是管子、阀门或管件的名义直径，常用符号 DN 表示，如公称直径为 100mm 可表示为 $DN100$。公称直径并不一定就是实际内径。一般情况下，公称直径既非外径，亦非内径，而是小于管子外径的并与它相近的整数。管子的公称直径一定，其外径也就确定了，但内径随壁厚而变。

对法兰或阀门而言，公称直径是指与其相配的管子的公称直径。如 $DN100$ 的管法兰或阀门，指的是连接公称直径为 100mm 的管子用的管法兰或阀门。各种管路附件的公称直径一般都等于其实际内径。

二、管道

在管道设计时要根据介质选择不同材质的管道，并由生产任务确定管道的最经济直径，根据工作压力选择计算壁厚。

1. 选材 制药工业生产用管子、阀门和管件材料的选择主要是依据输送介质的浓度、温度、压力、腐蚀情况、供应来源和价格等因素综合考虑决定。制药工业生产中常用的管子按材质分有钢管、有色金属管和非金属管等。

（1）钢管：钢管包括焊接（有缝）钢管和无缝钢管两大类。

焊接钢管通常由碳钢板卷焊而成，以镀锌管较为常见。焊接钢管的强度低，可靠性差，常用作水、压缩空气、蒸汽、冷凝水等流体的输送管道。

无缝钢管可由普通碳素钢、优质碳素钢、普通低合金钢、合金钢等的管坯热轧或冷轧（冷拔）而成。无缝钢管品质均匀、强度较高，常用于高温、高压以及易燃、易爆和有毒介质的输送。

（2）有色金属管：在药品生产中，铜管和黄铜管、铅管和铅合金管、铝管和铝合金管都是常用的有色金属管。例如，铜管和黄铜管可用作换热管或真空设备的管道，铅管和铅合金管可用来输送 15%～65%的硫酸，铝管和铝合金管可用来输送浓硝酸等物料。

（3）非金属管：非金属管包括无机非金属管和有机非金属管两大类。玻璃管、搪玻璃管、陶瓷管等都是常见的无机非金属管，橡胶管、聚丙烯管、硬聚氯乙烯管、聚四氟乙烯管、耐酸酚醛塑料管、玻璃钢管、不透性石墨管等都是常见的有机非金属管。

非金属管通常具有良好的耐腐蚀性能，在药品生产中有着广泛的应用。但在使用中应注意其机械性能和热稳定性。

2. 管径的计算与确定　管径的选择与计算是管道设计中的一项重要内容，因为管径的选择和确定与管道的初始投资费用和动力消耗费用有着直接的联系。管径越大，原始投资费用越大，但动力消耗费用可降低；相反，管径减小，投资费用减少，但动力消耗费用就增加。对于用量大的（如石油输送）管线，它的管道直径必须严格计算。至于制药工业虽然对每个车间来讲，管道并不太多，但就整个工厂来讲，使用的管道种类繁多，数量也大，就不能不认真考虑了。

3. 管壁厚度　根据管径和各种公称压力范围，查阅有关手册（如《化工工艺设计手册》等）可得管壁厚度。

4. 管道连接　管道连接的基本方法有法兰连接、螺纹连接、承插连接、焊接、卡套连接和卡箍连接。

（1）法兰连接：法兰连接常用于大直径、密封性要求高的管道连接。法兰连接的优点是连接强度高，密封性能好，拆装比较方便。缺点是成本较高。

（2）螺纹连接：螺纹连接也是一种常用的管道连接方式，具有连接简单、拆装方便、成本较低等优点，常用于小直径（≤50mm）低压钢管或硬聚氯乙烯管道、管件、阀门之间的连接。缺点是连接的可靠性较差，螺纹连接处易发生渗漏，因而不宜用作易燃、易爆和有毒介质输送管道之间的连接。

（3）承插连接：承插连接常用于埋地或沿墙敷设的给排水管，如铸铁管、陶瓷管、石棉水泥管等与管或管件、阀门之间的连接。连接处可用石棉水泥、水泥砂浆等封口，用于工作压力不高于0.3MPa、介质温度不高于60℃的场合。

（4）焊接：焊接是药品生产中最常用的一种管道连接方法，具有施工方便、连接可靠、成本较低的优点。凡是不需要拆装的地方，应尽可能采用焊接。所有的压力管道，如煤气、蒸汽、空气、真空等管道应尽量采用焊接。

（5）卡套连接：卡套连接是小直径（≤40mm）管道、阀门及管件之间的一种常用连接方式，具有连接简单、拆装方便等优点，常用于仪表、控制系统等管道的连接。

（6）卡箍连接：该法是将金属管插入非金属软管，并在插入口外用金属箍箍紧，以防介质外漏。卡箍连接具有拆装灵活、经济耐用等优点，常用于临时装置或洁净物料管道的连接。

5. 管道油漆及颜色　彻底除锈后的管道表层应涂红丹底漆两遍，油漆一遍；需保温的管道应在保温前涂红丹底漆两遍，保温后再在外表面上油漆一遍；敷设于地下的管道应先涂冷底子油一遍，再涂沥青一遍，然后填土。不锈钢或塑料管道不需涂漆。

常见管道的油漆颜色如表7-1所示。

表 7-1 常见管道的油漆颜色

介质	颜色	介质	颜色	介质	颜色
一次用水	深绿色	冷凝水	白色	真空	黄色
二次用水	浅绿色	软水	翠绿色	物料	深灰色
清下水	淡蓝色	污下水	黑色	排气	黄色
酸性下水	黑色	冷冻盐水	银灰色	油管	橙黄色
蒸汽	白点红圈色	压缩空气	深蓝色	生活污水	黑色

6. 管道验收 安装完成后的管道需进行强度及气密性试验。对小于 68.7kPa 表压下操作的气体管道进行气压试验时，先将空气升到工作压力，用肥皂水试验气漏，然后升到试验压力维持一定时间而下降值在规定值以下。

在真空下操作的液体和气体管道及 68.7kPa 以下的液体管道，水压试验的压力分别为 98.1kPa 和 196.2 kPa 表压，要求保持 0.5 小时压力不变。

高于 196.2 kPa 表压的管道，水压试验压力为工作压力的 1.5 倍。

三、阀门

阀门是管路系统的重要组成部件，流体的流量、压力等参数均可用阀门来调节或控制。阀门品种繁多，根据阀体的类别、结构形式、驱动方式、连接方式、密封面或衬里、标准公称压力等，有不同品种和规格的阀门，应结合工艺过程、操作与控制方式选用。常用的阀门有旋塞阀、球阀、闸阀、截止阀、止回阀、疏水阀、减压阀、安全阀等。

1. 旋塞阀 旋塞阀具有结构简单、启闭方便快捷、流动阻力较小等优点。旋塞阀常用于温度较低、黏度较大的介质以及需要迅速启闭的场合，但一般不适用于蒸气和温度较高的介质。由于旋塞很容易铸上或焊上保温夹套，因此可用于需要保温的场合。

2. 球阀 球阀体内有一可绕自身轴线做 90°旋转的球形阀瓣，阀瓣内设有通道。球阀结构简单，操作方便，旋转 90°即可启闭。球阀的使用压力比旋塞阀高，密封效果较好，且密封面不易擦伤，可用于浆料或黏稠介质。

3. 闸阀 闸阀体内有一与介质的流动方向相垂直的平板阀心，利用阀心的升起或落下可实现阀门的启闭。闸阀不改变流体的流动方向，因而流动阻力较小。闸阀主要用作切断阀，常用作放空阀或低真空系统阀门。闸阀一般不用于流量调节，也不适用于含固体杂质的介质。闸阀的缺点是密封面易磨损，且不易修理。

4. 截止阀 截止阀的阀座与流体的流动方向垂直，流体向上流经阀座时要改变流动方向，因而流动阻力较大。截止阀结构简单，调节性能好，常用于流体的流量调节，但不宜用于高黏度或含固体颗粒的介质，也不宜用做放空阀或低真空系统阀门。

5. 止回阀 止回阀体内有一圆盘或摇板，当介质顺流时，阀盘或摇板升起打开；当介质倒流时，阀盘或摇板自动关闭。因此，止回阀是一种自动启闭的单向阀门，用于防止流体逆向流动的场合，如在离心泵吸入管路的入口处常装有止回阀。止回阀一般不宜用于高黏度或含固体颗粒的介质。

6. 疏水阀 疏水阀的作用是自动排除设备或管道中的冷凝水、空气及其他不凝性气体，同时又能阻止蒸汽的大量逸出。因此，凡需蒸汽加热的设备以及蒸汽管道等都应安装疏水阀。

7. 减压阀 减压阀内设有膜片、弹簧、活塞等敏感元件，利用敏感元件的动作可改变阀瓣与阀座的间隙，从而达到自动减压的目的。减压阀仅适用于蒸汽、空气、氮气、氧气等清净介质的减压，但不能用于液体的减压。此外，在选用减压阀时还应注意其减压范围，不能超范围使用。

8. 安全阀 安全阀内设有自动启闭装置。当设备或管道内的压力超过规定值时阀即自动开启以泄出流体，待压力回复后阀又自动关闭，从而达到保护设备或管道的目的。安全阀的种类很多，以弹簧式安全阀最为常用。当流体可直接排放到大气中时，可选用全启式安全阀；若流体不允许直接排放，则应选用封闭式安全阀，将流体排放到总管中。

四、管件

管件是管与管之间的连接部件，延长管路、连接支管、堵塞管道、改变管道直径或方向等均可通过相应的管件来实现，如利用法兰、活接头、内牙管等管件可延长管路，利用各种弯头可改变管路方向，利用三通或四通可连接支管，利用异径管（大小头）或内外牙（管衬）可改变管径，利用管帽或管堵可堵塞管道等。图 7－1 为常用管件示意图。

图 7－1 常用管件

第二节 管道布置设计

管路的布置设计首先应保证安全、正常生产和便于操作、检修，其次应尽量节约材料及投资，并尽可能做到整齐和美观以创造美好的生产环境。

由于制药厂的产品品种繁多，操作条件不一（如高温、高压、真空及低温等）和输送的介质性质复杂（如易燃、易爆、有毒、有腐蚀性等），因此对管路的布置难以做出统一的规定，须根据具体的生产特点结合设备布置、建筑物和构筑物的情况以及非工艺专业的安排进行综合考虑。

一、管路布置的一般原则

1. 两点间非直线连接原则 几何学两点连直线距离最短在配置管路时并不适用，试用此原理拉管线必将车间结成一个钢铁的蜘蛛网了。我们的原则是贴墙、贴顶、贴地，沿 x、y、z 三个坐标配置管线，这样做所用管线材料将大大增加，但不至于影响操作与维修，使车间内变得有序。注意沿地面走的管路只能靠墙，不得成为操作者的事故隐患，实在需要时可在低于地平的管道沟内穿行。

2. 操作点集中原则 一台设备常常有许多接管口，连接有许多不同的管线，而且它们分布于上下、左右、前后不同层次的空间之中。由于每根管线几乎不可避免设有控制（开关或调节流量大小）阀门，要对它们进行操作可能令操作者围绕容器上下、左右、前后不断地奔忙，高位的要爬梯子，低位的要弯腰在所难免。合理的配管可以通过管路走向的变化将所有的阀门集中到一二处，并且高度统一适中（约高 1.5m），如图 7－2所示。如果将一排位于同一轴线的设备的各种管路的操作点统一布置在一个操作平面上，不但布置美观，而且方便操作避免出错。

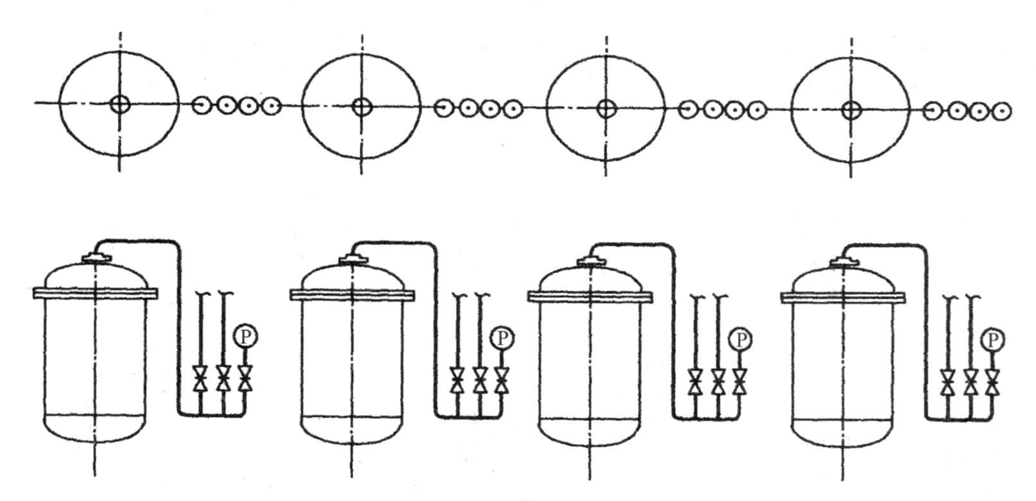

图 7－2 操作点的集中布置

3. 总管集中布置原则 总管路尽可能集中布置，并靠近输送负荷比较大的一边。

4. 方便生产原则 除将操作点集中外，管路配置还需考虑正常生产、开停车、维修等因素。例如从总管引出的支管应当有双阀门，以便于维修更换；再如流量计、汽水分离器都应配置侧线以利更换：压力表则设有开关，也是利于更换；U 形管的底部应当配置放料阀门，以便停工维修时使用等，如图 7－3 所示。有时候还应配置应急管线，以备紧急情况下使用。

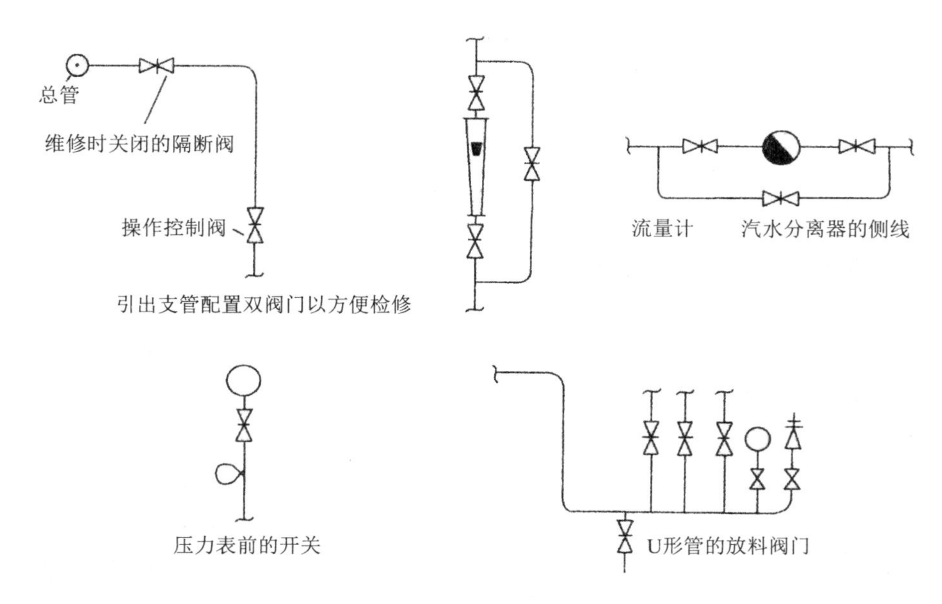

图 7-3　一些方便生产的管路配置

二、管道布置中的常见技术问题

在进行管路的布置设计时一些常见的布置技术问题如管道敷设、管道排列、坡度、高度、管道支撑、保温及热补偿等须按一定原则来设计，保证安全、正常生产，便于操作、检修。

1. 管道敷设　管道的敷设方式有明线和暗线两种，一般车间管道多采用明线敷设，以便于安装、操作和检修，且造价也较为便宜。有洁净要求的车间，管道应尽可能采用暗敷。

2. 管道排列　管道的排列方式应根据生产工艺要求以及被输送介质的性质等情况进行综合考虑。

（1）小直径管道可支承在大直径管道的上方或吊在大直径管道的下方。

（2）输送热介质的管道或保温管道应布置在上层；反之，输送冷介质的管道或不保温管道应布置在下层。

（3）输送无腐蚀性介质、气体介质、高压介质的管道以及不需经常检修的管道应布置在上层；反之，输送腐蚀性介质、液体介质、低压介质的管道以及需经常检修的管道应布置在下层。

（4）大直径管道、常温管道、支管少的管道、高压管道以及不需经常检修的管道应靠墙布置在内侧；反之，小直径管道、高温管道、支管多的管道、低压管道以及需经常检修的管道应布置在外侧。

3. 管路坡度　管路敷设应有一定的坡度，坡度方向大多与介质的流动方向一致，但也有个别例外。管路坡度与被输送介质的性质有关，常见管路的坡度可参照表 7-2 中的数据选取。

表 7-2 常见管路的坡度

介质名称	蒸汽	压缩空气	冷冻盐水	清净下水	生产废水
管路坡度	0.002～0.005	0.004	0.005	0.005	0.001
介质名称	蒸汽冷凝水	真空	低黏度流体	含固体颗粒液体	高黏度液体
管路坡度	0.003	0.003	0.005	0.01～0.05	0.05～0.01

4. 管路高度 管路距地面或楼面的高度应在100mm以上，并满足安装、操作和检修的要求。当管路下面有人行通道时，其最低点距地面或楼面的高度不得小于2m。当管路下布置机泵时，应不小于4m；穿越公路时不得小于4.5m；穿越铁路时不得小于6m。上下两层管路间的高度差可取1m、1.2m、1.4m。

5. 安装、操作和检修 管道的布置应不挡门窗、不妨碍操作，并尽量减少埋地或埋墙长度，以减轻日后检修的困难；当管道穿过墙壁或楼层时，在墙或楼板的相应位置应预留管道孔，且穿过墙壁或楼板的一段管道不得有焊缝；管路的间距不宜过大，但要考虑保温层的厚度，并满足施工要求。一般可取200mm、250mm或300mm，也可参照管路间距表中的数据选取。管外壁、法兰外边、保温层外壁等突出部分距墙、柱、管架横梁端部或支柱的距离均不应小于100mm；在管路的适当位置应配置法兰或活接头。小直径水管可采用丝扣连接，并在适当位置配置活接头；大直径水管可采用焊接并适当配置法兰，法兰之间可采用橡胶垫片；为操作方便，一般阀门的安装高度可取1.2m，安全阀可取2.2m，温度计可取1.5m，压力计可取1.6m；输送蒸汽的管道，应在管路的适当位置设分水器以及时排出冷凝水。

6. 管路安全 管路应避免从电动机、配电盘、仪表盘的上方或附近通过；若被输送介质的温度与环境温度相差较大，则应考虑热应力的影响，必要时可在管路的适当位置设补偿器，以消除或减弱热应力的影响；输送易燃、易爆、有毒及腐蚀性介质的管路不应从生活间、楼梯和通道等处通过；凡属易燃、易爆介质，其贮罐的排空管应设阻火器；室内易燃、易爆、有毒介质的排空管应接至室外，弯头向下。

7. 管道的热补偿 管道的安装都是在常温下进行的，而在实际生产中被输送介质的温度通常不是常温，此时，管道会因温度变化而产生热胀冷缩。当管道不能自由伸缩时，其内部将产生很大的热应力。管道的热应力与管子的材质及温度变化有关。

为减弱或消除热应力对管道的破坏作用，在管道布置时应考虑相应的热补偿措施。一般情况下，管道布置应尽可能利用管道自然弯曲时的弹性来实现热补偿，即采用自然补偿。有热补偿作用的自然弯曲管段又称为自然补偿器，如图7-4所示。

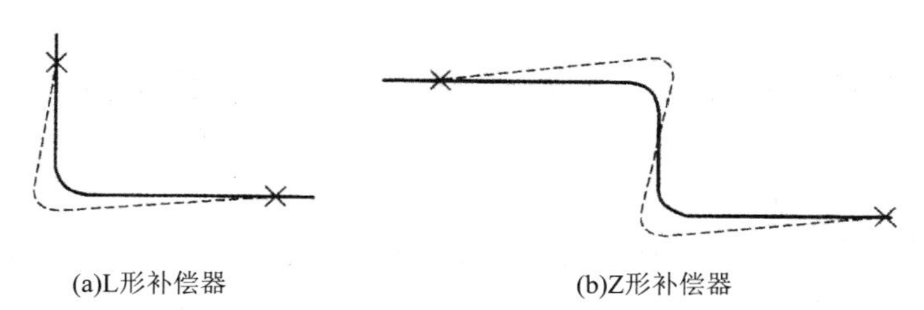

(a)L形补偿器　　(b)Z形补偿器

图 7-4 自然补偿器

实践表明，使用温度低于100℃或公称直径不超过50mm的管道一般可不考虑热补偿。当自然补偿不能满足要求时，应考虑采用补偿器补偿。补偿器的种类很多，图7-5为常用的U形和波形补偿器。

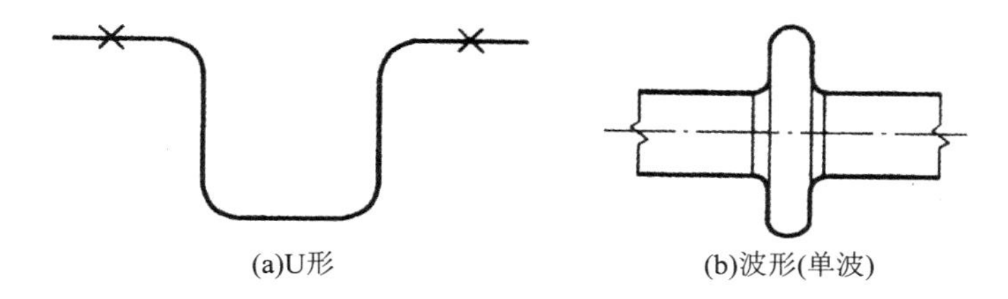

图7-5　常用补偿器

U形补偿器通常由管子弯制而成，在药品生产中有着广泛的应用。U形补偿器具有耐压可靠、补偿能力大、制造方便等优点。缺点是尺寸和流动阻力较大。此外，U形补偿器在安装时要预拉伸（补偿热膨胀）或预压缩（补偿冷收缩）。

波形补偿器常用0.5～3mm的不锈钢薄板制成，其优点是体积小、安装方便。缺点是不耐高压。波形补偿器主要用于大直径低压管道的热补偿。当单波补偿器的补偿量不能满足要求时，可采用多波补偿器。

8. 管道的支承　在进行管道设计时，为使管系具有足够的柔性，除了应注意管系走向和形状外，支架位置和型式的选择和设计也是相当重要的。管道支吊架选型得当，位置布置合理，不仅可使管道整齐美观，而且能改善管系中的应力分布和端点受力（力矩）状况，达到经济合理和运行安全的目的。

管道支吊架的类型按管道支吊架的功能和用途，支吊架可分为3大类10小类，详见表7-3。

表7-3　管道支吊架的类型

大类		小类	
名称	用途	名称	用途
承重支架	承受管道重量（包括管道自重，保温层重量和介质重量等）	刚性支架	无垂直位移的场合
		可调刚性支架	无垂直位移，但要求安装误差严格的场合
限制性支架	用于限制、控制和拘束管道在任一方向的变形	可变弹簧架	有少量垂直位移的场合
		圆力弹簧支架	垂直位移较大或要求支吊架的荷载变化不能太大的场合
减振支架	用于限制或缓和往复式机泵进出口管道和由地震、风吹、水击，安全阀排出反力等引起的管道振动	固定架	固定点处不允许有线位移和角位移的场合
		限位架	限制管道任一方向线位移的场合
		轴向限位架	限制点处需要限制管道轴向线位移的场合
		导向架	允许管道有轴向位移，不允许有横向位移的场合
		一般减振架	需要减振的场合
		弹簧减振架	需要弹簧减振的场合

9. 管道的保温 管道保温设计就是为了确定保温层的结构、材料和厚度，以减少装置运行时的热量或冷量损失。保温结构按照不同的施工方法及使用不同的保温材料，可分为以下几种：

（1）胶泥结构：胶泥结构就是利用涂抹式保温施工方法制作的保温结构，是最原始的保温结构。随着新型保温材料不断出现，近年来这种结构的使用范围越来越小。

（2）预制品结构：预制品保温结构是国内外使用最广泛的一种结构。预制品可根据管径大小在预制加工厂中预制成半圆形管壳、弧形瓦或梯形瓦等。

（3）填充结构：填充结构是用钢筋或扁钢做个支承环，套在管道上，在支承环外面包上镀锌铁丝网，在中间填充散状保温材料。

（4）包扎结构：包扎结构是利用各种制品毡或布等保温材料，一层或几层包扎在管道上。

（5）缠绕结构：缠绕结构就是将保温材料制成绳状或带状，直接缠绕在管道上。作为缠绕结构的保温材料主要有稻草绳、石棉绳或石棉带等。

（6）浇灌结构：浇灌式保温结构主要用于地下无沟敷设，地下无沟敷设是一种很经济的敷设方式。浇灌式保温结构主要是浇灌泡沫混凝土。

三、管道布置技术

常见设备进出管道的布置、常见的管路如上下水管路、蒸汽管路等的布置以及洁净厂房内管道的布置都要考虑到便于操作、维修，方便生产，洁净厂房内的管道布置还要符合 GMP 的要求。

（一）常见设备的管道布置

1. 容器 釜式反应器等立式容器周围原则上可分成配管区和操作区，其中操作区主要用来布置需经常操作或观察的加料口、视镜、压力表和温度计等，配管区主要用来布置各种管道和阀门等；立式容器底部的排出管路若沿墙敷设，距墙的距离可适当减少，以节省占地面积，但设备的间距应适当增大，以满足操作人员进入和切换阀门所需的面积和空间，如图 7-6（a）所示；若排出管从立式容器前部引出，则容器与设备或墙的距离均可适当减小，一般情况下，阀门后的排出管路应立即敷设于地面或楼面以下，如图 7-6（b）所示；若立式容器底部距地面或楼面的距离能够满足安装和操作阀门的需要，则可将排出管从容器底部中心引出，如图 7-6（c）所示。从设备底部中心直接引出排出管既可减少敷设高度，又可节约占地面积，但设备的直径不宜过大，否则会影响阀门的操作；需设置操作平台的立式容器，其进入管道宜对称布置，如图 7-7（a）所示；对可站在地面或楼面上操作阀门的立式容器，其进入管道宜敷设在设备前部，如图 7-7（b）所示；若容器较高，且需站在地面或楼面上操作阀门，则其进入管路可参考图 7-7（c）中的方法布置；卧式容器的进出料口宜分别设置在两端，一般可将进料口设在顶部，出料口设在底部。

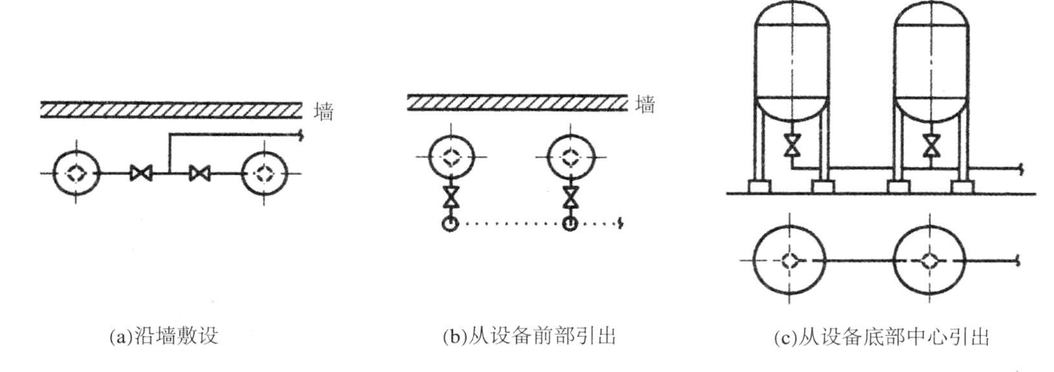

图 7-6　立式容器底部排出管的布置

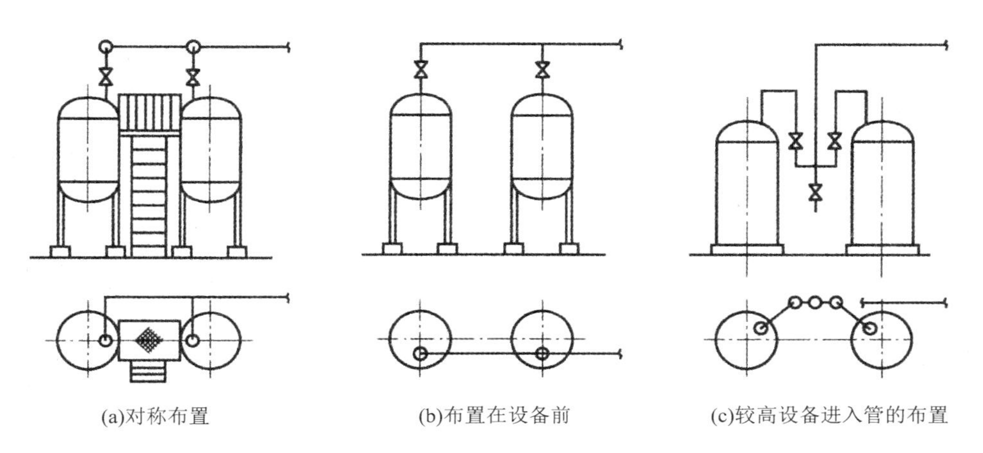

图 7-7　立式容器顶部进入管道的布置

2. 塔　塔周围原则上可分成配管区和操作区，其中配管区专门布置各种管道、阀门和仪表，一般不设平台。而操作区一般设有平台，用于操作阀门、液位计和入孔等。塔的配管区和操作区的布置如图 7-8 所示；塔的配管比较复杂，各接管的管口方位取决于工艺要求、塔内结构以及相关设备的布置位置；塔顶气相出料管的管径较大，宜从塔顶引出，然后在配管区沿塔向下敷设；沿塔敷设的管道，其支架应布置在热应力较小的位置。直径较小且较高的塔，常置于钢架结构中，此时管道可沿钢架敷设；塔底管路上的阀门和法兰接口，不应布置在狭小的裙座内，以免操作人员在物料泄漏时因躲闪不及而造成事故；为避免塔侧面接管在阀门关闭后产生积液，阀门宜直接与塔体接管相连，如图 7-9 所示。入孔或手孔一般布置在塔的操作区，多个入孔或手孔宜在一条垂线上。入孔或手孔的数量和位置取决于安装及检修要求，入孔中心距平台的高度宜为 0.5～1.5m；压力表、液位计、温度计等仪表应布置在操作区平台的上方，以便观察。

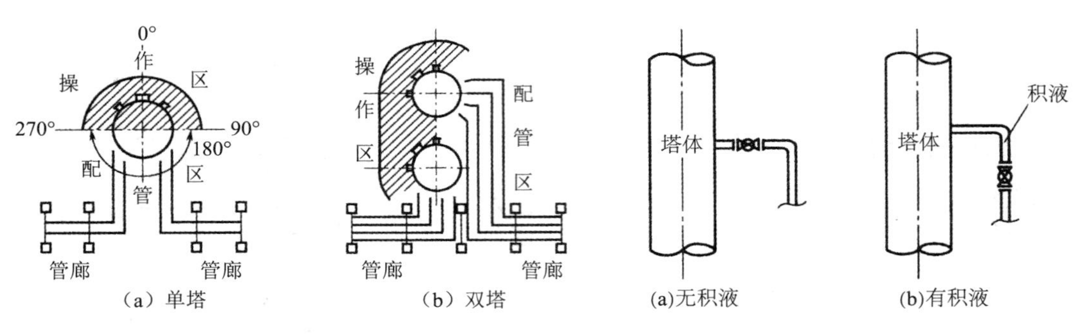

图 7-8　塔的配管区和操作区的布置

图 7-9　塔侧面阀门的布置

(二) 常见管路的布置

1. 上下水管路的布置　上下水管路不能布置在遇水燃烧、分解、爆炸等物料的存放处。不能断水的供水管路至少应设两个系统，从室外环形管网的不同侧引入。水管进入车间后，应先装一个止回阀，然后再装水表，以防停水或压力不足时设备内的水倒流至全厂的管网中。

操作通道附近可考虑设置几只吹扫接头（D_g15～25），以便清洗设备及地面。排污地漏的直径可取 50～100mm。若污水具有腐蚀性（如酸性下水等），则应选用耐腐蚀地漏，地漏以后再接至规定的下水系统。

2. 蒸汽管路的布置　蒸汽管道一般从车间外部架空引进，经过减压或不经过减压计量后分送至各使用设备；蒸汽管路应采取相应的热补偿措施。当自然补偿不能满足要求时，应根据管路的热伸长量和具体位置选择适宜的热补偿器；从蒸汽总管引出支管时，应选择总管热伸长量较小的位置如固定点附近，且支管应从总管的上方或侧面引出；将高压蒸汽引入低压系统时，应安装减压阀，且低压系统中应设安全阀，以免低压系统因超压而产生危险；蒸汽喷射器等减压用蒸汽应从总管单独引出，以使蒸汽压力稳定，进而使减压设备的真空度保持稳定；灭火、吹洗及伴热用蒸汽管路应从总管单独引出各自的分总管，以便在停车检修时这些管路仍能继续工作；蒸汽管路的适当位置应设置疏水装置。

3. 排放管的布置　管道或设备的最高点处应设放气阀，最低点处应设排液阀。此外，在停车后可能产生积液的部位也应设排液阀。管道的排放阀门（排气阀或排液阀）应尽可能靠近主管。管道排放管的直径可根据主管的直径确定。一般情况下，若主管的公称直径小于 150mm，则排放管的公称直径可取 20mm；若主管的公称直径为 150～200mm，则排放管的公称直径可取 25mm；若主管的公称直径超过 200mm，则排放管的公称直径可取 40mm。

设备的排放阀门最好与设备本体直接相连。若无可能，可装在与设备相连的管道上，但以靠近设备为宜。设备排放管的公称直径一般采用 20mm，容积大于 50m^3 时，可采用 40～50mm。

除常温下的空气和惰性气体外，蒸气以及易燃、易爆、有毒气体不能直接排入大气，而应根据排放量的大小确定向火炬排放，或高空排放，或采取其他措施。

易燃、易爆气体管道或设备上的排放管应设阻火器。室外设备排放管上的阻火器宜设置在距排放管接口（与设备相接的口）500mm处；室内设备排放管应引至室外，阻火器可布置在屋面上或邻近屋面布置，距排放管出口距离以不超过1m为宜，以便安装和检修。

4. 取样管的布置 设备或管道上的取样点应设在操作方便、且样品具有代表性的位置上；连续操作且容积较大的塔器或容器，其取样点应设在物料经常流动的位置上；若设备内的物料为非均相体系，则应在确定相间位置后方能设置取样点；在水平敷设的气体管路上设置取样点时，取样管应从管顶引出；在垂直敷设的气体管路上设置取样点时，取样管应与管路成45°倾斜向上引出；液体物料在垂直敷设的管道内自下而上流动时，取样点可设在管路的任意侧；反之，若液体自上而下流动，则除非液体能充满管路，否则不宜设取样点；若液体物料在水平敷设的管道内自流，则取样点应设在管道的下侧；若在压力下流动，则取样点可设在管道的任意侧；取样阀启闭频繁，容易损坏，因此常在取样管上装两只阀门，其中靠近设备的阀作为切断阀，正常工作时处于开启状态，维修或更换取样阀时将其关闭；另一只阀为取样阀，仅在取样时开启，平时处于关闭状态。不经常取样的点也可只装一只阀。取样阀则由取样要求决定，液体取样常选用D_g15或D_g6的针形阀或球阀，气体取样一般选用D_g6的针形阀。

5. 吹洗管的布置 实际生产中，常需采用某种特定的吹洗介质在开车前对管道和设备进行清洗排渣，在停车时将设备或管道中的余料排出。吹洗介质一般为低压蒸汽、压缩空气、水或其他惰性气体。$D_g \leqslant 25$的吹洗管，常采用半固定式吹洗方式。半固定式吹洗接头为一短管，在吹扫时可临时接上软管并通入吹洗介质。吹洗频繁或$D_g > 25$的吹洗管，应采用固定式吹洗方式。固定式吹洗设有固定管路，吹洗时仅需开启阀门即可通入吹洗介质。

6. 双阀的设置 在需要严格切断设备或管道时可设置双阀，但应尽量少用，特别是采用合金钢阀或$D_g > 150$的钢阀时，更应慎重考虑。

（三）洁净厂房内的管道布置

洁净厂房内的管道布置除应遵守一般车间管道布置的有关规定外，还应遵守如下布置原则。

1. 洁净厂房的管道应布置整齐，引入非无菌室的支管可明敷，引入无菌室的支管不能明敷。应尽量缩短洁净室内的管道长度，并减少阀门、管件及支架数量。

2. 洁净室内公用系统主管应敷设在技术夹层、技术夹道或技术竖井中，但主管上的阀门、法兰和螺纹接头不宜设在技术夹层、技术夹道或技术竖井内，而吹扫口、放净口和取样口则应设置在技术夹层、技术夹道或技术竖井外。

3. 从洁净室的墙、楼板或硬吊顶穿过的管道，应敷设在预埋的金属套管中，套管内的管道不得有焊缝、螺纹或法兰。管道与套管之间的密封应可靠。

4. 穿过软吊顶的管道，不应穿过龙骨，以免影响吊顶的强度。

5. 排水主管不应穿过有洁净要求的房间，洁净区的排水总管顶部应设排气罩，设备排水口应设水封装置，以防室外空间井污气倒灌至洁净区。

6. 有洁净要求的房间应尽量少设地漏，A 级洁净室内不宜设地漏。有洁净要求的房间所设置的地漏，应采用带水封、格栅和塞子的全不锈钢内抛光的洁净室地漏。

7. 管道、阀门及管件的材质既要满足生产工艺要求，又要便于施工和检修。管道的连接方式常采用安装、检修和拆卸均较为方便的卡箍连接。

8. 法兰或螺纹连接所用密封垫片或垫圈的材料以聚四氟乙烯为宜，也可采用聚四氟乙烯包覆垫或食品橡胶密封圈。

9. 纯水、注射用水及各种药液的输送常采用不锈钢管或无毒聚乙烯管。引入洁净室的各支管宜用不锈钢管。输送低压液体物料常用无毒聚乙烯管，这样既可观察内部料液的情况，又有利于拆装和灭菌。

10. 输送无菌介质的管道应有可靠的灭菌措施，且不能出现无法灭菌的“盲区”。输送纯水、注射用水的主管宜布置成环形，以避免出现“盲管”等死角。

11. 洁净室内的管道应根据其表面温度及环境状态（温度、湿度）确定适宜的保温形式。热管道保温后的外壁温度不应超过 40℃，冷管道保冷后的外壁温度不能低于环境的露点温度。此外，洁净室内管道的保温层应加金属保护外壳。

第三节　管道布置图

管道布置图包括管道的平面布置图、立面布置图以及必要的轴测图和管架图等，它们都是管道布置设计的成果。

管道的平面和立面布置图是根据带控制点的工艺流程图、设备布置图、管口方位图以及土建、电气、仪表等方面的图纸和资料，按正投影原理绘制的管道布置图，它是管道施工的主要依据。

管道轴测图是按正等轴测投影原理绘制的管道布置图，能反映长、宽、高三个尺寸，是表示管道、阀门、管件、仪表等布置情况的立体图样，具有很强的立体感，比较容易看懂。管道轴测图不必按比例绘制，但各种管件、阀门之间的比例及在管线中的相对位置比例要协调。

管架图是表达管架的零部件图样，按机械图样要求绘制。

一、管道布置图的基本构成

管道布置图一般包括设备轮廓、管线及尺寸标注、方位标、管口表、标题栏等内容。

1. 设备轮廓　在管道布置图中，设备均以相应的主、侧、俯视、轴测时的轮廓线表示，并标注出设备的位号和名称。

2. 管线　管道是管道布置图的主要表达内容，为突出管道，主要物料管道均采用粗实线表示，其他管道可采用中粗实线表示。直径较大或某些重要管道，可用双中粗实线表示。管道布置图中的阀门及管件一般不用投影表示，而用简单的图形和符号表示。

3. 尺寸标注 管道布置图中主要标注管道、管件、管架、仪表及阀门的定位尺寸，此外，还应标注出厂房建筑的长、宽、高、柱间距等基本尺寸以及操作平台的位置和标高，但一般不标注设备的定位尺寸。

4. 方位标 表示管道安装的方位基准。

5. 管口表 注写设备上各管口的有关数据。

6. 标题栏 管道布置图通常包括多组平面、立面布置图以及必要的轴测图、管架图等，因此每张图纸均应在标题栏中注明是某车间、工段或工序在某层或平面上的管道平、立面布置图或轴测图。

二、管道布置图的视图表示方法

管道布置图中需表达的内容一般由较多组视图来表达，各组视图的表示方法、位置以及图幅、比例等内容要在管道布置图绘制时综合考虑。

1. 管道布置图的主要内容 在图中采用粗实线绘制。当公称通径 $DN \geqslant 400$mm 时，管道画成双线，如果图中大口径管道不多，则公称通径 $DN \geqslant 250$mm 的管道用双线表示。绘成双线时，用中实线绘制。

（1）单根管道：单根管道的表示方法如图 7－10 所示。

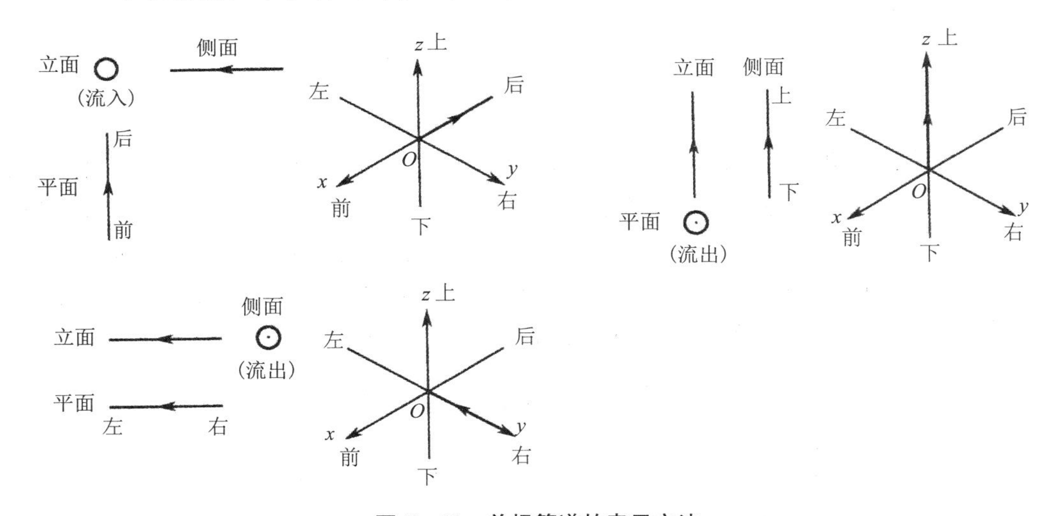

图 7－10 单根管道的表示方法

（2）多根管道：当两根管道平行布置，其投影发生重叠时，则将可见管道的投影断裂表示，不可见管道的投影画至重影处稍留间隙并断开，如图 7－11（a）所示。当多根管道的投影重叠时，可采用图 7－11（b）的表示方法，图中单线绘制的最上一条管道画以双重断裂符号，也可如图 7－11（c）所示在管道投影断开处分别注上 a,a 和 b,b 等小写字母以便辨认。当管道转折后投影发生重叠时，则下面的管道画至重影处稍留间隙断开表示，见图 7－11（d）。

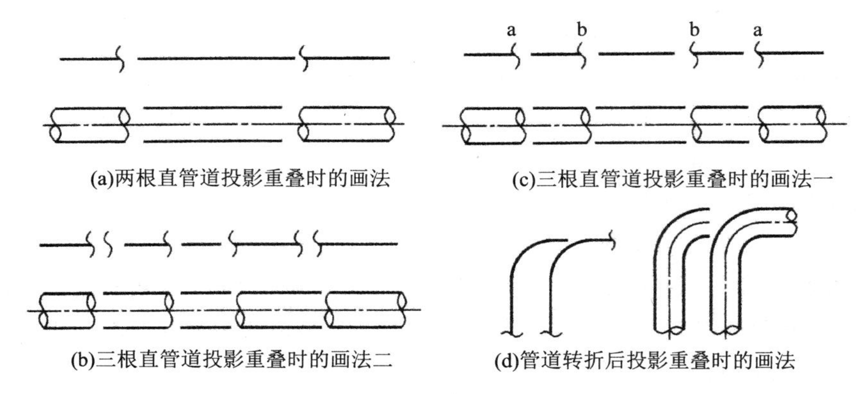

(a)两根直管道投影重叠时的画法　(c)三根直管道投影重叠时的画法一

(b)三根直管道投影重叠时的画法二　(d)管道转折后投影重叠时的画法

图 7-11　管道投影发生重叠时的画法

(3) 交叉管道：管道交叉画法如图 7-12 所示。当管道交叉投影重合时，其画法可以把下面被遮盖部分的投影断开，如图 7-12 (a) 所示，也可以将上面管道的投影断裂表示，如图 7-12 (b) 所示。

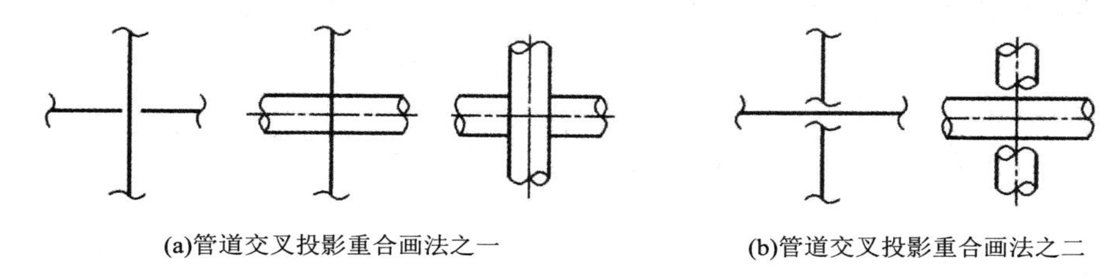

(a)管道交叉投影重合画法之一　(b)管道交叉投影重合画法之二

图 7-12　管道交叉画法

(4) 弯管：管道转折的表示方法如图 7-13 所示。管道向下转折 90°角的画法如图 7-13 (a)所示，单线绘制的管道，在投影有重影处画一细线圆，在另一视图上画出转折的小圆角，如公称通径 $DN \leqslant 50$mm 的管道，则一律画成直角。管道向上转折 90°的画法如图 7-13 (b)、图 7-13 (c) 所示。双线绘制的管道，在重影处可画一“新月形”剖面符号，大于 90°角转折的管道画法如图 7-13 (d) 所示。

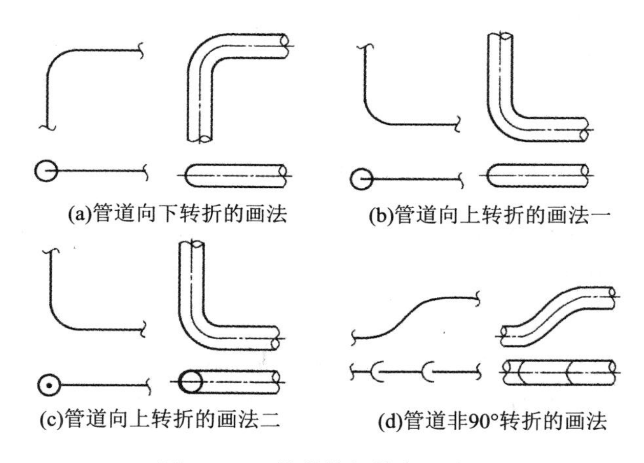

(a)管道向下转折的画法　(b)管道向上转折的画法一

(c)管道向上转折的画法二　(d)管道非90°转折的画法

图 7-13　管道转折的表示方法

（5）三通：在管道布置中，当管道有三通等引出叉管时，画法如图 7 - 14 所示。

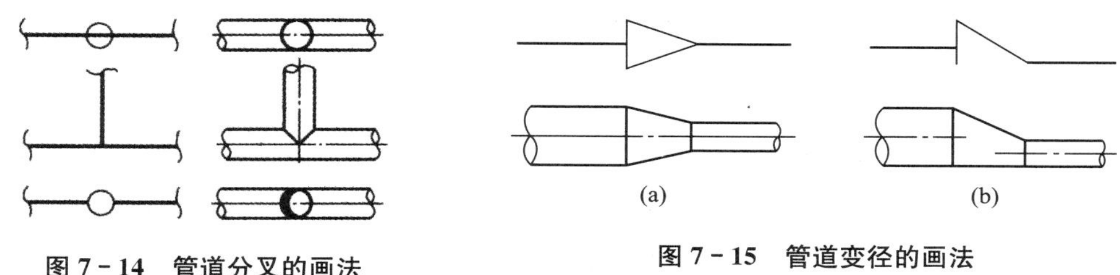

图 7 - 14　管道分叉的画法

图 7 - 15　管道变径的画法

（6）异径管：不同管径的管子连接时，一般采用同心或偏心异径管接头，画法如图 7 - 15 所示。

此外，管道内物料的流向必须在图中画上箭头予以表示，对用双线表示的管道，其箭头画在中心线上，单线表示的管道，箭头直接画在管道上。

2. 管道布置图的标注　在建（构）筑物施工图中应注出建筑物定位轴线的编号和各定位轴线的间距尺寸及地面、楼面、平台面、梁顶面及吊车等的标高，标注方式均与设备布置图相同。在设备布置图上，要标注位号，其位号应与工艺管道仪表流程图和设备布置图上的一致；也可注在设备中心线上方，而在设备中心线下方标注主轴中心线的标高或支承点的标高。在管道布置图上应标注管道的尺寸、位号、代号、编号等内容。

（1）管道定位尺寸：在管道布置图中应标出所有管道的定位尺寸、标高及管段编号，在标注管道定位尺寸时通常以设备中心线、设备管口中心线、建筑定位轴线、墙面等为基准进行标注。与设备管口相连直接管段，因可用设备管口确定该段管道的位置，故不需要再标注定位尺寸。

（2）安装标高：管道安装标高以室内地面标高 0.000m 或 EL100.000m 为基准。管道按管底外表面标注安装高度，其标注形式为“BOP EL××.××”，如按管中心线标注安装高度则为“EL××.××”。标高通常注在平面图管线的下方或右方，如图 7 - 16（a）所示，管线的上方或左方则标注与工艺管道仪表流程图一致的管段编号，写不下时可用指引线引至图纸空白处标注，也可将几条管线一起引出标注，此时管道与相应标注都要用数字分别进行编号，如图 7 - 16（b）所示。对于有坡度的管道，应标注坡度（代号）和坡向，如图 7 - 17 所示。

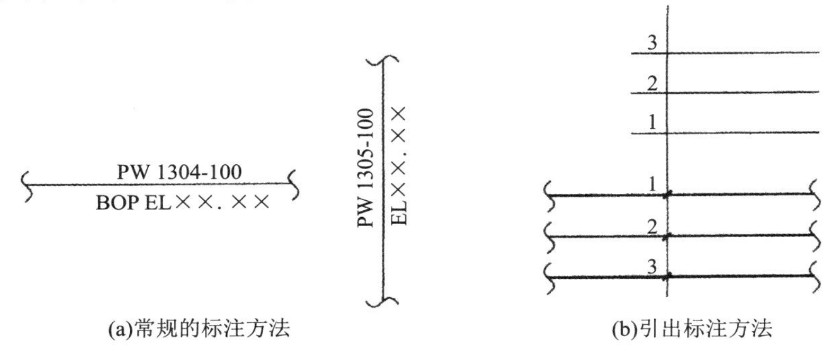

(a)常规的标注方法　　(b)引出标注方法

图 7 - 16　管道高度的标注方法

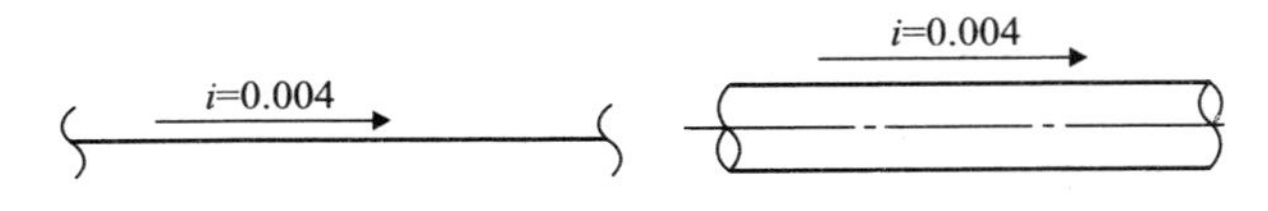

图 7-17 管道坡度的标注方法

(3) 管段编号：管段编号分为四个部分，如图 7-18 所示，即管道号（也称管段号，由三个单元组成）、管径、管道等级和隔热或隔声，总称为管道组合号。管道号和管径为一组，用一短横线隔开；管道等级和隔热为另一级，用一短横线隔开，两组间留有适当的空隙。一般标注在管道的上方，也可分别标注在管道的上下方，如图 7-19 所示。

PG	13	10	-	300	A1A	-	H
第1单元	第2单元	第3单元		第4单元	第5单元		第6单元

图 7-18 管段编号

第1单元为物料代号，主要物料代号见表 7-4。物料在两条投影相重合的平线管道中流动时或管道平面图上两根以上管道重叠时，其表示方法如图 7-19 所示。

表 7-4 物料代号表示方法

物料	代号	物料	代号	物料	代号
工艺空气	PA	原水、新鲜水	RW	循环冷却水回水	CWR
工艺气体	PG	软水	SW	循环冷却水上水	CWS
气液两相流工艺物料	PGL	生产废水	WW	脱盐水	DNW
气固两相流工艺物料	PGS	冷冻盐水回水	RWR	饮用水，生活用水	DW
工艺液体	PL	冷冻盐水上水	RWS	消防水	FW
液固两相流工艺物料	PLS	排液、导淋	DR	燃料气	FG
工艺固体	PS	惰性气	IG	气氨	AG
工艺水	PW	低压蒸汽	LS	液氨	AL
空气	AR	低压过热蒸汽	LUS	氯利昂气体	FRG
压缩空气	CA	中压蒸汽	MS	氟利昂液体	FRL
仪表空气	IA	中压过热蒸汽	MUS	蒸馏水	DI
高压蒸汽	HS	蒸汽冷凝水	SC	蒸馏水回水	DIR
高压过热蒸汽	HUS	伴热蒸汽	TS	真空排放气	VF
热水回水	HWR	锅炉给水	BW	真空	VAC
热水上水	HWS	化学污水	CSW	空气	VT

第 2 单元为主项编号，按工程规定的主项编号填写，采用两位数字从 01 开始至 99 为止。

第 3 单元为管道顺序号，管道顺序号的编制，以从前一主要设备来而进入本设备的

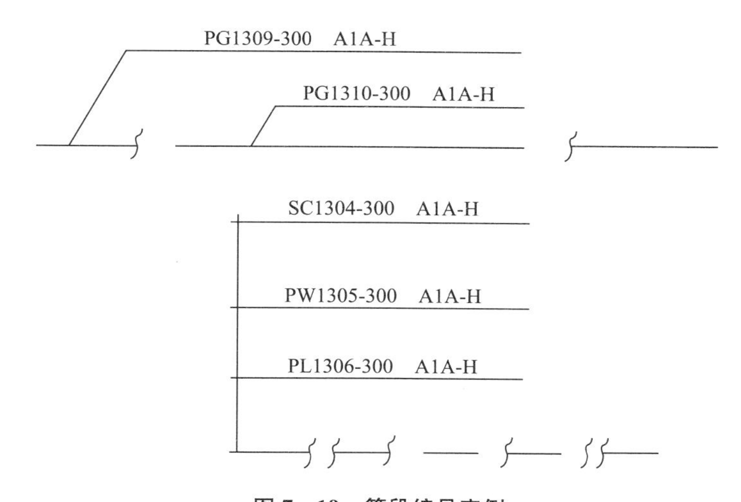

图 7－19　管段编号实例

管子为第一号，其次按流程图进入本设备的前后顺序编制。编制原则是先进后出，先物料管线后公用管线，本设备上的最后一根工艺出料管线应作为下一设备的第一号管线。以上三个单元组成管道号。

第 4 单元为管道尺寸，管道尺寸一般标注公称直径，以 mm 为单位，只注数字，不注单位。黑管、镀锌钢管、焊接钢管用英寸表示时如 2″、1″，前面不加 Φ；其他管材亦可用 Φ 外径 × 壁厚表示，如 Φ 57 × 3.5 。

第 5 单元为管道等级，管道等级号由下列三个单元组成，见图 7－20。

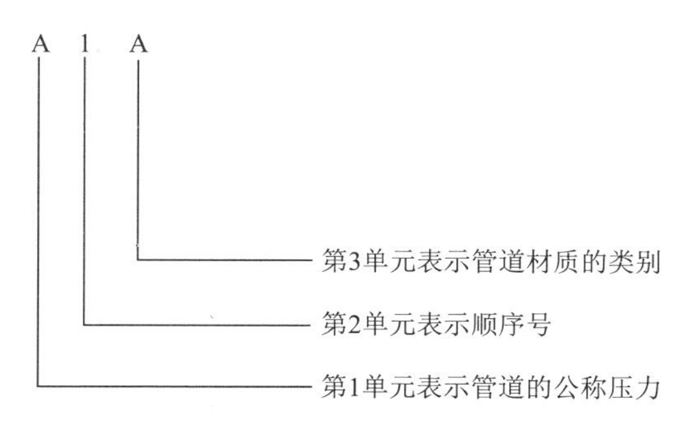

图 7－20　单元顺序表示图

压力等级代号和管材代号见表 7－5，表 7－6。

表 7－5　压力等级代号

压力等级（MPa）	代号	压力等级（MPa）	代号	压力等级（MPa）	代号
1.0	L	6.1	Q	22.0	U
1.6	M	10.0	R	25.0	V
2.5	N	16.0	S	32.0	W
4.0	P	20.0	T		

表 7-6　管材代号

管材	代号	管材	代号	管材	代号
普通不锈钢管	SS	聚乙烯管	PE	铸铁管	G
普通无缝钢管	AS	玻璃管	GP	ABS 塑料管	ABS
焊接钢管	CS	316L 不锈钢管	316L	聚丙烯管	PP
硬聚氯乙烯管	PVC	镀锌焊接钢管	SI	铝管	AP

第 6 单元为隔热或隔声代号。对工艺流程简单、管道品种规格不多时，则管道组合号中的第 5、6 两单元可省略。

（4）管件、阀门、仪表控制点：图中管件、阀门、仪表控制点按规定符号画出后，一般不再标注。对某些有特殊要求的管件、阀门、法兰，应标注某些尺寸、型号或说明，如异径管的下方应标注其两端的公称通径，如图 7-21 中的 *DN*50/25；对非 90°的弯头和非 90°的支管连接应标出其角度，如图 7-21 所示的 135°角；对补偿器有时也注出中心线位置尺寸及预拉量。

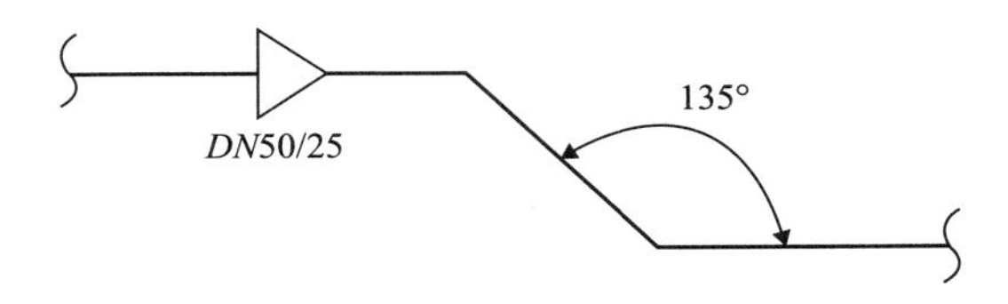

图 7-21　异径管及非 90°的弯头的标注方法

（5）管架：所有管架在平面图中应标注管架编号。管架编号由图 7-22 所示的五个部分组成。

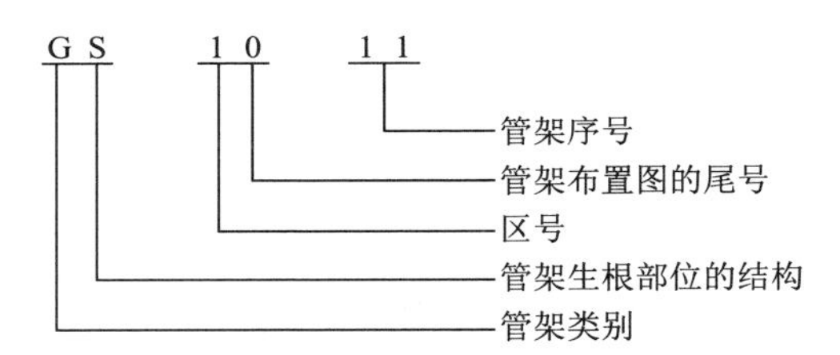

图 7-22　管架编号示意图

①管架类别：字母分别表示如下内容。

A——固定架（ANCHOR）

G——导向架（GUIDE）

R——滑动架（RESTING）

H——吊架（RIGID HANGER）

S——弹吊（SPRING HANGER）

P——弹簧支座（SPRINGPEDESTAL）

E——特殊架（ESPEClAI-SUPPORT）

T——轴向限位架

②管架生根部位的结构：字母分别表示如下内容。

C——混凝土结构（CONCRETE）

F——地面基础（FOUNDATION）

S——钢结构（STEEL）

V——设备（VESSEL）

W——墙（WALL）

③区号：以一位数字表示。

④管道布置图的尾号：以一位数字表示。

⑤管架序号：以两位数字表示，从01开始（应按管架类别及生根部位结构分别编写）。

如图7－22所示，GS1011表示区号为1、管道布置图尾号为0的有管托的导向架在钢结构上的管架。对于非标准管架，应另绘管架图予以表示。

第四节 工艺设备的设计、选型与安装

工艺设备设计、选型与安装是工艺设计的重要内容，因为先进工艺流程能否实现，往往取决于与提供的设备是否相适应。所有的生产设备都是根据生产工艺要求而设计选择确定的，所以设备的设计、选型是在生产工艺确定以后进行的。

一、工艺设备的设计与选型

制药设备可分为机械设备和化工设备两大类，一般说来，原料药生产以化工设备为主，以机械设备为辅；药物制剂生产以机械设备为主（大部分为专用设备），以化工设备为辅。

1. 工艺设备设计与选型的步骤 工艺设备设计与选型分两个阶段，第一阶段包括以下内容：①定型机械设备和制药机械设备的选型；②计量贮存容器的计算；③定型化工设备的选型；④确定非定型设备的形式、工艺要求、台数、主要规格；⑤编制工艺设备一览表。第二阶段是解决工艺过程中的技术问题，例如过滤面积、传热面积、干燥面积以及各种设备的主要规格等。

设备的选型应按下述步骤进行：首先了解所需设备的大致情况，国产还是引进，使用厂家的使用情况，生产厂家的技术水平等；其次是搜集所需资料，目前国内外生产制剂设备的厂家很多，技术水平和先进程度也各不一样，一定要做全面比较；再次，要核实与使用要求是否一致；最后到设备制造厂家了解其生产条件、技术水平及售后服务等。总之，首先要考虑设备的适用性，使之能达到药品生产质量的预期要求，能保证所加工的药品具有最佳的纯度和一致性。根据上述调查研究的情况和物料衡算结果，确定所需设备的名称、型号、规格、生产能力、生产厂家等，并造表登记。在选择设备时，必须充分考虑设计的要求和各种定型设备和标准设备的规格、性能、技术特征、技术参数、使用条件、设备特点、动力消耗、配套的辅助设施、防噪声和减震等有关数据以及设备的价格，此外还要考虑工厂的经济能力和技术素质。一般先确定设备的类型，然后确定其规格。每台新设备正式用于生产以前，必须要做适用性分析（论证）和设备的验证工作。

在制剂设备与选型中应注意：①用于制剂生产的配料、混合、灭菌等主要设备和用于原料药精制、干燥、包装的设备，其容量应与生产批量相适应；②对生产中发尘量大的设备如粉碎、过筛、混合、制粒、干燥、压片、包衣等设备应附带防尘围帘和捕尘、吸粉装置，经除尘后排入大气的尾气应符合国家有关规定；③干燥设备进风口应有过滤装置，出风口应有防止空气倒流装置；④洁净室（区）内应尽量避免使用敞口设备，若无法避免时，应有避免污染措施；⑤设备的自动化或程控设备的性能及准确度应符合生产要求，并有安全报警装置；⑥应设计或选用轻便、灵巧的物料传送工具（如传送带、小车等）；⑦不同洁净级别区域传递工具不得混用，B级洁净室（区）使用的传输设备不得穿越其他较低级别区域；⑧不得选用可能释出纤维的药液过滤装置，否则须另加非纤维释出性过滤装置，禁止使用含石棉的过滤装置；⑨设备外表不得采用易脱落的涂层；⑩生产、加工、包装青霉素等强致敏性药物，某些甾体药物，高活性、有毒害药物的生产设备必须专用等。

2. 工艺设备设计选型的主要依据 应符合国家有关政策法规，可满足药品生产的要求，保证药品生产的质量，安全可靠，易操作、维修及清洁；设备的性能参数应符合国家、行业或企业标准，与国际先进制药设备相比具有可比性，与国内同类产品相比具有明显的技术优势；具有完整的、符合标准的技术文件。

二、工艺设备的安装

制剂设备要达到GMP要求，工艺设备达标是一个重要方面，其中设备的安装是重要内容。首先设备布局要合理，其安装不得影响产品的质量；安装间距要便于生产操作、拆装、清洁和维修保养，并避免发生差错和交叉污染。同时，设备穿越不同洁净室（区）时除考虑固定外，还应采用可靠的密封隔断装置，以防止污染。不同的洁净等级房间之间，如采用传送带传递物料时为防止交叉污染，传送带不宜穿越隔墙，而应在隔墙两边分段传送。对送至无菌区的传动装置必须分段传送。应设计或选用轻便、灵巧的传送工具，如传送带、小车、流槽、软接管、封闭料斗等，以便辅助设备之间的连接。对洁净室（区）内的设备，除特殊要求外，一般不宜设地脚螺栓。对产生噪声、振动的设备，应分别采用消声、隔振装置，改善操作环境。动态操作时，洁净室内噪声不得超过70dB。设备保温层表面必须平整、光洁，不得有颗粒性物质脱落，表面不得用石棉水泥抹面，宜采用金属外壳保护。设备布局上要考虑设备的控制部分与安置的设备有一定的距离，以免机械噪声对人员的污染损伤，所以控制部分（工作台）的设计应符合人类工程学原理。

第八章 辅助设施设计

制药企业除生产车间外，尚需要一些辅助设施，例如以满足全企业生产正常开工的机修车间；以满足各监控部门、岗位对企业产品质量定性定量监控的仪器/仪表车间；锅炉房、变电室、给排水站、动力站等动力设施；厂部办公室、食堂、卫生所、托儿所、体育馆等行政生活建筑设施；厂区人流、物流通道运输设施；绿化空地、兴建花坛及围墙等美化厂区环境的绿化设施及建筑小区；控制生产场所空气中的微粒浓度、细菌污染及适当的温湿度，防止影响产品质量的空气净化系统以及仓库等。辅助设施设计的原则是以满足主导产品生产能力为基础，既要综合考虑全厂建筑群落布局，又要注重实际与发展相结合。本章主要介绍制药企业辅助设计中的仓库设计以及空气净化工程的设计。

第一节 仓库设计

仓库设计是一项非常重要的工作，因为仓贮运作的物流成本绝大部分在仓库设计阶段就已决定了仓库设计要考虑的因素较多，要设计出较合理的仓库必须将这些因素归类划分并在此基础上优化决策。

一、仓库设计中的层次划分

仓库设计是一个决策过程，需要考虑很多问题，这些问题之间有的相关性很高，有的相关性较小，有的问题出错可能会影响整个仓贮运作的效率，严重时可能会使仓库不能使用。所以，可以借鉴管理学上广泛运用的层次结构，对仓库设计中所遇到的问题进行分层考察后再进行决策。

（一）战略层设计

在战略层次上，仓库设计主要考虑的是对仓库具有长远影响的决策。战略层次上的决策决定着仓库设计的整体方向，并且这种决策目标应与公司整体竞争战略一致。比如企业期望将快速顾客反应和高水平的顾客服务水平作为其竞争优势，那么在仓库战略层的设计中，就要将提高顾客订单反应速度作为仓库设计的主要目标，调动公司的所有资源去实现这个目标。仓库设计时战略层面主要有三个决策，见图8-1，这三个决策互相影响，互为条件，形成了一个紧密的环状结构。

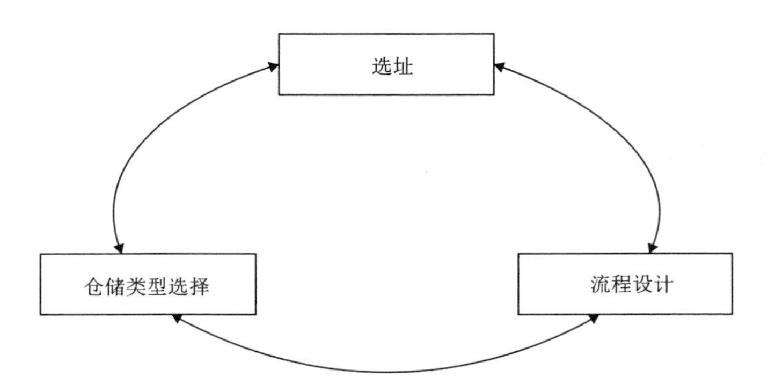

图 8-1 仓库设计战略层决策

1. 仓库选址决策 仓库地址的选择影响深远。首先，仓库地址决定仓库运作成本。其次，仓库地址会影响企业的发展。再次，仓库地址会决定仓库设施的选择。仓库选址决策不仅会影响仓库设计的各个方面，而且会对企业整体发展战略产生影响。所以，仓库选址决策必须得到企业高层和仓库设计者的高度重视，其主要遵循费用原则、接近用户原则和长远发展原则，主要考虑因素包括基础设施要素（环境条件、交通运输条件、地质条件、水文条件及水电供应条件等）、成本因素和时间因素等。

2. 流程设计相关决策 流程设计对企业来说至关重要。一方面，仓库作业流程决定了仓库运作的各项成本和效率。对于新建仓库，优化的流程可在达到既定仓库运作效率的基础上，减少仓库的人力和设备投资。对于旧仓库，优化其作业流程可在不断增加投资的基础上，提高仓库运作效率。不同企业其产品种类、仓库设计目标和订单特点等方面的差异，致使各仓库运作流程不尽一致。另一方面，仓库作业流程设计会严重影响到仓储方式和设备的选择。例如企业要增加仓库加工活动，首当其冲的就是增加加工设备的投资及改变仓库作业区域的布置，诸如仓库各个活动衔接顺序和规则、人员配置和培训、仓储系统等都要做出相应改变。因此，必须将仓库作业流程的设计放在战略层面，只有实现作业流程的合理高效，其他的设计工作才能顺利展开。

3. 仓储类型决策 仓储系统是指产品分拣、储存或接收中使用的设备和运作策略的组合。根据自动化程度的不同，仓储系统可以分为手工仓储系统（分拣员到产品系统）、自动化仓储系统（产品到分拣员系统）和自动仓储系统（使用分拣机器人）三类。在手工订单拣选中存在两个基本策略：单一订单拣选和批量拣选。批量订单拣选中，订单既可以在分拣中进行分类，也可以集中一起再事后分类。旋转式仓储系统是一种定型的自动化仓储系统，人站在固定位置，产品围绕着分拣人员转动。自动仓储系统是由分拣机器人代替人的劳动，实现仓储作业的全面自动化。

仓库类型的选择可以分解为两个决策问题：一是以技术能力考虑仓储类型；二是从经济角度考虑仓储类型。技术能力考虑的是储存单位、储存系统以及设备必须适应产品的特点、订单和仓储期望达到的目标，并且相互之间不能出现冲突。比如，一定大小的仓库要达到既定的容量和吞吐量，在仓储系统的选择上就有一定限制，储存产品的类型和尺寸也会对储存系统有一定的要求。通过对技术能力的考察可以选择出一组适合的仓储系统，然后通过对其经济性的考虑选择最合适的仓储类型。经济角度衡量仓储类型时需要注意在仓库投资成本和仓库运作成本之间达到均衡。

（二）战术层设计

战术层面上的决策一般考虑的是仓库布局、仓库资源规模和一系列组织问题（图 8－2），具体介绍如下：

1. 仓库布局 仓库布局主要由仓储物品的类型、搬运系统、存储量、库存周转期、可用空间和仓库周边设施等因素决定。其中，搬运系统对仓库布局有很大的影响，因为搬运系统决定了仓库作业的流程通道。仓库布局因遵循有利于企业生产的正常进行，有利于提高仓储经济效益，应最有效地利用仓库的容量，实现接收、储存、挑选、装运的高效率，同时应考虑改进的可能性。

2. 仓库资源规模 仓库规模大小主要由存储物品数量、存储空间和货架的规格决定；仓库各作业区域大小主要由仓库作业流程、储存货物种类和仓库种类决定；物料搬运设备和工人的数量由仓库的自动化程度和处理进出货物的数量决定。仓库资源规模必须在仓库整体投资的限制下进行考虑。

3. 组织问题 组织问题是考虑仓库在接收、存储、分拣和发运各个过程中的规则。补货策略是考虑在什么情况下由货物存储区向分拣存货区进行补货，一个好的补货策略可以更好地发挥分拣存货区的作用。批量拣取是把多张订单集合成一批，依商品类别将数量加总后再进行拣取，然后根据客户订单作分类处理。拣货批量是在采取批量拣取方式下每次拣货数量的大小，它的决定是在衡量分拣经济性和订单满足时效性的基础上进行的。储存方式是对货物入库分配货位规则的规定，一般有五种，包括随机存储原则、分类存储原则、COI（cube－per－order index）原则、分级储存原则和混合存储原则。存储原则的选择会影响商品出库、入库的效率和仓库的利用率。需要指出的是，COI 原则是商品接收发出的数量总和与其储存空间的比值，比值大的商品应靠近出、入库的地方。

（三）运作层设计

运作层面上的设计，主要考虑人和设备的配置与控制问题（图 8－3）。接货阶段的运作层设计期望获得在一定设备和人员投资下物品接收的高效率。通过对仓库的试运行或对仓库接收系统的模拟，可以确定最佳的送货车辆卸货站台分配原则以及搬运设备和人员的分配原则。发运阶段考虑的内容与接货阶段相似，但又增加对货物组合发运的考虑。通过合理的组合，可以最大限度地利用每一辆车的运载能力。储存阶段的运作层设计是确定仓库补货人员的分配，即由专门人员完成补货任务还是由拣货人员完成补货任务，同时储存阶段还要有具体实现仓库储存的原则，即按战术层选择的储存方式完成货架和商品的对应关系。

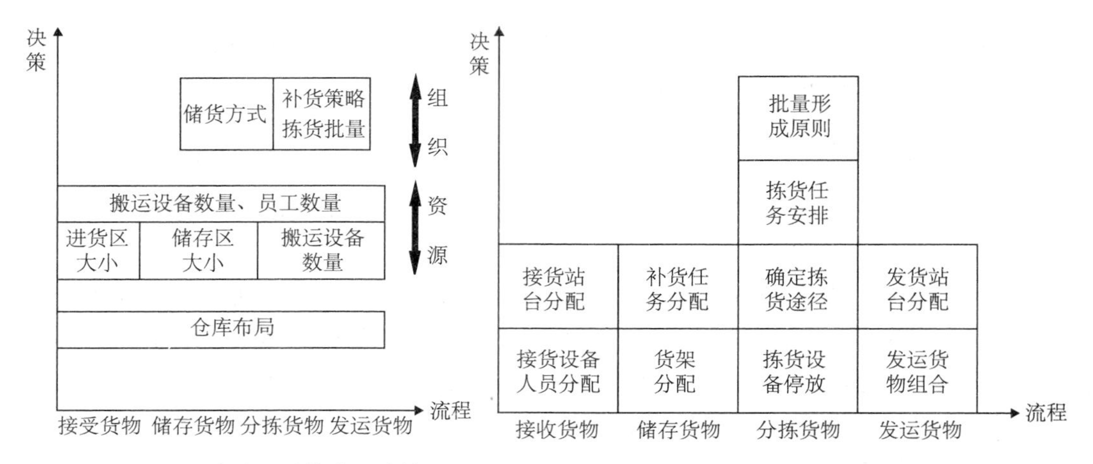

图 8-2　仓库设计战术层决策

图 8-3　仓库设计运作层决策

订单选择阶段运作层的设计内容比较多。首先要确定订单集合的原则或订单拣选的顺序，前一层次确定的只是最佳的拣货批量，怎样将订单进行集合形成最佳批量是运作层需要考虑的问题。订单集合或订单拣选顺序决策主要是考虑对不同顾客订单应有不同的重视程度。其次是拣货方式和拣货途径的确定，是采取一个人负责一个拣货批量还是将一个拣货批量分解由不同的人进行拣选。在拣货方式确定的情况下才可以决定最佳的拣货行走路径。Van den Breg 等人通过研究表明，分解订单的方式可以减少分拣所需移动的平均距离和时间。最后是对整个分拣系统的优化，实际的仓库运作中，可以从很多方面提高分拣效率，例如对空闲设备停靠点的优化就可以在不增加投资的基础上提高整个拣取速度。

（四）各个层次间的关系

前面介绍了仓库设计所需考虑的各项决策内容。通过把仓库设计的各项决策用三层结构进行划分，可以看出每个层次自身的特点和各个层次之间的关系（图 8-4）。

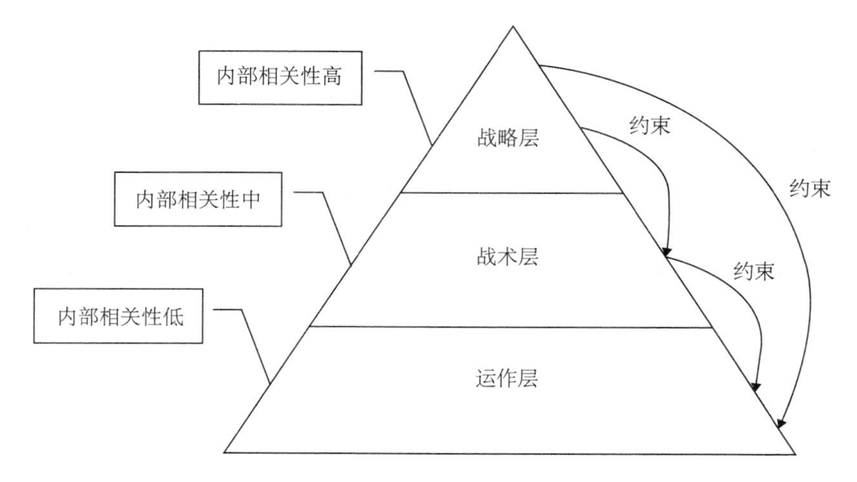

图 8-4　仓库设计中各层级的关系

各个层次之间是一种约束关系：战术层决策是在战略层所做决策的限制下进行；运作层决策时在战略层和战术层所做决策的限制下进行。从各层的关系上可以看出仓库设计中应该将主要精力放在仓库设计的战略层决策。没有好的战略层设计，就没有在低成本下高效运作的仓库。

战略层上各个决策相关性特别大，一种决策会严重影响到其他决策，因此在进行战略层决策时不能将各个方面割裂开来进行优化。战术层决策相关性变弱，但仍然存在，所以战术层决策时应按照决策的相关性进行分组，每个决策组的优化要特别注意组内相关性。运作层决策的相关性降到最低，基本上可以忽略，每种决策都可以使用最优化的方法进行单独优化。

二、仓库设计的一般原则

仓贮运作中产生的物流成本绝大部分在仓库设计阶段就已经决定，这说明仓库设计是一项非常重要的工作。因此，仓库设计时应尽可能的考虑各方面的因素，以使设计的仓库在节省资本的同时，尽可能充分发挥其在实际工作中的作用。对于仓库的设计，应遵循以下一些原则。

1. 合理安排，符合产品结构需要，仓库区的面积应与生产规模相匹配。仓库面积的基本需求必须保证两个基本条件：一是物流的顺畅，二是各功能区的基本需求。在布局上，为减少仓库和车间之间的运输距离，方便与生产部门的联系，一般仓库设置将沿物流主通道，紧邻生产车间来布置相应的功能区，同时要考虑管理调度，在流量上，要尽量做到一致，以免“瓶颈”现象发生。具体的布置，可以根据企业具体情况决定，标签库等小库房及原料库等大库房布置在管理室的周围，若为多层楼房，常将小库置于楼上。

2. 中药材的库房与其他库房应严格分开，并分别设置原料库与净料库、毒性药材料库与贵细药材库应分别设置专库或专柜。

3. 仓库要保持清洁和干燥。照明、通风等设施以及温度、湿度的控制应符合储存要求。

4. 仓库内应设取样室，取样环境的空气洁净度等级应与生产车间要求一致。根据GMP要求，仓库内一般需设立取样间，在室内局部设置一个与生产等级相适应的净化区域或设置一台可移动式带层流的设备。

5. 仓库应包括标签库，使用说明书库（或专柜保管）。

6. 对于库区内产品的摆放，应使总搬运量最小。总体需求和布局上一定要结合企业的长远规划，避免因考虑不周造成重复投资、事后修补以及多点操作（multi - point operation）造成浪费。

7. 注意交通运输、地理环境条件以及管线等因素。

8. 整个平面布局还应符合建设设计防火规范，尤其是高架库在设计中应留出消防通道、安全门，设置预警系统、消防设施，如自动喷淋装置等。

三、自动化立体仓库的设计

立体仓库（AS/RS）是物流仓储中出现的新概念，诞生不到半个世纪，但已发展到相当高的水平，特别是现代化的物流管理思想与电子信息技术的结合，促使立体仓库逐渐成为企业成功的标志之一。利用立体仓库设备可实现仓库高层合理化、存取自动化、操作简便化；自动化立体仓库的主体由货架、巷道式堆垛起重机、入（出）库工作台和自动运进（出）及操作控制系统组成。货架是钢结构或钢筋混凝土结构的建筑物或结构体，货架内是标准尺寸的货位空间，巷道堆垛起重机穿行于货架之间的巷道中，完成存、取货的工作。广义而言，自动化仓库是在不直接进行人工处理的情况下自动地存储和取出物料的系统，是物流系统的重要组成部分。医药生产是最早应用自动化立体库的领域之一，1993年广州羊城制药厂建成了中国最早的医药生产用自动化立体库。此后，吉林敖东、东北制药、扬子江制药等数十个企业成功应用自动化立体库。

自动化立体仓库的优越性主要体现在提高空间利用率、形成先进的物流系统，提高仓库管理水平，形成先进生产链，促进生产力进步。同时其社会效益和经济效益主要来自于：① 采用高层货架存储，提高了空间利用率及货物管理质量。由于使用高层货架存储货物，存储区可以大幅度地向高空发展，大幅度提高单位面积的利用率；并结合计算机管理，可以容易地实现先入先出，防止货物的自然老化或变质；也便于防止货物的丢失及损坏。② 自动存取，提高了劳动生产率，降低了劳动强度。同时，能方便地进入企业的物流系统，使企业物流更趋合理化。③ 科学储备，提高物料调节水平，加快储备资金周转。由于引入了计算机控制，对各种信息进行存储和管理，能减少处理过程中的差错，同时还能有效地利用仓库储存能力，便于清点，合理减少库存量，减少库存费用，降低占用资金。从整体上保障了资金流、物流、信息流与业务流的一致、畅通。

（一）立体仓库设计时需要考虑的因素

立体仓库设计时需要考虑的因素很多也很重要，如果选择不当，往往会走入误区。一般包含以下几方面：

1. 企业近期的发展 立体仓库设计一般要考虑企业3～5年的发展情况，但也不必考虑太久远的发展。如果投资巨大的立体仓库不能使用一段时间，甚至刚建成就满足不了需求，那么这座立体仓库是不成功的。但有些不需要建造立体仓库的公司，为了提高自身形象或其他原因，盲目建设立体仓库也是不可取的。

2. 选址 立体仓库设计要考虑城市规划企业布局以及物流整体运作。地址最好靠近港口、货运站等交通枢纽，或靠近生产线、原料产地或主要消费市场，以降低物流费用。同时，要考虑环境保护、城市规划等。

3. 库房面积与其他面积的分配 平面面积太小，立体仓库的高度就需要尽可能地高。立体仓库设计时往往会受到面积的限制，造成本身的物流路线迂回。立体仓库面积过小，为满足库容量的需求，只好向空间发展，货架越高，设备采购成本与运行成本就越高。此外，立体仓库内最优的物流路线是直线型。但因受面积的限制，结果往往是S

形的，甚至是网状的，迂回和交叉太多，增加了许多不必要的投入与麻烦。

4. 机械设备的吞吐能力 立体仓库内的机械设备就像人的心脏，机械设备吞吐能力不满足需要，就像人患了先天性心脏病。在兴建立体仓库时，通常的情况是吞吐能力过小或各环节的设备能力不匹配。理论的吞吐能力与实际存在差距，所以设计时无法全面考虑到。一般立体仓库的机械设备有巷道堆垛起重机机、连续输送机、高层货架。自动化程度高一点的还有 AGV（automated guided vehicles）、无人搬运车、自动导航车或激光导航车。这几种设备要匹配，而且要满足出入库的需要。一座立体仓库到底需要多少台堆垛机、输送机和 AGV 等，可以通过物流仿真系统来实现。

5. 人员与设备的匹配 人员素质跟不上，仓库的吞吐能力同样会降低。一些由传统仓储或运输企业向现代物流企业过渡的公司，立体仓库建成后往往人力资源跟不上。立体仓库的运作需要一定的人工劳动力和专业人才。一方面，人员的数量要合适，自动化程度再高的立体仓库也需要一部分人工劳动，人员不足会导致立体仓库效率的降低，但人员太多又会浪费人力。另一方面，人员素质要跟上，新建了立体仓库之后招聘与培训专业人才才能满足立体仓库的需求。

6. 库容量（包括缓存区） 库容量是立体仓库最重要的一个参数，由于库存周期受许多预料之外因素的影响，库存量的波峰值有时会大大超出立体仓库的实际容量。除考虑货架区容量外，缓存区面积也不容忽视，缓存区面积严重不足会造成货架区的货物出不来，库房外的货物进不去。

7. 系统数据的传输 立体仓库设计要考虑立体仓库内部以及与上下级管理系统间的信息传递。由于数据的传输路径或数据的冗余等原因，会造成系统数据传输速度慢，有的甚至会出现数据无法传输的现象。规模较大的公司，立体仓库管理系统（ASMCS）往往还有上级管理系统。

8. 整体运作能力 立体仓库的上游、下游以及其内部各子系统的协调，有一个木桶效应，最短的那一块木板决定了木桶的容量。虽然有的立体仓库采用了许多高科技产品，各种设施设备也十分齐全，但各种系统间协调性、兼容性不好，整体的运作会比预期的差很远。

（二）立体仓库设计的分类

自动化立体仓库是一个复杂的综合自动化系统，作为一种特定的仓库形式，一般有以下几种分类方式：

1. 按照建筑物形式分类

（1）整体式：是指货架除了存储货物以外，还作为建筑物的支撑结构，构成建筑物的一部分，即库房货架一体化结构，一般整体式高度在 12m 以上。这种仓库结构重量轻，整体性好，抗震好。

（2）分离式：分离式中存货物的货架在建筑物内部独立存在。分离式高度在 12m 以下，但也有 15～20m 的。适用于利用原有建筑物作为库房，或在厂房和仓库内单建一个高货架的场所。

2. 按照货物存取形式分类

（1）单元货架式：单元货架式是常见形式。货物先放在托盘或集装箱内，再装入单元货架的货位上。

（2）移动货架式：移动货架式由电动货架组成，货架可以在轨道上行走，由控制装置控制货架合拢和分离。作业时货架分开，在巷道中可进行作业；不作业时可将货架合拢，只留一条作业巷道，提高空间的利用率。

（3）拣选货架式：拣选货架式中分拣机构是其核心部分。“人到货前拣选”是拣选人员乘拣选式堆垛机到货格前，从货格中拣选所需数量的货物出库。“货到人处拣选”是将存有所需货物的托盘或货箱由堆垛机至拣选区，拣选人员按提货单的要求拣出所需货物，再将剩余的货物送回原地。

3. 按照货架构造形式分类

（1）单元货格式仓库：类似单元货架式，巷道占去了三分之一左右的面积。

（2）贯通式：为提高仓库利用率，可以取消位于各排货架之间的巷道，将个体货架合并，使每一层、同一列的货物互相贯通，形成能一次存放多货物单元的通道，而在另一端由出库起重机取货，成为贯通式仓库。根据货物单元在通道内的移动方式，贯通式仓库又可分为重力式货架仓库和穿梭小车式货架仓库。重力式货架仓库每个存货通道只能存放同一种货物，所以它适用于货物品种不太多而数量又相对较大的仓库。梭式小车可以由起重机从一个存货通道搬运到另一通道。

（3）水平旋转式仓库的货架：这类仓库本身可以在水平面内沿环形路线来回运行。每组货架由若干独立的货柜组成，用一台链式传送机将之串联。货柜下方有支撑滚轮，上部有导向滚轮。传送机运转时，货柜便相应运动。需要提取某种货物时，只需在操作台上给予出库指令。当货柜转到出货口时，货架停止运转。这种货架对于小件物品的拣选作业十分合适。它简便实用，充分利用空间，适用于作业频率要求不太高的场合。

（4）垂直旋转货架式仓库：与水平旋转货架式仓库相似，只是把水平面内的旋转改为垂直面内的旋转。这种货架特别适用于存放长卷状货物。

第二节　空调工程的设计

制药企业的采暖、通风、空调与净化工程几乎都离不开向厂房输送空气流，所输送的空气流若具有不同的特性就能达到不同的目的。例如冬天将空气加热用于厂房采暖，以一定的流量及形式送风则可将厂房内发生的粉尘、有害气体带走以保持符合安全、卫生标准的空气清新程度，用加热、制冷等手段调节厂房内的空气温度、湿度，以满足生产工艺、设备、产品、操作人员的要求等。洁净厂房对微尘、微生物浓度的要求也是通过对所输送空气进行净化来得到满足的。因此上述各项工程设计可归结为空调工程设计。

一、空调设计的依据

对于空调工程的设计，不是凭空设计的，而是由依据可循的。主要根据以下几方面来进行考虑设计的。

1. 生产工艺对空调工程提出的要求，包括车间各等级洁净区的送暖温度、湿度等参数，各区域的室内压力值，各厂房对空调的特殊要求，如GMP中对空调的要求。

2. 有关安全、卫生等对空调提出的要求。比如厂房的换风次数，其值的大小取决于易燃易爆气体、粉尘的爆炸极限范围或有害气体在厂房内的许可浓度。

3. 采暖、通风、空调与净化的有关设计、施工及验收范围。

二、空调工程设计的主要内容

根据上述设计依据，对空调的设计，通常包括：①除需考虑工艺、设备、GMP对温度与湿度的要求外，还要考虑操作者的舒适程度。室内温度与湿度值除与送风的温度、湿度值有关外，还取决于送入的风量，这是因为在生产厂房中物料、设备、操作者都可能释放热、湿、尘，根据物料、热量衡算方程，送风状态、产热产湿量、排风状态及送风量达到一定的平衡状态才确定了厂房的实际温度、湿度。② 空调厂房的送风量由于涉及热、湿、释放量的物料、热量衡算，安全、卫生所要求的换风次数等多个因素应从不同角度求得各自的送风量，然后再调整满足不同的要求。③ 厂房内不同洁净等级区域对空调的不同要求，主要表现在对空气中微尘、微生物浓度的不同要求。④ 特殊要求，如GMP（2010年修订）第四十六条要求青霉素类等高致敏性药品“必须使用专用和独立的厂房”“操作区域应保持相对负压”“排至室外废气应经净化处理并符合要求”等。

（一）空调系统的设计

按照系统的集中程度，空调系统一般有集中式、局部式与混合式之分。集中式空调系统又称中央空调系统，是将空调集中在一台空调机组中进行处理，通过风机及风管系统将调节好的空气送到建筑物的各个房间，此时可以使用不同等级的过滤器使送风达到不同的洁净等级，也可以借开关调节各室的送风量。集中空调系统的空气处理量大，机组占厂房面积大，须由专人操作，但运行可靠，调节参数稳定，较适合于大面积厂房，尤其是洁净厂房的调节要求，是首先考虑的方案。局部式空调系统则是将空调设备直接或就近安装在需要调节的房间内，功率、风量较小，安装方便，无需专人操作，使用灵活，作为局部、小面积厂房、实验室使用较合适，不适于大面积厂房。有时候为保持集中空调的长处，同时满足一些厂房的特殊需要，可采用混合式空调。

空调系统按是否利用房间排出的空气又可分为直流式和回风式。直流式是指全部使用室外新鲜空气（新风），在房间中使用过的废气处理后全部排至大气。具有操作简单，能较好保证室内空气中的微生物、微尘等指标，但浪费能源。回风是指厂房内置换出来的空气被送回空调机组再经喷雾室（一次回风）与新风混合进行空气处理或在喷雾室后进入（二次回风）与喷雾室出来的空气（大部分为新风）混合的空调流程。其优点在于节省能量，但在设计计算及操作上略显复杂，在 GMP 许可的情况下，应尽量考虑使用回风，但某些房间的排出空气经单独的除尘处理后不再利用。因此空调机组的新风吸入口与厂房废气排出口之间的距离以及上下风关系是空调设计需要考虑的问题之一。

（二）空调机组的负荷设计

空调机组进口端为室外新鲜空气，出口端为一定温度、湿度的经空调处理的空气。对某些特定产品的生产厂房，后者是不变的。但吸入的新风温度、湿度等参数受季节、气候、昼夜的影响，几乎时刻在变化，加之厂房对空调负荷的要求也时时变化，故空调机组的负荷也几乎总在变化。理论上讲机组的运行参数要经常调整，但可基本分为冬、夏两类。在空调机组中空气进行湿热处理的各种可能途径见表 8－1。既然空调机组的负荷随时都在变化，在选购空调机组时取什么样的负荷就十分重要，应当考虑空调机组运行时所处的最恶劣外界环境的最大负荷，这是空调的设计负荷或选购空调机组型号的依据。空调机组负荷要用多项指标表示：①送风量（m^3/h）；②喷水室的冷负荷（kW）；③空气加热器的热负荷（kW）；④各级过滤器的负荷。

表 8－1　空气湿热处理的各种方案

季节	处理方案
夏季	喷水室喷冷水 （或表面冷却器冷却）　冷却减湿→加热器等湿加热
	固体吸湿剂减湿→表面冷却器等湿冷却
	液体吸湿剂减湿冷却
冬季	加热器等湿预热→喷蒸汽等温加湿→加热器等湿再加热
	加热器等湿预热→喷水绝热加温→加热器等湿再加热
	加热器等湿预热→加热器等温再加湿
	喷热水加热湿→加热器等湿再加热
	加热器等湿预热→部分未加湿空气 喷水绝热加湿　→混合气体

（三）空气输导与分布装置的设计

空气输导与分布装置的设计是空调设计的内容之一，主要应从以下三方面加以考虑。

1. 送风机　仍以流量（m^3/h）、风管阻力计算而得的风机风压为主要选择依据。

2. 通风管系统　风管一般布置在吊顶的上面，对洁净车间又称为技术夹层。风管材料有金属、硬聚氯乙烯、玻璃钢、砖或混凝土等；管道形状有圆形、矩形等。矩形管与风机、过滤器的连接比较方便，使用较多，具体规格可查阅有关工具书。通风主管与各支管截面积的确定原理与复杂管路系统的计算一样，也应考虑最佳气流速度。风阀是启闭或调节风量的控制装置，常用插板式、蝶式、三通调节风阀以及多叶风阀等。

3. 送风口 药厂各处所设置的送风口尺寸、数量、位置等要根据需要来确定。洁净室的气流组织形式一般分为乱流（即涡流）与平行流两种。经过多年的实践，现行的气流均采用顶送侧下回的形式。基本已经抛弃了顶送顶回的形式，现在关键的问题是采取单侧回还是双侧回及送风口的位置个数。

空气自送风口进入房间后先形成射入气流，流向房间回风口的是平行流气流，而在房间内局部空间内回旋的涡流气流。一般的空调房间都是为了达到均匀的温湿度而采用紊流度大的气流方式，使射流同室内原有空气充分混合并把工作区置于空气得以充分混合的混流区内。而洁净空调为了使工作区获得低而均匀的含尘浓度，则要最大限度地减少涡流，使射入气流经过最短流程尽快覆盖工作区。希望气流方向能与尘埃的重力沉降方向一致，使平行流气流能有效地将室内灰尘排至室外。实验证明上送下单侧回，会增加乱流洁净室涡流区，增加交叉污染机会。无回风口一侧，由于处于有回风口一侧生产区的上风向将成为后者的污染源。在室宽超过 3m 的空间内宜采用双侧回风。而在＜3m 的空间内生产线只能布置一条，采用单侧回风也是可行的。这时只要将回风口布置在操作人员一侧，就能有效地将操作人员发出的尘粒及时地从回风口排出室外。

送风口的设置是同样的道理，送风口的数目过少，也会导致涡流区加大。因此，适当增加送风口的数目，就相当于同样风量条件下增加了送风面积，可以获得最小的气流区污染度。就一个人员相对停留少的某些房间诸如存放间、缓冲间、内走廊等没有必要增加送风口个数，只需按常规布置即可。而对那些人员流动较大，比较重要的洁净房间，诸如干燥间、内包间等，则可以适当增加风口个数，对保证洁净度是大有好处的。

三、洁净空调系统的节能措施

节能是我国可持续发展战略中的重要政策，长期以来，药厂洁净室设计中的节能问题尚未引起高度重视。随着我国 GMP 达标的药厂洁净室建设规模正在迅速发展与扩大。而洁净空调是一种初投资大、运行费用高、能耗多的工程项目，其与能源、环保等方面的关系尤为突出。尤其在当前，在工程的设计、施工、运行诸阶段对节能问题缺乏应有的重视，更加重了洁净空调的高运行费用和高能耗的问题。因此，从药厂洁净室设计上采取有力措施降低能耗，节约能源，已经到了刻不容缓的地步。

（一）减少冷热源能耗的措施

采取适宜的措施减少冷热源能耗，可达到节能和降低生产成本的双重目的。具体措施包括确定适宜的室内温湿度、选用必要的最小的新风量和采用热回收装置、利用二次回风节省热能以及加强对工艺热设备、风管、蒸汽管、冷热水管及送风口静压箱的绝热等措施。

1. 设计合理的车间型式及工艺设备 洁净厂房以建造单层大框架、正方形大面积厂房最佳。其显著优点首先是外墙面积最小，能耗少，可节约建筑、冷热负荷投资和设备运转费用。其次是控制和减少窗/墙比，加强门窗构造气密性要求。此外，在有高温差的洁净室设置隔热层，围护结构采取隔热性能和气密性好的材料及构造，建筑外墙内侧保温或夹芯保温复合墙板，在湿度控制房间要有良好防潮的密封室，以达到节能目的。

药厂洁净室工艺装备的设计和选型，在满足机械化、自动化、程控化和智能化的同时，必须实现工艺设备的节能化。如在水针剂方面，设计入墙层流式新型针剂灌装设备，机器与无菌室墙壁连接在一起，维修在非无菌区进行，不影响无菌环境，机器占地面积小，减少了洁净车间中A级平行流所需的空间，减少了工程投资费用，减少了人员对环境洁净度的影响，大大节约了能源。同时，采取必要技术措施，减少生产设备的排热量，降低排风量。加强洁净室内生产设备和管道的隔热保温措施，尽量减少排热量，降低能耗。

2. 确定适宜的室内温湿度 洁净室温湿度的确定，既要满足工艺要求，又要最大程度地节省能耗。室内温湿度主要根据工艺要求和人体舒适要求而定。《药品生产质量管理规范》(2010年修订）中要求洁净室内温度控制在18～26℃，湿度控制在45%～65%。对于一般无菌室内温度考虑到抑制细菌生长及生产人员穿无菌服等情况，夏季应取较低温度，为20～30℃，而一般非无菌室温度为24～26℃。考虑到室内相对湿度过高易长霉菌，不利洁净环境要求，过低则易产生静电使人体感觉不适等因素，所以一般易吸潮药品室内湿度为45%～50%，固体制剂药品为50%～55%，水针、口服液等为55%～65%。夏季室内相对湿度要求愈低，能耗愈大，所以设计时，在满足工艺要求的情况下，室内湿度尽量取上限，以便能更多地节省冷量。据测算，当洁净室换气次数为20次/小时，室温为25℃，室内相对湿度由55%提高至60%时，系统冷量约可节省15%。

由于气象条件的多变，室外空气的参数也是多变的，而洁净空调设计时是以“室外计算参数”作为标准及系统处于最不利状况下考虑的，因此，在某些时期必然存在能源上的浪费。对空调系统进行自动控制，其节能效果显而易见。洁净空调的自动控制系统主要由温度传感器（新风、回风、送风、冷上水）、湿度传感器（新风、回风、送风、室内)、压力传感器（送风、回风、室内、冷回水、蒸汽）、压差开关报警器（过滤器、风机)、阀门驱动器（新风、回风)、水量调节阀、蒸汽调节阀（加热、加湿)、流量计（冷水、蒸汽)、风机电机变频器等自控元器件组成，以实现温湿度的显示与自控，风量风压的稳定，过滤器及风机前后压差报警，换热器水量控制，新回风量自控等功能。

3. 选用必要的最小的新风量和采用热回收装置以减少新风热湿处理能耗 在洁净室热负荷中，新风负荷为最大要素。合理确定必要的最小新风量，能大大降低处理新风能耗。一般新风量由下面三项比较后取最大值：①洁净区内人员卫生要求每人不小于40m^3/h；② 维持洁净区正压条件下漏风量与排风量之和；③各种不同等级洁净的最小新风比：C级为30%；B级为20%；A级为2%～4%。对于制药厂③的值一般为最大，但对固体制剂通常②为最大值，因为如果片剂生产中，工艺设备的生产、物料的输送、设备的加出料时均散发出大量粉尘，使得回风无法利用或回风量较小，空调系统只能采用近乎直流系统，所以必须加强部分岗位局部净化或排风除尘或隔离技术等手段，将排风量降至比较经济程度，以减小过大的新风量。

新风负荷是净化空调系统能耗中的主要组成部分，因此，在满足生产工艺和操作人员需要的情况下以及在GMP允许的范围内，应尽可能采用低的新风比。洁净空间内的回风温度、湿度接近送风温湿度要求，而且较新风要洁净。因此，能回风的净化系统，应尽可能多地采用回风以提高系统的回风利用量。不能回风或采取少量回风的系统，在组合式空调机组加装热交换器来回收排风中的有效热能，提高热能利用率，节省新风负荷，这也是一项极为重要的节能措施。特别是对采用直排式空调系统（即全部不回风）或排风量较大剂型如固体制剂，若在空调机组内设置能量回收段是一种较好的、切实可行的节能措施。当然，只有工艺设备处于良好运行状态下、粉尘的散发得到控制的情况下利用回风才有节能效果，如果区内大部分房间都难以控制粉尘的大量散发，采用回风处理的方式是否经济就成疑问了。因此，还应对工艺及设备的操作和运行情况进行综合考虑，以确定采用回风方案是否经济合理。当采用回风的节能方案后，虽然要增加对回风进行处理的空气过滤器和风机等设备费用，但可以减少冷冻机、水泵、冷却塔、热水制备和水管路系统的配置费用，可以减少设备的投资费。由此看来，在利用回风后，在初投资和运行费上都有不同程度的降低，其经济效益是显而易见的。

能量回收段的实质就是一个热交换器，即在排风的同时，利用热交换的原理，把排气的能量回收，进入到新风中，相当于使新风得到了预处理。根据热交换方式的不同，能量回收段分为转轮式、管式两种。

转轮式热交换器，主要构件是由经特殊处理的铝箔、特种纸、非金属膜做成的蜂窝状转轮和驱动转轮的传动装置，转轮下半部通过新风，上半部通过室内排风（图8-5）。冬季，排风温湿度高于新风，排风经过转轮时，转芯材质温度升高，水分含量增多；当转芯经过清洗扇转至与新风接触时，转芯便向新风释放热量与水分，使新风升温增湿。夏季则相反。转轮式热交换器又分为吸湿的全热交换方式和不吸湿的显热交换方式两种。热交换效率（即能量回收率）最大可达80%以上。但由于存在“交叉污染”的可能性，转轮式热交换器排风侧的空气压力必须低于进风侧。目前转轮式余热交换器用在净化空调上非常合适，为防止排风中的异味及细菌在换热过程中向新风中转移，在排风侧与送风侧间设有角度为100°的扇形净化器，以防空气污染。

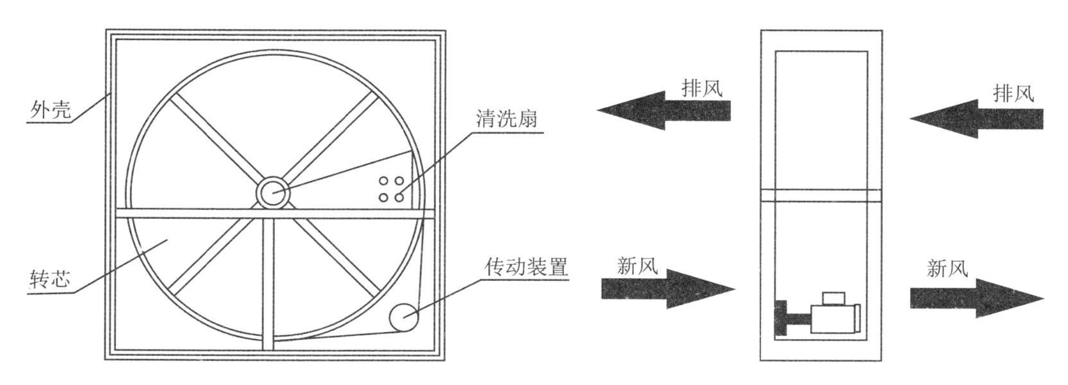

图8-5 轮转式热交换器结构简图

管式热交换器也有两种，一种是热管式，即单根热管（一般为传热好的铜、铝材料）两端密封并抽真空，热管内充填相变工质（如氟利昂或氨）。热管一般为竖直安装，中间分隔，一段起蒸发器、一段起冷凝器的作用。以充填氨的铝热管为例（夏季），上部通过冷的排气，下部通过进气；底部的氨液蒸发，使进风预冷，蒸发的氨气在热管上部被排风冷却成氨液，这样自然循环。另一种是盘管式，两组盘管分离式安装，即空调机组内除了原有的表冷、加热段外，分别在送、排风机组内设置盘管式换热器，之间用管道连接，内部用泵循环乙二醇等载冷剂，以回收排风的部分能量。显热回收率可达40%～60%。与转轮式相比，盘管式热交换器的优点在于不会产生“交叉污染”，新风、排风机组可以不在一处，布置时较方便。其原理见图 8－6。

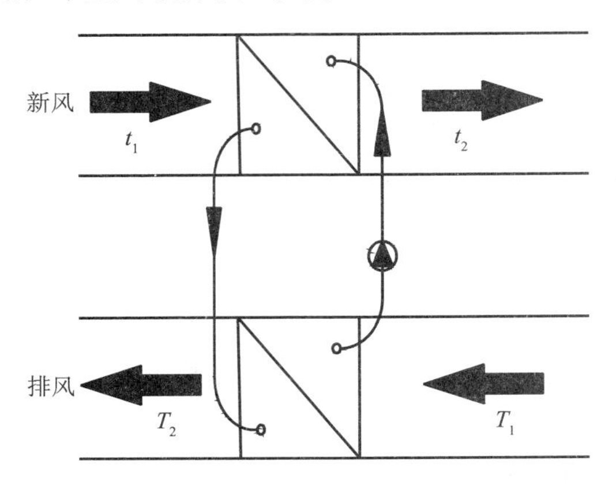

图 8－6　盘管式热交换器原理图

能量回收段的热交换效率（能量回收率），是进气参数的变化量与进排气入口的参数差之比（以图 8－6 为例），可表示为：

$$\eta = (t_1 - t_2) / (t_1 - T_1) \tag{8-1}$$

对于全热换热器的能量回收率，则用焓差计算。

4. 利用二次回风节省热能　药厂净化空调的特点是净化面积大，净化级别要求高。设计中多采用一次回风系统，使之满足用户对室内洁净度、温湿度、风量、风压的要求，且一次回风系统设计及计算简单，风道布置简单，系统调试也简单。与之相比，二次回风系统要相对复杂得多。但使用一次回风系统，由于全部送风量经过空调机组处理，空调机组型号大，设备和施工费用及运行费用相应提高。而二次回风系统，只有部分风量经空调机组处理，空调机组承担的风量、冷量都少，型号小，初投资及运行费用都相应减少，有较为明显的节能效果。因此，如果在可用二次回风系统的场合使用一次回风，就会造成药厂资金（包括初投资和运行费用）的浪费。在送风量大的净化空调工程中，二次回风系统比一次回风系统节能显著，应优先采用。

5. 加强对工艺热设备、风管、蒸汽管、冷热水管及送风口静压箱的绝热措施　在绝热施工中，要注重施工质量，确保绝热保温达到设计要求，起到节能和提高经济效益的目的。对于风管，常常出现绝热板材表面不平，相互接触间隙过大和不严密，保温钉分布不均匀，外面压板未压紧绝热板，保护层破坏等造成绝热不好等情况。对于水管，主要是管壳绝热层与管子未压紧密，接缝处未闭合，缝隙过大等影响绝热效果。

可用于洁净空调风管及换热段配管的保温材料很多，通常有用于保热的岩棉、硅酸铝、泡沫石棉、超细玻璃棉等；用于保冷的有超细玻璃棉、橡胶海绵（NBR-PVC）聚苯乙烯和聚乙烯等。目前，在风管保温中常用的新型保温材料有超细玻璃棉、橡胶海绵（NBR-PVC）。这两种保温材料，除保温效果较好外，还具有良好的不燃或阻燃性能，安装也比较简单。如橡胶海绵（NBR-PVC）保温材料，热传导系数为 0.037W/(m^2·K)，浸没 28 天吸水率<4%，氧指数≥33，燃烧性能达到难燃的 B1 级。橡胶海绵（NBR-PVC）安装也极为简单，风管外壁清洁后涂以专用胶水，再将裁好的橡胶海绵（NBR-PVC）材料粘平即可，无需防水、防潮层。该保温材料外观效果好，但价格稍贵。

静压箱风口保温有两种：一种在现场静压箱安装完成后，再在静压箱外进行保温，此种保温效果和质量依现场施工质量而定。另一种为保温消声静压箱风口，一般由外层钢板箱体、保温吸声材料、防尘膜、穿孔钢板内壳组成，整体性强，保温效果好，比较好地解决了箱体的绝热保温问题。从文献中可知，最小规格高效过滤器送风口静压箱在无保温的情况下，能耗大体占该风口冷热能量的 10.3%，可见静压箱保温很重要。

（二）减少输送动力能耗方面的措施

减少药厂洁净空调的运行费用、能耗问题，不仅可以采取减少适宜的冷热源能耗的措施，还可以采取减少输送动力能耗方面的措施来达到节能和降低生产成本的双重目的。

1. 减少净化空调系统的送风量　采取适当的措施减少净化空气的送风量，可以减少输送方面的动能损耗，从而达到节能的目的。

（1）合理确定洁净区面积和空气洁净度等级：药厂洁净室设计中对空气洁净度等级标准的确定应在生产合格产品的前提下，综合考虑工艺生产能力情况、设备的大小、操作方式和前后生产工序的连接方式、操作人员的多少、设备自动化程度、设备检修空间以及设备清洗方式等因素，以保证投资最省、运行费用最少、最为节能的总要求。减少洁净空间体积特别是减少高级别洁净室体积是实现节能的快捷有效的重要途径，洁净空间的减少，意味着降低风量比，可降低换气次数以减少送风动力消耗。因此，应按不同的空气洁净度等级要求分别集中布置，尽最大努力减少洁净室的面积，同时，洁净度要求高的洁净室尽量靠近空调机房布置，以减少管线长度，减少能量损耗。此外，采取就低不就高的原则，确定最小生产空间。一是按生产要求确定净化等级，如对注射剂的稀配为 B 级，而浓配对环境要求不高，可定为 C 级。二是对洁净要求高、操作岗位相对固定场所允许使用局部净化措施。如大输液的灌封等均可在 B 级背景下局部 A 级的生产环境下操作。三是生产条件变化下允许对生产环境洁净要求的调整。如注射剂的稀配为 B 级，当采用密闭系统时生产环境可为 C 级。四是降低某些药品生产环境的洁净级别。如原按 C 级执行的口服固体制剂等生产均可在 D 级环境下生产。实际上有不少情况不必无限制地提高标准，因为提高标准将增加送风量，提高运行成本。据估算，洁净区 B 级电耗是 C 级的 2.5 倍，年运转费是基建设备投资的 6%～18%，改造后产品动力成本比改造前要高 2～4 倍。因此，合理确定净化级别，对于企业降低生产成本是十分重要的。

（2）灵活采用局部净化设施代替全室高净化级别：减少洁净空间体积的实用技术之一是建立洁净隧道或隧道式洁净室来达到满足生产对高洁净度环境要求和节能的双重目的。洁净工艺区空间缩小到最低限度，风量大大减少。还可采用洁净隧道层流罩装置抵抗洁净度低的操作区对洁净度高的工艺区可能存在的干扰与污染，而不是通过提高截面风速或罩子面积提高洁净度。在同样总风量下，可以扩大罩前洁净截面积 5～6 倍。与此同时在工艺生产局部要求洁净级别高的操作部位，可充分利用洁净工作台、自净器、层流罩、洁净隧道以及净化小室等措施，实行局部气流保护来维持该区域的高净化级别要求。此外，还可控制人员发尘对洁净区域的影响，如采用带水平气流的胶囊灌装室或粉碎室，带层流的称量工作台以及带层流装置的灌封机等，都可以减轻洁净空调系统负荷，减少该房间维持高净化级别要求的送风量。

（3）减少室内粉尘及合理控制室内空气的排放：药品生产中常常会产生大量粉尘，或散发出热湿气体，或释放有机溶媒等有害物质，若不及时排除，可能会污染其他药物，对操作人员也会造成危害。

对于固体制剂，发尘量大的设备如粉碎、过筛、称量、混合、制粒、干燥、压片、包衣等设备应采取局部防排尘措施，将其发尘量减少到最低程度。而没有必要将这些房间回风全部排掉，而大大损失能量；或单纯依靠净化空调来维持该室内所需洁净要求，其能耗费用要比维持 A 级费用还要大。为了减少局部除尘排风浪费掉的大量能源，可选择高效、性能良好的除尘装置。

（4）加强密封处理，减少空调系统的漏风量：由于药厂净化空调系统比一般空调系统压头大一倍，故对其严密性有较高要求，否则系统漏风造成电能、冷热能的大大损失。我们知道，风机的轴功率与风机风量三次方成正比，即

$$N_2/N_1 = [(1+\varepsilon_2)/(1+\varepsilon_1)]^3 \tag{8-2}$$

式中，N_2、N_1 — 为风机工况 1 和工况 2 的功率；

ε_2、ε_1 —分别为风机工况 1 和工况 2 漏风率。

如果把工况 2 的漏风率从 10%、15%、20%降到工况 1 的 5%时，设工况 1 的功率 $N_1=1$，则由式（8-2）可计算出节省风机轴功率分别为 15%、31.4%、49.3%，还未计空气处理时的冷热能耗。由此可见，有效地控制空调系统的漏风量，就能减小轴功率和随漏风量带走的冷热能量。

关于空调机组的漏风量国家标准规定，用于净化空调系统的机组：内静压应保持 1000Pa，洁净度＜1000 级时，机组漏风率≤2%，洁净度≥1000 级时，机组漏风率不大 1%。但从施工现场空调机组的安装情况看，有的仍难以满足此要求。因此，需要加强现场安装监督管理，按相关规范标准要求的方法进行现场漏风检测，采取必要措施控制机组的漏风率。

目前，国内通风与空调工程风管漏风率比较保守的和公认的数值为 10%～20%。对于风管系统控制漏风的重要环节是施工现场，应从风管的制作、安装及检验上层层把关。主要关键工序是风管的咬合，法兰翻边及法兰之间的密封程度，静压箱与房间吊顶

连接处的密封处理，各类阀件与测量孔如蝶阀、多叶阀、防火阀的转轴处的密封，风量测量孔、入孔等周边与风管连接处等，这些部位有的可通过检验，找出缺陷之处，有的无法测出，只能靠严格监督检查，严格要求，才能保证。

国内有关规范对于风管系统的漏风检查方法有两种，即漏光法和漏风试验法。漏光法在要求不高的风管系统使用，无法检查出漏风量多少。漏风试验法在要求较高的风管系统使用，可检查出风管系统的漏风量大小。对于药厂净化空调风管一般为中压系统，GB50243－97 中规定，中压风管工作压力为 1000～1500Pa 时，则系统风管单位面积允许漏风量指标为 3.14～4.08m^3/（h·m^2）。关于洁净房间的漏风问题，GB50243－97 中规定，装配式洁净室组装完毕后，应做漏风量测试，当室内静压为 100Pa 时，漏风量不大于 2m^3/（h·m^2）。现场洁净室装修时，吊顶或隔墙上开孔，如送风口、回风口、灯具、感烟探头的安装处、各类管道的穿孔处等以及门窗的缝隙等都存在一定的漏风量，施工安装时，所有缝隙均要采取密封处理，确保洁净室的严密性。

（5）在保证洁净效果的前提下采用较低的换气次数：在医药行业，新的《药品生产质量管理规范》中，对各洁净级别的换气次数没有做相应的规定，设计人员不应照搬以前的 GMP 或所谓的设计经验，一味地扩大换气次数，而应紧密结合当地的大气含尘情况以及工程的装修效果，合理确定换气次数。在南方等城市，室外大气含尘浓度低或者工程项目的装修标准较高。室内尘粒少、工艺本身又较先进，这类项目的洁净空调可以适当降低换气次数。《洁净厂房设计规范》GBJ73－84 中关于换气次数的推荐只能作为设计时的参考，而不是必须遵守的规定。

换气次数与生产工艺、设备先进程度及布置情况、洁净室尺寸和形状以及人员密度等密切相关。如对于布置普通安瓿灌封机的房间就需要较高的换气次数，而对于布置带有空气净化装置的洗灌封联动机的水针生产房间，就只需较低换气次数即可保持相同的洁净度。可见，在保证洁净效果的前提下，减少换气次数，减少送风量是节能的重要手段之一。

（6）设计适宜的照明强度：药厂洁净室照明应以能满足工人生理、心理上的要求为依据。对于高照度操作点可以采用局部照明，而不宜提高整个车间的最低照度标准。同时，非生产房间照明应低于生产房间，但以不低于 100lx 为宜。根据日本工业标准照度级别，中精密度操作定为 200lx，而药厂操作不会超过中精密操作。因此，把最低照度从大于 300lx 降到 150lx 是合适的，可节约一半能量。

2. 减少空调系统的阻力 减少输送方面的动能损耗，不仅可以通过减少净化空气的送风量，还可以采取适宜措施减小空调系统的阻力来实现。

（1）缩短风管半径，使净化风管系统路线最短：在工艺平面布置时，尽量将有净化要求的房间集中布置在一起，避免太分散。另外，应使空调机房紧靠洁净区，尤其使高净化级别区域尽量靠近空调机房。这样，使得送回风管路径最短捷，管路阻力最小，相应漏风量也最低。

（2）采用低阻力的送风口过滤器：对于药厂 D 级、C 级的固体制剂及液体制剂车间送风口末端的过滤器能用低阻力亚高效过滤器满足要求的，就不用阻力较高的高效过滤器，可节省大量的动力损耗。有文献介绍了一种驻极体静电空气过滤器，该过滤材料主要通过熔喷聚丙烯纤维生产时，电荷被埋入纤维中形成驻极体。滤材型号为 ECF－1，重量为 220g/ m^2，厚度为 4mm，滤速范围为 0.2～8m /s，初阻力范围为 18.5～91.2Pa，计数过滤效率：97.01%～87.10%（≥1μm)，100%（≥5μm)。其滤速、阻力和价格（≥15 元/平方米）相当于初效过滤器，但其效率已经达到了高中效空气过滤器的要求。该种滤材可大大降低系统中的阻力，从而节省大量的动力能耗，降低了运行费用，因此取得很好的经济效益。

（3）采用变频控制装置，节省风机功率消耗：目前，电机变频调速广泛使用于净化空调系统中以保持风量恒定。但系统中各级过滤器随着运行时间的延长，在过滤器上的尘埃量集聚逐渐增多，使其阻力上升，整个送风系统阻力发生变化，从而导致风量的变化。而风机压力往往是按照各级过滤器最终阻力之和，即最大阻力设计的，其运行时间仅仅在有限的一段时间内。空调系统运行初始状态时，由于各级阻力较小，当风机转速不变时，风量将会过大，此时，只能调节送风阀，增加系统阻力，保持风量恒定。对于调节风量采用变频器比手动调节风阀更显示其优越性。国外资料表明，当工作位于最大流量的 80%时，使用风阀将消耗电机能量的 95% ，而变频器消耗 51%，差不多是风阀的一半；当气流量降到 50%时，变频器只消耗 15%，风阀消耗 73%，风阀消耗的能量几乎是变频器的四倍。在风量调节中，采用变频调速器，虽然增加了投资，但节约了运行费用，减少了风机的运行动力消耗，综合考虑是经济和合理的，而且有利于室内空气参数的调节与控制。

（4）选择方便拆卸、易清洗的回风口过滤器：影响室内空气品质的因素很多，系统的优化设计、新风量、设备性能等都能对空气品质产生重要影响，要改善室内空气品质，就要从空气循环经过的每一个环节上进行控制。回风口的过滤作用往往是被忽视的一个重要环节。回风口是空调、净化工程中必备的部件之一，在工程中由于其造价占用比例较小，结构简单，很难引起设计人员及使用者的注意，通常把它作为小产品，只注意它的外观装饰作用而忽略了它的使用功能。其实，回风口的过滤器性能对于保持空调、净化环境符合要求是十分重要的。它的材质优劣影响其叶片的变形程度，从而影响回风阻力及美观，表面处理不当使易积灰尘面不易清洁，表面氧化不彻底还能引起不均匀泛黑等。

在洁净工程中，提高回风口过滤器的效率有助于防止不同车间污染物交叉污染的程度，并延长中、高效过滤器的使用寿命。回风口过滤器应能方便拆卸更换，不影响整个空调系统的运行，便于分散管理和控制。回风口过滤器过滤效率提高将使其阻力增大。国外部分设计通常采用增大回风口面积的方式来减少回风速度，从而抵消对风机压头的要求，在经济上是合理的。目前市场上的过滤材料较多，足以满足过滤效率的要求，但有些风口的结构很难拆卸更换过滤网，使过滤材料的选用受到限制。部分可开式回风口在结构上不合理，密封不严，达不到要求或没有好的连接件，易松驰、锈蚀、阻塞。碰珠式可开风口在开启时用力太大，易损坏装饰面，并使风口变形。

目前，部分厂商生产的组合式风口针对上述问题做了改进，能方便地拆卸过滤器，并增大了回风过滤效率。这种风口由外框、内置风口、连锁件构成，安装时将外框固定在天花板或墙体上，然后将内置风口装在外框中，连锁件自动将内置风口锁紧。其连锁件是一种迂回止动件，轻推内置风口锁紧，再次轻推则解锁，解锁后可取下整个内置风口，过滤器安装于外框喉部，用连锁件与外框锁紧，用同样方式可取下清洗、更换滤材。此过程不需任何工具，也不需专业人员操作，为工程交付后使用方的维护管理提供了极大方便。洁净空调可根据不同净化要求选用不同的滤材。选用时可将生产工艺及要求提供给生产企业，也可根据生产企业的产品说明选用。通常配以双层尼龙网或锦纶网，也可采用无纺布。部分要求较高的场所，可选锦纶网，也可采用无纺布。部分要求更高的场所，可选用活性炭纤维网、纳米纤维滤材，起到杀菌消毒、祛除异味等作用。

总之，药厂洁净室设计中的节能技术涉及面广，知识综合性强，须高度重视。医药产品的竞争最终是质量、技术和成本的竞争。药厂洁净室的合理设计，将会为我国医药产品竞争能力的提升做出重大贡献。

四、净化空调设计实例

实例一　综合制剂车间洁净空调系统设计

1. 工程概况　该综合制剂车间总建筑面积 2519m^2，洁净区域面积 686m^2，建筑高度 6.7m。洁净空调系统采用集中式单风机系统，该车间洁净度等级为 C 级。

2. 主要设计参数

（1）空调室外设计参数见表 8-2。

表 8-2　空调室外设计参数

	干球温度（℃）	湿球温度（℃）	相对湿度（%）	大气压力（10^5Pa）
夏季	35.2	28.2		1.0017
冬季	−5		76	1.0233

（2）室内设计参数：室内设计参数根据《医药工业洁净厂房设计规范》和生产工艺要求来确定。综合制剂车间 C 级净化区域设计温度：夏季 22～26℃，冬季 18～22℃；相对湿度：夏季 45%～65%，冬季 45%～65%。

3. 综合制剂车间平面布局　洁净厂房的设计原则是控制污染源对药品的污染，切实找到多种污染物（如人员、机器及其他生产设备、原材料与经过加工的原材料等）的传播途径和规律，分清主次，采取相应的措施去限制仓库污染物的传播，重要地方尽量减少人流、物流污染。

4. 洁净空调系统设计　合理的洁净空调系统是使整个洁净生产车间处于受控状态的重要保障。洁净车间不但要求洁净空调系统能够控制车间内的温度、温度、洁净度，提供室内人员所需新风量，维持室内合理的气流流向和各房间合理、有序的压力梯度；同时还要能及时排出房间内散发的有毒、有害、易燃易爆气体，并且根据排出气体的不同性质，在排风系统中设置排风过滤装置或排风净化处理装置，消除排风对室外大气环境的污染。

该车间洁净空调系统采用一次回风系统，空气处理流程如图 8－7 所示。

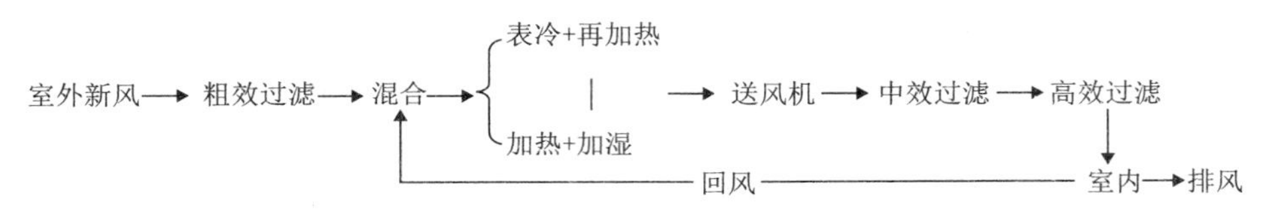

图 8－7 空气处理流程

（1）洁净空调系统设计计算步骤：洁净空调系统的设计计算是整个设计中极其重要的一个环节，设计计算一般步骤如下：①根据工艺要求确定洁净室的洁净度等级，选择气流流型，并决定采用全室空气净化还是局部空气净化；②计算洁净室的冷热负荷；③计算新风量；④计算送风量（计算保证空气洁净度等级需要的送风量，并计算消除室内热湿负荷需要的送风量以及满足新风量需求的送风量进行校核，按最大风量进行调整）；⑤根据送风量、冷热负荷和选择的气流组织形式，计算气流组织各相关参数；⑥确定空气加热、冷却、加湿、除湿等处理方案；⑦根据工艺要求计算空调机组处理风量及洁净室循环风量；⑧计算总的冷热负荷，选择空气处理设备。

（2）洁净室负荷计算：通常情况下，洁净室处于建筑内区，围护结构引起的冷负荷 Q 可按式（8－3）计算：

$$Q = K \cdot F(t_{wp} + \Delta t_{1s} - t_n) \tag{8-3}$$

式中，K —内围护结构（如内墙、楼板等）的传热系数，W/（m^2 · ℃）；

F —内围护结构的面积，m^2；

t_{wp}—夏季空调室外计算日平均温度，℃；

Δt_{1s}—邻室温升，℃，可按表 8－3 选取；

t_n—室内计算温度，℃。

表 8－3 邻室温升

邻室散热量（W/m²）	Δt_{1s}（℃）
很少（如办公室、走廊）	0
<23	3
23～116	5

经计算，该工程总冷负荷为 283 kW，总热负荷为 265 kW，总加湿量为 125 kg/h。

（3）洁净室新风量、送风量、回风量计算：洁净空调系统的风量计算是设计计算中最重要的环节之一，由于产尘量很难进行准确计算，且室内微粒的分布不均匀，因此洁净室工程实际设计中很难应用公式进行风量计算，应依据规范、设计手册并结合工程实际情况进行合理分析后选取适宜的参数。

①洁净室新风量计算：《医药工业洁净厂房设计规范》规定，医药洁净室（区）内的新鲜空气量，应取下列最大值：补偿室内排风量和保持室内正压所需新鲜空气量；室内每人新鲜空气量不应小于 40m³/h；通常洁净空调系统比普通空调系统的新风比稍大，可达到总风量的 40%以上。经计算，该工程总新风量为 16027m³/h，新风比为 45.7%。

②洁净室送风量计算：洁净室的送风量计算不同于一般的空调房间，因为经过滤处理送入洁净室内的清洁空气除要保证室内温湿度满足要求外，还要稀释室内的污染物，以维持室内的空气洁净度，并且要保证室内的新风要求。因此洁净室内的送风量应取下列最大值：为保证空气洁净度等级需要的送风量；根据热湿负荷计算确定的送风量；向洁净室内供给的新风量。保证空气洁净度等级所需送风量的计算，一般均采用《医药工业洁净厂房设计规范》所规定的不同级别的非单向流洁净室所需的经验换气次数。该工程洁净度等级为C级的洁净区域，由于人员密度小，取换气次数为15次/小时。经计算，该工程总送风量为35098m³/h。

③洁净室回风量计算：在洁净空调系统运行中，洁净室内送风量与出风量平衡，即洁净室的送风量等于回风量与新风量之和，由风量平衡关系就可以求得回风量。经计算，该工程总回风量为19071m³/h。

(4) 洁净室压差控制：使厂房外环境与洁净室之间、洁净度不同的洁净室之间或洁净室与一般房间保持适当的压差值，目的是保证洁净室在正常工作或空气平衡暂时受到破坏时，洁净室免受邻室的污染或污染邻室。

①洁净室各房间之间压差：根据《医药工业洁净厂房设计规范》要求，洁净室与周围的空间必须维持一定的压差，并应按生产工艺的要求确定维持正压差或负压差。不同洁净度等级的洁净室以及洁净区与非洁净区之间的压差不应小于5Pa，洁净区与室外大气的压差不应小于10Pa。

②保持洁净室正压所需渗透风量计算：国内外保持洁净室正压所需的渗透风量多数是采用房间换气次数估算的，当压差值为5Pa时，渗透风量对应的换气次数为1～2次/小时；当压差值为10Pa时，对应的换气次数为2～4次/小时。因为洁净室渗透风量的大小与洁净室围护结构的气密性及维持的压差值相关，所以在选取换气次数时，对于气密性差的房间可以取上限，气密性好的房间可取下限。经计算，该工程保持室内正压值所需的总渗透风量为4030m³/h。

该工程的风量汇总见表8-4。

表8-4　风量汇总（m³/h）

送风量	回风量	满足洁净室要求的新风量	排风量	保持正压所需渗透风量	新风量
35098	19071	2320	11997	4030	16207

(5) 洁净室气流组织设计：合理的气流组织设计是指通过送风口与回风口位置、大小、形式的精心设计，使室内气流沿一定方向流动，防止死角及造成二次污染。空气洁净度为A级时，气流应采用单向流流型；空气洁净度为B级、C级和D级时，气流应采用非单向流。

该工程洁净度级别为C级，气流组织采用顶送风下侧回风的非单向流形式，设回风柱与排风柱进行回排风。

实例二　某药厂无菌制剂车间空调系统设计

1. 工程概况　本案例项目位于深圳，生产建筑物分为地下一层、地上六层，其中

二、三层为活性冻干粉针剂生产线，四层为小容量注射剂生产线，其余楼层则为该无菌制剂项目配套服务生产区。建筑耐火等级为一级，生产类别丙类（局部甲类）。

2. 室外气象参数 夏季空调计算干球温度：33.7℃；夏季空调计算湿球温度：27.5℃；夏季通风干球温度：31.0℃；夏季平均风速：2.1m/s；夏季大气压力：100340Pa；冬季空调计算干球温度：6.0℃；冬季空调计算相对湿度：72%；冬季通风干球温度：13.0℃；冬季平均风速：3.0m/s；冬季大气压力：101760Pa。

3. 室内设计参数

表8-5 AHU—3净化空调系统设计方案比较

洁净级别	温度（℃）		相对湿度（%）		换气次数
	夏季	冬季	夏季	冬季	
D级	24±2	20±2	60±5	55±5	≥15
C级	22±2	22±2	55±5	50±5	≥25
B级	21±2	22±2	55±5	50±5	70
A级	22±2	22±2	55±5	50±5	面风速0.45m/s
阴凉库	≤20		70	—	—
控制区	24±2	20±2	60±5	55±5	—
舒适区	24～28	16～20	<65	—	—

4. 空气处理流程

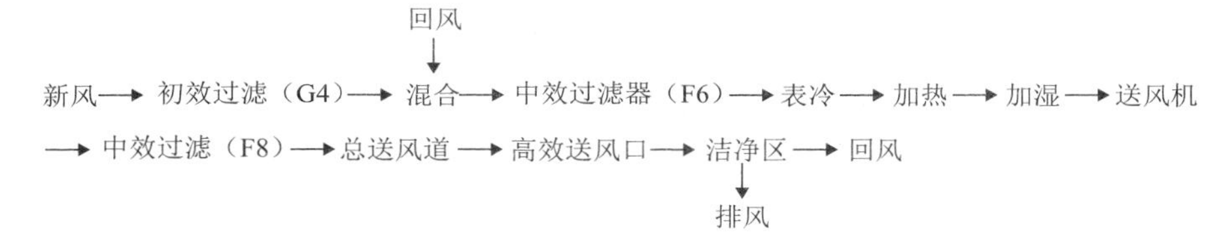

图8-8 空气处理流程图

5. 焓湿处理计算、系统设计分析 本项目洁净区采用全空气系统，由设置在空调机房的组合式洁净空调机组将空气处理至送风状态点经管道送至各功能房间，房间顶棚设置高效送风口送风，侧墙下部百叶风口回风的气流组织形式。冷热源及参数：空调系统所用冷源采用供水温度7℃，回水温度12℃运行，加热用热媒采用60℃/50℃热水，转轮除湿机加热蒸汽采用0.5MPa蒸汽，空调系统加热、加湿用蒸汽采用0.2MPa纯蒸汽。由于不同产品、不同空调系统，空气处理方式方法均不相同，可通过组合式空调机组的表冷盘管直接降温除湿，具有设备选型简单的优点，但其温湿度不能独立控制，在一定程度上相互制约，需要经过再热处理，从而造成冷热对冲能耗浪费；也可采用转轮除湿方式，具有温湿度独立可以独立控制，无再热能量抵消，且除湿能力强的优点，但设备选型较为复杂，设备体积较大占据一定设备用房空间。

6. 检测与自动控制、洁净区正压设计 洁净HVAC系统（供热通风与空气调节系统）主要洁净房间设置压差显示及温湿度遥测，典型房间的高效过滤器前后设压差显示。空调机组和排风机组的粗、中效过滤段前后设压差显示，设送风温度显示。空调机组冷冻供回水管上设置温度、压力显示；蒸汽管上，设置压力显示。自控方式为在冷冻回水管和蒸汽管上分别设置电动两通阀，根据房间回风温度和送风露点温度调节电动两通阀的开启度。在送风管上设置风量测定装置，由风量控制器通过变频器调整风机转速恒定风量。整套控制系统可连接至控制室的电脑终端上集中显示。所有送风机、排风机连锁控制，开机时先开送风机，后开排风机；关机时相反。

洁净区均维持一定的正压，洁净区与非洁净区之间的压差不小于10Pa，洁净区与室外之间的压差不小于10Pa。产生异味的洁净室或产生热气，湿气的洁净室对于相邻洁净室应保持相对负压，压差不小于5Pa。

7. 效果分析 通过对本设计方案进行确认，确定该空调系统设计符合新版GMP对药厂无菌药剂车间空调系统的要求，其环境控制质量符合药品生产的具体洁净度等级要求，具有一定的推广、应用和借鉴价值。

8. 系统节能与优化方案探讨

（1）热回收领域：冷冻机组在正常制冷提供冷冻水的同时，压缩机还产生高温排热，这一部分能量完全可以“变废为宝”有效利用，并且无任何排放污染。回收的热量可以制取热水，根据实际情况用于夏季空调再热和冬季空调加热，甚至可用作厂区配套的生活用水。

由于洁净HVAC系统是全空气系统，且在工艺生产特殊性的前提下有一定的新风量需求。在很多洁净室中，受工艺过程的限制，如产尘、产热产湿或有异味的房间，均需要设置排风。因此排风量一般较大，导致需要补充的新风量增加，从而能耗大幅上升。在这种现实情况下，如回收排风中的能量，是非常有意义的。当前热回收方式有很多种类，如板翅式、转轮式、中间媒体式、热管式等等。但在医药厂房中，需进行方案比较、设计选取时需要特别注意防止交叉污染。

（2）空气处理末端功能段的优化组合：由于洁净室的特殊性，在相同的空间里，为达到特殊的净化要求，洁净空调机组的风量要比普通空调机组的风量大很多，大约会是普通空调风量的3～10倍（净化的级别不同，提高的倍数会有所不同）。据统计，洁净空调系统所需消耗的能源也是数倍于普通空调，这无疑就是药厂使用单位的能耗大户。如何能降低HVAC系统的运行能耗，是这个领域内的所有技术人员一直在努力的方向。

目前医药厂房最常用的是“一次回风”空调机组夏季能耗巨大，原因在于夏季和过渡季时，存在冷热量抵消的现象，这会造成很大的能源浪费。

如果可以避免冷热抵消，就可以节省大量的能源消耗。目前国内很多采用“二次回风”的方式可显著降低空调系统在夏季及过渡季的运行能耗，夏季及过渡季的能耗可降低30%左右。很多专家和行业技术人员在“二次回风”的领域上考虑了一、二次回风的定比例设定，并且相应设置多级表冷器，承担和解决了洁净室的全部湿负荷、部分热负荷以及剩余的热负荷，系统的稳定性有所提高。

实例三 大输液净化空调设计

1. 风量计算 净化车间的风量计算有别于舒适性空调，洁净区域内的风量在满足温湿度要求的同时，还必须满足洁净度的要求。这就要求我们在进行某一房间风量计算时要用两种方法分别进行计算，即第一种方法：根据热湿负荷计算出 G_1；第二种方法：根据室内允许的洁净度计算出 G_2，选出较大者作为房间的计算风量。工程实践证明，一般情况下根据洁净度算出的风量远大于根据负荷算出的风量。这就使得某些设计人员图省事，只用第二种方法计算风量，导致某些发热量高的房间夏季温度过高。某制药厂大输液车间的稀配间明显室内温度偏高，超过了 22±2℃的允许范围。其四周均为空调房间，通过围护结构传热只有吊顶，房间内设有 2 个直径 1800mm，高度 2m 的大锅，内有 80℃左右的液体，锅外表面温度约为 52℃左右，房间面积 $F=34m^2$，房间人数 3 人，电机功率 10kW，下面我们分别用两种方法来计算此房间的风量。

（1）热湿负荷法

围护结构传热产生的冷负荷 Q_1：

$$Q_1 = KF\ (t_{w_p} + \Delta t_s - t_n) \tag{8-4}$$

式中，K—彩钢板吊顶传热系数 0.68W/（m^2·℃）；

F—吊顶面积 34 m^2；

t_{w_p}—赣州地区夏季空调日平均温度取 31.60℃；

Δt_s—邻室平均温度与 t_{w_p} 之差取 5 ℃；

t_n—室内温度取 22℃；

故 Q_1=0.68×34×（31.6+5−22）=338W。

电动设备散热形成的冷负荷 Q_2：

$$Q_2 = n_1 n_2 n_3\ (1000N/\eta)\ X_{\tau-1} \tag{8-5}$$

式中，$X_{\tau-1}$—冷负荷系数，取 0.82；

n_1—安装系数，取 0.9；

n_2—负荷系数，取 0.5；

n_3—同时使用系数，取 0.8；

N—电动机功率，kW；

η—电动机效率，取 0.85；

故 Q_2=0.9×0.5×0.8×（1000×10/0.85）×0.82=3473W。

照明散热形成的冷负荷 Q_3：

$$Q_3 = n_3 n_6 n_7 n\ X_{\tau-1} F \tag{8-6}$$

式中，$X_{\tau-1}$—冷负荷系数，取 0.95；

n_3—同时使用系数，取 0.8；

n_6—整流器消耗功率系数，取 1.2；

n_7—安装系数，取 0.8；

n—照明灯具所需功率，取 50W；

F—空调房间面积，取 $34m^2$；

故 Q_3=0.95×0.8×1.2×0.8×50×34=1240W。

人体散热形成的冷负荷 Q_4：

$$Q_4 = Q\tau + n\Phi q_q \quad (8-7)$$

式中，$Q\tau$—人体显热形成冷负荷取稳定冷负荷；

$Q\tau = 3\times79\times0.9 = 213W$；

n—人数；

Φ—群集系数取 1；

q_q—来自室内全部人体的潜热得热，取 56；

所以 $n\Phi q_q = 3\times1\times56 = 168W$，故 $Q_4 = 213+168 = 381W$。

稀配锅散热形成负荷 Q_5：

$$Q_5 = \alpha_W F\Delta t \quad (8-8)$$

式中，α_W—锅外表面换热系数取 11.6W/（m^2·℃）；

F—散热表面积：$18m^2$；

Δt—锅外表面与室内温度之差，取 30℃；

故 $Q_5 = 18\times11.6\times30 = 6264W$。

综上所述，此稀配间的总负荷＝$Q = Q_1+Q_2+Q_3+Q_4+Q_5 = 11.7kW$，取 7℃送风温差，在焓湿图上分别找到 N 点（室内设计状态点），O 点（机器露点），如图 8－9 所示，则 $Q = G_1(i_N - i_O)$。

即：$11.7 = G_1(44-34)$，得 $G_1 = 1.17kg/s = 3265m^3/h$。

（2）洁净度法

$$N = \psi\, 60g\times10^{-3}/(N_{允} - Ns) \text{ 次/小时} \quad (8-9)$$

式中，G—洁净室单位容积发尘量，粒/（m^3·min）；取 $g = 3\times10^5$粒/（m^3·min）；

$N_{允}$—洁净室允许含尘浓度，取设计洁净级别上限浓度三分之一，即：B 级取 $N_{允} = 117$ 粒/升；

Ns—送风含尘浓度 $Ns = M(1-S)(1-\eta_n)$；

S—回风比取 0.7；

M—大气含尘浓度取 3×10^5粒/升；

η_n—总过滤效率 $1-\eta_n = (1-\eta_1)\times(1-\eta_2)\times(1-\eta_3) = (1-0.2)\times(1-0.4)\times(1-0.9999) = 4.8\times10^{-5}$；

η_1、η_2、η_3—分别为三级过滤器的过滤效率；

ψ—不均匀系数，取 1.22；

故 $Ns = 3\times10^5\times(1-0.7)\times4.8\times10^{-5} = 4.32$ 粒/升；$N = 1.22\times60\times10^{-3}\times3\times10^4/(117-4.32) = 19$ 次/小时＜25 次/小时。

取换气次 $N = 25$ 次/小时，故此房间若要维持 B 级需要的送风量 $G_2 = 25\times34\times2.9 = 2465m^3/h$，很明显 $G_2 < G_1$，取 G_1 作为稀配间的风量，才能在满足室内洁净度需要的同时又满足温湿度的要求，从而保证生产的正常进行。此药厂大输液车间稀配间温度过高，很显然是设计人员没有对房间的热湿负荷进行详细的计算，只得拆除部分吊顶，重新布置风口，调试风量。既耽误了工期、又浪费了人力物力。所以在进行系统风量计算

时，一定要根据工艺提出的条件进行科学的计算，不要任意放大，造成能源的浪费，也不要忽略任何一个热源。

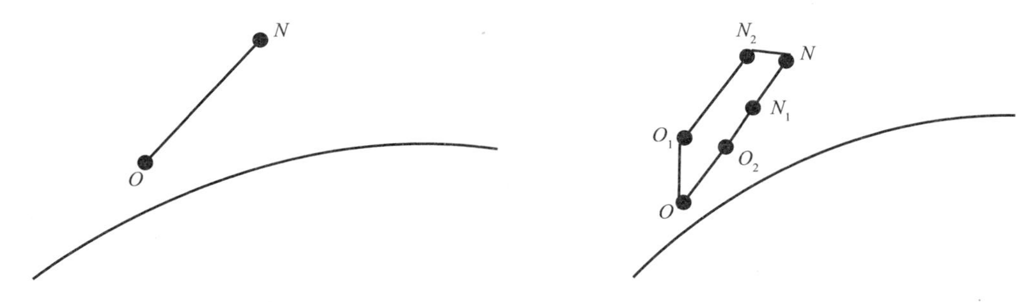

图 8-9 稀配间送风焓湿图　　　　图 8-10 局部 A 级房间送风焓湿图

2. 系统方式 常规的空气净化系统夏季处理流程一般为：初效新回风混合→表面冷却器冷却→风机段加压送风→加热→中效过滤→高效过滤→各洁净室。对于大输液车间来讲，它存着一个特殊性，即它的灌装、翻塞间要求局部 A 级。很显然对于局部 A 级的房间来讲，满足洁净度要求的风量远远大于满足室内温湿度需要的风量。在工程中常有以下两种处理方式：

（1）局部 A 级区采用不带风机的层流罩，层流罩风来自于集中空调系统的机房。其优点在于：由于层流罩不带风机，层流罩薄轻、价格便宜、室内噪声值低；集中管理，维护方便。缺点是：系统风量加大，既增加了风机负荷，又使风管断面加大，系统运行费用加大；局部 A 级房间由于送风量过大，易使室内状态点偏低，超出允许范围。如图 8-10 所示。$Q_{冷负荷}=G_1$（i_N-i_O），由于此房间送风量 G_2 远大于 G_1，而系统送风点 O 不变，则室内设计状态点 N 下降至 N_1（新的室内状态点），从而满足不了设计要求，即 Q 冷负荷$=G2$（i_N-i_O），由于 i_N 远大于 i_O，若要保证 N 点温度不变，只有采取末端局部再加热的方法使 O 点上移至 O_1 点（新的送风状态点），此时 Q 冷负荷$=G_2$（$i_{N2}-i_{O1}$），室内状态点由 N_1 变化到 N_2，很显然这样做造成了能量的极大浪费，是不可取的。还有一种方法就是采用二次回风，使送风状态点上移至 O_2，即：$Q_{冷负荷}=G_2$（i_N-i_{O2}）。采用这种方法虽然能很好地保证局部 A 级房间的要求，但对于同一系统中其他房间来讲，由于提高了送风温度，从而使送风量加大。

（2）A 级区采用自带风机层流罩，即自循环方式，整个灌装、翻盖间则利用集中式空调系统保证 B 级。采用这种方式的优点是：系统风量、风管截面都大幅度下降；节省冷量的同时又能很好地保证室内温湿度要求；层流罩高效过滤器使用寿命延长，层流罩重量、厚度上升。缺点是：由于自带风机、室内噪声值上升；风机运行管理难度大，且当层流罩面积较大时，罩下温度局部升高。

3. 除湿问题 输液车间的潮湿问题主要是配液工序的蒸汽外溢和地面水造成的。如果不能及时将外溢的蒸汽吸掉，就会导致室内相对湿度偏高。通过对很多输液车间的实地考察发现空调机组回风的相对湿度高达 80%～90%，有的房间，如胶塞煮洗间、清洗间的相对湿度甚至更高。虽然输液车间水汽对输液产品质量影响不一样，不可能在空调机组内集中除湿，只能在各个房间进行分别处理，常采取的主要措施是利用局部抽吸的方法排除余湿。例如，在煮胶塞间，采用可伸缩的吸气罩，直接排除外溢蒸汽。在清洗间，在设备的散湿口外再接风管，将外溢蒸汽直接对准排气口，使蒸汽在散入房间前就被抽掉，以保证室内工作环境。除采用封闭排气外，还要注意排风风量的计算。如排风量太小，余湿就不能很好地排除。例如，某输液车间，$43m^3$的胶塞清洗间，排风量只有$826m^3/h$，运行过程中，明显感觉排风量太小，只好临时更换大号排风机，在排风量达到$2000m^3/h$时基本满足要求，此时房间送风量就要根据排风量确定。

第九章 产品质量体系设计

质量问题是药品发展中的一个战略问题。质量水平的高低是一个国家制药水平的综合反映。制药企业在质量中得到生存与发展，产品质量在社会中得到验证。药品是一种特殊商品，直接关系人民群众的生命安全，对其质量的要求比其他产品更加严格。为了保证产品的质量，就必须建立产品质量体系。要建立产品质量体系就必须了解与产品质量体系相关的概念及产品质量体系的基本要素。

第一节 质量检验体系的设计

质量检验体系包含在质量管理之中，质量检验体系又包括质量保证、质量控制等。需要围绕药品生产的过程，探讨管理、质量体系与药品质量之间的关系，全面了解药品质量体系的基本要素。首先从宏观角度上，了解与掌握完整的药品质量的各主要环节，最后应用到药品生产企业微观的质量管理上。

一、化验室设计要求

药品分析化验室通常由两个检验单元所组成，即理化分析化验室和微生物化验室。前者对所收到的原料、包装材料、中间体和成品等进行理化鉴别、含量测定和其他检验以保证符合法定要求和企业内部的质量标量。微生物化验室则通过一系列试验以了解原料、包装材料、中间体和成品的微生物污染情况。对某些产品，例如输液和眼用制剂，还要做专门的无菌检验以及生产环境的微生物状况检查。

此外，质量管理部门的实验室还常常设一个研究小组以开发新的或更精密、准确的经济的检验方法。

化验室设计分为硬件设计及软件设计。硬件设计包括化验室的选址、布局、设备配置等；软件设计包括人员要求、管理规则、检测方法等。

（一）硬件设计

一般制药企业要有与生产品种和规模相适应的足够面积及空间的化验室，化验室的设计是否合理，对药品质量的检验有着重大作用。硬件的优劣在一定程度上取决于设计的质量，其设计必须依据有关的药品规定，技术标准，体现其科学性和适用性。

1. 按照相关要求，化验室是药品检验的重要场所，要独立并完全分开，应满足下列要求：分析实验室应有足够的场所以满足各项实验的需要。每一类实验与操作均应有单独的、适宜的区域。一般具有安静、洁净、明亮、通风的环境，并根据具体要求做到：防震、防尘、防潮或恒温。此外，最好具有物理分隔的区域或场所。要有送校样品的接收与贮存区；试剂、标准品的接收与贮存区；清洁洗涤区；特殊作业区；一般分析实验区；精密仪器区；数据处理、资料储存区；办公室；人员用室，例如更衣室和休息室。

2. 实验室周围应无明显污染源。

3. 实验室应备有与实验操作相适应的设施，一般来说，应有足够的照明、良好的通风，并视需要决定是否安装温、湿度监视装置。此外、应满足特定区域的特殊要求。

实验室的库存区应与所储存物料的性质，如易燃、腐蚀、机密等相适应；动物房应位于专门的低噪音区域，安装专门的空调系统；实验室应能提供良好的工作环境，并执行清洁、保养、维修规程，以保持实验室的清洁、整齐；与一般厂房类似，实验室应设置移动照明和报警装置并考虑合理的避灾路线。应在方便的地方设置供事故用冲眼器和事故淋浴装置。

（二）软件设计

实验人员良好的业务水平，严格的规章制度，先进的测量方法，是产品质量检测的重要因素，也是软件设计的核心内容，主要包括以下三个方面。

1. 人员要求 分析试验对人员素质要求较高，因此所有参与或负责做分析试验的人员，均应具一定的资格，以胜任其工作。这意味着从事每一分析试验的操作人员均应接受过足够的教育，经过合适的培训并通过考核。至于从事分析开发的成员，对他们的素质要求就更高。为了清晰地了解这类人员的能力，制药企业应保存每一个实验室人员的书面人事档案，其内容包括：姓名；学历、学位；培训情况，诸如课程名称、地点和日期；工作经历：包括工作地点、内容和时间；科研能力：包括论文和著作发表的时间及出版时间、本人的名次、受到的奖励情况等；同时应对所承担分析项目的胜任情况加以说明。

所谓能胜任就是指不需要其他人的指导就能独立地按书面分析方法或指令进行工作。这里要求分析方法或指令应具有可转移性，也就是说这种方法能正确地由其他任何分析人员进行操作均可使其结果重现。对于一个科学性很强的分析方法来说，可转移性是除精密度和准确性以外的重要特征之一。

人员的数量是一个重要因素。分析实验室应保持足够数量的人员以使得他们能在规定时间内（分析周期内）不过于匆忙地进行分析实验，从而有利于保证数据的准确、可靠。

2. 管理部分 管理部分的目的在于使实验室处于良好的组织管理之中，一般可包括下述内容：质量管理部门的组织机构、实验室操作的通用规程、有关法规，这包括药品生产质量规范与药品分析实验室管理规范等、安全规程、仪器管理系统、资料和资料存档系统；培训大纲等。

3. 技术性部分 技术性部分可包括：质量规格、分析方法、分析记录、分析报告或分析证书、取样计划与指令、标准品、仪器验证报告和维修记录、环境监测记录等。

软件系统的制定依据是法令法规或要求，如药品生产质量管理规范、药品分析实验室管理规范、药典、部颁标准等。但是常常制药企业使用了比法定要求更好的检验方法，一般来说，只要所得最终结果与法定方法结果有可比性，就可以接受采用新检验方法的事实。《中国药典》对此做出了说明。以分析方法为例，制药企业内部的分析方法（不管是成品还是原料）必须能保证恒定地得到单一的结果，以保证最终产品的安全、有效。

为了达到这一目的，分析方法的开发小组必须做大量的工作。如审计实验室仪器的可靠性、准确性、精密性及其他性能，同时使用几种方法，做足够的平行试验以决定平行测定的回收率、标准差和灵敏度等。

所有的软件档案必须妥善地加以保管。作为基准的档案应当由已接受过相应教育或经过严格培训、有经验、能胜任其工作的人负责管理。保存这些档案的储藏室应上锁，无关人员不允许进入。

二、分析仪器及设备

随着国家及公众对药品质量要求的提高，药品检测分析的技术不断提高，也更加依赖相应的仪器设备，一定的分析仪器及设备对控制药品质量是必需的。分析仪器及设备主要分为仪器配备和使用管理两部分。

（一）检验仪器的配备

企业必须具备能满足生产品种检验需要的常用检验仪器和设备。大小型企业应具有分析天平、红外分光光度计、紫外-可见分光光度计、气相色谱仪、高效液相色谱仪等精密分析仪器，以满足质量检验和科研的需要，制剂生产企业还需备有特殊需要的测试仪器，如溶出度测定仪、崩解仪、微粒测定仪等。

检验仪器的质量直接影响检验结果、因此所选用检验仪器的精密度（或灵敏度）、稳定性必须能满足检验项目的要求。

（二）检验仪器使用管理

各种检验仪器必须按照药典，计量部门或出厂说明书的规定进行使用和安装。所有仪器、设备要经过验证后，方能使用，并定期校正，及时维修，以保证仪器始终处于理想的工作状态。一般在使用前必须经过调试和校正，符合要求后，方可投入使用。操作人员需严格按操作规程正确使用，用后登记并签字，各种检验仪器，应建立定期验证、维护、保养等管理制度。

所有检验仪器均应造册登记。精密仪器还应建立档案，内容包括：编号、品名、规格、型号、生产厂家、购进日期、部件清单、使用说明书、使用范围、调试时间、启用时间、鉴定期、鉴定情况记载、技术资料和合格证、历次维修时间记录等。

试剂和标准品是分析试验所用的材料，应注明接受日期。此外，还应注明使用和储存要求。必要时还要在接受或使用前对试剂进行鉴别试验。

药品分析实验室所配制的供试品、溶液和培养基均按书面规程配制。供较长期使用的药液或试剂应注明配制日期，并由配制人签名。对不稳定试剂要在标签上注明有效期和特殊的储存条件。此外，对滴定液还要指明标定日期及使用期限。

大多数仪器分析试验均要使用对照品、标准品做定性、定量测定。对照品、标准品一般分为：国际标准品；国家标准品；企业内部标准品；其他标准品。

保存对照品、标准品容器的明显处应贴有标签，内容包括：名称、标准品文件号、开启时间、负责人签字、有效期。

容量分析用标准溶液也要严格管理。所存标准溶液容器上均需在明显处贴标签，标明名称、浓度、配制日期、配制规程号、储存条件、有效期、负责人签字等。

第二节　质量管理体系的设计

药品质量是设计和生产出来的，而不是检验出来的。这说明药品质量在生产过程中形成，当然最终产品的质量需要检验而证实。质量管理部门在质量体系中的地位是十分重要的，负责药品生产全过程的质量监督。药品生产企业的质量管理部门应负责药品生产全过程的质量管理和检验，受企业负责人直接领导。质量管理部门应配备一定数量的质量管理和检验人员，并有与药品生产规模、品种、检验要求相适应的场所、仪器、设备。

一、质量管理部门的组成

质量管理部门由质量检验科和质量监控科组成，分别行使质量控制、质量管理（quality control，QC）和质量保证（quality assurance，QA）的职能。QC在这里是指品质控制，设置这样一个部门，负责有关品质控制的职能，担任这类工作的人员就叫作QC人员，相当于一般企业中的产品检验员。QA在这里是指品质保证，是为了提供足够的信任表明实体能够满足品质要求，而在品质管理体系中实施并根据需要进行证实的全部有计划和有系统的活动。设置这样的部门或岗位，负责有关品质保证的职能，担任这类工作的人员就叫做QA人员。QC：检验产品的质量，保证产品符合客户的需求；是产品质量检查者，QC进行质量控制，向管理层反馈质量信息。QA：审计过程的质量，保证过程被正确执行；是过程质量审计者；QA确保QC按照过程进行质量控制活动，按照过程将检查结果向管理层汇报。这是QA和QC工作的关系。在这样的分工原则下，QA检查项目为：是否按照过程进行了某项活动，是否生产出某个产品；而QC来检查产品是否符合质量要求。

如果企业原来只有QC人员，并且QA人员配备不足，可以先确定由QC兼任QA工作。但是只能是暂时的，这是因为QC工作也是要遵循过程要求的，也是要被审计的，否则长期没有独立的QA人员，难以保证QC工作的过程质量。

二、部门设置及职责

药品是特殊的商品。药品的质量关系到企业及千千万万患者的生命。从原辅料的进厂到生产各工序的质量控制，直至产品的出厂把关都贯穿了质量检验工作的实施。因此，质量管理部门十分重要，具体职责是：

（1）制定和修订物料、中间产品和成品的内控标准和检验操作规程，制定取样和留样制度。

（2）制定检验用设备、仪器、试剂、试液、标准品（或对照品）、滴定液、培养基、实验动物等管理办法。

（3）决定物料和中间产品的使用，原料药的物料因特殊原因需处理使用时，要有审核程序，并经企业质量管理负责人批准后发放使用。

（4）审核成品发放前批生产记录，决定成品发放，审核内容包括：配料、称重过程中的复核情况，各生产工序检查记录，清场记录，中间产品质量检验结果，偏差处理，成品检验结果等。符合要求的成品要经审核人员签字后方可放行。

（5）对审核不合格的产品处理。

（6）对物料、中间产品和成品进行取样、检验、留样，并出具检验报告。

（7）监测洁净室（区）的尘粒数和微生物数。

（8）评价原料、中间产品及成品的质量稳定性，为确定物料贮存期、药品有效期提供数据。

（9）制定质量管理和检验人员的职责。

（10）质量管理部门应与有关部门对主要物料供应商质量体系进行评估。除对生物制品生产用物料的供应商进行评估外，还应与之签订较固定合同，以确保其物料的质量和稳定性。

为了保证上述职责的顺利实施，需要设立质量检验科及质量监督科这两大科室。

（一）质量检验科

质量检验工作只有达到了科学性、公正性、准确性、权威性，才能有效地实施其职能，确保本身工作的质量。因此，企业的质检工作应严格执行药品质量标准，制定出可靠的检验操作规程、科学的抽样程序，做好标准物质的管理，及时配备检验工作必须的仪器设施。实行误差管理，做好检验信息的反馈，配备训练有素的质检人员，对质检工作实行动态管理。

1. 质量检验的地位和作用 工业企业的质量检验贯穿于工业生产全过程中，对药品来说，它是药品在开发研究、生产、经营、贮存和使用过程中必不可少的重要环节，是药品生产和经营企业质量管理和质量体系的主要支柱，是保证药品质量的重要手段。由于药品本身的特殊性，药品质量检验是鉴别药品真伪优劣的唯一途径，负有保障用药安全有效的神圣职责。

2. 质量检验的基本要素 质量检验是指对产品或服务的一个或多个特性进行观察测量、试验，并将结果和规定的质量要求进行比较，以确定每项质量特性合格情况的一种技术检查活动。

质量检验的基本要求是：要有足够数量的、合乎要求的检验人员；要有可靠而完善的检测条件和手段；要有明确而清楚的检验标准和检测方法。

3. 质量检验的职能 质量检验具有保证的职能、预防的职能和报告的职能。

保证职能或称把关职能是质量检验最基本职能。通过对原辅材料、半成品以及产品的检验和判定，来严把“三关”。即保证不合格的原辅材料不投入生产使用，不合格的中间体或半成品不流入下道工序，不合格的产品不出厂。严把“ 三关”是检验工作最基本、最重要的职能。

预防职能是现代质量检验与传统的质量检验的一个重要区别在于具有预防作用。通过检验可以获得大量质量数据和信息；经过整理分析这些数据和信息能及时发现质量变异的特性和规律，为质量控制和质量改进采取有效措施提供依据，使已出现的质量问题得以及时纠正，并使质量隐患得到预防。

报告职能是为使企业领导和有关职能部门及时而正确地掌握生产过程中的质量状态，评价和分析质量管理的工作，质量检验部门必须将检验结果和数据经过整理和分析，形成质量信息向有关领导和职能部门报告，以便采取改进措施，以保证和提高产品质量。

4. 质量检验分类 按检验对象分为：原辅料检验、包装材料检验、中间产品检验、成品检验和留样观察检验。按检验方法分为：理化检验、卫生学检验和动物检验。在编写检验员职责时应按检验组分别编写。

5. 质量检验的主要工作 有检验及与检验相关的工作，如：编写物料、中间产品和成品的检验操作规程；制定检验用设备、仪器、试剂、试液、标准品（或对照品）、滴定液、培养基、实验动物等管理规程；负责物料、中间产品、成品和留样的检验，出具检验报告；评价原料、中间产品及成品的质量稳定性，为确定物料贮存期、药品有效期提供数据等。

6. 质量检验规程设计 包括质量检验规程方面：检验、复核、复检管理规程；留样观察管理规程；稳定性考察管理规程。化验室方面：检验用设备、仪器管理规程；试剂管理规程；危险品管理规程；毒品管理规程；试液、指示液管理规程；标准品（对照品）管理规程；滴定液、标准液管理规程；检定菌管理规程；培养基管理规程；实验动物管理规程；动物实验管理规程；实验室洁净室管理规程。操作方面：原辅料、包装材料检验操作规程；中间产品检验操作规程；成品检验操作规程；相应单项操作等。原辅料（包括工艺用水）、半成品（中间体）、成品、副产品及包装材料的检验操作规程由各级检验室根据质量标准组织填制。检验操作记录：检验人员应按规定做好检验操作记录。检验操作记录是质量管理文件的一部分。检验操作记录为检验所得的数据、记录及运算等原始资料。例如：原材料检验操作记录、成品检验操作记录、单项检验操作记录。检验结果由检验人员签字、专业技术负责人复核。检验报告单由质检部门负责人审查、签字，并建立检验台账。例如：原辅材料检验台账、成品检验台账。检验操作记录、检验报告单须按批号保存三年或药品有效期后一年。

7. 质量检验文件编制 操作规程经质量管理部门负责人审查，总工程师（或厂技术负责人）批准、签章后，按规定日期起执行。检验操作规程每三至五年复审、修订一次。审查、批准和执行办法与制定时相同。在修订期限内确实需要修改时，审查、批准和执行办法也与制定时相同。

8. 人员设置及职责 质检部一般设有：质检主任、理化检测人员、微生物限度检查人员等。

(1) 质检主任职责：质检主任在质保部经理的领导下，负责企业的原辅料、成品、内包装、工艺用水的检验工作，并保证按时完成任务；负责对质检室化验人员进行监督、管理及考核；负责对检验记录、质量报告进行复核，对有怀疑的分析结果督促专业技术人员复核；负责对标准溶液的配制、滴定液的标定及复核，保证标定结果准确、真实；负责督促专人做好留样观察工作及留样观察记录，并定期做好留样稳定性考察试验，为产品有效期提供有力证据；负责对化验人员进行业务培训和技术指导；做好有关的工艺、洁净厂房、纯化水验证工作，保证检验的准确性、可靠性；负责指导专业技术人员，根据检品质量标准编制和修订有关的检验操作规程，并进行审订；负责汇总审订本室所需仪器、药品、试剂的采购计划；有权对违反检验规定的人员，按有关规定进行相应处罚；完成公司交给的临时任务。

(2) 理化检测人员职责：在工作中必须严格依照有关质量检验标准及规章制度进行抽样检验、记录、计算判定等，严禁擅自改变检验标准和凭主观下结论；在工作质量上应精益求精，必须及时完成各项检测任务，并于规定的工作日内出具报告单，精密度符合《药品检验操作标准》要求的规定；必须坚持实事求是的原则，记录、报告应完整、真实、可靠，不得弄虚作假；工作时应按规定着装；必须随时做好并保持各检验室的清洁卫生工作，玻璃仪器用完后必须按规定清洗干净；应自觉维护、保养各种检测仪器，并做好使用记录；负责标准品、对照品等的正确使用及保存；负责小型玻璃仪器的校正；负责安全防火、防爆等工作。

(3) 药品微生物限度检查人员职责：在工作中必须严格依照现行版《中国药典》进行操作、记录、计算判定，严禁擅自改变操作标准和凭主观下结论；在工作质量上精益求精，必须及时完成各项检验任务，并应于规定的工作日内出具报告；进行微生物限度检查后，应对室内进行清洁消毒处理；应对用于微生物限度检查的培养皿、吸管及培养基等进行灭菌；进入微生物限度检查室前，应按规定着装，穿戴好已灭菌的连帽衣、裤、口罩等；废弃培养皿及带有活菌的物品，必须经消毒处理后才能进行冲洗，严禁污染下水道；定期对微生物限度检查室进行监测。

9. 化验室检验工作流程 化验室流程包括接收请验单→取样→检品登记→检品检验→填写记录→出具检验报告单→检验报告发放→记录汇总归档→检验分析评价。具体要求为：

(1) 接收请验单：化验室收到请验单后，取样人员（分管检验人员）应审核请验单内容填写是否规范、完整，否则应拒绝取样。

电话通知请验，取样人员到场取样时，应索要请验单，并检查请验单填写是否规范、完整，否则应拒绝取样。

(2) 取样：取样人员应在接到请验单后在规定的时间内到场取样；取样按各自物料

取样规程进行取样，取样结束后按实际取样情况填写物料取样记录，并将请验单附后。

（3）检品登记：取样人员应及时在取样样品登记表上进行样品登记。

（4）检品检验：检验人员接到样品后，检验前要先查阅被检样品的质量标准和检验操作规程，确定其所需的检验仪器、试剂、试液和规定的检验项目；检验人员要严格执行检验操作规程，不得随意更改检验方法和检验项目；检验过程中，检验人员要随时填写相关内部记录。如仪器使用记录、试剂、试液使用记录等；检验过程中，检验人员要随时清理、洗涤检验工作台、仪器设备，及时处理废料、残料，始终保持现场的整洁有序。

（5）填写记录：检验过程中检验人员要随时填写检验记录；检验记录必须按具体操作如实及时填写，字迹要工整，不得随意涂改；检验记录填写完整后，检验人员应检查无误后签字，送交复核人进行复核。

（6）出具检验报告单：检验记录需经复核人复核无误签字后，方能出具检验报告单；检验报告的出具要严格按照检验记录进行出具；检验报告单出具后，检验人员先检查无误后签字，经复核人复核无误后签字，最后送交质量部经理签发，并加盖质量管理部公章；检验报告单出具份数：①纯化水、半成品检验报告单一式两份，一份留存、一份发给报检部门；②原料、辅料、包装材料检验报告单一式三份，一份留存、两份发给报检部门；③成品检验报告单一式三份，一份留存、两份发给报检部门。

（7）检验报告单发放：纯化水、半成品检验报告单由检验人员进行发放；原料、辅料、包装材料检验报告单一份由检验人员留存，另两份交 QA（quality assurance，质量保证）检查员进行物料评价后，由 QA 检查员进行发放；成品检验报告单一份由检验人员留存，另两份交 QA 检查员进行评价后，由 QA 检查员进行发放。

（8）记录汇总归档：纯化水检验记录由纯化水检验人员每月汇总一次（汇总内容：检验记录、检验报告单、纯化水检验台账），汇总结束后，交由 QA 检查员进行按月归档；原料、辅料、包装材料检验记录要分类别由检验人员每月进行汇总（汇总内容：原辅材料请验单、物料取样记录、检验记录、检验报告单、原辅材料检验台账、原辅材料质量月报），汇总结束后，交由 QA 检查员进行按月归档；成品、半成品检验记录由检验人员分批号每批汇总一次（汇总内容：成品半成品请验单、物料取样记录、半成品及成品检验记录、半成品及成品检验报告单），汇总结束后，交由 QA 检查员进行分批整理产品批档案；成品、半成品月汇总由检验人员进行每月汇总一次（汇总内容：成品检验台账、半成品质量月报、成品质量月报），汇总结束后，交由 QA 检查员进行整理归档。

（9）检验分析评价：检验分析评价是对产品质量状况的分析和评价。分析评价分为月度分析评价、季度分析评价、年度分析评价。具体要求如下：①分析评价要以表格的形式整理上报，分析本阶段产品质量状况；②月分析评价由检验人员每月月底之前整理上报；③季度分析评价由化验室指定人员每季度末月底之前整理上报；④年度分析评价由 QA 检查员对本年度产品质量状况进行分析整理，于年底之前整理上报。

（二）质量监控科

虽然产品的技术质量标准代表一个产品的质量水平，是判断一个产品质量是否合格的科学依据，但是所有产品的技术标准只能反映产品的某些可测的质量特性。由于一些产品的高科技含量和生产的复杂性，很多决定产品质量的因素无法或不能够体现在产品的技术标准中，因此，需要质量监控部门的协作与把关，才能更好地确保产品的质量。

1. 药物质量监控工作的概况 由于产品生产的复杂性，对其质量的影响因素很多，比如一个药品，在其属性和为了满足质量要求设计的工艺过程中都没有剧毒氰化钾的介入，因此在其质量技术标准中，就没有对氰化钾的检测项目。但是，如果在这个药品的生产过程中，原料生产厂家或在原料的运输，产品生产工艺的某一环节中，意外地污染上微量的氰化钾，当这个药品用于人体时，就会导致死亡事故。而这时，按这个药品的技术质量标准检测的结果仍然是合格的。

再比如，在一个大批量的无菌原料药的包装过程中，如果一块 $1mm^2$ 皮屑掉入这个原料药中，对其检测取样时，在几百公斤的原料药中取到这块皮屑的几率是非常小的。因此按质量标准检测结果可以是合格的。这块皮屑就会被在接下来的分装过程中装入西林瓶。而在几十万只西林瓶中，取到这个含有皮屑西林瓶的几率更是微乎其微。这只粉针就会被当成合格品发放，最终进入人的肌肉或静脉，给人们的健康带来危害。类似的这种例子举不胜举。

由此看出，只取按质量标准检测的手段是不足以保证产品质量的。在第一个例子中，若要防止药品的污染，就必须从原料厂家的生产环节到包括产品包装、储存在内的全部生产过程的每一环节进行预防管理；在第二个例子中，若要防止皮屑对产品的污染，就要严格更衣制度，所有在药品暴露场所工作的人员必须严格执行更衣规程，不要将毛发等暴露在工作场所。

因此，保证一个产品符合设计时的质量要求，不仅需要通过技术手段对产品检测和控制，还需要对包括供应厂家、包装、储存、运输在内的全部生产过程，销售、使用过程的各环节进行系统的预防管理和质量改进。一个复杂的安全性产品为了证明产品的质量、生产组织必须按合同要求，不但要向顾客提供产品的技术标准及其检验结果，而且还要提供其他对生产全过程的系统管理的证据，该部分内容由质量监控科完成，内容通常包括：

（1）正式的产品质量计划：包括从设计和对供应商的检查，到产品最终检验后的储存、运输维护和使用全过程的管理和控制。

（2）审阅系统：这个系统能够确认如果计划被执行，产品能够达到指定的质量标准。

（3）检查系统：这个系统能够证明这个质量计划被正确执行。

（4）提供质量数据的系统。

以上所有的活动，称为生产组织向顾客提供的质量保证。

质量监控是为了质量保证，质量保证是为了提供足够的信任表明体系能够满足质量要求，而在质量体系中实施并根据需要进行证实的全部有计划、有系统的活动。质量保证有内部质量保证和外部质量保证两种目的：

内部质量保证，即在组织内部，质量保证向管理者提供信任。

外部质量保证，即在合同或其他情况下，质量保证向顾客或他方提供信任。

质量控制和质量保证的某些活动是相互关联的，质量控制是质量保证的一部分，在质量体系中为最后质量保证的目的提供技术的支持和法律依据。

2. 质量监控科的主要工作 负责制定和修订物料、中间产品和成品的质量标准；负责编写与工作有关的管理规程；负责按批文审核标签、说明书的内容、式样、文字；负责制定取样和留样规程。对物料、中间产品、成品的检验、留样进行取样；负责生产过程监控；负责洁净区洁净度监控；负责物料、中间产品的使用；负责批记录的审核，决定成品的放行；负责不合格品的处理；负责物料供应商审核等。

（1）质量标准的制定：制药企业除执行药品的法定标准外，还应规定：成品的企业内控标准，半成品（中间体）、副产品的质量标准，原材料、包装材料的质量标准，工艺用水的质量标准，原料贮存期的规定。质量标准由质量监控部门制定，也可与质量管理部门、技术部门共同制定，经总工程师（或厂技术负责人）审查，厂长批准、签章后下达，按设定日期起执行。一般每三至五年组织复审或修订。审查、批准和执行办法与制定时相同。

（2）订购的原辅料质量标准的主要内容：代号、品名、规格、性状、鉴别、检验项目与限度、用途、标准依据等。包装材料质量标准的主要内容包括：材质、外观、尺寸、规格和理化项目。直接接触药品的包装材料、容器的质量标准中还应制定符合药品要求的卫生标准。

仓库应由专人按规定负责进行原料、包装材料、标签的验收、保管单发放及填写原辅材料质量月报。

车间应由专人按规定负责车间用原辅料、包装材料、标签的领取、验收和使用。各级专职和兼职质量员，应按照工艺要求和质量标准，检查半成品（中间体）、成品质量和工艺卫生情况，做好质量抽查及控制记录，填写半成品（中间体）的质量月报及成品质量月报。

质控部门负责质量事故的管理，质量事故的处理要有记录。质控部门有权制止不合格的原料投入生产、不合格的半成品（中间体）流入下工序、不合格的成品出厂。

中心检验室应设有图样观察室，建立产品图样观察制度，明确规定图样品种、批数、数量、复查项目、复查期限、图样时间等。指定专人进行图样考核，填写图样观察记录，定期做好总结，并报总工程师。

重视用户对产品质量的意见，制订整改措施并付诸实施。对用户反映的质量问题以及不良反应报告，质量管理部门应做好登记，并按程序依照《药品不良反应报告和监测管理办法》进行报告。质量管理部门必须建立产品质量档案，并指定专人负责。质量档案内容包括：产品简介（品名、规格、批准文号及日期、简要工艺流程、工艺处方等），质量标准沿革，主要原辅料、半成品（中间体）、成品质量标准，历年质量情况及评比、留样观察情况，与国、内外同类产品对照情况，重大质量事故，用户访问意见，检验方法变更情况，提高质量的试验总结等。

仪器、仪表、小容量玻璃仪器管理：生产和检验用的仪器、仪表、衡器须由专人负责验收、保管、使用、维修和定期校验并记录、签名；小容量玻璃仪器需经专人校验合格后方能使用，并贴上合格证。校验后的衡器、仪器贴上合格证，并规定使用期限。

法定液、标准液、标准品和检定菌的管理：质控部门必须指定专人负责滴定液、标准液、标准品和检定菌的管理；滴定液应制定标化允许误差及有效期；标准液应制定使用期；滴定液的配制要有记录；滴定液和标准液由质控部门指定专人配制、分发并定期复核；标准品由质控部门统一申请和发放，并做好记录；检定菌由质控部门建立收发制度，使用单位定期进行传代纯化做好遗传谱录。

3. 质量控制规程设计文件编制 取样：原辅料取样规程，工艺用水取样规程，包装材料取样规程，半成品（中间产品）取样规程，成品取样规程。审核：标签、使用说明书审核规程，物料、中间产品审核、放行规程，成品审核、放行规程，不合格品审核、处理规程。监控：生产过程监控规程，洁净区洁净度监控规程。制度：产品质量档案管理制度，主要物料供应商质量评估制度，质量事故管理制度。

4. 人员设置 质控部一般设有质控主任、生产现场质量监督员、仓库质量监督员等。

5. 生产现场质量监督员职责 在质保部经理统一领导下，对分管范围内产品质量负主要责任；遵守企业质量管理方面的各项规定，执行企业的质量方针、目标；认真做好日常质量检查记录，每周以书面形式向质保部汇报每周质量监督情况及质量处罚情况；及时向相关车间负责人提供质量反馈情况，做好产品质量问题的调查研究工作，推动开展质检活动；积极推行 GMP，按照 GMP 的要求进行日常工作。监督生产人员对岗位操作法、工艺操作规程及其他有关文件严格实施，发现有不符合 GMP 行为可令其改正，直至暂停生产并发出警告至生产管理部门，同时向本部门负责人报告；负责半成品、成品的取样并做好取样记录，经常对原始批生产记录、工艺卫生情况进行监督检查；负责兼职质监员的管理、监督、考核工作，进行质量意识、业务技术方面的培训工作；参加相关车间质量分析会议，并根据会议决定的质量措施督促落实；每天对车间生产人员的卫生状况检查做好记录；做好洁净生产区环境监测记录以及各班批生产记录检查；有权对违反企业管理质量规定的各种行为给予相应的经济处罚，对不合格的原辅料的投料和不合格中间产品流入下道工序有否决权；有权根据质量管理的实际情况提出调换兼职质监员的建议；负责清场合格证的发放，半成品、成品检验报告书的发放。

6. 仓库质量监督员职责 质量监督员设在质保部，其业务接受质保部的领导。配合仓库质量验收人员对进货物料进行质量验收，内容包括品名、规格、批号、数量、生产企业、批准文号、质量标准、注册商标、包装质量及药品的外观质量，根据验收结果，取样并贴取样标签。验收不合格，报质保部审核、签署意见，通知业务部门办理退货手续。监督员有权拒收或提出拒收无批准文号、无注册商标、无生产批号的产品，内包装严重破坏、霉变的产品，无出厂和合格证或检验报告的产品，说明书、包装及其标志内容不符合规定要求的产品；对于退回产品进行质量检查；对特殊管理的药品实行监督；做好质量验收记录并保存三年。有效期产品保存至有效期后一年。

第三节　药品生产企业产品质量体系

药品主要由中药、化学药及生物制药所组成，每种药品都具有各自的特点，因此，需要分类进行阐述。

一、中药产品质量特点

中药生产所用的原料主要是中药材，其体积大，需挑选、淘洗、灭菌、提取、浓缩、分离精制等，出厂成品中有效成分量往往不足原料质量的百分之一甚至千分之一。因此，中药制药企业的建厂、生产环境、生产条件、设备等各个方面都要从中药制药的实际需求出发，进行设计、规划和布局。对中药制剂生产人员、厂房、环境、设备、原料及辅料、包装材料、生产过程质量管理的要求和实施办法必须遵循相关规定。

（一）中药制剂卫生学检查特点

中药制剂除了注射剂必须进行无菌检查以保证无菌外，片剂、冲剂、合剂、软膏剂等口服和外用制剂也必须进行卫生学检查，以保证符合药品卫生标准。大部分中药制剂由于原料较复杂，制作时间长，含糖类、淀粉等营养物质较多，而较合成药物或化学纯品容易遭受微生物的污染。因此，对中药口服及外用制剂进行微生物学检查，对于防止微生物污染，保证质量具有重要意义。各类中药制剂进行微生物检验时应注意：①所有操作应在无菌条件下进行；②取样应有代表性；③供试样品应考虑是否具有抑菌成分或防腐剂；④供试品稀释后应在1～2小时内进行检验；⑤供试品在检验时须呈均匀状态；⑥供试品稀释后pH应接近中性。

（二）主要剂型、关键操作及易发生的质量问题

中药剂型是中药充分发挥作用的直接载体，是我国中医药优秀文化遗产的重要组成部分。它在继承、整理的基础上已发生了深刻的变化。只有进一步加强中药制药领域的基础研究与应用研究，吸取相关综合学科的理论与实践，充分应用新技术、新方法、新工艺、新设备及新辅料，才能从整体上提高中药制药的技术水平和提升中药产品的技术含量，确保中药产品的质量。因此，要针对每种重要制剂的特点进行研究。

1. 浸出制剂　浸出制剂不同程度上都含有一定量的无效成分，浸出液中共存的高分子多成分体系、通常具有胶体的特性。随着浸出工艺与贮存条件的变化，胶体的老化，某些成分的水解或氧化都能引起浸出制剂产生沉淀；水浸出液中由于含有大量的适宜微生物繁殖的营养物质，更易发酵变质，这些问题往往给浸出制剂的质量带来严重的影响。因此、在设计浸出工艺方法，选择适宜的剂型类别时，应注意适当处理，保证成品的质量。

2. 丸剂 丸剂是指药材细粉或药材提取物加适宜的黏合剂或其他辅料制成的球形或类球形制剂，分为蜜丸、水蜜丸、水丸、糊丸、浓缩丸、蜡丸和微丸等类型。其中以水丸最多，其次为蜜丸、水蜜丸，随着制药技术的发展，浓缩丸的数量逐年增加。

蜜丸、水蜜丸：主要为药材粉末，卫生标准难以达标；蜜丸剂量大，儿童服用困难；丸剂生产操作不当易影响溶散。或成品硬度不合格，太硬或太软。水丸：操作较繁琐；药物含量的均匀性及溶散不易控制。

对原料细度要求是保证丸剂质量的前提，大蜜丸的操作要点是控制温度，水蜜丸应尽量减少染菌的可能性，注意丸剂的干燥条件。

3. 散剂 散剂系指一种或多种药材混合制成的粉末状制剂，分为内服散剂和外用散剂。散剂细度太大，流动性差，易产生静电，分装困难。供制散剂的药材应粉碎。一般散剂应通过 6 号筛，儿科及外用散剂应通过 7 号筛。用于深部组织创伤及溃疡面的外用散剂，应在清洁避菌环境下配调。

4. 片剂 片剂系指药材提取物、药材提取物加药材细粉或药材细粉与适宜辅料混匀压制而成的圆片状或异形片状的制剂，分为浸膏片、半浸膏片和全粉片。

生产素片时易出现的问题：松片、裂片、粘冲、崩解迟缓、片重差异过大、变色或色斑、麻点。浸膏片、半浸膏片崩解时限易出问题，全粉片易松片、裂片。

中药制成素片后，大多都需要包衣（特别是浸膏片）。在实际操作中常遇到如下的问题：露边、龟裂、色斑、片面不平（糖衣）、起泡（薄膜衣）、皱皮（薄膜衣）等。

中药片剂在使用辅料时应该注意不加吸湿性辅料。原料药与辅料应混合均匀，小剂量或含有毒剧药物的片剂可根据药物的性质用适宜的方法使药物分散均匀。

凡属挥发性或遇热分解的药物，在制片过程中应避免受热损失。制片的颗粒应控制水分，以适应压片工艺的需要，并防止片剂在贮藏期间发霉、变质、失效。

5. 糖浆 糖浆剂中蔗糖量不应高于 60%（g/mL），糖浆剂中可加入适宜的附加剂。其附加剂用量应符合国家及行业的有关规定，应不影响制品稳定，并注意避免对检验产生干扰。

6. 胶囊剂、颗粒剂 中药胶囊剂、颗粒剂最大的问题是吸湿问题，尤其是药材提取物入药。吸湿后易结块，细菌滋生，保质期短。混合均匀是保证胶囊药量准确的前提条件。含有挥发油的药品，挥发油应均匀喷入，混匀，密封至规定时间。

7. 滴丸 中药制剂工艺的特点使得制成载药量小的滴丸进行需药材精制，富集有效成分或有效部位，但由于目前中药有效成分研究不够深入全面，使得滴丸的研究和生产难度加大，目前只应用于剂量小的药物或处方组成少于 4 味的药物。滴丸存在的脂溶性、水溶性和挥发性成分会给生产带来问题，易产生质量问题。生产滴丸所用冷凝剂必须安全无害。

8. 合剂 合剂系指药材用水或其他溶剂采用适宜方法提取、纯化、浓缩制成的内服液体制剂（单剂量灌装者也可称“口服液”），易出现澄明度及沉淀问题，易染菌变质，澄明度与含量易发生冲突。合剂中可加入适宜的附加剂、防腐剂，其中品种与用量应符合国家及行业的有关规定，且不影响制品的稳定性，并注意避免对检验产生干扰。

提取浓缩是本剂型的关键操作。

9. 注射剂　注射剂所用的溶剂包括水溶性溶剂、植物油及其他非水性溶剂等，最常用的水溶性溶剂为注射用水，注射常用的油溶剂为蓖麻油、茶油等，应精制使符合规定。配制注射剂时，可按药物的性质加入适宜的附加剂，附加剂如为抑菌剂时，必须特别慎重选择。供静脉或椎管注射用的注射液，均不得添加抑菌剂。

二、化学药品质量特点

化学药品生产过程要求高，在药品生产中，经常遇到易燃、易爆及有毒、有害的溶剂、原料和中间体，因此，对于防火、防爆、安全生产、劳动保护、操作方法、工艺流程设备等均有特殊要求。

化学原料药质量优劣与生产过程中的各个环节都有密切关系，必须切实注意原料、中间体的质量标准的制订和监控。工艺研究中反应终点控制的研究与产品质量密切相关。

在生产中还必须进行必要的控制试验，以确定原辅材料以及设备条件、材质的最低质量标准，即工艺条件研究中的过渡试验，从而为保证生产正常进行和高质量产品而建立起一个质量监控（保证）体系和安全生产体系。

（一）原料、中间体的质量监控

原料及中间体的质量，对下一步反应和产品质量关系很密切，若不加控制，并规定杂质含量的最高限度，不仅影响反应的正常进行和收率的高低，更严重的是影响药品质量和医疗效果，甚至危害患者的健康和生命。因此，先要制订生产中可用的原料、中间体最低的质量标准。一般药物生产中常遇到下列几种情况，也必须予以解决。

1. 由于原料或中间体含量的变化，若按原配比投料，就会造成原料的配比不符合要求，从而影响中间体或产品的质量或收率。特别是原辅材料更换时，必须严格检验后，才能投料。

2. 由于原辅材料或中间体所含杂质或水分超过限量，致使反应异常或影响收率。如在一些反应中，若原料中带进少量的催化毒物，会使催化剂中毒而失去催化活性。

3. 由于副反应的存在，许多有机反应往往有两个或两个以上的反应同时进行，生成的副产物混杂在主产物中，致使产品质量不合格，有时需要反复精制，才能合格。

（二）反应终点的监控

许多化学反应完成后必须停止，并使反应生成物立即从反应系统中分离出来。否则继续反应可能使反应产物分解破坏，副产物增多或发生其他更复杂变化，使收率降低，产品质量下降。另一方面，若反应未达到终点，过早地停止反应，也会导致同样的不良后果。必须注意，反应时间与生产周期和劳动生产率都有关系。为此，对于每一个反应都必须掌握好它的进程，控制好反应终点，保证产物质量。

反应终点的控制，主要是控制主反应的完成；测定反应系统中是否尚有未反应的原料（或试剂）存在；或其残存量是否达到一定的限度。在工艺研究中常用薄层色谱、纸色谱、液相色谱法或气相色谱法等来监测反应。一般也可用简易快速的化学或物理方法，如用观察其显色、沉淀，测定其酸碱度、相对密度、折光率等手段进行监测。

（三）化学原料药质量的考察

药品必须符合国家药品标准，生产机构应严格执行药品标准。化学原料药厂的生产与供应部门必须密切配合，共同制订原辅材料、中间体、半成品和成品等的质量标准并规定杂质的最高限度等。企业须有自己的内部标准，并经常地做好化学原料药质量的考察工作，才能不断改进生产工艺，完善车间操作规程，不断提高产品质量。此外，在研究过程中必须认真考察下列各项。

1. 药品纯度 药品纯度及其化验方法和杂质限度及其检测方法是药品生产研究的一项重要内容。通过这些研究还可以发现杂质的由来及其对疗效的影响及毒副作用，为不断提高药品质量创造条件。某些药品即使含有极微量杂质，也会有较大的潜在危险性，可引起过敏反应等。

2. 药品的稳定性 化学原料药容易受外界物理和化学因素的影响，引起分子的变化；如某些药品在一定的湿度、温度、光照下发生水解、氧化、脱水等现象，造成药品失效或增加毒副作用。我国地域广大，各地温度和湿度相差很大，药品在储存、运输时也必须考虑药品稳定性问题。

3. 药品的生物有效性 有的药品因晶型不同而产生药物在体内吸收、分布及其动力学变化过程的差异，使药物的生物等效性不相同。

4. 原辅材料规格的过渡试验 在工艺路线考察中，各步化学反应的实验，开始时常使用试剂规格的原辅材料（原料、试剂、溶剂等），乃是为了排除原辅材料中所含杂质的不良影响，以保证研究结果的准确性。当工艺路线确定后，在进一步考察工艺条件时，应尽量改用以后生产上能得到供应的原辅材料。为此，应考察某些工业规格的原辅材料所含杂质对反应收率和产品质量的影响，制定原辅材料的规格标准，规定各种杂质的最高允许限度。特别是在原辅材料规格更换或改变时，必须进行过渡试验并及时制定新的原辅料规格标准和检验方法。

5. 反应条件极限试验 经试验设计方法优选，可以找到最适宜的工艺条件（如配比、温度、酸碱度、反应时间、溶剂等），它们往往不是单一的点，而是一个许可范围。有些化学反应对工艺条件要求很严，超过某一极限后，就会造成重大损失，甚至发生安全事故。在这种情况下，应该进行工艺条件的极限试验，有意识地安排一些破坏性试验，以便更全面地掌握该反应的规律，为确保生产正常和安全提供必要的数据，这在工艺研究中通常与进行的试验设计方法互相配合。对催化剂、温度、配料比、加料速度等都必须进行极限试验。

6. 设备因素和设备性质 实验室研究阶段，大部分的试验是在小型的玻璃仪器中进行，化学反应过程的传质和传热都比较简单。在工业化生产时，传热、传质以及化学反应过程都要受流动形式和状况所影响。因此，设备条件是化工生产中的重要因素。各种化学反应对设备的要求不同，而且反应条件与设备条件之间是相互联系又相互影响的。因此，必要时可在玻璃容器中加入某种材料，以试验其对反应的影响。为研究某些具有腐蚀性的物料对设备材质的腐蚀情况，需进行腐蚀性实验，为中间试验和工艺设计选择设备材质提供数据。

三、生物制品质量特点及分类

生物制药的有效成分在生物材料中浓度很低，杂质的含量相对较高，如胰腺中脱氧核糖核酸酶的含量为0.004%，胰岛素的含量为0.002%。生长激素抑制素（somatostatin）在十万只羊的下丘脑中才含有1mg。生物制药的相对分子量较大，如酶类药物的相对分子量介于一万到五十万之间，抗体蛋白的相对分子量为五万到九十五万。多糖类药物的相对分子量小的上千，大的可上百万。这类生物制药功能的发挥需要保持其特定的生理活性结构，故它们对酸、碱、重金属、热等理化因素的变化较敏感。生物制药所用的材料大多含有丰富的营养成分，利于微生物生长，故易被微生物分解。另外，生产中搅拌力、金属器械及空气等也可能对活性有影响。因此，生产中必须全面严格控制，包括从原料的选择和前处理、生产工艺、制剂成型、保藏、运输及使用各个环节。

利用重组DNA技术生产的新生物技术药品，简称为生物新药，是指将生物体内的生理活性物质的遗传基因分离出来，并通过大肠杆菌、酵母菌等宿主进行大量生产的药品（包括疫苗），如胰岛素、干扰素、白细胞介素-2等。生物新药具有以下一些特点：成分复杂，大多是复杂的蛋白质混合物；不能简单地用其最终产品来鉴定，不像化学药品一样可对其成分进行精确的定性、定量分析；不稳定，易变性，易失活；易被微生物污染、破坏；生产条件的变化对产品质量影响较大；导入的基因在宿主细胞中的转录、翻译及翻译产物在细胞内运送、贮存或分泌的各个环节，在工艺放大时都有可能受到诸多因素的影响，产生或多或少的杂质；用量少，价值高。

1. 生物制药的研究内容按生物工程学范围可分为以下四类，即发酵工程制药、基因工程制药、细胞工程制药、酶工程制药。

（1）发酵工程制药：是指利用微生物代谢过程生产药物的技术。此类药物有抗生素、维生素、氨基酸、核酸有关物质、有机酸、辅酶、酶抑制剂、激素、免疫调节物质以及其他生理活性物质。主要研究微生物菌种筛选和改良、发酵工艺的研究、产品后处理，即分离纯化等问题。当今重组DNA技术在微生物菌种改良中起着越来越重要的作用。

（2）基因工程制药：是指利用重组DNA技术来生产蛋白质或多肽类药物。这些药物常是一些人体内的活性因子，如：干扰素、胰岛素、白细胞介-2、EPO（erythropoietin，红细胞生成素）等。主要研究相应基因的鉴定、克隆、基因载体的构建与导入、产物的分离纯化等。

（3）细胞工程制药：是利用动、植物细胞培养生产药物的技术。利用动物细胞培养可生产人类生理活性因子、疫苗、单克隆抗体等产品；利用植物细胞培养可大量生产经济价值较大的植物有效成分，也可生产人体中活性因子、疫苗等重组DNA产品。现今重组DNA技术已用来构建能高效生产药物的动、植物细胞株系或构建能产生原植物中没有的新结构化合物的植物细胞系。它主要研究动、植物细胞高产株系的筛选、培养条件的优化以及产物的分离纯化等问题。

（4）酶工程制药：是将酶或活细胞固定化后用于药品生产的技术。它除了能全程合成药物分子外，还能用于药物的转化，如我国成功地利用微生物两步转化法生产维生素C。它主要研究酶的来源、酶（或细胞）固定化、酶反应器及相应操作条件等。酶工程生产药物具有生产工艺结构紧凑、目的产物产量高、产物回收容易、可重复生产等优点。酶工程作为发酵工程的替代者，其应用具有广阔的前景。

2. 生物制药的研究内容按用途可分为以下三类，即基因工程产品、体内应用的配源性单克隆抗体、诊断试剂。

（1）基因工程产品：除了对一般生物制品的共同要求外，尚需注意：① 关于表达体系的详细资料以及工程菌（或工程细胞）的特征、纯度（是否污染外来因子）和遗传稳定性等资料。② 培养方法和产量稳定性、纯化方法和各步中间产品的收率和纯度，如何除去微量的外来抗原、核酸、病毒或微生物。③ 理化鉴定包括产品的特征、纯度及与天然产品的一致性，如N端十五个氨基酸序列、聚丙烯酰胺凝胶电泳与等电聚焦、高效液相色谱等分析。一般纯度应在95%以上。④ 外源核酸和抗原检测，规定每剂量DNA含量不超过100bp，细胞培养产品小牛血清含量须合格。成品中不应含有纯化过程中使用的试剂，包括相亲和层析用的试剂。⑤ 生物活性或效力试验结果应与天然产品进行比较。⑥ 理化与生物学性质与天然产品完全相同者一般不需重复所有动物毒性试验，与天然产品略有不同者需较多试验，与天然产品有很大不同者则须做更多试验，包括致癌、致畸和对生育力的影响等。⑦ 凡蛋白工程产品，必须非常慎重地评价其对人体的有益和有害作用，提供足够的安全性资料。事实上，国内外尚缺少蛋白工程产品的临床经验。⑧ 所有基因工程产品都必须经过临床试验，以评价其安全性和有效性。

（2）体内应用的配源性单克隆抗体：作为主要原材料的鼠种必须有一级以上合格证，至少证明无淋巴细胞脉络丛脑膜炎、流行性出血热及脱脚病病毒污染。规定了杂交瘤细胞、腹水、成品应检查的病毒污染项目和方法；提供建立杂交细胞的全过程，单抗的特异性，亲和力和免疫球蛋白类和亚类，特别是与靶抗原以外的人体器官组织交叉反应的资料；规定了生产中建立原始细胞库、生产细胞库的程序；纯度测定和残存DNA的要求与基因工程产品相同；应有急性和长期毒性试验和染色体畸变试验资料；目前对基因工程单抗素偶合的单抗，我国尚未制订质控要点。

（3）诊断试剂：目前我国要求通过药品审评才能生产的免疫诊断试剂有以下几类：病毒性肝炎、流行性出血热、艾滋病、肿瘤及其他新发现的传染病的诊断试剂。1991年检定所提出甲、乙型肝炎诊断试剂的检定要求。

四、生物新药的质量保证

许多基因工程药物，特别是细胞因子药物都可参与人体机能的精细调节，在极微量的情况下就会产生显著的效应，任何性质或数量上的偏差，都可能贻误病情甚至造成严重危害。因此，对基因工程药物产品进行严格的质量控制就显得十分必要。基因工程药物质量控制主要包括以下几项要点：产品的鉴别、纯度、活性、安全性、稳定性和抑制性。任何一种单一的分析方法都已无法满足对该类产品的检测要求。它需要综合生物化学、免疫学、微生物学、细胞生物学和分子生物学等多门学科的相关理论和技术，才能切实保证基因工程药品的安全有效。鉴于基因工程产品生产工艺的特殊性，除鉴定最终产品外，还要从基因的来源及确证、菌种的鉴定、原始细胞库等方面提出质量控制的要求，对培养、纯化等每个环节加以严格把关，才能保证最终产品的有效性、安全性和均一性。

1. 生产用菌毒种的质量控制　生产用菌毒种必须按照《中国生物制品规程》（简称规程）规定毒种的质量控制。菌种与毒种的质量要求可分别概括为以下几方面：

（1）菌种

1）菌种来源：用于疫苗生产的菌种其来源与历史应清楚，由中国药品生物制品检定所分发或审批同意。

2）菌种植定：生产菌种在投产前必须进行全面检定。检定内容包括：①形态及培养特性的检查。各菌株应具有典型的形态，在相应培养基上生长的菌落应光滑、具有典型特征。②血清凝集试验。生产用菌种的血清凝集价不应低于血清原效价之半。用特异性血清做玻片凝集反应时，应与本菌血清呈强凝集。③毒力试验。将生产用菌种培养物制备一定浓度的菌悬液，做系列稀释，并分别注射小鼠，要求 1 个 LD_{50} 的菌数不得超过规程规定的菌数。④免疫力试验。按照规程要求制备菌液，皮下注射小鼠，一般免疫两次，末次免疫后进行检毒，一般应能保护 50%～80%小鼠存活。各制品对免疫力合格的指标要求不同，应按规程要求来判断。⑤毒性试验。将生产用菌种的培养物制成灭菌液，并稀释为不同浓度，不加防腐剂，注射 15～18g 小鼠，一般要求 3 天后试验组的总体重不得少于注射前的总体重，7 天后试验组小鼠平均增加的体重不少于对照组平均增加的 60%，并不得有死亡。⑥抗原性试验。用免疫力试验所用的菌液静脉注射体重为 2kg 左右的家兔至少 3 只，末次免疫后 10～14 天采血做定量凝集试验，血清对免疫菌的凝集效价要求达到一定滴定度。但不同菌种要求不同。

（2）毒种

1）毒种来源：用于疫苗生产的毒种其来源和历史应清楚，由中国药品生物制品检定所分发或由指定的有相关资质的其他单位保管与分发。

2）毒种的检定如下：①无菌试验。冻干毒种每次启封和传代后均需做无菌试验，合格者方可使用。②病毒滴定。在疫苗生产前，需检定毒种的毒力滴度，根据不同要求可采用小鼠进行脑内毒力滴定，也可用 FL 细胞或 vero 细胞等测定毒力。③纯毒试验。纯毒试验的目的是鉴定毒种的特异性。所用特异性抗血清（或其参考品）由中国药品生物制品检定所提供。根据不同毒种，要求本试验在生产前和生产末期进行。可用 FL 或 vero 细胞或用小鼠脑内法做中和试验。

2. 生物制品的质量检定　质量不好的制品危害人民，如 1930 年在德国因错将结核菌当作卡介菌生产卡介苗，结果造成多人患急性结核病而死亡。1955 年美国 Cutter 厂制造的 Salk 灭活小儿麻痹疫苗，因灭活不完全，接种 40 万人中，有 204 人发病，11 人死亡。

上述例子，充分说明生物制品质量的重要性和特殊性。质量检定人员的职责就是要有责任感，严格按照相关规程要求，对制品进行科学的检定，保证民用药安全有效。当然，制品质量是生产中产生出来的，检定只是客观地反映了产品的质量水平。通过检定可以发现制品中存在的质量问题，提出改进意见，从而促进质量的提高。

（1）鉴定方法：由于生物新药结构的特点及生产方式的特殊性，因此在生产工艺、结构研究及检测项目等方面的要求与化学药品有所不同。由于其相对分子量一般为几千至几万，所以很难用元素分析、红外光谱、紫外光谱、核磁共振、质谱等方法进行结构确证。另外，大分子的生化药品即使组成成分相同，也会因相对分子量不同而产生不同的生理活性，如肝素能明显延长血凝时间，有抗血凝作用，而低分子量肝素，成为新近发展起来的一类抗血栓药物。即使相对分子量相同，由于空间结构的改变也可使之失去生理活性，如酶是具有生物催化作用的活性蛋白，当其空间结构发生改变，即失去活性，但它的氨基酸组成一级结构仍然保持不变。所以对生物制药的结构和组分的鉴定还要用生化分析方法加以确证。重组蛋白质药物产品常用的鉴定方法有：电泳方法、免疫学分析方法、各种高效液相色谱分析法（HPLC）、肽图分析法、Edman N-末端序列分析法、圆二色谱法（CD）、核磁共振法（NMR）。

（2）安全性评价：生物制药除了要保证符合无病毒、无菌、无热原、无致敏原等一般安全性要求外，还需要根据工程产品本身的结构，进行某些药代动力学和毒理学研究。有的产品虽然与人源多肽或蛋白质密切相关，但在氨基酸序列或翻译后修饰上存在差异，这就要求对之进行致突变、致癌和致畸等遗传毒理性质的考察。根据生物技术产品的结构特点，可分为与人类自身生理活性物质完全相同的药品，与人类自身生理活性物质相似的药品，与人类自身生理活性物质完全不同的药品，欧洲经济共同体（OECD，经济合作发展组织）对这三类药品安全性评价见表 9-1。

表 9-1　OECD 生物技术药品安全性评价

分类	分组	证明一致性	药效	药代动力学	急毒	慢毒	胚胎毒	致畸	致突变	致癌	局部耐受	免疫毒
激素细胞分裂素	Ia	+			+							
	Ib		+		+	+	+	+	+	+		
	II		+		+	+	+	+	+	+	+	+
	III		+		+	+	+	+	+	+	+	+
制品血液	I		+	+	+							
	II		+	+	+	+						
单抗			+		+	+						
疫苗				+			+	+				

注：a 为体内存在，b 为体内不存在。

现代生物技术企业采用原位清洗/原位灭菌（即 CIP/SIP）系统以代替人工清洗、灭菌，并将单元操作设备设计成自动控制、自动监测的模块，从而为稳定生产提供设备保证，最大程度消除人为因素对产品质量的影响，这也是现代生物技术产业发展的趋势。

第四节 概念及术语

质量方针：由某机构的最高管理者正式颁布的全部质量宗旨和该机构关于质量的方向。

质量管理：全部管理职能的一个方面，该管理职能负责质量方针的制订和实施。

质量管理工程：把质量管理看成是一个系统工程，用系统工程的理论、技术和方法，研究质量管理的过程。

质量体系：为实施质量管理，由组织结构、职责、程序、过程和资源构成的有机整体。

质量保证：为使人们确信某一产品或服务能满足规定的质量要求所必需的有计划、有系统的全部活动。

质量控制：为达到质量要求所采取的作业技术和活动。

质量审核：对质量活动及相关结果所做的系统的、独立的审查，以确定它们是否符合计划安排以及这些安排是否有效贯彻并且能达到预期的目的。质量审核包括“质量体系审核”“产品质量审核”“服务质量审核”等。

质量监督：为确保满足规定的要求，对程序、方法、条件、产品、过程和服务的现状进行的连续监视和验证以及按规定的标准对记录所做的分析。

第十章 制药工业三废治理

环境是人类赖以生存和社会经济可持续发展的客观条件和空间，人类在生产和生活中，会不断地向环境排放污染物质，这些污染物质通过大气、水、土壤等的扩散、稀释、氧化还原、生物降解等作用，浓度和毒性会自然降低，这种现象叫做环境自净。如果排放的物质超过了环境的自净能力，环境质量就会发生不良变化，危害人类的健康和生存，导致环境污染。越来越多的事实证明环境的恶化给人类的生活带来严重的灾难。例如，1952 年，英国伦敦曾因燃煤烟尘的大量排放而导致的严重空气污染，大量的烟雾弥漫在伦敦上空，导致 4000 余人死亡。1984 年，美国联合碳化物公司在印度博帕尔市的子公司发生甲基异氰酸的大量泄露，导致大约 4000 死亡，数万人受伤的惨剧。加强环境保护，减少污染排放，已成为全社会的共识。

保护环境是我国的一项基本国策，是国民经济、社会发展的重要战略方针。在防治环境污染的工作中，必须坚持“预防为主、综合防治”的原则。从控制污染的整体出发，以经济观点、资源观点和生态观点对生产过程进行研究，采取综合防治技术，以达到当地的环境要求。

根据我国环境保护法规和文件，凡是所进行的工程项目对环境有影响时都必须执行环境影响报告书的审批制度，其治理三废及其他公害的设施应与主体工程同时设计、同时施工、同时投产的“三同时”规定，防止发生新污染。建设项目建成后，其污染物的排放必须达到国家或地方规定的标准并符合环境保护的有关法规。

从国外引进先进的生产工艺和技术装备时，凡是配套的能有效防治污染的技术和装备，而在国内生产上又尚未应用或不能正常运行的，要根据配套的要求，同时引进。

在开发新产品、新技术、新工艺时，必须同时开发防治环境污染的相应技术。对环境产生不良影响，又不符合环境质量基本要求的科研成果，不能通过鉴定和推广应用。

第一节 制药工业与环境保护

一、制药工业对环境的污染

制药工业对环境的污染主要来自原料药生产。原料药生产通常具有三多一低的特点，即产品的品种多，生产工序多，原料种类多，而原料的利用率偏低。表 10 - 1 中列出了几个原料药的原料利用率，由表可知，如果生产过程中未被利用的原料和副产物不加以回收，就会造成几十倍、甚至几百倍于药品的原料浪费，以废水、废气、废渣等“三废”的形式排放于环境之中。据不完全统计，全国药厂每年排放的废气量为 10 亿立方米（标准状态），其中含有害物质约 10 万吨；日排废水量约 50 万立方米；年排废渣量高达 10 万吨，对环境产生的危害十分严重。

表 10-1 几个原料药的原料利用率

产品	主要反应（个）	原料种类（种）	原料利用率（%）
氯霉素	12	31	48.11
磺胺嘧啶	2	11	44.68
维生素 A	14	46	26.71
维生素 C	4	18	19.13
维生素 B_1	10	35	17.73
利福平	8	35	5.71

二、“三废”防治措施

（一）制药工业污染的特点

制药厂排出的废弃物通常具有工业污染的共同特征，都有一定的毒性、刺激性和腐蚀性。此外，化学制药厂的污染物还具有与防治措施的选择有直接关系的以下特点。

1. 数量少、种类多、变化大 化学原料药的生产规模通常较小，排出的污染物的数量较少，生产过程中所用原辅材料的种类多，生成的副产物也多，此外随着生产规模、工艺路线的变更，污染物的种类、成分、数量都会发生变化，这些都给制药厂污染的治理带来了很大的困难。

2. 间歇排放 因为药品生产的规模通常较小，大部分制药厂采用间歇式的生产方式，所以污染物的排放量、浓度等缺乏规律性，这给污染的治理带来了不少困难。如生物处理法要求处理的废水水质、水量比较均匀，若变动过大，会抑制微生物的生长，导致处理效果显著下降。

3. pH 值变化大 制药厂排放的废水，pH 值变化较大，在生物处理或排放之前必须进行中和处理，以免影响处理效果或者造成环境污染。

4. 有机污染物为主 制药厂产生的污染物一般以有机污染物为主，其中有些有机物能被微生物降解，而有些则难以被微生物降解。因此对制药厂废弃物的处理，往往需要采用综合处理的方式。

（二）制药工业防治污染的措施

1. 采用绿色生产工艺 采用绿色生产工艺可减少有害有毒原、辅料的使用；提高原、辅料的利用率，可从源头上降低三废造成的危害，是防治污染的根本措施之一。

例如，在咖啡因生产过程中，曾用酸性铁粉还原二甲基紫脲酸，每年要产生 270 吨铁泥，含铁酸性废水 3600 立方米，改用氢气还原后，不仅消除了铁泥和硫酸低铁废水，而且咖啡因收率提高 7%。

再如在非那西汀生产过程中，由对硝基氯苯制备对硝基苯乙醚，原来用二氧化锰作催化剂，每年有 300 吨二氧化锰随废水流失于环境，改用空气氧化后，不仅消除了二氧化锰对环境的污染，而且改善了操作条件。

2. “三废”的资源化利用 “三废”的不合理排放不仅造成了环境的污染，也造成了资源的浪费。因此对那些原来废弃的资源，按技术可能、经济合理、社会需要，进行回收利用和加工改造，使之成为有用之物，是摆在药厂面前急需解决的问题。

如氯霉素生产中的副产物邻硝基乙苯，是重要的污染源之一，将其制成杀草胺，就是一种优良的除草剂，稻田用量（0.5～1.0）$\times 10^{-4}$kg/m^2，除草效果在 8 %以上。又如潘生丁生产过程中环合反应的废水，经回收处理后，每吨废水可回收丙酮 95kg、哌啶 5kg，废水的化学耗氧量由原来的 4.3$\times 10^5$ mg/L 降至 280 mg/L。

3. “三废”的无害化 对于那些不可避免要产生的“三废”，暂时必须排放的污染物，要进行物理的、化学的或生物的净化处理，使之无害化，力求以最小的经济代价取得最大的经济效益。

第二节　废水治理技术

工业废水泛指工业生产过程排出的受污染的水体，是生产污水与生产废水的总称。前者污染较严重，必须经处理方可排放；后者较为清洁，可以直接排入水体或循环使用，如冷却水。天然水体（包括地面水和地下水）是人类生存的重要资源，为了保障天然水体的水质，不能任意向水体排放废水。由于工业生产的多样性、产生的废水污染性质也纷呈复杂，如有机污染、无机污染、热污染、色度污染等。

一、废水的污染控制指标

废水处理的目的是用各种方法将废水中所含的污染物质分离出来，或将其转化为无害物质，从而使废水得到净化。

1. 生化需氧量 又称生化耗氧量（biochemical oxygen demand，缩写 BOD），指在一定条件下，微生物氧化分解水中的有机物时所需的溶解氧的量，用单位体积的废水中所需的氧量（mg/L 或 ppm）来表示。微生物分解有机物的速度和程度与时间有直接关系。BOD 越高，表示废水中有机物含量越高，说明水体污染程度越高。我国规定工厂废水排放口的 BOD 值不得超过 60 mg/L，而地表水的 BOD 值为 4 mg/L 以下，目前都以温度为 20℃时，5 天生化需氧量作为测定标准（称为 5 天生化需氧量，用符号 BOD_5 表示）。

2. 化学耗氧量 又称化学需氧量（chemical oxygen demand，缩写 COD），指在一定条件下，用强氧化剂氧化废水中的有机物所需的氧的量，单位为 mg/L 或 ppm，是水体被污染的标志之一。我国的废水检验标准规定以重铬酸钾作氧化剂，标记为 COD_{Cr}。我国规定工厂废水排放口的 COD 值应小于 100mg/L。

COD与BOD均可表征水被污染的程度，但COD能够更精确地表示废水中的有机物含量，而且测定时间短，不受水质限制，因此常被用做废水的污染指标。COD和BOD之差表示废水中没有被微生物分解的有机物含量。

3. 氢离子浓度（pH值） 主要是指示废水的酸碱性，废水排放的pH值应为7或接近于7。

4. 悬浮物质 悬浮物（suspension substance，缩写SS）是指废水中呈悬浮状态的固体，其中包括无机物，如泥沙；也包括有机物，如油滴、食物残渣等。SS是反映水中固体物质含量的一个常用指标，可用过滤法测定，单位为mg/L。

5. 有毒物质 是指酚、氰、汞、铬、砷等。当废水含有这些物质时，必须单独测定其含量，并考虑处理方法。

6. 其他物质 如氮、磷、油脂等，对于特殊的废水，要考虑特殊的处理方法及监控指标。

二、工业废水分类

工业废水的分类方法通常有三种，第一种是按工业废水中所含主要污染物的化学性质分类，分为无机废水和有机废水。例如，电镀废水和矿物加工过程的废水，以无机污染物为主，就是无机废水；药品、食品或石油加工过程的废水，以有机污染物为主，就是有机废水。第二种是按工业企业的产品和加工对象分类，如制药废水、冶金废水、炼焦煤气废水、造纸废水等。第三种是按废水中所含污染物的主要成分分类，如酸性废水、碱性废水、含镉废水、含氰废水、含有机磷废水和放射性废水等。

前两种分类法不涉及废水中所含污染物的主要成分，也不能表明废水的危害性。第三种分类法，明确地指出废水中主要污染物的成分，能表明废水一定的危害性。

此外也有从废水处理的难易度和废水的危害性出发，将废水中主要污染物归纳为三类：第一类为废热，主要来自冷却水，冷却水可以回收利用；第二类为常规污染物，即无明显毒性而又易于生物降解的物质，包括生物可降解的有机物，可作为生物营养素的化合物，以及悬浮固体等；第三类为有毒污染物，即含有毒性而又不易生物降解的物质，包括重金属、有毒化合物和不易被生物降解的有机化合物等。

实际上，一种工业可以排出几种不同性质的废水，而一种废水又会有不同的污染物和不同的污染效应。例如药厂既排出酸性废水，又排出碱性废水；即便是一套生产装置排出的废水，也可能同时含有几种污染物。如炼油厂的蒸馏、裂化、焦化、叠合等装置的塔顶油品蒸气凝结水中，含有酚、油、硫化物。

三、工业废水的排放标准

按照国家综合排放标准与国家行业排放标准不交叉执行的原则，如造纸工业执行《制浆造纸工业水污染物排放标准》（GB3544－2008），纺织染整工业执行《纺织染整工业水污染物排放标准》（GB4287－2012），肉类加工工业执行《肉类加工工业水污染物排放标准》（GB13457－92），合成氨工业执行《合成氨工业水污染物排放标准》（GB13458－

2013），钢铁工业执行《钢铁工业水污染物排放标准》（GB13456－2012），航天推进剂使用执行《航天推进剂水污染物排放标准》（GB14374－93），磷肥工业执行《磷肥工业水污染物排放标准》（GB15580－2011），烧碱、聚氯乙烯工业执行《烧碱、聚氯乙烯工业水污染物排放标准》（GB15581－2016）等12个行业，其他行业水污染物排放均执行《国家污水综合排放标准》。

工业废水中的污染物极为复杂，在《国家污水综合排放标准》中，根据其对人体健康的影响程度不同，将污染物分为两类。

第一类污染物指能在环境或动植物体内蓄积，对人体健康产生长远不良影响的物质。按《国家污水综合排放标准》中规定，此类污染物有：总汞、烷基汞、总镉、总铬、六价铬、总砷、总铅、总镍、苯并（α）芘、总铍、总银、总α放射性、总β放射性，见表10－2。

表10－2 第一类污染物最高允许排放浓度（GB 8978—1996）

污染物	最高允许排放浓度（mg/L）	污染物	最高允许排放浓度（mg/L）
1. 总汞	0.05	8. 总镍	1.0
2. 烷基汞	不得检出	9. 苯并（α）芘	0.00003
3. 总镉	0.1	10. 总铍	0.005
4. 总铬	1.5	11. 总银	0.5
5. 六价铬	0.5	12. 总α放射性	1Bq/L
6. 总砷	0.5	13. 总β放射性	10Bq/L
7. 总铅	1.0		

含有第一类污染物的污水，不分行业和污水排放方式，也不分受纳水体的功能类别，一律在车间或车间处理设施排出口取样，其最高允许排放浓度必须符合表10－2的规定。

第二类污染物是指其长远影响小于第一类的污染物，在《国家污水综合排放标准》中规定，对1997年12月31日之前建设的单位，有pH值、化学需氧量、色度、悬浮物、生化需氧量BOD_5、石油类等共26项限制排放污染物。含有第二类污染物的污水，在排污单位排出口取样，其最高允许排放浓度必须符合表中的规定。

四、废水处理原则

工业废水的有效治理应遵循如下原则：

1. 选择适宜的生产工艺 最根本的是改革生产工艺，尽可能在生产过程中杜绝有毒有害废水的产生。如以无毒用料或产品取代有毒用料或产品。

2. 实行严格的操作和监督 在使用有毒原料以及产生有毒的中间产物和产品的生产过程中，采用合理的工艺流程和设备，消除漏逸，尽量减少流失量。对含有剧毒物质废水，如含有一些重金属、放射性物质、高浓度酚、氰等废水应与其他废水分流，以便于处理和回收有用物质。

3. 循环使用 一些流量大而污染轻的废水如冷却废水，不宜排入下水道，以免增加城市下水道和污水处理厂的负荷。这类废水应在厂内经适当处理后循环使用。

4. 排入城市污水系统 成分和性质类似于城市污水的有机废水，如造纸废水、制糖废水、食品加工废水等，可以排入城市污水系统。应建造大型污水处理厂，包括因地制宜修建的生物氧化塘、污水库、土地处理系统等简易可行的处理设施。与小型污水处理厂相比，大型污水处理厂既能显著降低基本建设和运行费用，又因水量和水质稳定，易于保持良好的运行状况和处理效果。

5. 生物氧化降解 一些可以生物降解的有毒废水如含酚、氰废水，经厂内处理后，可按容许排放标准排入城市下水道，由污水处理厂进一步进行生物氧化降解处理。

6. 单独处理 含有难以生物降解的有毒污染物废水，不应排入城市下水道和输往污水处理厂，而应进行单独处理。

五、工业废水处理方法

工业废水的处理，是一项较为复杂的系统工程，每个行业不同性质的废水，都必须使用不同的处理工艺，就是同类型的废水也会因不同的环境、处理要求、处理水量、经济要求等，而采用不同的工艺。但是工业废水的处理方法，又有它们的共性，常用的处理方法有以下几种：

1. 清污分流 是指将清水（如间接冷却用水、雨水和生活用水等）与废水（如制药生产过程中排出的各种废水）分别用不同的管路或渠道输送、排放或贮留，以利于清水的循环套用和废水的处理。由于制药生产中清水的数量远远超过废水的数量，采取清污分流方法，既可以节约大量的清水，又可大幅度地降低废水处理量，减轻废水的输送负荷和治理负担。此外，某些特殊废水应与一般废水分开，以利于特殊废水（如含剧毒物质的废水）的单独处理和一般废水的常规处理。

2. 废水处理级数 按照处理废水程度不同，将废水处理划分为一级、二级和三级。

一级处理：通常是采用物理方法或简单的化学方法除去水中的漂浮物和部分处于悬浮状态的污染物以及调节废水的 pH 等。通过一级处理可减轻废水的污染程度和后续处理的负荷。一级处理具有投资少、成本低等优点。但经一级处理后仍达不到国家规定排放标准的废水，还需进行二级处理，必要时还需进行三级处理。因此，一级处理常作为废水的预处理。

二级处理：主要指生物处理法，经过二级处理后，废水中的大部分有机污染物可被除去，BOD_5 可降到 20～30mg/L，水质基本可以达到规定的排放标准。二级处理适用于处理各种含有机污染物的废水。

三级处理：主要是除去废水在二级处理中未能除去的污染物，包含不能被微生物分解的有机物、可溶性无机物（如氮、磷等）以及各种病毒、病菌等。废水经三级处理后，BOD_5 将降至 5mg/L 以下，可达到地面水和工业用水的水质要求。三级处理的方法很多，常用的有过滤、活性炭吸附、臭氧氧化、反渗透以及生物法脱氮除磷等。

3. 废水处理的基本方法 废水处理技术很多，按作用原理通常可分为物理法、化学法、物理化学法和生物法。

（1）物理法：主要是通过物理或机械作用去除废水中不溶解的悬浮固体及油品。

①沉淀法：又称重力分离法，利用废水中悬浮物和水的密度不同这一原理，借助重力的沉降（或上浮）作用，使悬浮物从水中分离出来。沉淀（或上浮）的处理设备有沉砂池、沉淀池、隔油池等。

②过滤法：利用过滤介质截留废水中的悬浮物。常用过滤介质有钢条、筛网、砂、布、塑料、微孔管等。过滤设备有格栅、栅网、微滤机、砂滤池、真空过滤机、压滤机（后两种多用于污泥脱水）等。过滤效果与过滤介质孔隙度有关。

③离心分离法：在高速旋转的离心力作用下，废水中的悬浮物与水实现分离的过程。离心力与悬浮物的质量成正比，与转速（或圆周线速度）的平方成正比。由于转速在一定范围内可以控制，所以分离效果远远优于重力分离法。离心设备有水力旋涡器、旋涡沉淀池、离心机等。

④浮选法：又称气浮法，此法是将空气通入废水中，并以微小气泡形成从水中析出成为载体，废水中相对密度接近于水的微小颗粒状的污染物（如乳化油）黏附在气泡上，并随气泡上升至水面，形成浮渣而被去除。根据空气加入的方式不同，浮选设备有加压溶气浮选池、叶轮浮选池、射流浮选池等，这种方法的除油效率可达80%～90%。

⑤蒸发结晶法：将废水加热至沸腾、气化，使溶质得到浓缩，再冷却结晶。如酸洗钢材的含酸废水处理就是经蒸发、浓缩、冷却后分离出硫酸亚铁晶体及酸性母液。

⑥渗透法：在一定的压力下，废水通过一种特殊的半渗透膜，水分子被压过去，溶质将被膜所截留，废水得到浓缩，被压过膜的水就是处理过的水。膜材料有醋酸纤维素、磺化聚苯醚、聚砜酰胺等有机高分子物质。加入添加剂可做成板式膜、内管式、外管式膜以及中空纤维膜等。操作压力一般需要300～500kPa，每天通过每平方米的渗透膜的水量从几十升到几百升。渗透法已用于海水淡化、含重金属的废水处理以及废水深度处理等方面，处理效率达90%以上。

⑦反渗法：利用一种特殊的半渗透膜，在一定的压力下，将水分子压过去，而溶解于水分子中的污染物被膜所截留，污水被浓缩，而被压透过膜的水就是处理过的水。目前该方法已用于海水淡化、含重金属废水处理及污水的深度处理等方面。

（2）化学法：利用化学反应的原理及方法来分离回收废水中的污染物，或改变污染物的性质，使其由有害变为无害。

①混凝法：水中呈胶体状态的污染物质通常带有负电荷，胶状物之间互相排斥不能凝聚，多形成稳定的混合液。若在水中投加带有相反电荷的电解质（即混凝剂），可使废水中胶状物呈电中性，失去稳定性，并在分子引力作用下，凝聚成大颗粒下沉而被分离。常用的混凝剂有硫酸铝、明矾、聚合氧化铝、硫酸亚铁、三氯化铁等。上述混凝剂可用于含油废水、染色废水、煤气站废水、洗毛废水等处理。通过混凝法可去除废水中细分散固体颗粒、乳状油及胶体物质等。

②中和法：往酸性废水中投加碱性物质使废水达到中性。常用的碱性物质有石灰、石灰石、氢氧化钠等。对碱性废水可吹入含CO_2的烟道气进行中和，也可用其他的酸性

物质进行中和。此方法用于处理酸性废水及碱性废水。

③氧化还原法：废水中呈溶解状态的有机或无机污染物，在加入氧化剂或还原剂后，发生氧化或还原反应，使其转化为无害物质。氧化法多用于处理含酚、氰、硫等废水，常用的氧化剂有空气、漂白粉、氯气、臭氧等。还原法多用于处理含铬、含汞废水，常用的还原剂有铁屑、硫酸铁、二氧化硫等。

④化学沉淀法：向废水中投入某种化学物质，使它与废水中的溶解性物质发生互换反应，生成难溶于水的沉淀物，以降低废水中溶解物质的方法。这种方法常用于处理含重金属、氰化物等工业生产废水的处理。

（3）物理化学法：利用萃取、吸附、离子交换、膜分离技术和汽提等操作方法，处理或回收利用工业废水的方法。

①萃取（液-液萃取）法：在废水中加入不溶于水的溶剂，并使溶质溶于该溶剂中，然后利用溶剂与水不同的密度差，将溶剂与水分离，污水被净化。再利用溶剂与溶质沸点不同，将溶质蒸馏回收，再生后的溶剂可循环使用。例如含酚废水的回收，常用的萃取剂有醋酸丁酯、苯等，酚的回收率达90%以上；常用的设备有脉冲筛板塔、离心萃取机等。

②吸附法：利用多孔性的固体物质，使废水中的一种或多种物质吸附在固体表面进行去除。常用的吸附剂为活性炭。此法可吸附废水中的酚、汞、铬、氰等有毒物质。此法还有除色、脱臭等功能，吸附法目前多用于废水深度处理。

③电解法：在废水中插入通直流的电极。在阴极板上接受电子，使离子电荷中和，转变为中性原子。同时在水的电解过程中，在阳极上产生氧气，在阴极上产生氢气。上述综合过程使阳极上发生氧化作用，在阴极上发生还原作用。目前用于含铬废水处理等。

④汽提法：将废水加热至沸腾时通入蒸汽，使废水中的挥发性溶质随蒸汽逸出，再用某种溶液洗涤蒸汽，回收其中的挥发性溶质，此法常用于含酚类废水的处理，回收挥发性酚。

⑤离子交换法：利用离子交换剂的离子交换作用来置换废水中的离子态物质。随着离子交换树脂的生产和使用技术的发展，近年来在回收和处理工业废水的有毒物质方面，由于效果良好，操作方便而得到一定的应用。目前离子交换法广泛用于去除废水中的杂质，如去除（回收）废水中的铜、镍、镉、锌、金、银、铂、汞、磷酸、硝酸、氨、有机物和放射性物质等。

⑥电渗析法：废水中的离子在外加直流电作用下，利用阴、阳离子交换膜对水中离子的选择透过性，使一部分溶液中的离子迁移到另一部分溶液中去，以达到浓缩、纯化、合成、分离的目的。阳离子能穿透阳离子交换膜，而被阴离子交换膜所阻；同样，阴离子能穿透阴离子交换膜，而被阳离子交换膜所阻。废水通过阴阳离子交换膜所组成的电渗析器时，废水中的阴阳离子就可得到分离，达到浓缩及处理目的。此法可用于酸性废水回收，含氰废水处理等。

（4）生物法：废水的生物处理法就是利用微生物新陈代谢功能，使废水中呈溶解和胶体状态的有机污染物降解并转化为无害的物质，生物法能够除去废水中的大部分有机污染物，是常用的二级处理法。

上述每种废水处理方法均为一个单元操作。由于制药工业废水的特殊性，仅用一种方法常常不能除去废水中的全部污染物。在制药废水处理中，一般需要将几种处理方法组合在一起，形成一个处理污染的流程。流程应遵守先易后难、先简后繁的原则，即最先使用物理法进行预处理，使大块垃圾、漂浮物及悬浮固体等除去，然后再使用化学法和生物法等处理方法。对于特定的制药废水，应根据其废水的水质、水量、回收有用物质的可能性、经济性及排放水体的具体要求等情况，制定适宜的废水处理流程。

六、生物法治理污水技术

在自然界中，存在着无数依靠有机物生存的微生物，大量实践证明，利用微生物氧化分解废水中的有机物是非常有效、切实可行的方法，生物法因此具有适应范围广、处理效率高、操作费用低等特点。

根据参与作用的微生物种类和供氧情况，分为两大类即好氧生物处理和厌氧生物处理。其中好氧法多用于处理各种有机废水；厌氧法用于处理含比较单一的碳氢化合物废水。好氧法分活性污泥法和生物膜法两类，前者是微生物群在水中悬浮，使有机物氧化分解；后者是微生物群固定在支承体上进行处理的方法。

1. 好氧生物处理法 在有氧的情况下，借助于好氧微生物（主要是好氧菌）的作用进行。细菌通过自身的生命活动——氧化、还原、合成等过程，把一部分被吸收的有机物氧化成简单的无机物（CO_2、H_2O、NO_3^-、PO_4^{3-}等）获得生长和活动所需能量，而把另一部分有机物转化为生物所需的营养物质，使自身生长繁殖。具体有以下 4 种好氧生物处理方法。

（1）活性污泥法与曝气池：若在污水中充入空气，维持水中有足够的溶解氧，为微生物生长创造良好的条件，则经一段时间后，就会产生絮状的泥粒，里面充满各种微生物。这种絮状泥粒称为活性污泥，它有很大的表面积，很强的吸附和氧化分解有机物的能力。活性污泥法的流程如图 10-1 所示，先在曝气池内引满污水，进行曝气（即充入空气），培养出活性污泥。当达到一定数量后，即将污水不断引入，活性污泥和废水的混合液不断排出，流入沉淀池。沉淀下来的活性污泥一部分流回曝气池，多余的作为剩余污泥排除。工业上常常采用鼓风曝气的曝气池和表面曝气的曝气池。

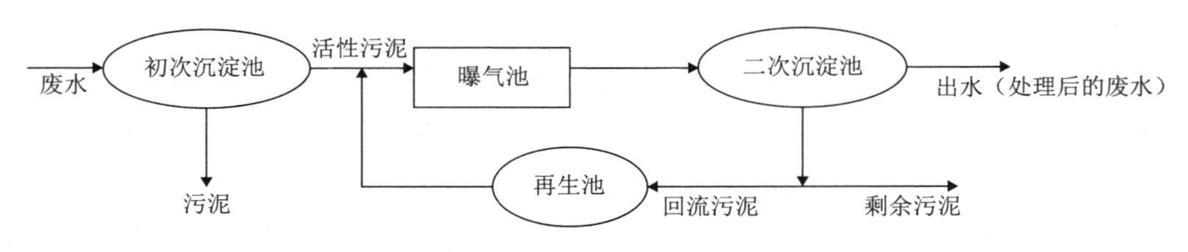

图 10-1 活性污泥法基本流程

（2）生物接触氧化法：生物接触氧化法与活性污泥法的不同之处是在曝气池（氧化

塔）内加装了波纹填料或软性、半软性填料，使微生物有一个附着栖息的固定场所，在填料表面形成一种生物膜。在向池中不断供氧的条件下，水中有机物在生物膜表面不断进行生物氧化，使污水得到净化。随着微生物的繁殖，生物膜不断加厚，向膜内传氧困难，底层逐步厌氧发酵脱落，新的生物膜又接着滋生、繁殖，不断更新。此方法生物膜比较固定，不易随波逐流，性能和效果比较稳定，污泥容易沉淀，氧的利用率比活性污泥法高。

（3）生物流化床：在曝气池内加入废活性炭、木炭末、粉煤灰、砂等作为载体，使池内的微生物有栖息的场所，在载体表面形成生物膜，在池内水、气、固三相流化状态下进行生物氧化，将有机污染物代谢成简单的无机物，使污水得到净化。

（4）深井曝气：利用地下深井作曝气池，井深 50～150m，纵向被分隔为下降管和上升管两部分，在深井中混合液沿下降管和上升管反复循环过程中，污水得到处理。由于井深，静水压高，极大地提高了氧传递的推动力，使氧的利用率提高，此法可处理高浓度的污水，且节约用地。

2. 厌氧生物处理法　是在无氧气的情况下，利用厌氧微生物的作用来进行。厌氧细菌在把有机物降解的同时，需从 CO_2、NO_3^-、PO_4^{3-} 等中取得氧元素以维持自身对氧元素的物质需要，因而其降解产物为 CH_4、H_2S、NH_3 等。在厌氧法中，参与反应的是兼性厌氧菌和专性厌氧菌，其特点是处理过程缓慢，必须提高温度才能加快反应，反应后生成的产物也不同。

（1）厌氧污泥床：底部是一个高浓度污泥床，大部分有机物在此转化为气体，由于气体的搅动，污泥床上部有一个污泥悬浮层。在上部设有气、液、固三相分离器，固液混合液从下部进入沉淀区后，污水中的污泥发生絮凝而重力沉降，上清液从上部溢出。床内产生的沼气上升由导管排出。污泥床体积较小，不需污泥回流，要求水质与负荷较稳定。

（2）厌氧过滤床：过滤床内装碎石、卵石、焦炭或蜂窝填料。废水由底部流入，上升通过过滤床时有机污泥物被厌氧分解，产生的沼气从顶部引出，处理后的污水从上部排出。适用于处理低浓度的有机废水，装置简单，能耗少。

（3）厌氧膨胀床和厌氧流化床：当过滤床中的水流速度增大到一定程度时，填料就发生膨胀，这种状态下的过滤床称为膨胀床，适用于处理高浓度有机污水，出水质量好。当水流速度更大，床中填料呈悬浮状态，上下翻动，此时即为流化床。由于床层的紊动、混合条件好，底物及微生物得以充分的接触，但耗能较膨胀床更大。

七、制药工业中的废水治理

在制药生产过程中，由于生产工艺的多样性，工业废水更是千变万化，因此不可能得出一个普遍适用的方法，必须依据废水排放的具体要求等情况，制定适宜的废水治理流程。

（一）含汞化物的治理

在制药工业中，采用汞盐的场合很多，如 D-盐酸青霉素、多巴胺、ATP 及多种激素类药物的生产中都大量使用硝酸汞、氯化汞、氯化高汞作催化剂。这些汞化合物在生产过程中，大量随反应介质蒸气散发，随污水流入水源，随残渣弃入垃圾，严重造成公害。通过改革工艺，采用其他物质代替汞盐，解决了汞害问题：① 用三氧化铝代替氯化高汞以生产异丙醇铝。② 用氯代琥珀酰亚胺取代氧化汞，以制备激素类药物中间体-环合水解物。既消除了汞害，又节约了原工艺中碘用量的2/3，同时省去了过滤设备，简化了操作。③ 用锌粉代替氯化高汞以催化还原3-甲氧基-4-羟基苯硝基乙烯（多巴胺的中间体）。

（二）含有机污染物废水处理方法概述

药厂中排放的废水大部分为有机废水，常用的处理方法有焚烧、吸收、生化、化学氧化，还有采用混凝、中和、沉淀以及与一定量的生活污水混合进行生化处理高浓度有机废水等。有些废水可能含有各种有机物，而且其中许多有机物都有毒，像这样的有机废水一般不能通过生物降解的方法去除有机污染物，即使能通过生化处理，也可能会生成不可降解的有毒的副产物。

1. 焚烧法 煅烧法是目前用得较多、较有效的高浓度有机废水处理方法，是在2000～3000℃条件下对有机废水实施焚烧。但该过程会生成某些二次污染物，如 SO_2、NO_x等，而且对于低浓度有机废水处理效率低，操作费用高。

2. 湿式氧化 湿式氧化比焚烧具有更高的能量利用效率，但也存在一些限制：如在空气和液相废物混合的情况下，氧气在水中的溶解度比完全氧化所需的氧气量要少得多；因反应是在高温高压下操作，并且需要一个相当大的体积来提供足够的停留时间，故反应器建设投资较大；反应不完全，排放气体中含有挥发性有机物，在排放大气前需要额外的处理等。

3. 超临界水氧化法 20世纪80年代中期，美国麻省理工学院的Modell和德克萨斯大学的Gloyna两位学者最早提出了能够彻底破坏有机物结构的新型氧化技术，是在超临界状态下以水为反应介质、在有氧的条件下进行的氧化反应。

超临界水是指温度和压力均高于其临界点（水临界温度为374℃，临界压力为22MPa）的稠密流体。它具有气态水和液态水的性质，气相和液相之间的界面消失。超临界水有特殊的溶解度、易改变的密度、较低的黏度、较低的表面张力和较高的扩散性，且能与非极性物质、空气、氧气、二氧化碳、氮气等完全互溶，但无机物特别是无机盐类在超临界水中的溶解度很低。

超临界水氧化是一种最新的污水处理方法，与其他处理技术相比，具有明显的优点：①效率高，处理彻底，有毒物质的清除率高达99.99%以上；②反应速度快，停留时间短（小于1分钟），反应器结构简单，体积小；③适应范围广，可以适用于各种有毒物质废水废物处理；④没有二次污染，不需进一步处理，且无机盐可从水中分离出来，处理后的废水可完全回收利用；⑤当有机物含量超过10%时，不需额外供热，实现热量自给。

超临界水氧化法和其他处理方法的对比见表10-3。

表 10-3　几种废水处理方法的比较

参数与指标	超临界水氧化	湿式氧化	焚烧法
温度（℃）	400～650	150～350	1200～2000
压力（MPa）	25～30	2～20	常压
催化剂	可不添加	需要	不需要
停留时间（分钟）	⩽1	15～20	⩾10
去除率（%）	⩾99	75～90	⩾99
自热	是	是	不是
适用性	普适	受限制	普适
排出物	无毒、无色	有毒、有色	二噁英、NO_x 等
后续处理	不需要	需要	需要
运行费用（元/立方米废水）	⩽40	⩽40	1600～2000
投资（万元/立方米废水）	⩾100	⩽80	⩾200

由上表可见超临界水氧化法和焚烧法都有去除效率极高的特点，去除率可以达到99%以上，但目前使用的焚烧法存在着如下缺点：①运行费用高，处理1吨废水废液花费1600～2200元；②设备投资大；③焚烧法处理后的烟气含有NO_x、HCl等酸性气体，很容易排放有毒物质，造成更为严重的二次污染，因此需要后续处理设备；废水中有机物浓度小于30%时，需要添加处理量为水量三分之一的柴油维持燃烧。

与传统的有害物质处理方法相比，超临界水氧化技术具有多方面的优势，具有广泛的应用前景，但仍存在着如下缺点：① 设备的腐蚀问题。超临界氧化法是在高温、高压的强氧化环境中进行反应，在这种苛刻的条件下，反应器材质的腐蚀将不可避免，尤其是在处理含硫、磷和氯的有机物时，腐蚀将变得更加严重。② 盐沉积问题。当亚临界溶液被迅速加热到超临界温度时，由于盐的溶解度大幅度降低，将有大量沉淀析出，沉积的盐会引起反应器堵塞，从而导致无法正常操作。③建设费用和运行费用偏高。超临界氧化法需要在高温、高压的强氧化环境中进行反应，所以反应需要耐高温、高压设备，设备基建投资及运行所需要的费用较高。④超临界氧化法是一个放热反应，如何高效回收热能也是工业化必须解决的问题。

湿式氧化法存在的问题是处理效率不高，废水处理后不能达到国家规定的排放标准，还需后续处理设备。

（三）含无机物废水

制药废水中所含的无机物通常为卤化物、氰化物、硫酸盐以及重金属离子等，常用的处理方法有稀释法、浓缩结晶法和各种化学处理法。对于不含毒物又不易回收利用的无机盐废水可用稀释法处理。较高浓度的无机盐废水应首先考虑回收和综合利用，例如，含锰废水经一系列化学处理后可制成硫酸锰或高纯碳酸锰，较高浓度的硫酸钠废水经浓缩结晶法处理后可回收硫酸钠等。对于含有氰化物、氟化物等剧毒物质的废水一般可通过各种化学法进行处理。例如利用碱性氯化法处理含氰废水，中和法处理含氟废水等。

第三节 废气治理技术

药厂排出的废气具有种类繁多、成分复杂、数量大、危害严重等特点，必须进行综合治理，以免造成环境污染、危害操作者的身体健康。按废气中所含主要污染物的性质不同，可分为三类，即含悬浮物废气（亦称粉尘）、含无机污染物废气和含有机污染物废气。高浓度的废气，应在本岗位设法回收或作无害化处理。对于低浓度的废气，则可通过管道集中后进行洗涤处理或高空排放，洗涤产生的废水应按废水处理法进行无害化处理。含尘废气的处理实际上是一个气、固两相混合物的分离问题，可利用粉尘密度较大的特点，通过外力的作用将其分离出来；而处理含无机或有机污染物的废气则要根据所含污染物的物理性质和化学性质，通过冷凝、吸收、吸附、燃烧、催化等方法进行无害化处理。

一、工业废气中污染物的排放标准和环境标准

大气污染物排放限值是根据中华人民共和国环境保护法（试行）的规定，为控制和改善大气质量，创造清洁适宜的环境，防止生态破坏，保护人民健康，促进经济发展而制订。

本标准适用于全国范围的大气环境。

（一）标准的分级和限值

首先要考虑保障人体健康和保护生态环境这一大气质量目标。为此，需综合研究这一目标与大气中污染物浓度之间关系的资料，并进行定量的相关分析，以确定符合这一目标的污染物的允许浓度。

目前各国判断空气质量时，一般多依据世界卫生组织（WHO）1963 年 10 月提出的空气质量水平：

第一级：在处于或低于所规定的浓度和接触时间内，观察不到直接或间接的反应（包括反射性或保护性反应）。

第二级：在达到或高于所规定的浓度和接触时间内，对人体的感觉器官有刺激，对植物有损害，并对环境产生其他有害作用。

第三级：在保护人群不发生急慢性中毒和城市一般动植物正常生长的空气质量要求的同时，要合理地协调实现标准所需的社会经济效益之间的关系。需进行损益分析，以取得实施环境标准投入的费用最少，收益最大。

标准的确定还应充分考虑地区的差异性原则。要充分注意各地区的人群构成、生态系统的结构功能、技术经济发展水平等的差异性。除了制订国家标准外，还应根据各地区的特点，制订地方大气环境质量标准。

1. 大气环境质量标准分级 根据环境质量基准，各地大气污染状况、国民经济发展规划和大气环境的规划目标，按照分级分区管理的原则，规定我国大气环境质量标准

分为三级。

一级标准：为保护自然生态和人群健康，在长期接触情况下，不发生任何危害影响的空气质量要求。

二级标准：为保护人群健康和城市、乡村的动、植物，在长期和短期接触情况下，不发生伤害的空气质量要求。

三级标准：为保护人群不发生急、慢性中毒和城市一般动、植物（敏感者除外）正常生长的空气质量要求。

2. 空气污染物三级标准浓度限值 见表 10-4。

表 10-4 空气污染物三级标准浓度限值

污染物名称	浓度限值（mm/m³）			
	取值时间	一级标准	二级标准	三级标准
总悬浮微粒	日平均*	0.15	0.30	0.50
	任何一次**	0.30	1.00	1.50
飘尘	日平均	0.05	0.15	0.25
	任何一次	0.15	0.50	0.70
	年日平均***	0.02	0.06	0.10
二氧化硫	日平均	0.05	0.15	0.25
	任何一次	0.15	0.50	0.70
氮氧化物	日平均	0.05	0.10	0.15
	任何一次	0.10	0.15	0.30
一氧化碳	日平均	4.00	4.00	6.00
	任何一次	10.00	10.00	20.00
光化学氧化剂（O_3）	1 小时平均	0.12	0.16	0.20

注：*“日平均”为任何一日的平均浓度不许超过的限值。

***“任何一次”为任何一次采样测定不许超过的浓度限值。不同污染物“任何一次”采样时间见有关规定。

***“年日平均”为任何一年的日平均浓度均值不许超过的限值。

总悬浮微粒，系指 100μm 以下微粒。

飘尘，系指空气动力学粒径 10μm 以下的微粒，该项为参考标准。

光化学氧化剂（O_3），1 小时均值每月不得超过一次以上。

3. 大气环境质量区的划分及其执行标准的级别 根据各地区的地理、气候、生态、政治、经济和大气污染程度，确定大气环境质量分为三类：

一类区：为国家规定的自然保护区、风景游览区、名胜古迹和疗养地等。

二类区：为城市规划中确定的居民区、商业交通居民混合区、文化区、名胜古迹和广大农村等。

三类区：为大气污染程度比较重的城镇和工业区以及城市交通枢纽、干线等。

一类区由国家确定，二、三类区以及适用区域的地带范围由当地人民政府划定。

各类大气环境质量区执行标准的级别规定如下：一类区一般执行一级标准；二类区一般执行二级标准；三类区一般执行三级标准。凡位于二类区内的工业企业，应执行二级标准；凡位于三类区内的非规划的居民区，应执行三级标准。

二、废气治理工艺流程

含尘废气的处理实际上是一个气、固两相混合物的分离问题，可利用粉尘质量较大的特点，通过外力的作用将其分离出来；而处理含无机或有机污染物的废气则要根据所含污染物的物理性质及化学性质，通过燃烧、吸收、吸附、催化、冷凝等方法进行无害化处理，流程如图10-2所示。

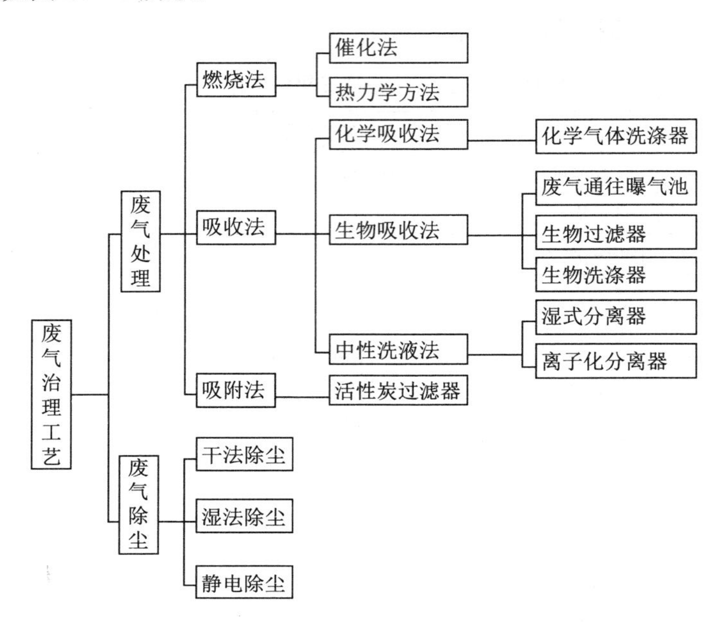

图10-2 废气治理工艺流程

三、工业废气中污染物的防治方法

工业废气处理，主要目的就是为了去除工业生产排放废气中的有毒有害物质及烟尘，使其处理后达标排放，减少大气污染。废气的基本类型分为：工业有机废气、锅炉烟尘废气、工业酸碱废气及工业有害细粒子等。

1. 含尘废气处理技术 药厂排出的含尘废气主要来自原辅材料的粉碎、碾磨、筛分、压片、胶囊填充、粉状药品和中间体的干燥、分装等机械过程所产生的粉尘以及锅炉燃烧所产生的烟尘等。常用的除尘方法有4种，即机械除尘、洗涤除尘、过滤除尘和静电除尘。

（1）机械除尘：利用机械力（重力、惯性力、离心力）将固体悬浮物从气流中分离出来。常用的机械除尘设备有重力沉降室、惯性除尘器、旋风除尘器等。

机械除尘设备具有结构简单、易于制造、阻力小和运转费用低等特点。较适合于处理含尘浓度高及悬浮物粒度较大的气体，对大粒径粉尘的去除效率较高，而对小粒径粉尘的捕获率很低。为了取得较好的分离效率，可采用多级串联的形式，或将其作为一级除尘使用。常用的有 CLT、CLT/A、CLP/A、CLP/B 等型号旋风分离器。

（2）洗涤除尘：又称湿式除尘（净化）。它是用水或其他液体洗涤含尘废气，利用形成的液膜、液滴或气泡捕获气体中的尘粒，尘粒随液体排出，气体得到净化。

洗涤除尘器的结构比较简单，设备投资较少，操作维修也比较方便。但此类装置气流阻力大，因而运转费用较高；但它除尘率较高，一般为 80%～95%，高效率的装置除尘率可达 99%，尤其适合高温、高湿、易燃、易爆和有毒废气的净化。洗涤除尘的明显缺点是除尘过程中要消耗大量的洗涤水，排出的洗涤液必须经过废水处理后才能排放，并尽量回用，以免造成水的二次污染。洗涤除尘装置种类很多，常见的有喷雾塔、填充塔、泡沫洗涤器等。适用于极细尘粒（0.1～100μm）的去除。

（3）过滤除尘：使含尘气体经过多孔材料，将气体中的尘粒截留下来，使气体得以净化。目前，药厂中最常用的是袋式过滤器。

袋式除尘器结构简单，使用灵活方便，是一种高效除尘设备。这类除尘器适于处理不同类型的颗粒污染物，尤其对含尘浓度低、直径在 0.1～20μm 范围内的细粉有很强的捕集效果，除尘效率可达 90%～99%。在使用一定时间后，滤布的孔隙会被尘粒堵塞，气流阻力增加。因此需装置专门清扫滤布的机械（如敲打、振动）定期或不定期清扫滤布。处理尘粒较小（0.1～20μm）的气体，除尘率较高，一般为 90%～99%。但袋式除尘器的应用要受到滤布的耐温和耐腐蚀等性能的限制，一般不适用于高温、高湿或强腐蚀性废气的处理。

各种除尘装置各有其优缺点。对于那些粒径分布范围较广的尘粒，常将两种或多种不同性质的除尘器组合使用。

（4）静电除尘：利用高压直流电引起电极附近发生电晕，使废气中的尘粒带电，带电粒子在强电场作用下聚集到集尘电极。附着在集尘电极上的尘粒靠震荡装置清除。其优点是气流阻力小，能在高温下进行。适于处理含尘浓度低及细微尘粒（0.05～20μm）。本法除尘率很高，可达 99.9%。但占地面积较大，设备投资大，运转费用也较高。

2. 含无机物废气处理技术 药厂排放的废气中，常见的无机污染物有氯化氢、硫化氢、二氧化硫、氮氧化物、氯气、氨气和氰化氢等，对于这一类气体，一般用水或适当的酸性或碱性液体进行吸收处理。如氨气可用水或稀硫酸或废酸水吸收，把它制成氨水或铵盐溶液，可作农肥。通过冷却器用水吸收一般可得 2%氨水。吸收是利用气体混合物中不同组分在吸收剂中的溶解度不同，或者与吸收剂发生选择性化学反应，从而将有害组分从气流中分离出来的过程。吸收过程一般需要在特定的吸收装置中进行，吸收装置的主要作用是使气液两相充分接触，实现气液两相间的传质。用于气体净化的吸收装置主要有填料塔、板式塔和喷淋塔。

氯气可用液碱吸收成次氯酸钠作氧化剂用。氯化氢、溴化氢等可用水吸收成相应的酸进行回收利用，其尾气中残余的酸性气体可用液碱吸收除尽。氰化氢可用水或碱液吸收，然后用氧化剂（如次氯酸钠溶液）或还原剂（硫酸亚铁溶液）处理。至于二氧化硫、氧化氮、硫化氢等酸性废气一般可用氨水吸收。吸收液根据情况可作农肥或其他综合利用。过高的温度不利于气体吸收。因此温度较高的废气应先冷却，然后再进行吸收。有些气体不易直接为水或酸性或碱性液体所吸收，则须先经化学处理成为可溶性物质后，再进行吸收。例如安痢平生产过程中排出含一氧化氮、二氧化氮、二氧化硫等热废气，其中一氧化氮不易吸收，因此需先用氧化法处理，即先将一氧化氮用空气氧化成较易被吸收的二氧化氮，再用氨水进行吸收，其反应式如下：

$$2NO+O_2\text{（空气）}\rightarrow 2NO_2$$

$$2NO_2+NH_4NO_2\rightarrow NH_4NO_3+H_2O$$

$$2SO_2+2NH_4OH\rightarrow (NH_4)_2SO_3+H_2O$$

将热废气经过冷却后从氧化吸收塔（内装波纹填料管）下部与空气同时送入塔内，15%的氨水由塔顶喷淋而下，一边进行氧化，一边进行吸收。尾气再经过另一氨水吸收塔后排空。本法去除氧化氮的效率较高。缺点是处理后的尾气中尚含一些硝酸铵雾滴。然而由于本法能简单有效地去除剧毒的氧化氮，故对于药厂中少量和间歇排放的这种废气处理，甚为经济合理。

含无机物的废气也可用一些其他方法处理，如吸附、催化氧化、催化还原等。但这些方法往往成本较高、投资较大或者技术上尚存在问题，故在制药工业中应用尚少。对于含有二氧化硫、氧化氮等无机物的废气也有用高烟囱扩散排放，这种稀释法并未真正消除污染，只是减轻或转嫁其环境污染，目前已限制使用。

3. 含有机物的废气 根据废气中所含有机污染物的性质、特点和回收的可能性，可采用不同的净化和回收方法。目前，含有机污染物废气的一般处理方法主要有冷凝法、吸收法、吸附法、燃烧法和生物法。

（1）冷凝法：用冷凝器冷却废气，使废气中所含的有机污染蒸气凝结成液滴而分离出来。本法适于浓度大、沸点高的有机物蒸气。对低浓度的有机物废气，须冷却至较低的温度，则需要制冷设备，在经济上不合算。对于浓度大而沸点较低的气体，如普鲁本辛生产过程中排出的溴甲烷（沸点 4.5℃），它是间歇集中排放，浓度又较大，则可采用压缩冷凝法回收利用。

（2）吸收法：选用适当吸收剂，除去废气中有机污染物含量较低或沸点较低的废气，并可回收获得一定量的有机化合物。此法关键在于选择吸收剂，不仅要考虑其价格、来源等，而且应注意其物理、化学性质。如一般胺类可用乙二醛水溶液或水吸收，吡啶类可用稀硫酸吸收，酚类可用水吸收，醛类可用亚硫酸氢钠溶液吸收，某些有机溶剂（如苯、甲醇、乙酸丁酯等）可用柴油或机油吸收等。但是如果浓度过低，吸收效率就明显降低；而大量吸收剂反复循环的动力消耗和吸收剂损失就显得较大，因此对于极稀薄气体的处理，应选用吸附法更为适宜。

（3）吸附法：将废气与大表面多孔性固体物质（吸附剂）接触，使废气中的有害成分吸附到固体表面上，从而达到净化气体的目的。再通过加热解析，冷凝，可回收有机物。目前常用的吸附剂主要有活性炭、氧化铝、褐煤（吸附后不回收，而用作燃料）等。各种吸附剂对不同物质吸附效果不同。如活性炭对醇、羧酸、苯、硫醇等类气体均有强吸附力；对丙酮等有机溶剂次之；对胺类、醛类吸附力最差。吸附法效果好，工艺成熟，但设备庞大，流程复杂，特别是废气中若有胶黏物质很易使活性炭失效，因而限制了它的广泛应用。

（4）燃烧法：在有氧的条件下，将废气加热到一定的温度，使其中的可燃污染物发生氧化燃烧或高温分解而转化为无害物质。若废气中易燃物质浓度较高，可通入高温炉（如锅炉、窑炉等）进行焚烧，燃烧产生的热量可回收利用。它是一种简单可行的方法。但需特别注意废气的腐蚀性，某些废气不能在炉内燃烧，也可在空中自由燃烧。但这样不仅不能回收热量，而且因燃烧温度不够高，某些有机物可能分解不完全，而产生二次污染物。

（5）生物法：处理废气的原理是利用微生物的代谢作用，将废气中所含的污染物转化成低毒或无毒的物质。

4. 锅炉烟尘废气处理 烟气治理技术的关键主要是去除烟气中的有害物质（二氧化硫、氮氧化物等）和除尘，湿法烟气治理技术可同时实施脱硫脱氮及除尘。使用湿法烟气治理技术，烟气经过吸收剂与添加剂混合液一次性洗涤，烟气中的二氧化硫和氮氧化物可同时被吸收净化，中小型锅炉可同时除尘，一般应用于中小型工业锅炉上，其脱硫效率可达90%以上，脱氮效率达60%，除尘效率达90%以上。

四、制药工业中的废气治理举例

一般来说，原料药的生产从反应性质上看有氧化、还原、水解、合成以及氯化、磺化、氯磺化、硝化、亚硝化、氰化、酰化、酯化、甲基化、环合、缩合等。氯化、磺化、氯磺化、硝化、亚硝化过程反应激烈，常常伴有大量的 HCl、SO_2、SO_3、NO_x 等排出，容易造成强烈的大气污染，因此，必须进行综合治理，例如吸收、反应、燃烧、吸附等。

1. 吸收法处理二氧化硫及氯化氢尾气 在某些药物生产中，产生大量的二氧化硫尾气，过去一直采用液碱喷淋循环吸收，吸收效果并不理想，后采用35% NH_4HSO_3和10% $(NH_4)_2SO_3$配成的溶液，通过喷射泵循环吸收，可使最后二氧化硫尾气浓度降低到小于0.07%。

在生产黄连素、磺胺噻唑等的氯化反应、氯磺化反应中，产生的大量氯化氢尾气用水吸收，不仅消除了氯化氢气体造成的环境污染，而且回收得到一定浓度的盐酸。

2. 高效脱硝催化处理氮氧化物废气 硝化、亚硝化反应中产生的氮氧化物气体，可用水或碱吸收，但处理通常不够彻底，有时还会造成二次污染（当稀硝酸水溶液直接排放时）。如果使氮氧化物在催化剂作用下分解为氮和二氧化碳等无害气体，则可直接排放到大气中，又避免了吸收法可能造成的二次污染。

3. 焚烧法处理苯乙酰胺生产尾气 苯乙酰胺生产尾气中含有大量硫化氢气体、部分氨气和其他有机蒸气，用焚烧法进行净化处理，可将其氧化生成 SO_2、N_2、CO_2等气体，消除硫化氢气体的污染。

4. 副产物的综合利用 在制药工业的生产过程中，常常有大量的副产物产生，必须加以综合利用，否则会造成资源的巨大浪费，并影响到成本。如氯霉素生产中副产大量的邻硝基乙苯固体，以前没有找到合适的综合利用方法，现在经过研究可用来生产除莠剂、防染盐、炸药、溶剂等。

第四节　废渣处理技术

药厂废渣是在制药过程中产生的固体、半固体或浆状废物，是制药工业的主要污染源之一。常见的废渣包括煎煮残渣、蒸馏残渣、失活催化剂、废活性炭、胶体废渣（如铁泥、锌泥等）、过期的药品、不合格的中间体和产品，以及用沉淀、混凝、生物处理等方法产生的污泥残渣等。其中以废水处理产生的污泥数量最多，而又最难处理。一般地，药厂废渣污染问题与废气、废水相比，一般要小得多，废渣的种类和数量也比较少。但废渣的组成复杂，且大多含有高浓度的有机污染物，有些都是剧毒、易燃、易爆的物质。因此，必须对药厂废渣进行适当的处理，以免造成环境污染。

固体废渣处理的含义指被称为废物的固体的出路或处置方法。有的有回收价值，如贵金属，应予回收；有的可进行综合利用，如某种中药材在大批量提取有效成分后的药材废渣的综合利用（包括中药材中多类成分的综合利用，淀粉、色素、蛋白质、纤维素、果胶等的提纯回收）；有的可进行焚烧；有的则可考虑土埋。

一、回收和综合利用

各种废渣的成分及性质很不相同，因此处理的方法和步骤也不相同。一般说来，废渣中有相当一部分是未反应的原料或反应副产物，是宝贵的资源。因此，在对废渣进行无害化处理前，首先应注意是否含有贵重金属和其他有回收价值的物质，是否有毒性。对于前者要先回收而后才作其他处理，对后者则要除毒后才能进行综合利用。如废催化剂是化学制药过程中常见的废渣，制造这些催化剂要消耗大量的贵重金属，从控制环境污染和合理利用资源的角度考虑，都应对其进行回收利用。再如，铁泥可以制备氧化铁红或磁蕊，锰泥可以制备硫酸锰或碳酸锰，废活性炭经再生后可以回收利用，硫酸钙废渣可制成优质建筑材料，废菌丝体可作饲料和饲料添加剂等。许多废渣经过某些技术处理后，可回收有价值的资源。从废渣中回收有价值的资源，并开展综合利用，是控制污染的一项积极措施。这样不仅可以保护环境，而且可以产生显著的经济效益。

回收或除毒，主要先采用浸出法（固-液萃取），然后用化学方法处理。常用的浸出剂有盐酸、硫酸、氨水、液碱以及煤油等有机溶剂。浸出液经浓缩结晶、化学沉淀、离子交换等方法处理即可得到贵金属及其他有用物质。废脱色炭、胶体等多种沉渣都可以用本法来回收其中的有用物质。废渣经回收或除毒后，应尽量进行综合利用。

1. 用作原辅材料　废渣用作本厂或他厂的原辅材料，能大大地降低了生产成本。如氯霉素生产中排出的铝盐可制成医疗用氢氧化铝凝胶等。

2. 用作燃料　煎煮残渣、蒸馏残渣、经回收利用后的废胶体、废活性炭等均易燃烧，可以用作燃料使用。但应特别注意的是如果燃烧不充分，级易造成二次污染问题。

3. 用作饲料或肥料　有些废渣，特别是生物发酵后排出的废渣通常含有多种营养物质，根据具体情况可将这些废渣用作饲料或肥料。剩余的活性污泥经厌气消化后，如果不含有重金属等有害物质，一般可作农肥使用。

4. 用作铺路或建筑材料　有些废渣，如电石渣，除可用于 pH 调节外，还可用作建筑材料。

二、废渣处理技术

经综合利用后的残渣或无法进行综合利用的废渣，应采用适当的方法进行无害化处理。由于废渣的组成复杂，性质各异，所以对废渣的治理还没有像废气和废水的治理那样形成系统。目前，对废渣的处理方法主要有焚烧法、化学法、热解法和填埋法等。

（一）焚烧法

焚烧法是使被处理的废渣与过量的空气在焚烧炉内进行氧化燃烧反应，从而使废渣中所含的污染物在高温下氧化分解而破坏，是一种高温处理和深度氧化的综合工艺。

当废渣中有机物或可燃物质的含量较高时，可采用焚烧法。焚烧能大大减少废物的体积，消除其中的许多有害物质，同时又能回收热量。因此，对于一时无回收价值的可燃性废渣，特别当它含有毒性或有杀菌作用的废渣无法用厌气处理时，可以选用焚烧。因为物质的燃烧实际上是分两步进行的，先是可燃物质气化，然后是可燃气体与氧气反应发光放热。通常两步是合在一起的，这就造成气化不完全或可燃气体燃烧不够充分，影响去除率。有关废物的焚烧处理，有五个问题值得关注：

1. 废物的发热量　废物的发热量越高，也就是可燃物含量越高，则焚烧处理的费用就越低。发热量达到一定程度（如对废渣来说，一般为 2500 千卡/公斤以上)，点燃后即能自行焚烧；若发热量较低（如只有几百千卡/公斤）的，不能自行维持燃烧，要靠燃料燃烧产生高温气流来保持炉温，所以燃料的消耗量取决于废物发热量的大小。

2. 焚烧的温度　为了保证废物中的有机成分或其他可燃物全部烧毁，必须要有一定的燃烧温度。通常炉温不能低于 800℃。有的要在氧化焰下进行，否则燃烧不充分。则排出的烟气和焚燃后废渣中的污染物不能去尽。

3. 烟气的处理　废物的焚烧过程也就是高温深度氧化过程。含碳、氢、氧、氨的化合物，经完全焚烧生成无害的二氧化碳、水、氮气等排入大气中，一般可不经处理直接排放。含氯、硫、磷、氟等元素的物质燃烧后有氯化氢、二氧化硫、五氧化二磷等有害物质生成。必须进行吸收等处理至符合排放标准后才能排放。

4. 残渣的处理　许多废渣焚烧时可完全生成气体，有的则仍有一些残渣。这种残渣大多是一些无机盐和氧化物，可进行综合利用或作工业垃圾处理。有些残渣含有重金属等有害物质，应设法回收利用或用“化学安全填埋法”处置。焚烧残渣中不应含有机物质，否则说明焚烧不够完全。不完全燃烧产生的残渣具有一定的污染性，不能任意抛弃，应妥善处置。

5. 烟气废热的回收利用　一般只有大中型的焚烧器采用废热锅炉产生蒸汽，在经济上才合算，但同时存在锅炉腐蚀等技术问题。对于一时难以用其他方法回收处理的废物，用焚烧法能解决许多棘手的污染问题。但应特别注意其工艺设备和排出的烟气是否会再污染环境。

（二）化学法

利用废渣中所含污染物的化学性质，通过化学反应将其转化为稳定、安全的物质，是一种常用的无害化处理技术。

如凝血酸生产中的氰化亚铜废渣，过去无法处理，影响了凝血酸的扩产。后采用无害化处理，即在废渣中加入氢氧化钠溶液，加热回流数小时后，再用次氯酸钠分解，使氰基转 变成 CO_2 和 N_2。经取样分析，符合排放标准后排放。既治理了三废，又扩大了凝血酸的生产。

（三）热解法

在无氧或缺氧的高温条件下，使废渣中的大分子有机物裂解为可燃的小分子燃料气体、油和固态碳等。

（四）填埋法

填埋法是将一时无法利用、又无特殊危害的废渣埋入土中，利用微生物的长期分解作用而使其中的有害物质降解。

填埋法通常比焚烧法更经济些。填埋的地方要经过仔细考察，特别要注意不能污染地下水。用填埋法处理有机废物常有潜在的危险性，如有机物分解时放出甲烷、氨气及硫化氢等气体。因此目前多专家倾向于先焚烧变成少量的残渣再用填埋法处理。有些污泥废渣发热量太低无法焚烧时，也需先进行脱水，待其体积、数量大大减少后才进行填埋处置。

目前国外正在发展的化学安全填埋法是一种较好的废渣处置法。例如含砷的废渣可装入水泥容器中进行填埋，周围的土壤均用石灰处理，以防止万一容器泄漏会形成可溶性的砷化合物而污染地下水。采用这种方法处理的费用虽较贵，但不易污染环境，因此是一种比较适当的处置法。

三、制药工业中的废渣治理举例

废渣中有相当一部分是未参加反应的原料、辅料或反应后生成的副产物，是宝贵的资源。因此，在对废渣进行无害化处理前，应尽可能考虑回收和综合利用。很多废渣经过适宜技术处理后，可回收有价值的资源，既有效地节约了资源，又避免了对环境造成的污染。例如：

1. 某药厂在安乃近生产过程中产生多种胶体废渣，含有安乃近及其中间体，采用煤油作浸出剂，在提取塔中进行连续浸提。浸出液经酸或碱精制处理可回收安乃近及其中间体，从而使收率提高，成本降低。残余的废渣仍可用作燃料。

2. 反应残渣和废催化剂一般用化学法处理，如钯催化剂在套用失活后，先用溶剂洗涤，再以王水处理生成氯化钯，然后重新制成催化剂。

$$Pd（失活）+HCl \xrightarrow{NH_3O} PdCl_2$$

$$PdCl_2 + H_2 \rightarrow Pd（活性）\downarrow + 2HCl$$

第十一章 实验动物设施设计

我国实验动物的发展起步较晚，20 世纪 30 年代，只有几个大城市的少数科研单位进行小规模的饲养繁殖。新中国成立后，50 年代为了预防各种传染病而大量生产和研究疫苗、菌苗，先后在北京、上海、长春、大连、武汉、兰州、成都建立了生物制品研究所，并建立了规模较大的实验动物饲养繁殖基地，实验动物工作逐步发展起来。之后，在各医药院校、药品检定所、卫生防疫部门及某些研究机构也相继成立了不同规模的实验动物饲养繁殖室，实验动物设施的建设有了一定的基础。

改革开放以来，随着我国经济、科技的快速发展，实验动物的需求也有了进一步的发展。1994 年国家技术监督局发布了实验动物的国家标准，从而使我国的实验动物工作走上了科学化、标准化的法制轨道。目前，国家有关行业部门和各省、市、自治区都成立了实验动物管理机构，制定了实验动物管理实施细则，成立了行业和区域性实验动物中心，大部分省、市都实行了实验动物合格证制度，使实验动物设施进一步规范化、标准化。

第一节 实验动物设施

21 世纪是生命科学大发展的时期，生物高科技和医药高科技将成为时代竞争的焦点和制高点。实验动物科学作为生命科学研究的基础和支撑条件，其发展和应用程度直接影响和标志着生命科学的发展水平。而实验动物环境设施的建设和规范化管理是保障实验动物质量达标的“硬件”和“软件”。

我国的实验动物设施状况：我国的实验动物事业从 20 世纪 80 年代启动，在国家科技部和各级政府的高度重视下，实验动物设施完成了几次重大飞跃，已经发展到使用屏障系统进行实验动物生产及从事动物实验。卫生部、国家食品药品监督管理局等相继出台了有关法规及管理办法，对药品、生物制品、健康相关产品的研究、检验及生产单位的实验动物设施都提出了要求。

一、实验动物的含义与特点

实验动物（laboratory animal）是指人工饲养、对其携带的微生物和寄生虫进行控制，遗传背景明确或者来源清楚的用于科学研究、教学、生产、检定及其他科学实验的动物。它具有较强的敏感性，较好的重复性和反应的一致性。因此，实验动物工作是药品生产、科研中的重要环节。实验动物一般具有以下三大特点：

1. 遗传学要求 必须是人工培育，来源清楚，遗传背景明确的动物。

2. 微生物和寄生虫的监控要求 在实验动物繁育的全过程中，必须严格监控其携带的微生物和寄生虫。

3. 应用要求 实验动物主要应用于科学实验。有学者称之为“活的分析天平”如同理化实验需要精密仪器和高纯度试剂一样，使试验研究结果具有可靠性、精确性、可比性、可重复性和科学性。

二、实验动物分级及其标准

1. 根据《实验动物管理实施细则》中实验动物的微生物控制标准，对其微生物和寄生虫的控制程度划分为四个等级。

一级：普通动物（conventional animal，CV），系指微生物不受特殊控制的一般动物。要求排除人兽共患病的病原体及少数的实验动物烈性传染病的病原体。为防止传染病，在实验动物饲养和繁殖时，要采取一定的措施，应保证其用于测试的结果具有反应的重现性（即无论不同的操作人员，在不同的时间，用同一品系的动物按规定的实验规程所做的实验，都能获得几乎相同的结果）。其饲育环境为开放系统，空气无净化要求。

二级：清洁动物（clean animal，CL），要求排除人兽共患病及动物主要传染病的病原体。其饲育环境为半屏蔽系统，空气洁净度要求为C级。

三级：无特殊病原体动物（specific pathogen free animal，SPF），除达到二级要求外，还要排除一些规定的病原体。其除菌与灭菌的方法，可使用高效空气过滤器除菌法、紫外线灭菌法、三甘醇蒸气喷雾法及氯化锂水溶液喷雾法。其饲育环境为屏蔽系统，空气洁净度要求为B级。

四级：无菌动物（germ free animal，GF）或悉生动物（gnotobiote，GN）。无菌动物要求不带有任何用现有方法可检出的微生物。悉生动物要求在无菌动物体上植入一种或数种已知的微生物。其饲育环境为隔离系统，空气洁净度要求为B级。

2. 在病理学检查上，四类实验动物也有不同的病理检查标准。

一级：外观健康，主要器官不应有病灶。

二级：除一级指标外，显微镜检查无二级微生物病原的病变。

三级：无特殊病原体动物。无二、三级微生物病原的病变。

四级：不含二、三级微生物病原的病变，脾、淋巴结是无菌动物组织学结构。

目前国内药品生产行业用于检验药品质量的实验动物为二级即洁净动物（CL）。

综合上述，对不同级别的实验动物在动物房设计上和管理上则有不同的要求。

三、实验动物及设施的相关法规

实验动物的质量是药品生物检测和新药研究的基础，对判断药品质量有着直接的影响。我国在实施《药品生产质量管理规范》过程中也非常重视实验动物的科学管理。有关实验动物和相应设施的质量标准，是《药品生产质量管理规范》《药品非临床研究质量管理规范》（也称药品安全试验管理规范）中一项十分重要的内容。主要相关的法规有《中华人民共和国国家标准——实验动物　环境及设施》（GB14925—2010）、《中华人民共和国实验动物管理条例》《医学实验动物管理实施细则》《实验动物的环境和设施技术要求》《实验动物设施建筑技术规范》《实验动物管理实施细则》等。

四、实验动物设施的分类

实验动物设施（laboratory animal facilities）广义上将是指实验动物进行繁殖、饲养和实验的装置、设备、场所、建筑物以及包括运营管理在内的总和。狭义上讲是指以研究、试验、教学、生物制品、药品生产等为目的进行实验动物饲育、试验的建筑物、设备总和。实验动物设施的分类按照设施的使用功能，分为实验动物生产设施、实验动物实验设施和实验动物特殊实验设施。

实验动物生产设施：用于实验动物生产的建筑物和设备的总和。

实验动物实验设施：以研究、试验、教学、生物制品和药品及相关产品生产、检定等为目的而进行实验动物试验的建筑物和设备的总和。

实验动物特殊实验设施：包括感染动物实验设施（动物生物安全实验室）和应用放射性物质或有害化学物质等进行动物实验的设施。

设施选址：应避开自然疫源地。生产设施宜远离可能产生交叉感染的动物饲养场所；宜选在环境空气质量及自然环境条件较好的区域；宜远离有严重空气污染、振动或噪声干扰的铁路、码头、飞机场、交通要道、工厂、贮仓、堆场等区域；动物生物安全实验室与生活区的距离应符合 GB19489 和 GB50346 的要求。

建筑卫生要求：所有围护结构材料均应无毒，无放射性；饲养间内墙表面应光滑平整，阴阳角均为圆弧形，易于清洗、消毒；墙面应采用不易脱落、耐腐蚀、无反光、耐冲击的材料；地面应防滑，耐磨，无渗漏。天花板应耐水，耐腐蚀。

建筑设施一般要求：建筑物门、窗应有良好的密封性，饲养间门上应设观察窗；走廊净宽度一般不应少于 1.5m，门大小应满足设备进出和日常工作的需要，一般净宽度不少于 0.8m；饲养大型动物的实验动物设施，其走廊和门的宽度和高度应根据实际需要加大尺寸；饲养间应合理组织气流和布置送、排风口的位置，宜避免死角、断流、短路；各类环境控制设备应定期维修保养。实验动物设施的电力负荷等级，应根据工艺要求按 GB50052 要求确定；屏障环境和隔离环境应采用不低于二级电力负荷供电；室内应选择不易积尘的配电设备，由非洁净区进入洁净区及洁净区内的各个管线管口，应采取可靠的密封措施。

环境分类：按照空气净化的控制程度，实验动物环境分为普通环境、屏障环境和隔离环境。见表 11-1。

普通环境：符合实验动物居住的基本要求，控制人员和物品、动物出入，不能完全控制传染因子，适用于饲养基础级实验动物。

屏障环境：符合动物居住的要求，严格控制人员、物品和空气的进出，适用于饲养清洁级和无特定病原体（specific pathogen free，SPF）级实验动物。

隔离环境：采用无菌隔离装置以保持无菌状态或无外源污染物。隔离装置内的空气、饲料、水、垫料和设备应无菌，动物和物料的动态传递须经特殊的传递系统，该系统既能保证与环境的绝对隔离，又能满足转运动物时保持与内环境一致，适用于饲养无特定病原体级，悉生（gnotobiotic）及无菌（germ free）级实验动物。

表 11-1　实验动物环境的分类

环境分类	使用功能		适用动物等级
普通环境	—	实验动物生产，动物实验，检疫	基础动物
屏障环境	正压	实验动物生产，动物实验，检疫	清洁动物，SPF 动物
	负压	动物实验，检疫	清洁动物，SPF 动物
隔离环境	正压	实验动物生产，动物实验，检疫	SPF 动物，悉生动物，无菌动物
	负压	动物实验，检疫	SPF 动物，悉生动物，无菌动物

技术指标：实验动物生产间的环境技术指标应符合表 11-2 的要求。

表 11-2　实验动物生产间的环境技术指标

项目	指标								
	小鼠，大鼠		豚鼠，地鼠			犬，猴，猫，兔，小型猪			鸡
	屏障环境	隔离环境	普通环境	屏障环境	隔离环境	普通环境	屏障环境	隔离环境	屏障环境
温度（℃）	20～26		18～29	20～26		16～28	20～26		16～28
最大日温差（℃）≤	4								
相对湿度（%）	40～70								
最小换气次数（次/小时）≥	15[a]	20	8[b]	15[a]	20	8[b]	15[a]	20	—
动物笼具处气流速度（m/s）≤	0.20								
相通区域的最小静压差（Pa）≥	10	50[c]	—	10	50[c]	—	10	50[c]	10
空气洁净度（级）	7	5 或 7[d]	—	7	5 或 7[d]	—	7	5 或 7[d]	5 或 7
沉降菌最大平均浓度［CFU/（0.5h·Ø90mm 平皿）］≤	3	无检出	—	3	无检出	—	3	无检出	3
氨浓度（mg/m³）≤	14								
噪声［dB（A）］≤	60								
照度（lx）最低工作照度≥	200								
照度（lx）动物照度	15～20					100～200			5～10
昼夜明暗交替时间（小时）	12/12 或 10/14								

注 1：表中“—”表示不作要求。
注 2：表中氨浓度指标为动态指标。
注 3：普通环境的温度、湿度和换气次数指标为参考值，可在此范围内根据实际需要适当选用，但应控制日温差。
注 4：温度，相对湿度，压差是日常性检测指标；日温差，噪声，气流速度，照度，氨气浓度为监督性检测指标；空气洁净度，换气次数，沉降菌最大平均浓度，昼夜明暗交替时间为必要时检测指标。
注 5：静态检测除氨浓度外的所有指标，动态检测日常性检测指标和监督性检测指标，设施设备调试和/或更换过滤器后检测必要检测指标。
注 6：[a]为降低能耗，非工作时间可降低换气次数，但不应低于 10 次/小时。
[b]可根据动物种类和饲养密度适当增加。
[c]指隔离设备内外静压差。
[d]根据设备的要求选择参数。用于饲养无菌动物和免疫缺陷动物时，洁净度应达到 5 级。

动物实验间的环境技术指标应符合表 11－3 的要求。特殊动物实验设施动物实验间的技术指标除满足表 11－3 的要求外，还应符合相关标准的要求。

表 11－3　动物实验间的环境技术指标

项目	指标								
	小鼠，大鼠		豚鼠，地鼠			犬，猴，猫，兔，小型猪			鸡
	屏障环境	隔离环境	普通环境	屏障环境	隔离环境	普通环境	屏障环境	隔离环境	隔离环境
温度（℃）	20～26		18～29	20～26		16～26	20～26		16～26
最大日温差（℃）≤	4								
相对湿度（%）	40～70								
最小换气次数（次/小时）≥	15[a]	20	8[b]	15[a]	20	8[b]	15[a]	20	—
动物笼具处气流速度（m/s）≤	0.2								
相通区域的最小静压差（Pa）≥	10	50[c]	—	10	50[c]	—	10	50[c]	50[c]
空气洁净度（级）	7	5 或 7[d]	—	7	5 或 7[d]	—	7	5 或 7[d]	5
沉降菌最大平均浓度［CFU/（0.5h·Ø90mm 平皿）］≤	3	无检出	—	3	无检出	—	3	无检出	无检出
氨浓度（mg/m³）≤	14								
噪声/［dB（A）］≤	60								
照度（lx） 最低工作照度 ≥	200								
照度（lx） 动物照度	15～20					100～200			5～10
昼夜明暗交替时间（小时）	12/12 或 10/14								

注 1：表中“—”表示不作要求。
注 2：表中氨浓度指标为动态指标。
注 3：温度，相对湿度，压差是日常性检测指标；日温差，噪声，气流速度，照度，氨气浓度为监督性检测指标；空气洁净度，换气次数，沉降菌最大平均浓度，昼夜明暗交替时间为必要时检测指标。
注 4：静态检测除氨浓度外的所有指标，动态检测日常性检测指标和监督性检测指标，设施设备调试和/或更换过滤器后检测必要检测指标。
注 5：[a]为降低能耗，非工作时间可降低换气次数，但不应低于 10 次/小时。
[b]可根据动物种类和饲养密度适当增加。
[c]指隔离设备内外静压差。
[d]根据设备的要求选择参数。用于饲养无菌动物和免疫缺陷动物时，洁净度应达到 5 级。

屏障环境设施的辅助用房主要技术指标应符合表 11-4 的规定。

表 11-4 屏障环境设施的辅助用房主要技术指标

房间名称	洁净度级别	最小换气次数（次/小时）≥	相通区域的最小压差（Pa）≤	温度（℃）	相对湿度（%）	噪声［dB（A）］≤	最低照度（lx）≥
洁物储存室	7	15	10	18～28	30～70	60	150
无害化消毒室	7 或 8	15 或 10	10	18～28	—	60	150
洁净走廊	7	15	10	18～28	30～70	60	150
污物走廊	7 或 8	15 或 10	10	18～28	—	60	150
入口缓冲间	7	15 或 10	10	18～28	—	60	150
出口缓冲间	7 或 8	15 或 10	10	18～28	—	60	150
二更	7	15	10	18～28	—	60	150
清洗消毒室	—	4	—	18～28	—	60	150
淋浴室	—	4	—	18～28	—	60	100
一更（脱、穿普通衣、工作服）	—	—	—	18～28	—	60	100

注 1：实验动物生产设施的待发室，检疫观察室和隔离室主要技术指标应符合表 11-2 的规定。
注 2：动物实验设施的检疫观察室和隔离室主要技术指标应符合表 11-3 的规定。
注 3：动物生物安全实验室应同时符合 GB19489 和 GB50346 的规定。
注 4：正压屏障环境的单走廊设施应保证动物生产区，动物实验区压力最高。正压屏障环境的双走廊或多走廊设施应保证洁净走廊的压力高于动物生产区，动物实验区的压力高于污物走廊。

注：表中“—”表示不作要求。

五、实验动物的环境

为了使动物实验具有重复性，动物实验过程中的饲养、繁殖环境都应保持其稳定性。为此，需要研究每一环境的各种条件。

实验动物的环境条件对动物的健康和质量以及对动物实验的结果有直接的影响，尤其是高等级的实验动物，环境条件要求严格和恒定。因而，对环境条件人工控制程度越高，并符合标准化的要求，生活在这样环境中的动物，就越具有质量上的保证，一致性的程度就越高，动物实验结果就有更好的可靠性和可重复性，也使同类型的实验数据具有可比较的意义。

1. 外环境 是指实验动物设施或动物实验设施以外的周边环境。如气候或其他自然因素、邻近的民居或厂矿单位、交通和水电资源等。

2. 内环境 指实验动物设施或动物实验设施内部的环境。内环境又细分为大环境和小环境，前者是指实验动物的饲养间或实验间的整体环境状况；后者是指在动物笼具内，包围着每个动物个体的环境状况，如：温度、湿度、气流速度、氨及其他气体的浓度、光照、噪音等。

3. 气候因素 包括有温度、湿度、气流和风速等。在普通级动物的开放式环境中，主要是自然因素在起作用，仅可通过动物房舍的建筑座向和结构、动物放置的位置和空间密度等方面来做有限的调控。在隔离系统或屏障、亚屏障系统中的动物，主要是通过各种设备，对上述的因素予以人工控制。在国家制定的实验动物标准中，对各质量等级动物的环境气候因素控制，都有明确的要求。

4. 理化因素 包括有光照、噪音、粉尘、有害气体、杀虫剂和消毒剂等。这些因素可影响动物各生理系统的功能及生殖机能，需要严格控制，并实施经常性的监测。普通级动物要在适当的范围内，采取有效的措施，对此予以监控，尤其是清洁级以上等级的动物，应通过实验动物设施内的各种设备，按国家颁布的各个等级标准，严格予以控制。

5. 生物因素 是指实验动物饲育环境中，特别是动物个体周边的生物状况。包括有动物的社群状况、饲养密度、空气中微生物的状况等。例如，在实验动物中许多种类，都有能自然形成具有一定社会关系群体的特性。对动物进行小群组合时，就必须考虑到这些因素。不同种之间或同种的个体之间，都应有间隔或适合的距离。对实验动物设施内空气中的微生物有明确的要求，动物等级越高要求越为严格。国家标准规定，亚屏障系统设施内空气落下的菌数少于或等于 12.2 个/皿时，屏障系统少于或等于 2.45 个/皿时，隔离系统少于或等于 0.49 个/皿时。

六、实验动物设施的区域划分及辅助设施与设备

这里指的实验动物设施是为实现对动物所需的环境条件实行控制目标而专门设计和建造的。实验动物设施依其使用功能的不同，划分为各个功能区域，各自有不同的要求。

（一）动物实验设施的区域划分

动物实验设施的区域划分包括动物实验区、辅助实验区、辅助区。

动物实验区主要包括饲育和做小型实验操作的主实验室，可带有前室或者后室；还包括准备室（样品配制室）、手术室、解剖室（取材室）等。

辅助实验区一般包括更衣室、缓冲室、淋浴室、清洗消毒室、洁物储存室、检疫观察室、无害化消毒室、洁净走廊、污物走廊等。

辅助区一般包括门厅、办公区、库房、机房、一般走廊、厕所、楼梯等。

按照“实验动物环境与设施”国家标准（1994）规定，实验动物环境设施分为四等，控制程度从低到高，依次为开放系统、亚屏障系统、屏障系统和隔离系统。

1. 开放系统（open system） 对人、物、空气等进出房间均不施行消除污染的系统，但一般要进行某种程度的清洁管理。通常为单走廊专用房舍，采用自然通风或设有排风装置，有防虫、防鼠设施，要求笼具和垫料消毒、使用无污染的饲料，人员进出有一定的防疫措施。这类设施仅适用于普通级动物。该系统通常分为三个区域：前区，包括检疫室、办公室、休息室等；控制区，包括动物饲育室、动物实验室、清洁走廊、清洁物品储存室等；后勤处理室，包括污染走廊、洗刷消毒室、污物处理设施等。人员、

动物和物品原则上按：前区→控制区→后勤处理区的走向运行。

2. 亚屏障系统（second barrier system） 又称为清洁级屏障系统，用于清洁级动物的饲育。一般设双走廊，也有用层流架作清洁级屏障系统。其设施的结构及设备配置要求都与屏障系统大体相同，只是空气洁净度只要求达到C级，管理上要求稍低于屏障系统，故称之为亚屏障系统。也分三个区域，即清洁区、污染区和外部区。清洁区包括动物饲育室或实验室、清洁走廊、清洁准备室、清洁物品储存室、检疫室等；污染区包括污染走廊、洗刷消毒室等；外部区包括接受动物室、饲料加工室、库房、更衣淋浴间、办公室、值班室、机房、焚烧炉等。结构通常是双走廊，凡进入清洁区的人员、动物、物品，甚至空气和水都要经过相应的处理，保证该区域不受微生物的侵染。

进入清洁区的人员、动物和物品要分别遵循一定的运行路线：

（1）人员：更衣→淋浴→更衣→清洁走廊→饲养室或动物实验室→污染走廊→洗刷消毒室→更衣→外部区域。

（2）物品：包装→高压消毒（已包装消毒的可经传递窗，清洁笼具经有消毒液的渡槽）→清洁准备室→清洁物品储存室→饲养室或动物实验室→（污物经包装处理）污染走廊→外部区域。

（3）动物：动物（带专用包装）→传递窗→检疫室→清洁走廊→饲育室或实验室→（实验后或生产供应）→（经包装）污染走廊→外部区域。

3. 屏障系统（barrier system） 主要是用于SPF级动物的饲育。有正压屏障构造、负压屏障构造（生物安全屏障系统），也有用层流架（正压/负压）或隔离器作SPF级屏障系统。屏障系统设施要求与外界隔离，空气经三级过滤净化后才进入屏障设施之内，空气洁净度为B级。除生物安全屏障系统为负压以外，通常应保持为正压，且不低于20～50Pa；出风口设有防空气倒流装置。屏障系统设有清洁和污染走廊，进入系统的笼具、饲料、饮水、垫料、器械等一切物品都要经过严格的消毒灭菌，人员进入要经淋浴、更衣，使用专用的服装，进入的动物要有专用包装，也经严格的消毒处理。系统内的人员、物品和空气等采用单向固定的流通路线，有呼吸系统疾病和皮肤病的人员不能进入系统内。结构要求和进入系统内的人、动物和物品的运行等与亚屏障系统基本相同，但要求更为严格。

4. 隔离系统（isolator system） 主要设备是隔离器，有正压和负压隔离器。隔离器及其辅助装置共同组成的隔离系统，用于饲养SPF动物、无菌动物和悉生动物。隔离器可置于亚屏障系统或开放系统内运转，如在开放系统内，则要严格控制系统内环境的温、湿度。

操作时，工作人员只能通过隔离器上的橡胶手套来进行饲养或实验。物品是通过包装消毒后，由灭菌渡舱或传递窗传入；动物是经由无菌剖腹产的方法进入；进入隔离器的空气，应经高效过滤，保证隔离器内空气洁净度达A级，无菌并维持正压状态。根据实验需要也可维持负压状态，但需要配置空气排放装置，保证空气排放符合标准。

另外，对实验动物设施的房舍设施的建设，如：地面、门窗、墙壁、天花板、走廊及空气净化调节设备与送排风系统等都有详细的要求，例如：地面要求平而不滑，一般不设排水口；墙壁要求保温和隔音，墙涂料耐酸碱，易于消毒清洗；有压力梯度的系统，门应开向压力高的一侧等。总之，设施建设是从质量控制要求的角度，考虑到操作和成本等因素来提出相应的要求。

（二）实验动物饲养的辅助设施和设备

这是指在动物房舍设施内使用于动物饲养的器具和材料，主要包括笼具、笼架、饮水装置和垫料等，并还有层流架、隔离罩和运输笼等。这些器具和物品与动物直接接触，产生的影响最直接，务必予以重视。其中，层流架和隔离罩等设备可在房舍设施中独立使用，隔离罩更是现今用于无菌动物饲育和实验的主要设备。

1. 笼具和笼架 饲养和收容动物的容器就是笼具。在笼外的环境符合质量控制标准的情况下，包围动物小环境的质量很大程度取决于笼具、笼架的情况。笼具要求能对动物提供足够的活动空间，通风和采光良好；坚固耐用，里面的动物不会逃逸，外面的动物不会闯进；操作方便，适合于消毒、清洗和储运；成本低廉，经济实用。现在国内已有多家厂商，生产各种式样和质量档次的笼具。

常见的饲养笼具有：按类型分有定型式（冲压式）、带承粪盘（板）的笼子、栅栏型或围网型笼；按功能分有运输笼、挤压笼代谢笼、透明隔离箱盒。

笼具制作的几个原则：保证动物的健康、舒适；便于清洗和消毒，耐热、耐腐蚀；笼具设计要便于搬运、清理、贮存，易于观察动物活动，在日常饲养和实验过程中，便于加料、喂水、更换垫料和抓取动物，不仅管理方便，亦可节约大量劳力；坚固耐用，经济便宜。

笼架是承托笼具的支架，即放置笼具的用具，其目的是使笼具的放置合理，应牢固且便于移动和清洗消毒，有些还设有动物粪便自动冲洗和自动饮水器。要注意笼具和笼架的匹配，层次最好可调节，具有通用性。常见笼架有饲养架、悬挂式笼架、冲水式笼架、传送带式和刮板式笼架。

2. 饮水设备和灭菌设备 动物饲养用的饮水设备，一般采用饮水瓶、饮水盆和自动饮水器。小动物多使用不易破碎的饮水瓶；大动物，如羊、犬等多使用饮水盆。这些器具的制造材料要求耐高温高压和消毒药液的浸泡。自动饮水器，有方便操作，节省劳力的优点；但易漏水，供水管道不易清洗、消毒，国内使用不普遍。大型的实验动物设施，往往装设无菌水生产设备，用过滤系统和紫外线照射，来清除细菌、真菌和病毒。实验动物的饮水一般无需作蒸馏、离子交换或反渗透等处理，有助于动物对微量元素的利用。

3. 层流架和隔离罩 层流架带有空气净化装置和通风系统，置于普通房间内，可作清洁级动物短时间饲养或实验操作及实验后的观察等使用，如果放置在清洁级房舍内，可用作 SPF 级动物的饲养或实验观察。层流架根据实验的需要也有正、负压之分。

层流架结构简单，投资少无需辅助设备，可独立运转，适合于小型和短期的使用，该设备只能控制空气洁净和通风指标，而其他环境指标如温、湿度等，要由设施内加以控制，所以使用有较大的局限性。

隔离罩是保持罩内无菌环境的全密封装置，是无菌动物饲养、实验操作和实验观察的唯一设备。它主要是用作无菌控制，其他环境指标由罩外设备控制，好的设备可维持1～3年的罩内无菌状态。用于无菌动物的隔离罩是正压装置，如做烈性感染实验应采用负压隔离罩。

4. 运输笼和垫料　国际上常用的运输笼具带有空气过滤通风系统和控制温、湿度的装置，运输车辆上也装有各种环境指标的控制系统，形成一个可移动的实验动物饲养设施。我国目前尚未有此类装备，动物运输时，多采用在普通饲养盒外包无纺布的简易运输笼，经运输后的动物就可能达不到质量控制指标了，研制符合标准又适合国情的运输笼具实在是当务之急。

垫料，能吸附水分、动物的排泄物，维持笼内和动物本身的清洁卫生，垫料应不含挥发性、刺激性物质，无毒性，不会干扰动物实验。垫料的原料常用锯末、木刨花、木屑、碎玉米芯等。垫料的原材料常会携带各种微生物和寄生虫，使用前要经加工处理、消毒灭菌、除虫等。欧洲国家多用白杨木屑做垫料，而美国多用碎玉米芯，考虑到了材料的毒性因素和取材的难易。目前我国实验动物垫料尚未标准化，多采用混合木屑，其成分和毒性都不确定，可喜的是，现已开展了相关的研究，适合国情的标准化垫料指日可待。

（三）实验动物设施的特殊设备

动物设施的特有设备有灭菌机、洗刷机、微生物控制饲养机、自动饲养机等，以下主要介绍灭菌设备。对这些设备的机种、大小、安装场所等最好在设计阶段就确定下来。

1. 高压蒸气灭菌器　为了控制微生物，凡饲养器械类全部使用灭菌过的最为理想，为此，常使用高压蒸气灭菌器，在清洗室可使用单门式，而在屏障区则使用双门式。不管选用哪种形式，都希望能按真空、灭菌、排气、干燥等程序进行自动处理。

门的开闭法有转门式和滑门式。转门式将门开启在前面，故将物品搬进搬出时必须用台车。而滑动型因其内膛底面与地面一样的高度，门可上下开闭，故对大的机械器材的灭菌比较容易。

2. 环氧乙烷气体灭菌机　简称EO气体灭菌机，用于不能用高温或高湿灭菌的器具类。其大小从400mm×500mm×600mm到600mm×900mm×900mm不等。通常将EO气体罐安放在别处，用管道与罐体连接在一起。另外，由于EO气体有毒，并且与空气混合达一定浓度后易发生爆炸，所以要充分注意不要有泄漏现象。因为怀疑EO气体有致癌性，所以禁止用于对饲料的灭菌。

第二节　实验动物房设计

设施环境是实验动物的生存条件，设施环境条件的良好与否直接影响着实验动物的质量和动物实验结果的可靠性。

各种实验动物可以通过其体内反馈调节机制以适应外界环境条件变化而维持其机体内环境的相对稳定。但是在其适应外环境变化而进行调节的过程中，动物本身生理活动及其行为表现均发生了相应改变，这种改变则可严重影响动物质量及应用实验动物所做实验结果的可靠性和可重复性。因此，为了保证实验结果精确可靠，就必须严格控制实验动物设施环境使之保持一致稳定以消除或降低环境因素对实验动物和动物实验结果的不良影响，因此，实验动物设施环境的标准化则是保证实验动物质量和动物实验结果可靠性的根本前提。这正是实验动物房设计的根本目的。

我国药品生产行业用于检验药品质量的实验动物为二级，即洁净动物（CL）。动物房一般环境因子控制范围为：温度一般为18～29℃，《中国药典》规定为17～28℃，可因动物品种不同而有所不同；湿度为40％～80％，GMP规定为40％～60％；气流速度为0.1～0.2m/s，避免直接吹风，换气次数8～15次/小时，在动物饲养区、动物实验区为全新风；气压，洁净区为正压，感染区为负压；环境洁净级别为C级；照明为人工照明，一般（光）照度为150～300lx，依据实验动物不同的生理特性而不同，如鼠类15～20lx，猴、犬、猪、兔等150～200lx；噪音40～50dB（无动物时），有动物时为60dB，GMP规定小于70dB；臭气，氨20μL /L。

一、实验动物房设计原则

实验动物房的整体设计、规划与标准化实验动物的饲养关系密切，因此，必须达到国家对实验动物房设计的要求，实验动物房设计的一般原则如下：

1. 根据不同种类和不同级别实验动物的需要，建立相应设施的动物房、活动场所和相应的辅助用房。场址应选在能保持安静、清洁、无不良外界影响的地方。

2. 动物房必须光线充足、通风良好、地面整洁，不积水；顶棚、墙壁要易于清洁、消毒；外墙、屋顶、顶棚、门窗及通外面的管道等必须杜绝外界动物、蚊蝇及其他虫害钻入。按照相应的级别控制室内温度、相对湿度及噪音在标准以内。

3. 笼内动物密度不能太大，要有送风、排风、降温及保暖设备。

4. 必须有专用的排污、排水设施，防止病原扩散。

5. 各种笼具要定期清洗消毒，垫料须经高温高压或药物消毒并及时更换，使室内氨浓度符合标准要求。

二、实验动物房设计的基本要求

实验动物房设计的选址要求通常为环境安静，远离铁路、码头、飞机场、交通要道等有严重振动或噪声污染的区域；环境空气质量较好，远离散发大量粉尘和有害气体的工厂、仓库、堆场，如不能远离严重空气污染源时，则应位于当地最大频率风向的上风侧或全年最小频率风向的下风侧；应避开自然疫源地；应远离易燃、易爆物品的生产和储存区，并远离高压线路及其设施；距离公共场所和居住建筑的间距应不少于20m。周围不宜种植有害植物。

实验动物房设计的总体布置要求人流、物流、动物流分开（单向流程）；动物尸体运输路线宜避免与人员出入路线交叉；出入口不宜少于二处，人员出入口不宜兼做动物尸体和废弃物出口；分区明确，一般有准备区、饲养区、实验区；房间要求净化、灭菌、防虫。动物与废弃物暂存处宜设置于隐蔽处，宜与主体建筑有适当间距；建筑上要求有洁净走廊、饲养室、污染走廊以及其他各室。隔断材料一般采用轻质彩钢板；在空调系统方面，要求有可控制的温度和湿度、气流速度和分布，达到规定的换气量和气压。动物房洁净区与外界保持5～10Pa的正压；在照明方面，无窗动物房使用洁净荧光灯，有窗动物房可安装玻璃窗，以滤去紫外线。要求12小时亮，12小时暗。洁净区要设紫外线灯；在供水方面，有饮用水和纯化水。

三、实验动物设施的区域设置

根据不同种类和不同级别实验动物的需要，建立相应设施的动物房、活动场所和相应的辅助用房。实验动物房应尽量设计为单层建筑。这样既建造方便、造价低，又便于使用。如果建设为多层建筑，则洁净度要求最高的区域宜设置在顶层，随着建筑楼层的降低，各区域的洁净度级别依次降低，而且，各层宜分别设置灭菌室。如果各层共用一个灭菌室，设置专用洁净电梯连接各楼层，由于电梯及电梯井内部复杂、表面粗糙，很难做到无菌，增加了防止各楼层间交叉感染的难度。

（一）区域布局

1. 前区的设置　包括办公室、维修室、库房、饲料室、一般走廊。

2. 饲育区的设置

（1）生产区：包括隔离检疫室、缓冲间、风淋室、育种室、扩大群饲育室、生产群饲育室、待发室、清洁物品贮藏室、消毒后室、走廊。

（2）动物实验区：包括缓冲间、风淋室、检疫室、隔离室、手术室、饲育间、清洁物品贮藏室、消毒后室、走廊。基础级大动物检疫间必须与动物饲养区分开设置。

3. 辅助区　包括仓库、洗刷消毒室、废弃物品存放处理间（设备）、解剖室、密封式实验动物尸体冷藏存放间（设备）、机械设备室、淋浴室、工作人员休息室、更衣室。

洁净度要求与饲养条件一致的实验室，或者需要防止污染扩散的实验室，一般都布置在饲养管理区内。动物实验区由动物实验室和供测试前的准备室组成。

（二）污水、废弃物及动物尸体处理

1. 实验动物和动物实验设施应有相对独立的污水初级处理设备或化粪池，来自于动物的粪尿、笼器具洗刷用水、废弃的消毒液、实验中废弃的试液等污水应经处理并达

到 GB8978 二类一级标准要求后排放。

2. 感染动物实验室所产生的废水，必须先彻底灭菌后方可排放。

3. 实验动物废垫料应集中做无害化处理。一次性工作服、口罩、帽子、手套及实验废弃物等应按医院污物处理规定进行无害化处理。注射针头、刀片等锐利物品应收集到利器盒中统一处理。感染动物实验所产生的废弃物须先行高压灭菌后再做处理。放射性动物实验所产生放射性沾染废弃物应按 GB18871 的要求处理。

4. 动物尸体及组织应装入专用尸体袋放于尸体冷藏柜（间）或冰柜内，集中做无害化处理。感染动物实验的动物尸体及组织须经高压灭菌器灭菌后传出实验室再做相应处理。

四、实验动物房的平面设计

实验动物房的设计重点在饲养区。饲养区的建筑布局最好采用人、物单向流程的模式，见图 11－1 和图 11－2，以便减少交叉感染率。图 11－1 为一般实验动物房的人、物流模式示意图，因为要求较低，大部分房间分属控制区和一般清洁区。图 11－2 为特殊要求的实验动物房人、物流模式示意图，各主要房间分属洁净区、控制区和一般清洁区。从平面布置来看，重点是饲养室、通道和清洗准备室之间的洁净度关系。图 11－3 为一个实验动物房的平面基本布局的实例，该布局中一半为人净、物净及接受动物的区域，在靠近接受室旁边设立检疫室，对外来的动物进行隔离检疫，判定其健康状况，以保证实验动物的安全性和实验数据的准确性；每类动物饲养、实验相对集中，做到实验

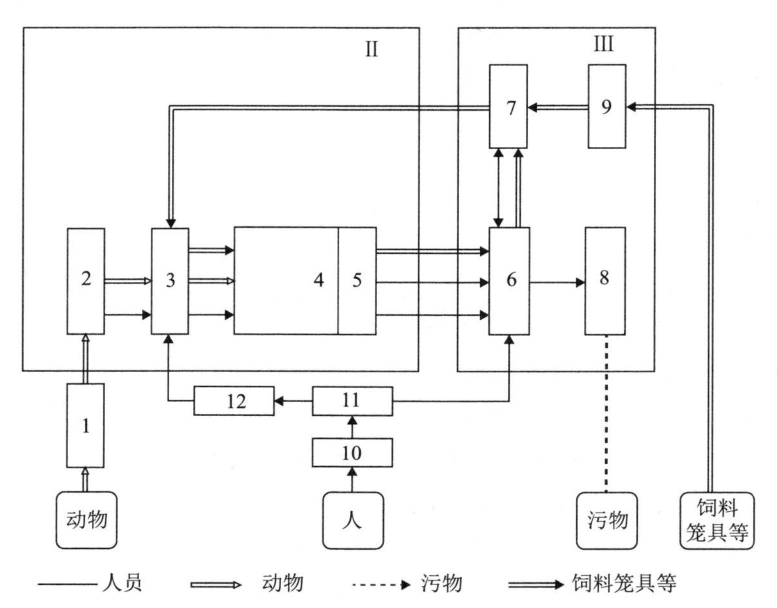

图 11－1　一般动物房人、物流模式示意图

1. 接受室；2. 观察室；3. 洁净走廊；4. 饲养室；5. 饲养后室；6. 污染走廊；7. 洗涤消毒室；8. 污染物处理室；9. 贮存室；10. 换鞋区；11. 更衣室；12. 缓冲间

Ⅱ. 控制区；Ⅲ. 一般洁净区

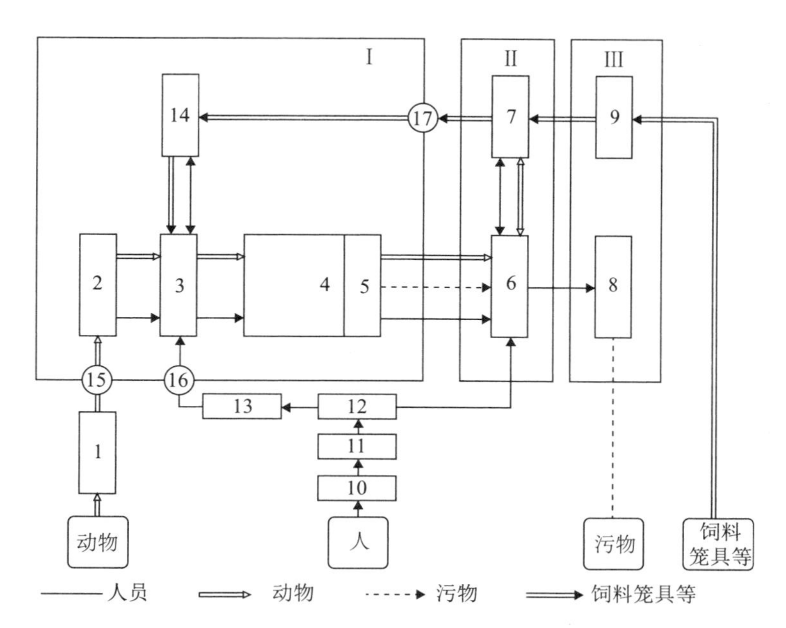

图 11-2 特殊要求动物房人、物流模式示意图

1. 接受室；2. 观察室；3. 洁净走廊；4. 饲养室；5. 饲养后室；6. 污染走廊；7. 洗涤消毒室；8. 污染物处理室；9. 贮存室；10. 换鞋区；11. 更外衣室；12. 盥洗；13. 换无菌衣室；14. 洁净物堆放室；15. 传递柜；16. 风淋室；17. 消毒室

Ⅰ. 洁净区；Ⅱ. 控制区；Ⅲ. 一般洁净区

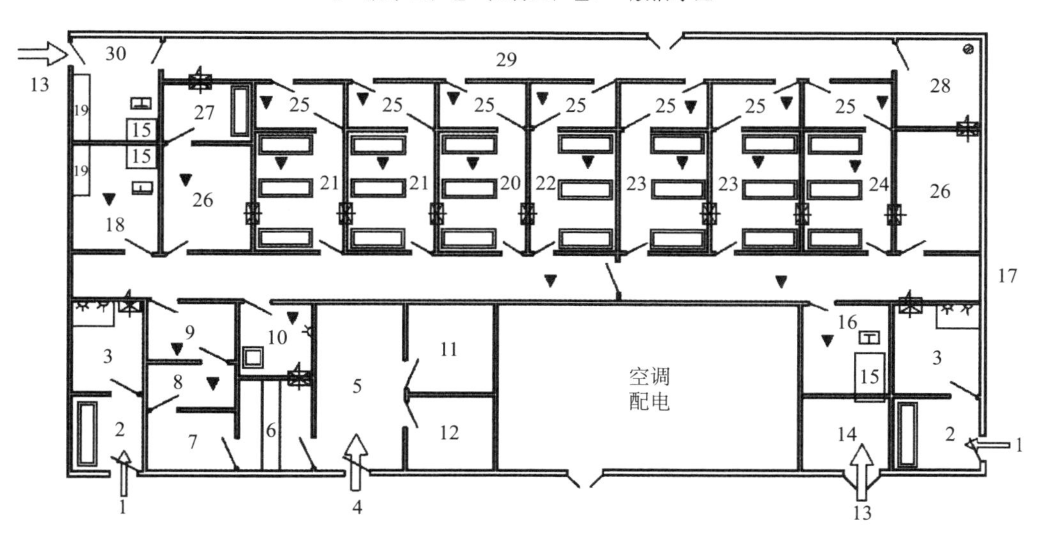

图 11-3 动物房平面布置图

▼表示 C 级洁净区

1. 动物；2. 接受室；3. 检疫室；4. 人流；5. 门厅；6. 换鞋；7. 一更衣室；8. 洗手间；9. 二更衣室；10 药品室；11. 办公室；12. 值班室；13. 物流；14. 外清洗间；15. 灭菌间；16. 净饲料存放室；17. 安全门；18. 消毒存放处；19. 水池；20. 鼠预养室；21. 鼠饲养室；22. 预备间；23. 兔预饲养室；24. 兔饲养室；25. 后室；26. 实验室；27. 观察室；28. 存尸间；29. 污物走廊；30. 工具清洗

动物由预养室、饲养室的传递窗传入实验室，避免了实验动物因经过洁净走廊而产生污染；预养室目的是使动物恢复体力并适应新环境；预养室和饲养室均设有后室，为污染的物品传递到污物走廊起到缓冲作用，保证了饲养室的洁净环境，并使动物不受打扰；鼠类的实验室设有动物观察室，可避免用药后的动物不受外界的干扰，确保实验数据的真实性；动物房的后室一侧设有污物走廊，用于收集和输出动物尸体及污物，此走廊通过传递窗与洁净区相同；做过实验后的动物尸体由传递窗经过污物走廊送入存尸间，避免动物尸体反流造成污染，动物尸体经过再收集送出焚烧；动物预养室、饲养室内设置氨浓度检测装置；洁净区净化级别为C级，预养室、实验室的净化空气只送不回，采用全新风形式，室内风压由高到低形成梯度，即：洁净走廊→饲养室→后室→排出。

饲养区的平面布置通常可分为两大类：单走廊式和双走廊式，见图 11-4、图 11-5。

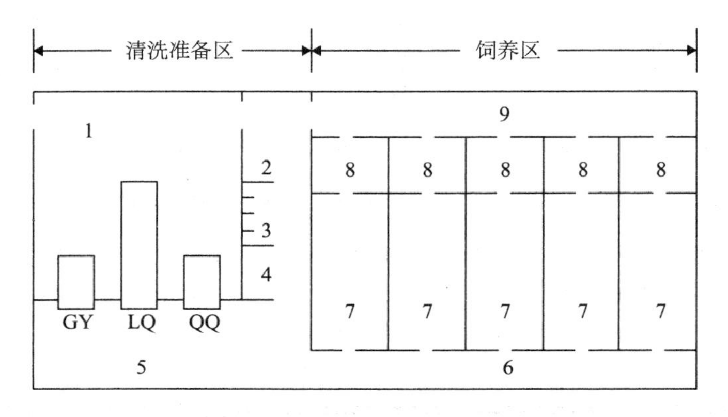

图 11-4　双走廊式平面布局示意图

1. 清洗室；2. 脱衣室；3. 淋浴室；4. 穿衣室；5. 洁净准备室；6. 洁净走廊；7. 饲养室；
8. 后室或消毒气闸室；9. 污染走廊；GY. 高压蒸汽灭菌；LQ. 笼子清洗机；QQ. 消毒气闸室

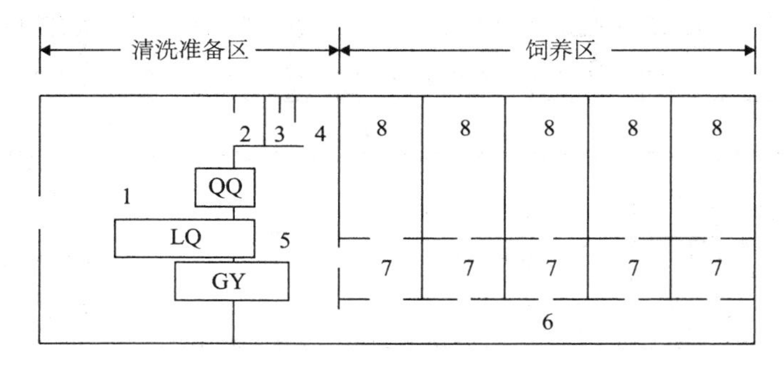

图 11-5　单走廊式平面布局示意图

1. 清洗室；2. 脱衣室；3. 淋浴室；4. 穿衣室；5. 洁净准备室；6. 洁净（公用）走廊；
7. 前室；8. 饲养室；QQ. 消毒气闸室；LQ. 笼子清洗机；GY. 高压蒸汽灭菌

单走廊式：经过检疫的动物，经过清洗、灭菌的器材搬入饲养室，和将动物的排泄物、尸体、使用过的器材搬出饲养室都使用同一条通道。从理论的角度上讲，洁净动物的排泄物也应该是洁净的，使用单走廊是可以的。但是一旦某一饲养室受到污染，则其他饲养室都难幸免。因此，这种模式不适合于长期用作实验的动物房。无特殊病原体动物的饲养、生产设施通常采用这种模式。感染实验室由于危险性比较大，应把每个房间作为一个隔离室，一般也采用单走廊模式。

双走廊式：进、出饲养室的人、物流分别走洁净通道和污染通道。屏障系统多采用这种模式。亚屏障系统由于不能保证动物排泄物的洁净度，也多采用双走廊模式。敞开系统可根据饲养动物的种类、目的及方法，采用相应的平面布局模式。

单走廊式和双走廊式的共同特点为：全部器材、物品经过灭菌处理后，由洁净准备室搬入洁净走廊，人员经过净化程序由洁净走廊进入饲养室；不同之处在于：单走廊式的人、物进、出饲养室使用同一走廊，而双走廊式的人、物品离开饲养室要经过污染走廊。饲养室内部单向通行，保证洁净度按洁净走廊→饲养室→污染走廊的顺序依次降低。

采用双走廊式，饲养人员或实验人员在完成一个饲养室的工作后，进入其他饲养室前，必须再次进行全部的净化处理过程。这对于专业饲养员是个很大的负担，也给实验人员造成不便。但是饲养设施如果选择为屏障系统，则允许工作人员由洁净走廊往返进入饲养室。这样既可以省去工作人员多次净化的程序，也降低了对建筑、通风的要求。但是这样会增大交叉感染的危险。可辅以适当的压差设计，减小交叉感染的危险。

五、饲养密度对实验动物房设计的要求

如何确定饲养室的面积，应根据饲养目的，饲养实验动物的种类、年龄、平均存档时间及存放方式（群居、分居的比例）等因素进行综合考虑，此外，还要考虑到生殖哺乳期的动物所需要面积较大等特殊需要，以保证饲养室内安静、整洁，饲养的动物不可过密。确定饲养室面积的大小时，还应考虑以下具体问题。

1. 不同品种、品系及不同来源的实验动物，原则上不应同室饲养。

2. 为降低交叉感染的可能性，减少饲养动物的损失，尽可能多设置小房间，少设置大房间。

3. 确定饲养室面积应考虑更换不同种类动物时具有最大适应性。房间的尺寸应以容纳任何品种合理数量的笼架数为依据，各排笼架之间至少留有 1.2m 的间距。笼内动物密度不能太大，要有送风、排风、降温及保暖设备。常规饲养的实验动物中，鼠类占90%以上，其中小白鼠又占 70%以上。

4. 安排动物饲养房间时，应预留一定数量的备用房间，以便定期对饲养室进行轮流的日常消毒。

六、实验动物房的建筑装修

实验动物房内由于经常使用水和消毒液进行清洗、消毒，所以，地面要用耐水、耐磨、耐腐蚀性材料制成。另外，构成架子材料等亦要求做到难以产生凸凹，不易引起尘埃飞扬。瓷砖及乙烯塑料贴面由于接缝处聚集污垢，所以不提倡。如果选用塑料地面材料应用长尺度的塑料焊接后使用，为防止尘埃堆积，易于清扫，地面材料接墙壁处做 10～15cm 高的踢脚板、拐角处做成半径 3～5cm 的圆角弧面。小鼠、大鼠房间无必要采用完全防水地面，而兔、狗、猴、猪的房间因用水量多，故应做成有适当斜度的完全防水地面，

可在地面设置带回水弯的排水口，如果水洗并不频繁的房间，则可设置有活塞的排水口。

内壁的粉刷使用难以开裂、耐水、耐药、耐磨损、耐冲击的材料。施工时，必须做到防止开裂，以灰浆、板条类的材料做中层基础，再贴上防水布加上涂料也是一种方法。在墙壁与天花板以及墙壁之间的交界处，也最好用适当的材料做成弧形，在屏障设施中，各种管道的连接和通过部分均用填料密封，天花板最好也用耐水、耐腐材料制成。为防止从天花板内侧对室内的污染，要充分注意天花板的密封性。如果以天花板的一部分或全部作为空调进气口时，要将安装部位周围密封，而且，进气口要用可以自由拆卸清洗、消毒的材料为好。

实验动物房的外窗在开放冷暖气的时候，会使外界空气负荷增大，室内温度分布不均匀，而且在冬季还有容易结霜的缺点。所以除需要自然采光与通风的条件外，不宜设置外窗。猴类的饲养室中有开闭的窗，为防止逃跑必须设置栏栅或铁丝网。清洗室、事务室的窗户，在寒冷地区也必须要有完善的防结霜措施。

实验动物房的门最好用耐水、耐腐性的金属密封方式。特别是在屏障区及感染动物室应采用全密封型。门框也应以耐水、耐腐蚀性材料制成。门槛部分用难以腐蚀的不锈钢制成，为防止排水溢出要做得稍高于地面，但也要不影响搬运车的出入。门的开闭方式，在室内为正压的情况下采用内开式，在负压情况下采用外开式。另外，门的大小有必要考虑到搬入饲养架的大小、动物室与走廊之间的窗户大小，以控制在门上观察窗的程度为宜。为不使走廊的光线影响室内，可安装遮光布或采用内部看不到外面的材料制成。

1. 对普通动物（开放系统）的饲育条件要求：动物饲育场应院落整齐、清洁、定期消毒，条件允许的应有一定的绿化面积；中、小型动物饲育室进、出口不能直接对外，门窗严密，应有防昆虫的纱门、纱窗，为防止动物外逃，至少在所有外部出口处设置屏障，对啮齿类实验动物，其高度不应低于 40cm；顶棚光洁、能消毒；地面平坦，地面和墙面能洗刷；具有封闭式下水道，具有换气装置和防鼠设备。

2. 对清洁动物（亚屏障系统）和无特殊病原体动物（屏障系统）及无菌动物（隔离系统）除达到普通级动物要求外，还必须符合以下要求：洁净区与污染区分开；门、窗达到密封要求；有缓冲间、更衣室等。

我国《实验动物环境及设施》对实验动物房的建筑要求做出如下规定：内墙表面应光滑平整，阴阳角均为圆弧形，易于清洗、消毒。墙面应采用不易脱落、耐腐蚀、无反光、耐冲击的材料。地面应防滑、耐磨、无渗漏。顶棚应耐水、耐腐蚀，饲养室应有良好的密闭性。走廊应有足够宽度，门宽不应小于 1m。实验动物房洁净区的建筑结构和内装修可参照生物洁净室的一般做法。另外，污染隔离室设施在结构上还应保证污染空气不向外渗漏。

3. 洁净走廊：为避免笼架在走廊内运送时损坏墙面，墙角宜设 20cm 的踢脚板。走廊宽度不必设置过宽，以能通过两个最大号笼架式手推车为准，但是一般不应小于 1.5m。

走廊通向饲养室的门上应设观察窗，且需密封。为防止动物逃出，门应自动闭合。门靠走廊一侧的下半部应装踢脚板。

普通动物房的洁净走廊内可设地漏，不用时加盖密封盖。有特殊要求的动物房，地面不宜设排水设施。

为使洁净走廊便于清洗、消毒，墙面、地面和顶棚应光滑、平整、无颗粒性物质剥落，墙面与地面、顶棚及墙面的连接处宜做成圆弧状。

墙面可选用环氧树脂漆涂饰；地面应耐化学腐蚀、防滑、无缝隙，可选用环氧树脂或做成整体性强的水磨石；顶棚应防潮、不抹灰、面层涂以环氧树脂漆。

4. 饲养室：室内墙面、地面和顶棚的装修与洁净走廊相同。

室内所有缝隙，包括墙面、地面、顶棚的连接处及进入室内的风管、电气设施及其他设备的四周均应密封，防止未经净化的空气流入。室内不设排水设施，清洗完毕可用湿拖布等处理。

为减小空调负荷和按需要调节灯光照度，饲养室原则上不设外窗。考虑到停电等因素，也可设置固定密封外窗。门一般要求内开，门的宽度应大于 90cm，以便于笼具和器具的通过。

5. 污染走廊：内装修与洁净走廊相同。地面可设排水地漏，不用时加盖密封盖。

6. 其他房间：实验动物房除饲养室外，还有配套房间，如动物接受室、检疫观察的隔离室，笼具、器具的清洗消毒室，物品仓库，实验室，人员净化室及办公室等。这些房间的室内装修可参照一般生物洁净室相应房间的处理方法。

七、实验动物房的空调设计

动物设施内的空气调节是必要的。空气调节的目的，不只是对动物，也是为使在动物室内操作的人营造一个舒适的环境。为此，要求空调的密闭空间保持温度、湿度、换气量、气压、气流及空气的清洁度在适当的水平的同时，也要求严格控制设备机械所产生噪音和振动。另外，还必须具有既能防止病原微生物带入动物室内部扩散开来，也要具有对人有危险性的病原微生物和有害物质及难闻气体排出室外的构造与设备。由于动物设施内的空调是与季节和时间并无关系而连续运转的，故作为多能量消耗型设施，维持其正常经营的经费也是相当可观的，这一点也是需要注意的。实验动物房空调方式主要有下列几种：

1. 空气方式 实验动物房里最常使用的全空气式空调。它有单一管道与双管道之分，前者是将空调机安装在机械房内，将调节至一定温度、湿度的空气经过滤器过滤，通过管道向室内输送的方式。若一台机器供若干个房间共同使用时，则安装在各个房间里的恒温器及湿度仪的检出值作为代表值，可对温、湿度进行调节。因此，亦有因各个房间的热压条件不同而给严格的控制带来困难，所以也可采用在各个房间送风的管道里安装再加热器进行个别控制的终端热能方式。作为单管道方式的变通形方法，有区域组合方式，该方式是将一次空调机中预冷或预热的空气分送到各层或各区，或分送到不同动物种类的二次空调机，再进一步由室内恒温器与湿度仪的控制信号，输送经调节过的温、湿度的空气。最近，亦有将空调系统再进一步分化，使每室或每二三室安装一个二次空调机的情况。这样，既可以方便地控制各个房间的温、湿度，也能停止使用不需送风的动物室的空调机，并可按动物室为单位进行药液的喷雾消毒或福尔马林熏蒸。在这类设施中，如果初级空调机发生故障，第二空调机可继续维持。

双管道方式是在空调器内制造冷风与暖风，分别通过不同的管道进行送风，根据各个房间恒温器的控制信号，将冷风与暖风适当地向后室内送风的方式。作为双管道方式的一种变通形方法，也有一种多区域组合方式。另外，在单管道及双管道方式中，有经常保持定量送风的定风量方式和送风温度稳定后通过恒温器的信号将风量调节的变风量方式。最近，从节约能源角度出发，多采用变风量方式，使室内的换气量、气流分布、温度、湿度分布的分散性比定风量的效果还好。

2. 水-空气方式 是在室内安装风扇盘管或诱导组合，给其送进冷水或温水，使室内空气强制性循环来冷却或加热的一种方式。由于这种情况下，无法进行室内的换气和调节湿度，所以，也有另外同时安置空调机将调节过温、湿度的一次空气送入室内。使用诱导组合时，将这种一次空气从喷嘴高速喷出，在其诱导作用下使室内空气进行循环。在室内安置空调组合的方式，虽能节省能量，但因组合单元内亦有微生物附着的可能性，故不能设置在屏障设施和传染实验设施中。风扇盘管组合式用于实验室、办公室、技术员室等。

辐射盘方式是在地面、墙壁、天花板等处埋上盘管，通进冷水或温水进行冷暖空调的方式，但有必要再另送一次空气进行换气。这种装置也有用于狗、猫、猪的饲养室的实例。如美国 NIH 的大型猎狗的繁殖设施；瑞士 RCC 研究所的贝格狗的毒理试验用的动物室内，地面埋上塑料软管，流入热水后即作为暖房方式。

3. 全水方式 是使用风扇盘管组合和诱导组合等进行冷暖空调的方式，这是一次性充气的不完全送风的方式。由于无法将外界空气充分导入，所以换气情况不好，恶臭也无法排出，对动物室来讲不提倡。

4. 个别方式 是使用成套空调型空调器与室内冷却器进行空调的方法，也称为冷气式。一般用于管理室、实验室、手术室等有人居住的区域，由于风量、风速、空气净化装置的安装受到限制，所以除简易、小规模的常规设施外不能使用。

5. 直接暖气方式 将散热器装在室内通过冷热水进行空调，也有与空调方式一起并用的场合，但实际上使用得较少。

实验动物房的进风口有下述几种形式：

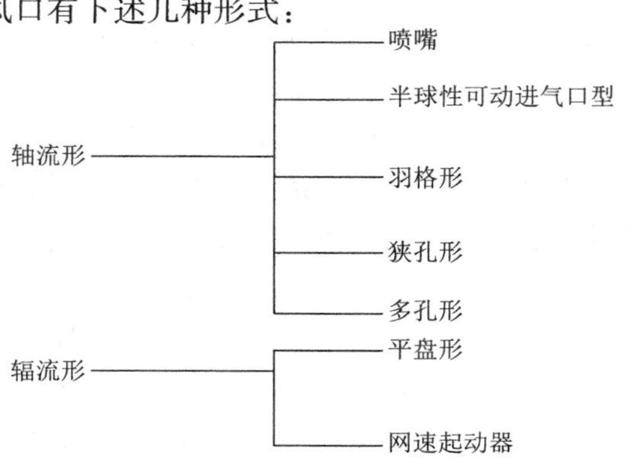

图 11-6 进风口形式

这些进风口虽均为了尽可能保持室内温、湿度分布和气流分布稳定而设计的。但也不能说就不受吹出风量、吹出空气温度差、安装位置的影响而能充分发挥其作用。在实验动物房内，有必要选择不使强气流直接吹到动物身上的形式。也有在天花板上设置多孔喷口装置的例子，日本一般较多采用锥形多孔喷口、平盘形和风速启动器形的喷口。

吸风口必须安装在动物室内。若采用通过门廊从前室排气的方式时，其前室因有污浊臭气，故不能做实验处理室使用。排风口的安装位置一般设在靠近地面处，对改善换气及气流分布有利。但过分靠近地面时，对清洗地面有影响。

第十二章 医药工程项目的概算与预算

工程概（预）算是设计上对工程项目所需全部建设费用计算成果的笼统名称，即在工程建设过程中，根据不同设计阶段的设计文件的具体内容、有关定额指标及取费标准，预先计算及确定建设项目的全部工程费用的技术经济文件。在设计的不同阶段，工程概（预）算的名称、内容各有不同，确立的过程与方法也各有不同，在总体设计阶段叫估算，初步设计阶段叫总概算，技术设计阶段叫修正概算，施工图设计阶段叫预算。工程概（预）算的内容主要包括四个方面，即建筑安装工程费，设备、工具、器具购置费，工程建设其他费用及预备费。

一般医药工程项目按建设性质分为新建项目、扩建项目、改建项目、迁建项目及恢复项目。按项目规模分为大型项目、中型项目及小型项目等。

第一节 工程项目的基本概念

工程项目也叫单项工程，是指在一个医药工程建设项目中，具有独立的设计文件，竣工后可以独立发挥生产能力或效益的工程，它是整个建设项目的重要组成部分。如工业建筑中，一座药厂中的各个车间、一座办公楼等；民用建筑中，一所学校中的一座教学楼、图书馆等均为一个工程项目。

单项工程项目按其最终用途的不同又可分为许多种类，如医药工程建设可分为：主要工程项目，如固体制剂车间、液体制剂车间等；附属生产工程项目，如生产车间、维修服务的机修车间等；公用工程项目，如给排水工程；服务工程项目，如食堂、浴室等。

一、投资估算

项目建议书及可行性研究报告的内容应严格执行国家计委及国务院有关部、局的文件规定。投资估算包括建设投资估算、流动资金估算、建设期的贷款利息的初步计算及老厂改扩建时原有固定资产原值和净值情况等。投资估算编制时应依据国家计委、经贸委、外经贸部或各地方政府部门的有关文件；依据建筑安装工程、设备、材料、软硬件等费用价格的计算选取依据。通过对项目进行投资估算和产品效益估算，列出项目总资金及流动资金，并进行资金筹措、企业角度的财务评价及国民经济评价。

二、投资概（预）算

医药工程项目的初步设计及施工图设计应依据各行业主管部、局颁发的有关设计规定，一般分为车间（装置）概（预）算和总体概（预）算两类。车间（装置）概（预）算包括土建工程、给排水工程、照明工程、通风及空调工程、工艺设备及安装工程、配电设备及安装工程、自控仪表及安装工程、分析仪器、维修设备、消防器材等。车间装置以“综合概算书”形式单独成册，投资以“总概算书”形式单独成册，二者计价编制应依据相关文件规定。进而根据施工图纸进行投资的预算，并编制“预算书”，同时进行产品成本计算和产品成品计算，并对工程项目做财务评价。

三、医药工程项目的造价

工程造价即工程的建造价格，通常包含两层含义，其一指宏观的建筑工程造价，它是医药工程项目从筹建、开工到竣工、交付使用所发生的全部费用；其二也可具体指一个单项工程的建筑安装工程造价，它是为单项工程（一幢楼房或一座厂房）的建造和安装而发生的费用。工程造价的三要素为量、价、费。

（一）基本建设项目

基本建设是指国民经济各部门为了实现扩大再生产而进行的增加固定资产的建设工作，是建一座工厂、一所学校、一个居住小区等建设工作的统称。建设项目指具有一个设计任务书，按一个总体设计进行施工，经济上实行独立核算、行政上具有独立的组织形式的建设工程。建设项目是基本建设的具体体现。为便于对建设工程进行管理和确定建筑产品的价格，将其划分为建设项目、单项工程、单位工程、分部工程和分项工程五个层次。

一个建设项目中，可包括几个单项工程（如：固体制剂车间、液体制剂车间、厂区办公楼等），也可以只包括一个单项工程；一个单项工程可包含几个单位工程（如给排水、电气照明、工业管道安装等）；一个单位工程可包含几个分部工程；而一个分部工程也可包含几个分项工程。

（二）建设工程造价

建设工程造价是指建设项目有计划、按程序地进行固定资产再生产所需费用和铺底流动资金一次性费用的总和，包括建筑安装工程费用、设备和工器具费用及工程建设其他费用。

建筑安装工程费用又称建筑安装工程造价，是建筑安装工程价值的货币表现，建筑安装工程造价是建设单位支付给施工单位的全部费用，是建筑安装工程产品作为商品进行交换所需的货币量，建筑安装工程造价由建筑工程费用和安装费用两部分组成。设备、工器具费用是指按设计文件的要求，建设单位或其委托单位购置或自制的达到固定资产标准的设备，新建、改扩建项目配置的首套工器具及生产厂家所需的费用。工程建设其他费用是指除上述两项费用以外的从工程筹建到工程竣工验收、交付使用为止的整个建设期间，为保证工程建设顺利完成和交付使用后能够正常发挥效用而发生的各项费用。

（三）建设工程造价的确立过程

要搞好基本建设，必须遵循一整套的基本建设程序。基本建设程序是指基本建设项目从决策、设计、施工到竣工验收的全过程中，各项工作必须遵循的先后次序。基本建设程序依次分为决策阶段、设计阶段、建设准备阶段、施工安装阶段、生产准备阶段、竣工验收阶段以及后评价阶段。

建设项目的划分与建设工程造价的组合有着密切关系。建设项目的划分是由总到分的过程，而建设工程造价的组合是由分到总的过程，其具体组合过程如下：

首先，确定各分项工程的造价，先由若干分项工程的造价组合成分部工程的造价；再由若干分部工程的造价组合成单位工程的造价；进而由若干单位工程的造价组合成单项工程的造价；最后，由若干单项工程的造价汇总成建设项目的总造价。按工程建设的不同阶段，编制相应的工程造价文件。

由于建设项目工期长、规模大、造价高，需要按建设程序分阶段建设。因此，建设工程的不同阶段需要多次计价，以保证工程造价的科学性。在建设项目的不同阶段，需编制的造价文件如图 12－1 所示。

从投资估算、设计概算、施工图预算到工程招标承包合同价，再到各项工程的结算价和最后工程竣工验收基础上产生实际造价，整个计价过程是一个由粗到细、由浅入深，最后确定工程实际造价的过程。整个计价过程中，各个环节之间相互衔接，前者制约后者，后者补充前者。

（四）工程造价的确定方法

工程造价的确定方法有传统的工程概（预）算的编制和工程量清单计价法两类。

1. 工程概（预）算的编制 工程概（预）算的编制是根据不同设计阶段的具体内容和国家规定的定额、指标和各种取费标准，预先计算和确定每项新建、改扩建、迁建和恢复工程的全部投资额的文件。针对不同的设计阶段，编制的概（预）算文件可分为初步设计总概算、扩大初步设计修正总概算和施工图预算等。

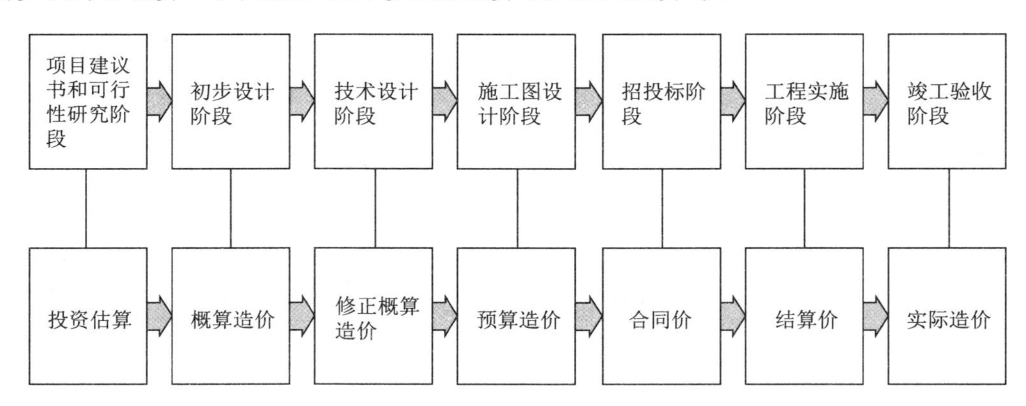

图 12－1 建设工程不同阶段的造价文件图

工程概（预）算制度是指基本建设概（预）算的编制审批方法和各种基础数据、定额、指标、材料预算价格的编制、使用、管理办法以及预算工作的组织管理的总称，是工程造价管理的重要组成部分，有关工程概（预）算制度的具体内容如下：

（1）各设计阶段工程概（预）算文件的编制与审批：根据国家规定，大、中型建设项目一般都应按初步设计和施工图设计两个阶段进行设计并编制出相应的概（预）算文件。技术复杂且缺乏经验的建设项目将分为初步设计、技术设计和施工图设计三个阶段并编制相应的概（预）算文件。

两阶段设计包括初步设计——编制设计总概算；施工图设计——编制施工图预算。

三阶段设计包括初步设计——编制设计总概算；技术设计——编制修正总概算；施工图设计——编制施工图预算。

初步设计和设计总概算经上级主管部门批准后，建设单位要及时将其分送给设计单位、施工企业和建设银行等。设计单位必须严格按照批准后的初步设计和总概算进行施工图的设计和施工图预算的编制。建设银行要严格按总概算控制投资，掌握拨款、贷款等。

（2）工程建设概（预）算基础资料的制定与管理：工程建设概（预）算基础资料包括工程建筑面积、工程量计算的规则、建筑工程定额、各类建设费用的组成及取费标准的确定。我国对基础资料制定和管理的原则是集中统一领导和分级管理相结合。

（3）基本建设概（预）算的组织机构：我国基本建设概（预）算的各个时期，中央都指定专门部委进行组织领导工作。其基本组织过程如下：① 由国家计委、建设部和各主管部门负责设立并管理基本建设预算工作机构，同时负责概（预）算制度的制定与管理。② 各省、市、自治区都指定有关厅、局负责本地区的概（预）算管理工作、如：编制地区材料预算价格、独立费、取费标准等。③ 建设银行是主管基本建设投资拨款和贷款的银行，负责定额和概（预）算文件的审核及管理工作。④ 基层设计单位大部分都设有独立的预算机构、预算科室，专门负责预算资料的收集整理和编制工程设计概（预）算文件。⑤基层施工单位（建筑安装企业）也设有预算科室，负责施工图预算的审核及施工企业内部施工预算的编制工作。

2. 工程量清单计价方法 在建设工程招投标过程中，招标人按国家统一的工程量计算规则编制工程量清单，投标人根据工程量清单自主报价，并按照经评审的低价中标的工程造价进行计价的方式称为工程量清单计价方法。

（五）工程造价管理及改革趋势

由国家的建设工程主管部门（建设部、国家计委、财政部等）制定和颁发一系列建筑工程定额和工程取费标准等工程造价管理文件，包括建筑工程全国统一劳动定额、建筑工程全国统一的预算定额、建筑工程全国统一工程量计算规则、建筑安装工程费用组成的若干规定等文件，在宏观上指导各省、市、自治区的概（预）算的编制工作。各地区依据全国统一标准，结合本地区的材料、人工、机械设备的具体情况，制定相应的建筑工程预算定额、概算定额、概算指标等，进行本地区概（预）算的指导和管理工作。

1. 我国传统的工程造价管理模式 长期以来，我国建筑工程造价管理实行的是基本建设概（预）算定额管理模式。在这种管理模式下，工程预算定额是编制施工图设计预算的法定依据，是编制建设工程招标标底的法定依据，也是投标报价以及签订工程承包合同的法定依据，任何单位和个人在使用中必须严格执行，不能违背工程预算定额所规定的原则。工程预算定额的指令性过强、指导性不足，其不足反映在具体表现形式上，主要是施工手段消耗部分统得过死，把企业的技术装备、管理水平及施工手段等本应属于竞争内容的活跃因素固定化了。因为定额的限制，企业缺乏自主权，不能形成很强的竞争意识。定额管理模式是计划经济时代的产物，属于静态管理模式。

2. 工程造价的动态管理 随着经济体制改革的深入，工程造价从过去的“静态”管理向“动态”管理过渡。为了适应建设市场改革的要求，提出了“控质量、指导价、竞争费”的改革措施，工程造价管理由静态管理模式逐步转变为动态管理模式。其中对工程预算定额改革的主要思路是量价分离，即工程预算定额中的材料、人工、机械台班的消耗量与相应的单价分离。同时，进一步明确了建设工程产品也是商品，以价值为基础，改革建设工程和建筑安装工程的造价构成；全面推行招标投标承发包制度，择优选择工程承包公司、设计单位、施工企业和设备材料的供应单位，使工程造价管理逐渐与国际管理接轨；更加重视项目决策阶段的投资估算工作，切实发挥其控制建设项目总造价的作用；强调设计阶段概（预）算工作必须能动地影响设计，优化设计，充分发挥其控制工程造价、促进合理使用建设资金的作用。这些措施在建筑市场经济中起到了积极的作用。

3. 市场经济计价模式——工程量清单计价 随着我国市场化经济的形成，建筑工程投资已经进入多元化的趋势。随着招标投标制、合同制的全面推行，以及加入 WTO 后与国际接轨的要求，一场国家取消定金，把定价权交给企业和市场，由市场形成价格的工程造价改革正在进行。

2013 年 7 月 1 日，中华人民共和国住房及城市建设部编写并修订了《建设工程工程量清单计价规范》（以下简称《计价规范》），是为规范建筑工程施工的发承包计价行为、统一建设工程量清单的编制和计价方法而制定的规范。《计价规范》作为强制性标准在全国统一实施，并规定全部使用国有资金或国有资金投资为主的大中型建设工程必须按计价规范规定执行；明确了工程量清单是招标文件的重要组成部分，并规定了招标人在编制工程量清单时必须遵守的规则。

工程量清单是表现拟建工程的分部、分项工程项目、措施项目及其他项目名称和相应数量的明细清单。它是由招标人按照《计价规范》中规定的项目编码、项目名称、计量单位和工程量计算规则进行编制的。工程量清单计价的特点是有了全国统一的计算价值规则，有效地控制了工程消耗量标准，实现了价格的彻底放开，建筑企业可以自主报价，市场通过有序竞争形成工程造价。

工程量清单计价的实施，有效地改善了建筑工程投资和经营环境；工程造价随市场变化而浮动，建筑市场更加透明、更加规范化，更进一步体现了投标报价中公平、公正、公开的原则，防止了暗箱操作，有利于避免腐败现象的产生；促使施工企业采取一切手段提高自身的竞争能力，在施工中采用新工艺、新技术及新材料，努力降低成本，以便在同行中保持领先地位。

第二节　医药工程项目的投资估算

投资估算一般是指在工程项目建设的前期工作（规划、项目建议书）阶段，项目建设单位向国家计划部门申请建设项目立项或国家、建设主体对拟立项目进行决策，确定建设项目在规划、项目建议书等不同阶段的投资总额而编制的造价文件。

任何一个拟建项目，都要通过全面的可行性论证后，才能决定其是否正式立项或投资建设。在可行性论证过程中，除了考虑到国民经济发展的需要和技术上的可行性外，还要考虑经济上的合理性。投资估算是在建设前期各个阶段工作中，作为论证拟建项目在经济上是否合理的重要文件，是决策、筹资和控制造价的主要依据。

医药工程建设项目可行性研究报告的投资估算对整个工程的总造价起到控制作用，其投资估算应作为工程造价的最高限额。

本节主要介绍国内医药工程项目、引进医药工程项目、中外合资企业医药工程项目建设投资的估算方法。

一、国内医药工程项目建设的投资估算

建设项目总投资由建设投资、固定资产投资方向调节税、建设期借款利息和流动资金组成。其中建设投资包括固定资产、无形资产、递延资产和预备费四个部分。而固定资产费用由工程费用及固定资产其他费用组成。工程费用包括设备购置费、建筑安装费及安装工程费。固定资产其他费用包括土地征用及拆迁补偿费、超限设备运输特殊措施费、工程保险费、锅炉及压力容器检测费、施工机构迁移费。

（一）建设投资费用的组成及编制方法

国内医药工程项目建设的投资估算包括固定资产估算、无形资产估算、递延资产估算及预备费的概算，各项费用的组成及编制方法如下：

1. 固定资产的组成及费用估算

（1）设备购置费：①需安装及不需安装的全部设备购置费，包括主要生产、辅助生产、公用工程、服务性工程、生活福利项目、厂外工程的工艺设备、机电设备、仪器仪表、运输车辆等的费用。通用设备按制造厂报价或出厂价及中国机电产品市场价格计，应采用可行性研究报告编制时基年价格；非标设备按制造厂的报价或国家规定的非标设备指标计价，或由医药项目的不同情况确定。②工、器具及生产家具购置费，指建设项目为保证初期正常生产所必须购置的第一套不够固定资产标准（2000 元以下）的设备、仪器、工卡模具、器具等的费用。一般按固定资产费用中占工程设备费用的比例估算，新建项目按设备费用 1.2‰～2.5‰估列，改扩建及技术改造项目按设备费用的 0.8‰～1.5‰估列。③备品备件购置费，指直接为生产设备配套的初期生产必须备用的，用以

更换机器设备中易损坏的重要零部件及其材料的购置费。视医药行业不同情况而定，一般按设备价格 5‰～8‰估列。④设备内部填充物的购置费，如化工原料、化学药剂、催化剂、触媒、设备内填充物、设备用的油品等，按生产厂报价或出厂价计。⑤生产用的贵重金属及材料购置费，按生产厂报价或出厂价计。⑥成套设备订货手续费，一般按设备总价的 1%～1.5%估计列入。⑥车辆购置附加费，以车辆实际销售价格为依据，费率为 10%。⑦设备运杂费，根据建厂所在不同地区规定的运杂费率，按设备原价的百分比计，列入设备费内。

（2）建筑工程费：项目包括建筑物工程；构筑物工程；大型土石方场地平整及厂区绿化；属于民用工程的煤、气、水、电、空调等。费用包括直接费用、间接费用、计划利润及税金等。直接费是依据设计图纸计算工程量，按建厂所在不同地区建筑工程概算综合指标估算。房屋面积按每平方米造价，冷却塔、水池等按每座造价估算；以建筑工程直接费为基础，按建厂所在不同地区的间接费率计取间接费用；以建筑工程的直接费和间接费之和为基础，按照费率 7%计取计划利润；增值税以建筑工程的直接费、间接费及计划利润之和为基础，根据企业规模类型，按照费率 6%～17%计取；城市维护建设税各地区不同，按增值税 5%～7%计算；教育附加税按增值税 3%计征。

（3）安装工程费：项目包括各类机电设备、专用设备仪器仪表的安装、配线；工艺供热给排水等管道安装；设备内部填充内衬；设备、管道保温防腐工程；生产车间内水、电、气、供暖、通风、照明及避雷工程、工业锅炉安装等。费用包括直接费、间接费、计划利润和税金。一般按每吨设备、每台设备或占设备原价的百分比估算直接人工费用；其他费用估算方法同建筑工程费。

（4）土地征用及拆迁补偿费：按国家法律法规规定应支付的费用计，包括土地补偿费，征用土地安置补助费、征地动迁费。根据建厂所在不同地区政府颁发的土地征用、拆迁、补偿费和耕地占用税、土地使用税的标准估算。

（5）超限设备运输特殊措施费：指超限设备在运输过程中需拓宽路面、加固桥梁、码头改造等时发生的特殊措施费。视具体情况列入费用，超限指长度长于 18m 或宽大于 3.8m 或高度高于 3.1m 或净重大于 40 吨的设备。

（6）工程保险费：项目在建期间对施工工程实施保险的费用，依据保险公司的保险费率估算。

（7）锅炉及压力容器检测费：按规定支付给国家授权检验部门的锅炉及压力容器检测费。检测费的费率与设备规模、类型有关，一般按应检验设备价格的 6‰～10‰估算。

（8）施工机构迁移费：指施工企业由原住地迁移至工程所在地所需的一次性搬迁费用。按建筑安装工程费的 1%～1.5%估算（实行招标投标项目不列入）。

2. 无形资产的组成及费用估算 ①勘查设计费，指为本项目提供项目建议书、可行性研究报告及设计文件所需费用；②技术转让费，指为本工程项目提供技术成果转让所需费用；③土地（场地）使用权，指投资方将企业现有的土地（场地）使用权的价值作为投资。无形资产按国家发展计划委建设部《工程勘查设计收费标准》有关规定及项目相关协议估算；技术转让费按科研院所及设计部门的技术转让费估算。

3. 递延资产的组成及费用估算 ①建设单位管理费，指建设项目从立项、筹建、建设、联合试运转、竣工验收、交付使用及后评价全过程管理所需费用。以固定资产费用中工程费用为计算基础，按不同产品及规模分别制定的建设单位管理费率计算，对改扩建及技改项目降低管理费率。②生产准备费，指新工程项目企业为保证竣工后使用进行必要生产准备所发生的费用，如人员培训费、提前进厂人员费。按不同建设规模，新增人员每人 5000～10000 元，培训费每人 2000～6000 元估算。③联合试运转费，指工程竣工前联合试运转所发生的费用大于试运转收入的差额部分的费用。根据不同规模以项目固定资产中工程费用为计算基础，按 0.3％～2.0％计。④办公及生活家具购置费，指为新项目初期正常生产、生活和管理所必须补充的办公、生活家具、用具所需费用。新项目以可行性报告定员人数为基础计算，每人 1000～1200 元，改扩建、技改项目每人 500～700 元。⑤研究试验费，指为本工程项目提供验证设计参数资料等所必须进行的试验及施工中必须进行的试验，验证所需费用如人工费、材料费、试验设备仪器使用费等。按可行性研究报告提出的试验研究项目内容及要求估算。⑥城市基础设施配套费，指建设项目按规定向地方交纳的城市基础设施配套费用。按建设项目所在不同地区政府规定的征收范围及费用标准估算。

4. 预备费的组成及费用估算 ①基本预备费，指项目在可行性研究及投资估算时难以预料的工程和费用。如施工中工程量增加、变更设计、自然灾害及预防、竣工验收时为鉴定隐蔽工程而进行必要的挖掘和修复所需费用。以固定资产、无形资产和递延资产之和为计算基础，按 9％～15％估算。②涨价预备费，指项目建设中价格上涨引起工程造价变化而预测、预留费用，如设备涨价、建筑工程费上涨等。从项目编制可行性研究到项目建成为止，以固定资产、无形资产和递延资产之和计，按分年度投资比例估算及按国家公布的最新固定资产投资价格指数估算。

（二）专项费用组成及编制方法

专项费用的组成及编制方法如下：①固定资产投资方向调节税，按国家规定缴纳，根据国家产业政策及项目经济规模实行差别税率，税率、税目依据国家规定税率表执行。②建设期贷款、利息，指项目建设中向银行借款应计的货款、利息。依据银行贷款年利率计算贷款利息额。③流动资金，指项目建成投产后为维持正常生产经营所必不可少的周转资金。流动资产减去流动负债即为所需流动资金。按流动资金构成分项估算或参照同类生产企业百元产值占用流动资金额分析计取或按项目一个半月到三个月的总成本费用减去贷款利息估算。

二、引进医药工程项目建设投资估算

引进医药工程项目建设的投资主要包括固定资产费用、无形资产费用、递延资产费用及预备费。其中固定资产费用包括引进硬件费、国内配套工程费用及固定资产其他费用；无形资产费用包括引进的软件费及国内软件费；递延资产费用包括引进其他费用及国内建设其他费用。

引进医药工程项目的投资估算编制应注意的问题如下：

1. 引进的硬件费，如设备、备品、备件、材料、化学药剂、触媒、润滑油及专用工具等以及相应的从属费、国外运费、运输保险费等，列入固定资产项目中。引进的软件费，如基础设计、技术资料、专利、技术秘密、技术服务费等及相应从属费，编制时列入无形资产中，按可行性研究报告时人民币外汇牌价折算人民币后计取。

2. 国内部分费用，包括从属费用、国内运杂费及国内安装费，从属费用主要指关税、增值税、消费税及外贸手续费、银行财务费、海关监管手续费等，根据国家相关规定进行估算；硬件从属费列入固定资产中的设备购置及安装工程栏；软件从属费列入无形资产中的其他建设费栏。国内运杂费的计算以硬件的离岸价为基准，按不同地区运杂费费率计，一般为1.6%～3.8%。国内安装费按国家有关规定及费用定额估算。

3. 引进设备及材料的检验费，属于固定资产其他费用，按硬件外币金额×人民币外汇牌价×（0.5%～1.0%）估算。

4. 外国工程技术人员来华费、出国人员费用、图纸资料翻译复制费、对外借款担保费等，依据国家有关规定估算或按具体情况估算，列入递延资产中。

5. 其他费用项目及估算方法与国内工程项目相似。

三、中外合资企业医药工程项目投资估算

对于中外合资企业医药工程项目进行投资估算时，要注意如下几个方面：

1. 根据《合资法》规定，合资企业董事会是合资企业的最高权利机构，讨论决定合资企业的一切重大问题。合资企业投资估算要得到中方主管部门及外方总部（企业或公司）或董事会审查认可后方可实施，编制投资估算时，必须考虑到国际上惯用项目划分及费用计算等内容。

2. 中外合资项目建设可行性研究报告及投资估算，一般都是由国外投资方与国内委托编制部门共同完成，因此投资估算有国内形式及按外方要求的形式两份，并且有中文本及外文本，但投资总数应相同。

3. 国际工程项目可行性研究报告对每个阶段投资估算准确性及收费率如表12-1所示。

表12-1 国际工程项目可行性研究报告对每个阶段投资估算准确性及收费率表

建设阶段	对投资估算准确性的要求（%）	各阶段工作的收费率（%）
机会分析	±30	0.1～0.2
初步可行性研究	±20	0.15～0.25
可行性研究	±10	0.2～1.0

4. 必须要有主管部门批准的项目建议书，国内有关单位才能承担中外合资项目可行性研究报告。在上报合资项目建议书时，其投资估算准确度必须达到国外“机会研究”的准确度，新建项目的项目建议书须上报并由国内主管部门审批，外方由总部认

可，改扩建项目的项目建议书必须通过董事会认可。

5. 中外合资项目投资估算文件应包括编制说明、投资估算分析、总估算表、单项工程综合估算表、单位工程估算表及工程建设其他费用估算表等。

6. 中外合资企业投资估算的编制说明应包括：中外合资方各方名称、生产规模、产品品种、公用工程、生活福利设施及厂外工程等；估算总投资、外币金额、注册资本及出资方式；编制主要依据国家有关法规规定的工程定额、税率及项目建议书；资金筹措及意向依据；主要建筑材料的用量；项目建设年限及主要设备材料物价上涨率。

四、工艺装置的投资估算

工艺装置指的是工程项目中所涉及的工艺流程和主要工艺设备。在工艺装置的投资估算中，一般用概算法估算每个设备的单价，再用指数法估算出拟建工艺装置的投资。

1. 概算法 在可行性研究阶段，工艺装置工作已达一定的深度，已经有了工艺流程图及主要工艺设备表，引进设备也通过对外技术交流编制出了引进设备一览表。根据这些设备表和各个设备的单价，可逐一算得主要工艺设备的总费用。再根据这些数据，计算出工艺设备总费用。装置中其他专业设备费、安装材料费、设备和材料安装费也可以采用工程中累积的比例数逐一推算出，最后得到该工艺装置的总投资。在此过程中，每个设备的单价通常是按概算法得出的。

（1）非标设备按设备表上的设备质量（或按设备规格估测质量）及类型、规格，乘以统一计价标准（如三部委颁发的“非标设备统一计价标准”）的规定计算，或按设备制造厂询价的单价乘以设备质量测算。

（2）通用设备按国家、地方主管部门当年规定的现行产品出厂价格或直接询价。

（3）引进设备要求外国设备公司报价或采用近期项目中同类设备的合同价乘以物价指数测算。

2. 指数法 在工程项目早期，通常在项目建议书阶段，常用指数法匡算装置投资。

（1）规模指数法

计算式：

$$C_1 = C_2 \frac{S_1{}^n}{S_2} \tag{12-1}$$

式中，C_1—拟建工艺装置的建设投资；

C_2—已建成工艺装置的建设投资；

S_1—拟建工艺装置的建设规模；

S_2—已建成工艺装置的建设规模；

n—装置的规模指数。

通常情况下，取装置的规模指数 n=0.6。当采用增加装置设备数量达到扩大生产规模时，n=0.8～1.0；当采用增加装置设备大小达到扩大生产规模时，n=0.6～0.7；对于试验性生产装置和高温高压的工业性生产装置，n=0.3～0.5；对于生产规模扩大50倍以上的装置，用指数法计算误差较大，一般不用。

（2）价格指数法

计算式：

$$C_1 = C_2 \frac{F_1{}^n}{F_2} \qquad (12-2)$$

式中，C_1—拟建工艺装置的建设投资；

C_2—已建成工艺装置的建设投资；

F_1—拟建工艺装置建设时的价格指数；

F_2—已建成工艺装置建设时的价格指数；

n—装置的规模指数。

价格指数（n）是指各种机器设备的价格以及所需的安装材料和人工费再加上一部分间接费，按一定百分比根据物价变动情况编制的指数。

规模指数法和价格指数法适用于拟建设装置的基本工艺技术路线和已建成的工艺装置基本相同，只是生产规模有所不同的工艺装置建设投资的估算。

第三节　医药工程项目的设计概算

医药工程项目在初步设计及简单技术项目的设计方案中均应包括概算内容。设计概算是设计文件的重要组成部分，是医药工程项目设计文件不可分割的组成部分，设计单位一定要保证设计文件的完整性。设计概算文件一般包括设计项目总概算、单项工程综合概算和单位工程概算。设计概算文件较投资估算准确性有所提高，但又受投资估算的控制。修正概算是在扩大初步设计阶段对概算进行的修正调整，修正概算较概算造价准确，但受概算造价控制。设计概（预）算均应有主要材料表，概（预）算的编制工作，均应由专业设计单位负责。

一、设计概算的编制要求

设计概算是由设计单位根据初步设计图纸、概算定额规定的工程量计算规则及设计概算的编制方法，预先测定工程造价的文件。编制设计概算文件时应注意如下几个方面：

1. 设计概算编制时一定要严格执行国家部委及各地区的有关经济政策和法令法规，同时还要完整地反映设计内容和施工的现场条件，客观地预测和搜集建设场地周围影响造价的动态因素，确保工程项目设计概算的真实性和正确性。

2. 设计概算应由专业设计单位负责编制。一个工程项目若由几个设计单位分工负责时，应由一个主体设计单位负责提出统一概算的编制原则和取费标准，并协调好各方面的衔接工作。建设单位应主动向设计单位提供编制概算所必须的有关资料和文件。

3. 设计总概算投资若突破已被批准的可行性研究报告估算的许可幅度时，应对设计进行重新修正，重新编制设计概算。否则，应重新补报可行性研究估算调整报告。

4. 经批准的初步设计概算作为项目的最高限价。最高限价是确定和控制建设项目全部投资法定性的文件，是签订建设项目总承包合同和贷款合同的依据，是实行投资包干的依据，是编制固定资产投资计划的依据，是设计单位推行“限额设计”的依据，是控制施工图预算和考核设计经济合理性的依据。施工阶段设计预算不得任意突破初步设计总概算。

5. 设计总概算文件应包括：封面、签署页及目录、编制人员上岗证书号、编制说明、总概算表、建设工程“其他费用”费率及计算表、单项工程综合概算和单位工程概算表等。

二、总概算

总概算是反映建设工程总投资的文件，包括建设项目从筹建开始到设备购置、建筑工程、安装工程的完成及竣工验收交付使用前所需的全部建设资金。总概算一般是按一个独立体制生产厂进行编制，如属大型联合企业，且各个分厂又具有相对独立性或独立经济核算单位，也可分别编制各分厂的总概算，联合企业总概算则按照各分厂总概算汇总，编制总厂的总概算。

1. 编制方法和要求　编制总概算时要求文字简洁，确切地阐明有关事项，扼要概括工程全貌。总概算一般应包括以下主要内容：

（1）工程概貌：简述建设项目性质（如新建、扩建、技术改造或合资）；建设地点；建设周期；主要生产品种、规模和公共工程等配套情况；概括总投资结构、组成和建筑面积。对于引进项目，还应说明引进内容及国内配套工程等主要情况。

（2）资金来源与投资方式：说明资金来源（如中央、地方、企业或国外投资），说明投资方式（如拨款、借贷、自筹、中外合资、合作等）。

（3）工程项目的设计范围及设计分工。

（4）编制依据：列出该工程项目批文及有关文件依据；列出“可行性研究报告”批文和有关“立项”文件（必须写明批文的主管部门名称，批文文号及批文时间）；列出与委托设计单位签订的合同、协议及文号。

（5）分别列出下列各项所采用的指标、价格、费用费率的依据，包括建筑工程、安装工程、设备及材料价格；其他费用的费率和依据；施工综合费率（如其他直接费、间接费、计划利润等）。引进项目列出项目报价、结算条件（离岸价 F. O. B、离岸运输价 C & F、到岸价 C. I. F）、支付币种、外币市场汇价、减免税依据及“二税四费”从属费用的计算依据。

（6）建筑、安装“三材”（钢材、水泥、木材）用量等材料分析表。

（7）环境保护及综合利用、劳动安全与工业卫生、消防三项分别占工程费用投资的比例。

（8）有关事项说明，将总概算投资与批准的可行性研究估算进行对照分析，说明与原批文要求的对照情况；将工程项目中应计入的项目及费用而未计入的情况予以说明并阐明理由；固定资产投资方向调节税计取的税率理由等。

2. 总概算项目设置的内容　总概算项目包括建设项目概算投资和动态投资两部分。

建设项目概算投资包括工程费用、其他费用和预备费；动态投资包括建设期设备、材料上涨价格，固定资产投资方向调节税，建设期贷款利息（包括延期付款利息），市场汇价及汇率变动预测，铺底流动资金等。其中工程费用项目划分见表 12-2 所示。

表 12-2 工程费用中项目的划分

代号	项目名称	项目内容
100	主要生产项目	指直接参与生产产品的工程项目
200	辅助生产项目	指为生产项目服务的工程项目
300	公用工程项目	指为全厂统一设置的共用设施的工程项目
310	供排水	
320	供电及电讯	
330	供汽	
340	总图运输	包括厂区内码头、防洪沟、围墙、大门、公路、铁路、道路、排污沟、厂区绿化等
350	厂区外管	
400	服务性工程项目	指为厂前区的办公及生活服务的工程项目
500	生活福利工程项目	指为职工住宅区服务的生活福利设施工程项目
600	厂外工程项目	指为建设单位的建设、生产办公等活动直接服务的工厂围墙以外的工程项目
700	工器具及生产家具购置费	

根据"设计工程项目一览表及总平面图"列项，费用数据根据单项工程综合概算及其他费用概算列入，采用表 12-3 进行编制。

表 12-3 总概（预）算表

工程名称：　　　　　　　　　　　　　　　　/万元

序号	主项号	工程和费用名称	设备购置费	安装工程费	建筑工程费	其他费用	合计	占总投资%
1	2	3	4	5	6	7	8	9
18								

编制：　　　校核：　　　审核：　　　年　月　日

证号：　　　证号：　　　证号：

三、综合概算

单项工程系指建成后能独立发挥生产能力和经济效益的工程项目，单项工程综合概算是编制总概算工程费用的组成部分和依据，也是其相应的单位工程概算的汇总文件。

综合概算是反映一个单项工程（车间或装置）投资的文件，综合概算也可按一个独立建筑物进行编制。编制综合概算采用的表格见表 12-4。

表 12－4 综合概（预）算表

序号	工程项目名称	概（预）算价值（万元）	单位工程概（预）算价值（万元）													
			工艺				电气		自控		照明	避雷	采暖通风		室内供排水	建、构筑物
			设备	化验	安装	管道	设备	安装	设备	安装			设备	安装		
1	2	3	4	5	6	7	8	9	10	11	12	13	14	15	16	17
18																

编制：　　　校核：　　　审核：　　　年　月　日
证号：　　　证号：　　　证号：

综合概算按照单位工程概算及项目编制，一般按下列顺序填列：一般土建工程；特殊构筑物；室内给排水工程（包括消防）；照明及避雷工程；采暖工程；通风、空调工程；工艺设备及安装工程；电力设备及安装工程；电讯及安全报警工程；车间化验室设备。

四、单位工程概算

单位工程系指具有单独设备、可以独立组织施工的工程。单位工程概算是编制单项工程综合概算中单位工程费用的依据，是反映单项工程综合概算中各单位工程投资额的文件。单位工程的费用分为设备购置费、安装工程费、建筑工程费及其他费用。费用组成包括直接费、其他直接费、间接费、其他间接费、计划利润、税金等六项。其中直接费包括材料费（包括辅助材料）、人工费、机械使用费三种费用。

1. 建筑工程的内容 建筑工程也叫基本建设，是指新建、改建或扩建的列为固定资产投资并达到国家规定的建设项目。

建设工程是一个独特的物质生产领域，与其他物质生产部门的产品相比，具有总体性、单件性和固定性等特点；产品生产过程具有施工流动性、工期长期性和生产连续性的特点。建筑工程费用的内容包括如下四个方面：

（1）土建工程：包括主要生产、辅助生产、公用工程等的厂房、库房，行政及生活福利设施等建筑工程费。

（2）构筑物工程：包括各种设备基础、操作平台、栈桥、管架（廊）、烟囱、地沟、冷却塔、水池、码头、铁路专用线、公路、道路、围墙、大门及防洪设施等工程费。

（3）服务类的室内供排水、煤气管道、照明、避雷、采暖、通风等的安装工程费。

（4）石方、场地平整以及厂区绿化等工程费。

2. 建筑单位工程概算书的编制方法 建筑工程费应根据主要建筑物（主厂房等）的设计工程量，按工程所在省、市、自治区制定的建筑工程概算指标（或定额）进行编制；为生活服务的室内水、暖、电及煤气等的安装工程费应根据设计工程量，可参照《化工建设概算定额》和《化工建设建筑安装工程费用定额》或工程所在地的“平方米造价大指标”进行编制；根据直接费和其他直接费，按规定的间接费费率计算间接费和其他间接费，汇总概算成本。

根据概算成本，按规定的取费标准计算利润和税金，编出单位工程概算书。各省、市、自治区都有各自的费率标准。一般建筑安装工程费主要内容如图 12－2 所示。

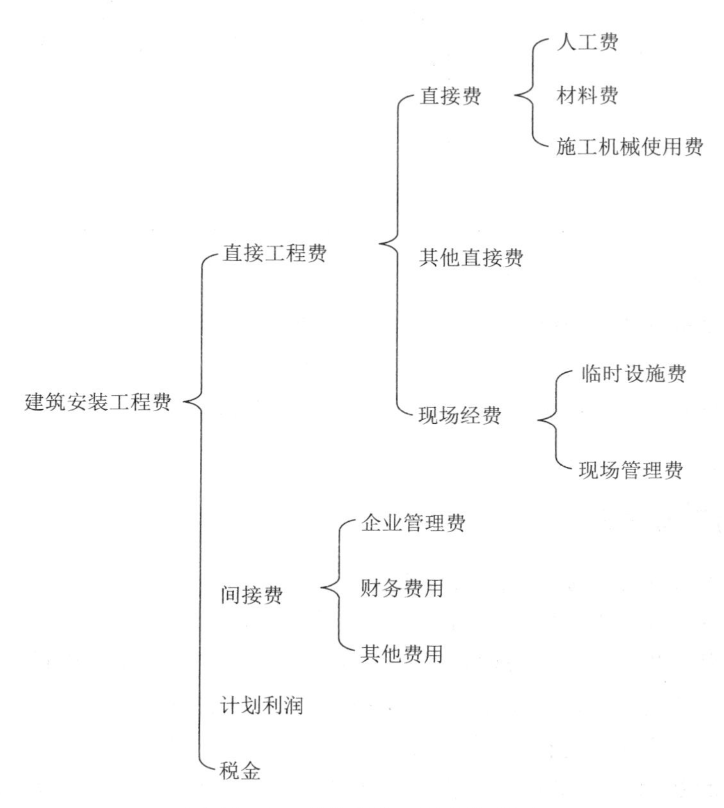

图 12－2　建筑安装工程费构成图

建筑工程概（预）算及设备（材料）安装工程概（预）算采用的表格形式见表12－5及表 12－6。

表 12－5　建筑工程概（预）算表

工程名称：　　　　三材用量：钢材（t）　　　　概（预）算价值：××× 万元

木材（m³）　　　　单位造价：×××元/立方米

项目名称：　　　　水泥（t）　　　　单位造价：×××元/吨

序号	编制依据（指标或定额号）	名称及规格	单位	数量	单价（元）		总价（元）		三材用量					
					合计	其中工资	合计	其中工资	钢材（t）		木材（m^3）		水泥（t）	
									定额	合计	定额	合计	定额	合计
1	2	3	4	5	6	7	8	9	10	11	12	13	14	15
17														

编制：　　　　校核：　　　　年　月　日

证号：　　　　证号：

表 12－6　设备（材料）安装工程概（预）算表

工程名称：　　　　概（预）算价值：　××××万元

其中设备费：　××××万元

材料费：　××××万元

项目名称：　　　　安装费：　××××万元

序号	编制依据（价格及安装费）	设备（材料）名称及规格型号	单位	数量	质量（t）		单价（元）			总价（元）			备注
					单重	总重	设备（材料）费	安装费		设备（材料）费	安装费		
								合计	其中工资		总计	其中工资	
1	2	3	4	5	6	7	8	9	10	11	12	13	14

编制：　　　　校核：　　　　年　　月　　日

证号：　　　　证号：

3. 建筑单位工程概算编制的依据　单位工程概算编制时应遵循全国统一的相关规定、定额指标和行业标准。其编制依据主要有如下几个方面：

（1）定额和地区单位估价表：定额和地区单位估价表是计算直接费的主要依据，工程量的计算都必须以所选用的定额为依据。一般的定额包括计算规则和定额单价两部分，所计算的工程量必须符合定额内容。定额主要有以下两种：

土建工程：建筑工程概算定额（指标），建筑工程预算定额，建筑工程综合预算定额。

安装工程：全国统一安装工程预算定额（各省、市、自治区单位估价表），各专业部委设计概算定额（指标）。

（2）工程的设计蓝图和说明：直接费计算的内容是设计要求的，编写人员必须熟悉设计内容，更应熟悉和掌握设计意图、结构主体、建筑构造和建筑标准等。

（3）取费标准：按各省、市、自治区有关现行规定的取费标准计算。

（4）施工过程：在施工过程中应了解设计要求、施工方法、施工机械安排以及施工中有关的特殊措施，从而充实编制内容，正确计算出投资实际造价。

4. 统一计算方法　计算方法的统一可以避免在工程量计算时漏算，尤其是比较复杂的工程，更需要坚持统一方法，如土建工程计算方法可按建筑行业统一的方法计算。

5. 建筑安装工程费用的内容　建筑安装工程费用包括直接费、间接费、计划利润及税金。其中直接费和间接费的主要组成部分参考图 12－2。各项费用的具体说明如下：

（1）直接工程费：直接工程费是与每一单位建筑安装产品的生产直接有关的费用，是根据施工图所含各部分项数量与单位估价表所确定单价的乘积计算确定的。

直接工程费由直接费、其他直接费、现场经费组成。直接费由人工费、材料费、施工机械使用费和其他直接费组成。人工费由直接从事建筑安装工程的施工工人和附属辅助生产工人的基本工资、附加工资和工资性质的补贴组成。材料费指为完成建筑安装工程所耗用的材料、构件、零配件和半成品的价值以及周转材料的摊销费。材料费应按建筑安装工程预算定额规定的机械台班数量和当地材料预算价格计算确定。施工机械使用费指建筑安装工程施工使用施工机械所发生的费用，其费用按照建筑安装工程预算定额规定的机械台班数量和台班价格计算确定。其他直接费指预算定额分项和施工管理费定额以外的现场生产所需用的水、电、汽，冬、雨季施工增加费，夜间施工增加费，流动施工津贴以及因场地狭小等特殊情况而发生的材料二次搬运费。其计算方法各地区不同。流动施工津贴作为独立费列项。冬、雨季施工增加费及夜间施工增加费也可以包括在施工管理费内。

（2）间接费：间接费包括企业管理费和独立费。

企业管理费指为组织和管理建筑安装施工所发生的各项经营管理费用；独立费指为进行建筑安装工程施工需要而发生，但不包括在直接费和施工管理费范围内，应单独计算的其他工程费用，如临时设施费、远征费、劳保支出、流动资金贷款利息、技术装备费、施工图包干费等。

（3）计划利润：计划利润指国营施工企业实行计划利润制度所计取的利润。

（4）税金：税金指国家对建筑安装企业承包建筑安装工程、修缮业务及其他工程作业所取得的收入应征收的营业税、城市维护建设税和教育附加费。

6. 概（预）算定额的活口部分的处理办法 在工程项目的实际施工过程中，一些建筑材料的型号和用量会随施工情况及市场供需情况不断调整，某些运输费用会随着实际运输路线状况而有所变化，因上述原因而引起的费用变化称为概（预）算定额的活口部分。活口部分在工程项目的可行性研究和设计阶段是无法预测的，只能在工程的实际施工阶段才能确定。

概（预）算定额的活口部分主要包括如下几个方面：① 钢筋调整；② 当混凝土标号与设计不符时调整标号的差价；③ 超高费；④ 机械进出场费；⑤ 超运距费；⑥ 主材价格为暂估价时按时价调整的费用；⑦ 上下限规定。其计算方法按建筑行业的规定及实际施工情况计取。

五、设备工程概算

医药工程项目中的设备工程是指该工程项目所涉及的设备、工器具及生产家具、备品备件、各种原料、药品及材料、设备中的填充物、各种润滑油、贵重金属（铂、金、银）及其制品等的购置过程，其费用包括设备原价、设备运杂费及设备成套供应业务费。

1. 设备购置费的内容 设备购置费内容如下：① 需要安装和不需要安装的全部设备的购置费，包括：主要生产、辅助生产、公用工程项目中的制药工艺（专用）设备、机电设备、化验仪器、自控仪表、其他机械、Φ300 以上的电动阀门以及运输车辆等。② 工具、器具及生产家具购置费，系指为保证建设项目初期正常生产所必须购置的第一套不够固定资产标准（2000 元以下）的设备、仪器、工卡模具、器具以及柜、台等费用。③ 备品备件购置费，系指直接为生产设备配套的初期生产所必须备用的用以更换机器设备中比较容易损坏的重要零部件及其材料的购置费。④ 各种制药原料、化学药品、设备内的一次性填充物料、润滑油等的购置费。⑤ 贵重金属（铂、金、银）及其制品、其他贵重材料及其制品等的购置费。

2. 设备和材料划分　为了同国家计划、统计、财务等部门划分的口径一致，编制概算时必须对设备和材料进行正确划分。

医药工程项目建设所涉及设备与材料划分为如下几项：工艺及辅助生产设备与材料、工业炉设备与材料、电气设备与材料、通信设备与材料、自控设备与材料、给排水、污水处理设备与材料、采暖通风设备与材料。

3. 设备规格及工程量表　要按照初步设计“设备一览表”所列内容进行编制。

4. 设备费的编制办法　设备费包括设备原价、设备运杂费以及可能发生的设备成套业务费。① 设备原价，通用设备可按国家或地方主管部门当年规定的现行产品出厂价格计算；非标准设备可按照设计时所选定的专业制造厂当年提供的报价资料计算；国外引进设备以合同价（或报价）为依据，并根据其不同交货条件，分别计算“二税四费”从属费用。合同价（或报价）一般分离岸价（F. O. B）、离岸运输价（C & F）、到岸价（C. I. F）。② 设备运杂费，以设备原价为基础，按不同地区运杂费率计算。③ 设备成套供应业务费，系指设备成套公司根据发包单位按设计委托成套设备供应清单进行承包供应所收取的费用，一般按有关规定费率计取，若设备不需成套供应，则不计此费用。

六、安装工程概算

安装工程是指医药工程项目中的主要生产项目、辅助生产项目、公用工程项目及服务项目中所涉及的本体设备及随机带来的附属设备的开箱检查、清洗、设备就位安装、找平、找正、调整及试运转等过程。

例如医药工业生产包括的专用设备安装工程为：固体制剂设备安装工程；液体制剂设备安装工程；针剂设备安装工程；生物制品原料药设备安装工程；中药前处理设备安装工程；中药提取设备安装工程；离心机设备安装工程；压滤设备安装工程；干燥设备安装工程；纯化水及注射用水制备装置安装工程；气体净化设备安装工程；洗衣设备安装工程等。

1. 安装工程费的内容　主要生产、辅助生产、公用工程项目中需要安装的工艺、电气（含电讯）、自控、机运、机修、电修、仪修、通风空调、供热等通用（定型）设备、专用（非标准）设备及现场制作设备的安装工程费；工艺、供热、供排水、通风空调、净化及除尘等各种管道的安装工程费；电气（含电讯及供电外线）、自控及其他管线（缆）等的安装工程费；现场进行的设备（含冷却塔、污水处理装置等）内部充填、内衬、设备及管道防腐、保温（冷）等工程费；为生产服务的室内供排水、煤气管道、照明、避雷、采暖通风等的安装工程费；工业炉、窑的安装及砌筑、衬里等安装工程费。

2. 安装工程费的编制方法　安装工程费的编制包括设备费、材料及安装费。

（1）设备费：根据初步设计的设备工程量，按照设备类型及规格采用“概算指标”或“预算定额”，以元/台、元/吨、元/套等进行逐项计算；也可以采用类似工程扩大指标以百分比计算费用。

（2）材料及安装费：主材费用根据初步设计的工程量，按照不同材质及规格采用近期“概算指标”或“预算定额”逐项计算；也可采用当年市场销售价计算，但必须把材料运杂费及安装损耗量计入材料原价。

材料安装费可按照“预算指标”“概算定额”编制或采用类似工程扩大指标百分比进行计算。其他工程费用包括其他直接费、间接费、其他间接费、计划利润及税金，按照部颁“指标”或地方“定额”编制概算，或按相应的部颁或地方规定费率计算。为了简化计算，可把上述费用合并为“综合费率”进行计算。

七、设计概算中的其他费用、预备费等的编制方法

设计概算中其他费用、引进技术及引进设备的其他费用、预备费及动态部分的内容及编制方法如下：

1. 其他费用

（1）土地使用费：系指建设项目通过划拨或土地使用权出让方式取得土地使用权所需土地征用及迁移补偿费或土地使用权出让金。土地征用及迁移补偿费，包括征用耕地安置补助费、征地动迁费、土地补偿费。根据建设用地、临时用地面积，按工程所在省、市、自治区政府规定颁发的各种补偿费、补贴费、安置补助费、税金、土地使用权出让金标准计算。

（2）建设单位管理费：系指建设项目从立项、筹建、建设、联合试运转、竣工验收、交付使用及后评估等全过程管理所需费用，包括建设单位开办费及建设单位经费。以项目“工程费用”为计算基础，按照建设项目不同规模分别制定的建设单位管理费率计算。建设单位管理费＝工程费用×建设单位管理费率。建筑单位管理费率为2.7%～5.5%，费率变化与投资总额有关，成套引进建设项目应乘以0.9的系数；改扩建项目乘以0.5～0.75的系数；依托老厂的新建项目乘以0.75～0.85的系数。

（3）研究试验费：系指为本建设项目提供或验证设计参数、数据资料等进行必要的研究试验及按设计规定的施工中必须进行试验验证所需费用以及支付科技成果、先进技术等的一次性技术转让费。按照设计提出的研究试验内容和要求进行费用估算。

（4）生产准备费：系指新建企业或新增生产能力的企业，为保证竣工交付使用进行必要生产准备所发生的费用。包括生产人员培训费及生产单位提前进厂费。

生产人员培训费：培训人数×［400元/人＋850元/（人×月）×培训期（月）］

生产单位提前进厂费：设计定员（人数）×80%×［380元/（人×月）×提前进厂期（月）］，提前进厂期8～10个月。

（5）办公和生活家具购置费：指为保证新建、改建、扩建项目初期正常生产、使用和管理所必须购置办公和生活家具、用具的费用。新建工程以设计定员（人数）为计算基础，按每人800元计；改扩建工程以新增设计定员（人数）为计算基础，按每人550元计。

（6）联合试运转费：指新建企业或新增加生产工艺过程的扩建企业，在竣工验收

前，按照设计规定的工程质量标准，进行整个车间（装置）的负荷或无负荷联合试运转所发生的费用支出大于试运转产品等收入的亏损部分。此项不发生可以不列，若支出与收入相抵也可不列。

（7）勘查设计费：系指为本建设项目提供项目建议书、可行性研究报告及设计文件等所需费用按国家计委颁发的工程勘查设计收费标准和有关规定进行编制。

（8）施工机构迁移费：指施工机构根据建设任务的需要由原驻地迁移到另一地区所发生的一次性搬迁费用。在施工单位未确定前，设计概算可按建筑安装工程费的1%计列；施工单位确定后由施工单位编制迁移费预算，预算的基础数据、计算方式、费用拨付按相关规定计算。

（9）锅炉和压力容器检验费：按劳动部的有关规定计算。

（10）临时设施费：系指建设期间建设单位所用临时设施的搭设、维修、摊销费用或租赁费用。

临时设施费以项目“工程费用”为计算基础，临时设施费=工程费用×临时设施费率，新建项目费率为0.5%，依托老厂的新建项目费率为0.4%，改、扩建项目的费率为0.3%，成套引进的建设项目乘以0.9的系数。

（11）工程保险费：系指建设项目在建设期间需要对正在施工的工程实施保险部分所需费用，按国家及保险机构有关规定计算。

（12）工程建设监理费：系指建设单位委托取得法人资格、具备监理条件的工程监理单位，按合同和技术规范要求，对承包商（设计及施工）实施全面监理与管理所发生的费用。按国家物价局、建设部规定的收费标准执行；该费用以第一部分工程费用为计取基数，分别计列在第二部分其他费用中的安装工程费和建筑工程费栏内；该费用不单独计列，发生时，从建设单位管理费及预备费中支付。

（13）总承包管理费：系指具有总承包资质和条件的工程公司，对工程建设项目进行从项目立项后开始，直到生产考核为止的全过程的总承包组织管理所需的费用。以总承包项目的工程费用为计算基础，以工程建设总承包费率2.5%计算；该费用不单独计列，从建设单位管理费及预备费中支付。

2. 引进技术和引进设备其他费用

（1）应聘来华的外国工程技术人员的来华费用：①外国工程技术人员来华费，包括工资、生活补助、返外旅费和医药费等，其人数、期限及取费标准，按合同或协议的有关规定计算。②来华的国外工程技术人员招待所家具和办公用具费，本项目费用为外币支付，应按有关规定折成人民币。每人按3500～4000元计算，家属减半，人数按合同或协议规定的高峰人数计算。③来华外国工程人员的招待费，每人按6000元计算，人数按合同或规定人数计算。

（2）出国人员费用：包括旅费、生活费、服装费。出国人数及期限按合同或协议规定计取；旅费按中国民航总局提出的现行标准计算；生活费按财政部、外交部的现行规定计；服装费按每人500元计；估算指标：出国期限4～6周以内，包括旅费、生活费、服装费，估算公式：出国人员数×45000元/人（其中美元4000～5000元/人）。

（3）引进设备材料检验费（含商检费）：指引进设备材料在国内检验费、商检费。设备材料检验费＝设备材料费×（0.5～1)％。

（4）国外设计和技术资料费、模型费、专利和技术保密费、延期或分期付款利息，按合同协议规定计算。

（5）引进设备、材料保险费：指从国外引进设备、材料，在项目建成投产前，建设单位向保险公司投保建筑安装工程险应交付的保险费。引进设备、材料保险费＝引进设备、材料费×3.5‰（保险费率）。

（6）其他：如备品备件测绘、图纸资料翻译复制费，按有关规定进行计算。

3. 预备费 预备费指在初步设计和概算中难以预料工程的费用，其用途如下：①在进行技术设计、施工图设计和施工过程中，在批准的初步设计和概算范围内所增加的工程和费用；②设备、材料的差价；③由于一般自然灾害所造成的损失和预防自然灾害所采取的措施费用；④在上级主管部门组织竣工验收时，验收委员会（或小组）为鉴定工程质量，必须开挖和修复隐蔽工程的费用。包括基本预备费及工程造价调整预备费。

（1）基本预备费

基本预备费＝计算基础×基本预备费率。

计算基础＝工程费用＋建设单位管理费＋临时设施费＋研究试验费＋生产准备费＋土地使用费＋勘查设计费＋生产用办公及生活家具购置费＋制药工艺装置联合试运转费＋工程保险费＋施工机械迁移费＋引进技术和进口设备其他费；基本预备费率按8％计算。

（2）工程造价调整预备费：根据工程的具体情况，科学的预测影响工程造价诸因素的变化，综合计取工程造价调整预备费。

4. 动态投资部分

（1）建设期贷款利息：按中国人民银行、国家计委规定执行。

（2）固定资产投资方向调节税：按国务院、国家计委、国家税务局颁发的有关规定执行。

5. 设计概算工程费用中几项费用指标

（1）设备运杂费：指设备从制造厂交货地点至工地仓库的运费、供应部门调拨手续费、成套设备公司的成套服务费、采购和仓库保管费用。根据建厂所在的地区规定不同的运杂费率，费率一般为6％～11.5％，按设备总价的百分比计算列入设备费内。

（2）引进项目设备、材料的国内运杂费：运杂费以引进设备、材料（硬件费）货价为基价的百分比计算，根据不同地区，费率一般为1.5％～4.5％。

（3）工器具及生产家具购置费：新建工程，按工程费用的0.8‰～2‰计列；改、扩建工程按费用的0.5‰～1‰计列。

（4）绿化费：包括种植树苗、草皮所需人工、材料和机械使用费。根据设计规定的绿化面积，按每平方米6～8元计列（不含美化用花木）；改、扩建工程绿化费或为美化环境而种植的高级花草树林费用，均由企业生产费开支。

八、引进项目投资的编制办法

在工程项目建设过程中经常会遇到引进某种产品生产装置或单机设备或材料等，为了编制好引进项目的投资工作，在与外商谈判时，涉及合同中有关经济部分的谈判，必须要有工程经济的人员参加，引进项目合同谈判，应有能满足国内编制概（预）算条件要求和技术经济资料。引进项目中国内配套部分的概（预）算编制应执行国内有关系统的编制办法。

1. 价格计算基础及费用内容 引进项目的外币金额应以与外商签订的合同价或协议价款为基础，或以报价资料中报价数进行计算。外币折算应以合同签订生效后第一次付款日期的外汇牌价作基准，也可按合同签订日期或概（预）算编制日期中国人民银行公布的外汇市场牌价计算。

引进项目合同总价，一般由硬件费和软件费组成。硬件费指机器、设备、备品备件、材料、化学药剂、触媒、润滑油及专用工具等费用；软件费指设计费、技术资料费、专利费、技术秘密及技术服务费等费用。

2. 费用支付 引进项目费用支付有外币和人民币两种。

（1）以外币支付的费用各项费用：按相关计算方法计算出外币金额，再折算成人民币计算。

硬件费：分别列入概算中工程费用的设备栏内和安装栏内的材料部分。

软件费：列入概算中工程费的其他费栏内。

从属费用：包括硬件的国外运费和运输保险费，列入概算中设备及安装工程栏内。

其他费用：指外国工程技术人员来华工资和生活费及出国人员旅费和生活费等，列入概算中其他费用中的其他栏内。

（2）以人民币支付的费用：各项费用按人民币计算。

从属费用：进口关税、增值税、银行财务费、外贸手续费和海关监管手续费，计算出后随货物性质列入概算中工程费的设备及安装工程栏内。

国内运杂费：按不同地区运杂费率计算后随同硬件费列入设备、安装工程栏内。

安装费：列入安装工程费栏内。

其他费用：列入其他费用中其他栏内。

3. 合同价款计算方法 引进技术和设备的货价与从属费计算包括货价、国外运费、运输保险费、关税、增值税、银行财务费、外贸手续费、海关监督手续费等。

（1）货价：引进项目的硬件和软件的外币金额，按公式折算成人民币：货价＝外币金额×人民币市场汇价（卖出价）。

（2）国外运费：包括陆运费和海洋运费，费率按国内外相关规定计取。

（3）运输保险费：分为按 F. O. B 价格条件的运输保险费和按 C&F 价格条件的运输保险费。

（4）关税：关税率按海关总督的税则规定，与我国有贸易关系的国家引进医药工程项目，一般取 20％。

(5) 增值税：按1993年12月13日国务院令发布《中华人民共和国增值税暂行条例》增值税率为6%～17%。

(6) 银行财务费：硬件和软件均计算银行财务费，银行财务费＝离岸货价×5‰。

(7) 外贸手续费：硬件和软件均计算外贸手续费，外贸手续费＝（外币金额＋国外运费＋运输保险费）×人民币市场汇率（卖出价）×1.5%。

(8) 海关监督手续费：凡已减免关税的项目需计取，海关监管手续费＝到岸货价×减税率×3‰。在引进费用计算时，还需遵照我国相关规定计取。

4. 单机引进和材料引进费用的计算 单机引进费用计算包括货价、国外运费、运输保险费、关税、增值税、进口调节税、银行财务费、外贸手续费、海关监督手续费。材料引进费用计算包括货价、国外运费、运输保险费、关税、增值税、银行财务费、外贸手续费、海关监管手续费。

5. 国内运杂费 引进设备材料的国内运杂费，指合同确定的在我国到岸港口或与我国接壤的陆地交货地点到建设现场仓库或安装地点或施工组织指定的堆放地点，所发生的铁路、公路、水路及市内运输的运费和保险费，货物装卸费、包装费、仓库保管费等。

6. 设备及材料安装费 医药工程引进项目安装费可参照“化工引进项目工程建设概算编制规定”有关安装费计算。单机引进及材料引进安装费可参照“化工建设概算定额”中有关方法计算。

7. 其他费用和预备费 引进项目其他费用和预备费，取费标准见本节以上叙述。

第四节 施工图预算

施工图是指工程开工前，根据已批准的施工图纸，在施工方案（或施工组织设计）已确定的前提下，按照预算定额规定的工程量计算规则和施工图预算编制方法预先编制工程造价文件。施工图预算造价较概算造价更为详尽和准确，但同样要受前一阶段所确定的概算造价的控制。施工图预算的编制需由设计院专业预算人员完成。

施工图预算是决定医药工程项目价格的依据，它为工程的基本建设的计划管理、设计管理和施工生产管理提供了科学的依据，它对推进经济责任制，合理使用国家资金，提高基本建设投资效果都有十分重要的意义。

一、施工图预算编制的依据

医药工程项目一般都是由土建工程、设备工程、安装工程等组成，而每项工程又由多项单位工程组成，如建筑工程包括土建工程、采暖、给排水、电气照明、煤气、通风等单位工程。各单位工程预算编制要根据不同的预算定额及相应的费用定额等文件来进行。一般情况下，在进行施工图预算的编制之前应掌握以下主要文件资料：

1. 设计资料 设计资料是编制预算的主要工作对象，它包括经审批、会审后的设计施工图、设计说明书、设计选用的国标及市标、各种设备安装及构件图集、配件图集等。

2. 工程预算定额及其有关文件　预算定额及其有关文件是编制工程预算的基本资料和计算标准，它包括已批准执行的预算定额、费用定额、单位估价表、该地区的材料预算价格及其他有关文件。医药工程项目概（预）算定额可参考化工建设概（预）算定额等相关参考资料。

3. 施工组织设计资料　经批准的施工组织设计是确定单位工程具体施工方法、施工进度计划、施工现场总平面布置等的主要施工技术文件，这类资料在计算工程量及费用计算中都有重要作用。

4. 工具书等辅助资料　在编制预算工作中，有一些工程量直接计算比较繁琐，也较容易出错，为了提高工作效率，简化计算过程，预算人员往往需要借助一些工具书如五金手册、材料手册等，在编制预算时直接查用；对一些较复杂的工程，更要收集该工程所涉及的辅助资料。

5. 招标文件　招标文件中招标工程的范围决定了预算书的费用内容组成。

二、施工图预算的编制程序

编制施工图预算应在设计交底及会审图纸的基础上进行，具体步骤如下：熟悉施工图纸和施工说明书；搜集各种编制依据及资料；熟悉施工组织设计和现场情况；学习并掌握工程定额内容及有关规定；确定工程项目计算工程量；整理工程量；计算其他各项费用、预算总造价和技术经济指标；对施工图预算进行校核、填写编制说明、装订、签章及审批。

三、施工图预算书的编制方法

医药工程项目由几个单项工程组成，而单项工程又由几个单位工程组成。如建筑工程预算书就是由土建工程、给排水、采暖、煤气工程、电气设备安装工程等几个单位工程预算书组成，现仅以土建工程单位工程预算书的编制方法叙述如下：

1. 填写工程量施工表：根据施工图纸及定额规定，按照一定计算顺序，列出单位工程施工图预算的分项工程项目名称；列出计量单位及分项工程项目的计算公式，计算工程量采用表格形式进行；计算出的工程量同项目汇总后，填入工程数量栏内，作为选取工程直接费的依据。

2. 填写分部分项工程材料分析表和汇总表：以分部工程为单位，编制分部工程材料分析表，然后汇总成为单位工程工料分析表。

按工程预算书中所列分部分项工程中的定额编号、分项工程名称、计算单位、数量及预算定额中分项工程定额相对应的材料量填入材料分析表中，计算出各工程项目消耗的材料用量，然后将材料按品种、规格等分别汇总合计，从而反映出单位工程全部分项工程材料的预算用量，以满足施工企业各项生产管理工作的需要。

3. 填写分部分项工程造价表。

4. 填写建筑工程直接费汇总表：将建筑工程各分部工程直接费及人工费汇总于表

格中，作为计取现场管理费和其他各项费用的依据。

5. 填写建筑工程预算费用计算程序表：建筑工程预算费用包括直接费、现场管理费、企业管理费、利润、税金、建筑工程造价。

6. 施工图预算的编制说明：包括工程概况及编制依据。

7. 填写建筑工程预算书的封面。

四、制药工程项目的合同价和结算价

制药工程项目在编制投资估算及概（预）算后，在后续项目投标及工程施工阶段，还有合同价和结算价，在竣工验收时产生实际工程造价。合同价、结算价及实际工程造价都不能突破投资的最高限额。

合同价是指在工程招投标阶段通过签订总承包合同、建筑安装工程承包合同、设备材料采购合同以及技术和咨询服务合同所确定的价格。建设工程合同一般表现为三种类型，即总价合同、单价合同和成本加酬金合同。工程结算价是指一个单项工程、单位工程、分部工程或分项工程完工后，经建设单位及有关部门验收并办理验收手续后，施工企业根据施工过程中现场实际情况的记录、设计变更通知书、现场工程更改签证、预算定额、材料预算价格和各项费用标准等材料，在工程结算时按合同调价范围和调价方法，对实际发生的工程量增减、设备和材料价差等进行调整后计算和确定的价格。结算价是该结算工程的实际价格。结算一般有定期结算、阶段结算和竣工结算等方式。

竣工决算是指在竣工验收后，由建设单位编制的反映建设项目从筹建到建成投产（或使用）全过程发生的全部实际成本的技术经济文件，是最终确定的实际工程造价，是建设投资管理的重要环节，是工程竣工验收、交付使用的重要依据，也是进行建设项目财务总结和银行对其实行监督的必要手段。竣工决算的内容由文字说明和决算报表两部分组成。